# Jetzt helfe ich mir selbst

Einbandgestaltung: Louis dos Santos

Bilder/Zeichnungen: *frisch* CONSULTING, Friedrich Schröder, Sven Schröder, Bucheli, Motorpresse, Bosch, Renault/Dacia, Continental AG, Dunlop, Hella KG, Robert Bosch GmbH, ACV GmbH, 3M Deutschland GmbH, Sonax GmbH & Co KG, ADAC, Mahle GmbH.

Text und redaktionelle Bearbeitung:
Friedrich Schröder, Sven Schröder

Alle Angaben und Ratschläge in diesem Ratgeber sind nach bestem Wissen und Gewissen erteilt. Eine Haftung der Autoren oder des Verlages und seiner Beauftragten für Personen-, Sach- und Vermögensschäden ist jedoch ausgeschlossen.
Dieser Band entspricht dem Kenntnisstand zum Zeitpunkt der Drucklegung. Abweichungen durch Weiterentwicklung der beschriebenen Fahrzeuge, geänderte Anweisungen des Fahrzeugherstellers bzw. neue gesetzliche Bestimmungen sind möglich.

ISBN 978-3-613-02990-3

1. Auflage 2009


Lizenznehmer des Motorbuch Verlags, Postfach 103743, 70032 Stuttgart
Ein Unternehmen der Paul Pietsch Verlage GmbH & Co



Herstellung: Ipa, 71665 Vaihingen/Enz
Druck und Bindung: Druck + Verlag Südwest, 76131 Karlsruhe
Printed in Germany

# Dacia Logan

**Benzin- und Dieselmotoren**
**1.4 MPI 55 kW (75 PS)**
**1.6 MPI 64 kW (87 PS)**
**1.6 16V 77 kW (105 PS)**
**1.5 dCi 63 kW (86 PS)**

**Ab Modelljahr 2004**

## Einleitung



## Das Modell



## Wagenpflege ... 30



## Jahreszeiten



## Kleine Pannen



## Innenraum



## Karosserie



## Wartung & Pflege ... 95



## Antrieb

## Fahrwerk



## Bremsanlage



## Elektrik

# Ein Ratgeber stellt sich vor

»Heute an Autos noch selber schrauben – vergiss es ganz schnell«: Ein Spruch, der Diskussionen am Biertresen provoziert und auch uns, dem Team von »Jetzt helfe ich mir selbst«, geläufig ist. WIR allerdings sind da ganz anderer Meinung. Weshalb sonst sollten wir Servicebücher schreiben? Offenbar widersprechen auch Sie den Theken-Besserwissern: Warum sonst lesen Sie »Jetzt helfe ich mir selbst« und mit Ihnen weit mehr als 10 Millionen andere Autofahrer?
Wir möchten Ihnen freilich nicht verschweigen, dass Sie als Do-it-yourselfer Ihre Grenzen erkennen, wenn Sie mit überholten Grundkenntnissen und einem normalen Werkzeugequipment ein modernes Auto von A bis Z revidieren möchten.
Auch das vorliegende Buch ist in dem Fall die falsche Lektüre. Wir geben Ihnen zwar hilfreiche Tipps und führen Ihnen den »Schraubenschlüssel« bei Service und überschaubaren Wartungsarbeiten. Was wir mit diesem Buch jedoch nicht machen? Wir machen Ihnen keine falschen Hoffnungen, mit Hilfe von »Jetzt helfe ich mir selbst« Ihr Auto bis in den letzten Winkel zu verstehen. Tatsache ist, der Einsatz von elektronischen Komponenten, gleichwie deren Vernetzung unter dem Blech, produziert heutzutage so manchen Fehler, der uns an alten Autos niemals genervt hätte. Und das gilt es zu akzeptieren – die Technik ist komplexer geworden, auch die Reparaturmethoden.
Tatsache jedoch ist auch, moderne Autos sind mit dem Einzug von Elektronik wesentlich zuverlässiger, sicherer und umweltfreundlicher als ihre simpler konstruierten Altvorderen – wartungsärmer sind sie allemal. Es wär einfach unlauter, den Fortschritt in Frage zu stellen, auch wenn seine Ausprägungen uns und Ihnen ab und an die Zornesröte ins Gesicht treiben…

## Hilfe zur Selbsthilfe

Was Sie tun können, wenn Ihr Auto streikt, oder besser noch, was Sie rechtzeitig erledigen sollten, damit es nicht soweit kommt, entnehmen Sie diesem Ratgeber. Sollten Sie auch der Störung selbst nicht Herr werden, zumindest erklären wir Ihnen, wie der Fehler einzukreisen ist – und zwar ohne Profiausrüstung. In dem Fall liefern Sie zumindest Ihrem Werkstattmeister wichtige Informationen und verkürzen so die teure Fehlersuche auf ein Minimum.

## Tipps und Wissenswertes

Damit Sie an Ihrem Auto möglichst häufig Chef im Ring bleiben, gehen wir immer mal wieder auf technische Grundbegriffe ein, erläutern Ihnen aktuelle Fachbegriffe und informieren Sie über Wissenswertes aus der Welt der Technik.
Darüber hinaus geben wir Ihnen geldwerte Tipps mit auf den Weg, beispielsweise wie Ihre Scheibenwischerblätter möglichst lange fit bleiben. Das möchten Sie sofort wissen? Dann schauen Sie flugs unter »Fit durch den Winter« nach.

## Sicherheit hat Vorrang – IMMER

Wir möchten Sie mit Ihrem Logan freilich nicht nur fit durch den Winter, wir möchten Sie fit durch alle Jahreszeiten bringen: Dementsprechend liegt unser Focus eher auf frühzeitiger Schadenserkennung, als auf Reparatur sicherheitsrelevanter Baugruppen. Auch deshalb bieten wir Ihnen Diagnose-Schemata, mit denen Sie eventuelle Unzulänglichkeiten einkreisen können. Schließlich erspart Ihnen Ihr Wissen um die Befindlichkeiten Ihres Autos, zum Beispiel beim TÜV- oder DEKRA-Check, jede Menge Ärger, es entlastet zudem Ihr Portemonnaie.

## Reparaturen in der heimischen Garage

Sollten Sie bereits geübt im Umgang mit Werkzeug sein, sind unsere Schritt für Schritt beschriebenen Arbeiten für Sie bestimmt leicht nachvollziehbar. Als motivierter Hobbyschrauber erledigen Sie unsere Reparaturen zudem locker in der heimischen Garage. Welche Grundausstattung Sie dafür benötigen und wie das Equipment möglichst ideal da hineinpasst, zeigen wir Ihnen schon auf den folgenden Seiten.
An dieser Stelle erlauben Sie uns noch einen Hinweis in eigener Sache: Geübte Do-it-yourselfer ebenso wie freie Instandsetzungsbetriebe finden in den fundierten Reparaturanleitungen des Bucheli-Verlags natürlich IHRE Lektüre: Darin wird präzise das Zerlegen und Montieren, auch komplexerer Baugruppen wie beispielsweise von Motor oder Getriebe, beschrieben und erklärt.

## Damit Sie sich besser zurechtfinden

Um etwas Bestimmtes in diesem Buch zu finden, gibt's diverse Möglichkeiten: Natürlich können Sie auf das vertraute Inhaltsverzeichnis zurückgreifen, doch auch beim schnellen Durchblättern finden Sie sich leicht zurecht. Der Hinweis, in welchem Kapitel Sie gerade blättern, steht oben links auf jeder Doppelseite. Noch weiter links davon verraten wir Ihnen, ob der betreffende Abschnitt theoretisches Wissen, konkrete Arbeitsanleitungen oder Optimierungsvorschläge behandelt. Die rechte Seitenhälfte nutzten Sie jeweils als Pfadfinder für das behandelte Thema. So können Sie, auf der Suche nach bestimmten Inhalten, Ihren Korp auch einfach durch die Finger laufen lassen…

## INFORMATION

Bevor Teile ausgebaut oder Baugruppen zerlegt werden, ist es ratsam, vorab um die theoretischen Grundlagen zu wissen. Immer wenn dieses Zeichen auftaucht, erklären wir die Funktion der Technik, ihre Bedeutung im Auto und im Alltag. Ab und an beschreiben wir dann auch historische Hintergründe der betreffenden Entwicklung. Dieser Service wird Sie also mit der Technik Ihres Autos noch vertrauter machen. Denn mit dem nötigen Detailwissen im Hinterkopf schraubt es sich eben viel erfolgreicher.

## ARBEITSSCHRITTE

Sobald wir Arbeiten beschreiben, taucht dieses Symbol auf. Wir führen Sie dann Schritt für Schritt zum Ziel. Bei der Auswahl halten wir uns strikt daran, was in der eigenen Hobbygarage noch machbar ist und was nicht. Und damit Sie sehen, dass wir uns gerne für Sie die Finger schmutzig machen, nutzen wir bewusst auch gebrauchtes Werkzeug und waschen uns nicht laufend die Hände. Wir hoffen dennoch, dass die Fotos Ihnen den Appetit am Schrauben nicht vergällen.

## BESSER MACHEN

In der Praxis gleicht erfahrungsgemäß kaum ein Auto dem Anderen: Autos werden tiefer gelegt, Karosserien werden verändert oder die Innenausstattung individualisiert.

Vielleicht benutzen Sie dieses Buch ja auch, um Ihr Auto gezielt zu verbessern. Damit wir uns richtig verstehen: Sie haben keine Tuninganleitung gekauft, wir präsentieren Ihnen lediglich diverse Möglichkeiten, Ihr Auto zu individualisieren und verraten Ihnen auch, worauf Sie beim Einkauf von Qualitätszubehör achten sollten.

# Lernen Sie Ihr Auto kennen

Egal, ob Sie Ihren Logan schon länger fahren oder erst kürzlich darin Platz genommen haben – nehmen Sie sich auf jeden Fall ein paar Augenblicke Zeit, um ihn mit Verstand zu erkunden. Selbst nachdem Sie die Bedienungsanleitung gelesen haben, wovon wir selbstverständlich ausgehen, kennen Sie Ihr Auto längst noch nicht in all seinen Facetten.

## Das Typenschild

Das Typenschild ist gewissermaßen der Personalausweis Ihres Logan. Seine diversen Zifferncodes enthalten bereits etliche – in Zahlen- und Buchstabencodes verschlüsselte – Informationen: das Produktionsdatum, den Fahrzeugtyp, das Gewicht, die Identifizierungsnummer sowie die Art und Herkunft der montierten Aggregate.

Als Do-it-yourselfer sollten Sie das Typenschild natürlich lesen und interpretieren können. Sie finden es in unterschiedlicher Ausprägung gleich mehrfach an Ihrem Auto. So zum Beispiel als genietetes Aluminiumschild im Motorraum mit allen relevanten Angaben, so auch als Klebefolie im unteren Bereich der linken B-Säule, als gestanzte Nummer an der Spritzwand oberhalb des Luftfilters oder im Gepäckraum in der Bodenwanne des Ersatzrads. Das Typenschild entschlüsselt die:

## Die Fahrgestellnummer

Die Fahrgestellnummer bestimmt das exakte Geburtsdatum Ihres Autos. Sie ist eingestanzt auf dem Typenschild, auf dem rechten Federbeindom und in der Bodenwanne des Ersatzrads.

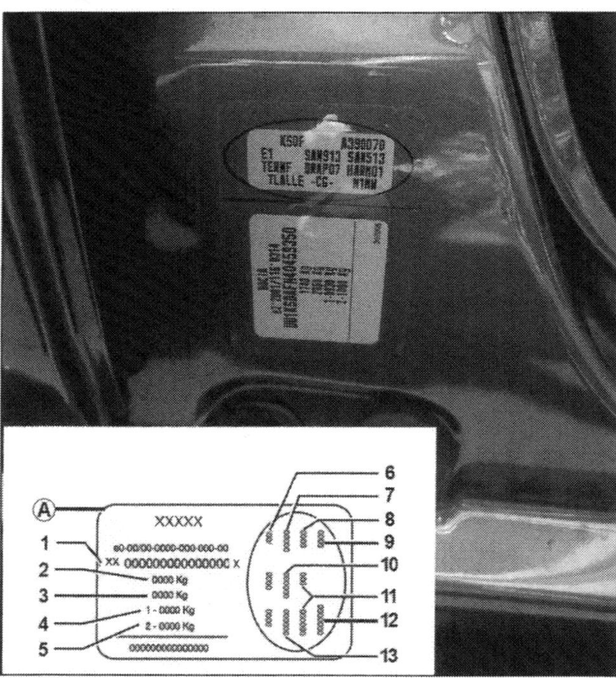


***Automobiler Personalausweis:*** Das Typenschild. 1 Fahrzeugtyp und Fahrgestellnummer, 2 max. zulässiges Gesamtgewicht, 3 zulässiges Gesamt-Zuggewicht, 4 max. zulässiges Gesamtgewicht (VA), 5 max. zulässiges Gesamtgewicht (HA), 6 technische Spezifikationen, 7 Farbcode, 8 Hinweis auf montierte Aggregate, 9 Ausführung/Länderkennung, 10 Polstercode, 11 Sonderausstattungen, 12 Produktionsnummer, 13 Innenausstattungscode.

***Fälschungssicher eingestanzt:*** Die Fahrgestellnummer auf dem rechten Federbeindom.

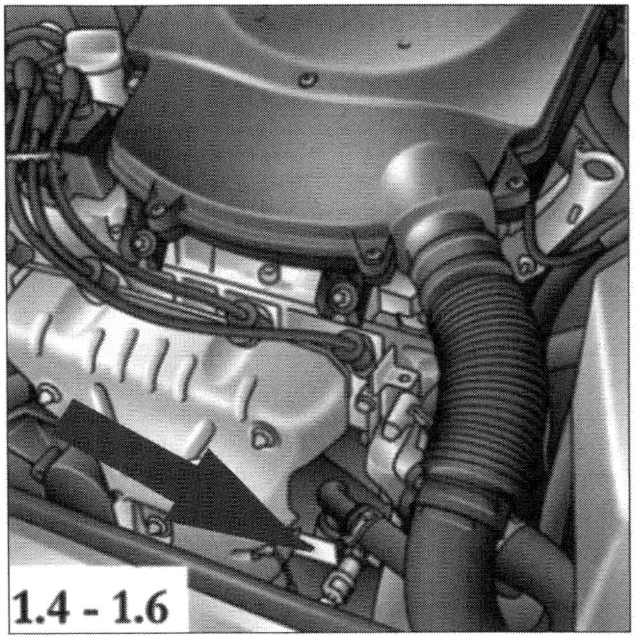


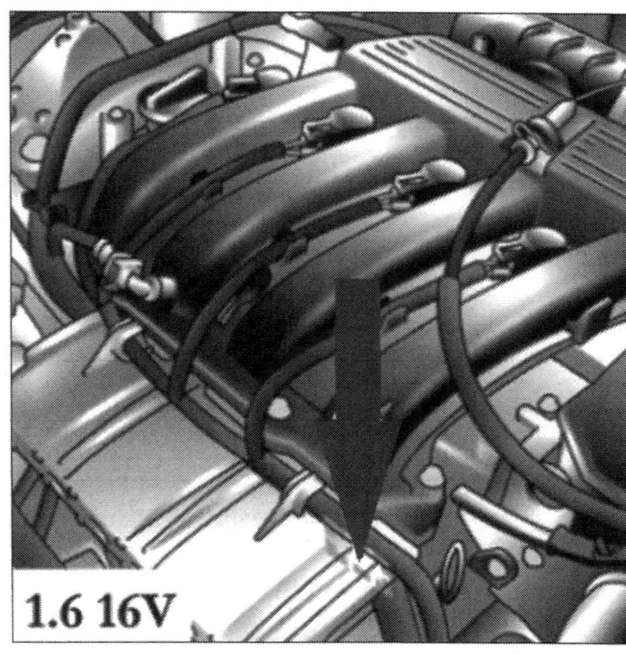


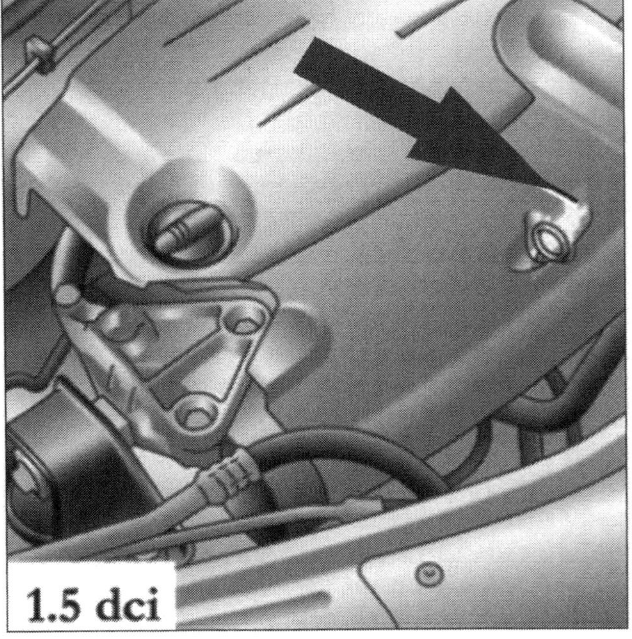


***An verschiedenen Stellen eingestanzt:*** die Motornummer auf dem Motorgehäuse der einzelnen Typen. Bei der Beschaffung von speziellen Motorersatzteilen kann es durchaus hilfreich sein, nicht nur den Kfz-Schein, sondern zudem auch die Motornummer vorzulegen. Das schließt ärgerliche Verwechselungen zielsicher aus.

## Die Motornummer

Je nach Motortyp ist die Motornummer (Pfeil) an verschieden Stellen auf dem Motorgehäuse eingestanzt.

# Rechte und Pflichten

Sie haben ein Auto gekauft und sind nun der Meinung, es funktioniert nicht so wie es sollte? Bevor Sie ernsthaft zu reklamieren beginnen, klären Sie zunächst erst einmal ab, wie es um Ihre Rechte steht. Danach stellen Sie gleichfalls noch sicher, dass Sie keinem Irrtum unterliegen und Sie tatsächlich einen Mangel (Fehlfunktion) beanstanden.

## Was ist ein Mangel?

Dazu die vereinfachte Darstellung des § 434 BGB: Eine Sache ist frei von Mängeln, wenn sie sich für die Verwendung eignet, für die sie gemäß Kaufvertrag gedacht war oder wenn sie sich für die gewöhnliche Verwendung eignet oder die Beschaffenheit aufweist, die man üblicherweise erwarten kann. Das beinhaltet auch Eigenschaften, von denen der Käufer aufgrund von Aussagen, die in der Werbung oder von Mitarbeitern des Verkäufers gemacht wurden, ausgehen kann. Liegt also tatsächlich ein Mangel vor, beispielsweise eine deutlich geringere Höchstgeschwindigkeit als im Prospekt angegeben, planen Sie ein Reklamationsgespräch mit Ihrem Kundendiensttechniker und fordern Ihr Recht unmissverständlich ein.
Damit Ihr Anliegen derweil nicht einfach verpufft, gehen wir nachfolgend auf einige Begriffe und deren Zusammenhänge näher ein.

## Garantie, Gewährleistung (Sachmangelhaftung)

Garantie und Gewährleistung (letzteres ist die so genannte Sachmangelhaftung) sind zwei völlig verschiedene – und vor allem unabhängige Sachverhalte. Dennoch, umgangssprachlich werden beide Begriffe häufig miteinander verwechselt oder vertauscht. Das sollte Ihnen in einem Reklamationsgespräch besser nicht passieren – trennen Sie Garantie und Gewährleistung also strikt voneinander.

## Garantie

Die Garantie ist grundsätzlich eine freiwillige und zusätzliche Leistung des Verkäufers oder Herstellers. Sie kann nach Belieben ausgestaltet oder befristet sein. Die Garantie folgt aus einer eigenständigen Vereinbarung im Rahmen des Kaufvertrags bzw. in Verbindung mit dem Kaufvertrag. Sie kann demzufolge an bestimmte Voraussetzungen geknüpft sein, bestimmte Kosten ausschließen und auch die Leistungen einschränken. So kann ein Verkäufer seine Garantie beispielsweise davon abhängig machen, dass Sie Ihr Auto regelmäßig in der dem Händler angegliederten Werkstatt warten lassen oder Sie nur die Materialkosten, nicht jedoch die Arbeitszeit erstattet bekommen.
Daher unser Tipp: Vertrauen Sie nicht dem Garantieversprechen, sondern schauen Sie sich besser vor dem Kauf die Garantiebedingungen genauestens an. Auf Verlangen haben Sie übrigens Anspruch auf die Garantiebestimmungen in schriftlicher Form.

## Gewährleistung

Die Gewährleistung (Sachmangelhaftung) basiert auf den gesetzlichen Regelungen im Kaufvertrag. Sie wirkt, sobald ein rechtsgültiger Kaufvertrag abgeschlossen wurde. Ausnahme: Die Gewährleistung wurde wirksam ausgeschlossen. Ein vollständiger Ausschluss der Gewährleistung im Rahmen eines Kaufvertrags zwischen einem Unternehmer (z. B. Kfz-Händler) als Verkäufer und einer Privatperson als Käufer ist nicht möglich.
Sehr wohl jedoch ist die Gewährleistung, zum Beispiel bei Abschluss eines Kaufvertrags zwischen Privatpersonen, vollständig auszuschließen. Der Passus muss jedoch zwischen den Parteien ausdrücklich und individuell im Kaufvertrag geregelt sein. Das Gewährleistungsrecht-Änderungsgesetz vom 01.01.2007 brachte unter anderem folgende Neuerungen:

- Bei neuen Sachen beträgt die Frist grundsätzlich zwei Jahre ab Übergabedatum.
- Bei gebrauchten Sachen kann eine Frist von einem Jahr vereinbart werden (nicht in Allgemeinen Geschäftsbedingungen!), wobei nur Kraftfahrzeuge, die älter als ein Jahr (ab Erstzulassung) sind, als gebrauchte Sachen gelten.
- Innerhalb der ersten sechs Monate hat der Händler bei einer Reklamation zu beweisen, dass die Sache zum Zeitpunkt der Übergabe dem Vertrag entsprach (also keinen Mangel hatte). Nach 6 Monaten hat der Kunde die Beweispflicht (bisher hatte ausschließlich der Kunde die Beweispflicht).

Besagte Regelungen stärken allesamt die Endkundenrechte. Kfz-Händler haben die neuen Texte verständlicherweise skeptisch aufgenommen. Sie suchen seither nach legalen Möglichkeiten, die Bestimmungen einzuschränken oder auszuhebeln.
In den letzten Jahren hat darum der »vermeintliche Handel« mit Bastler- und Schrottautos massiv zugenommen. In Geschäften mit diesen Vehikeln sind dann sämtliche Gewährleistungsansprüche ausgeschlossen – auch dann, wenn die Autos teilweise mit frischen Prüfplaketten bestückt sind.
Bei Gericht werden solche und ähnliche Vorgänge mittlerweile jedoch durchschaut: Die Rechtsprechung entscheidet dann immer häufiger zu Gunsten des Verbrauchers.
Ebenso bei Verkäufen, die offiziell nur »im Auftrag« stattfinden. Hat ein Händler erst einmal im eigenen Interesse die aktuelle Hauptuntersuchung sowie weitere Instandsetzungsarbeiten erledigt, hat er vor Gericht nur wenig Chancen, seinen Verkauf als »im Auftrag« zu deklarieren. Er kann mit dem Zusatz die gesetzlichen Regelungen eher nicht beschneiden.
Je klarer die Vereinbarung und je genauer die Fahrzeugbeschreibung, desto geringer ist das Haftungsrisiko. Wir raten Ihnen bei jedem Gebrauchtwagenkauf einen »Musterkaufvertrag für Gebrauchtwagen« (im Handel oder bei Automobilclubs erhältlich) sowie einen »Gebrauchtwagen-Zustandsprüfbericht« zu verwenden. Damit vermeiden Sie schon im Vorfeld kostspielige Prozesse und unangenehme Streitigkeiten.
**Fazit:** Eine freiwillige Garantie besteht also zusätzlich zur gesetzlichen Gewährleistung (Sachmangelhaftung). Sie ist im Umfang der Leistungen, im Vergleich zur Gewährleistung, meistens jedoch eingeschränkt. Allerdings greift die Garantie oft auch noch bei Mängeln, die erst nach dem Kauf auftreten – was in der Form nicht auf die gesetzliche Gewährleistung zutrifft.

## Reizthema Farbabweichung

Farbabweichungen können durchaus Sachmängel sein. Das Oberlandesgericht Köln hat dazu geurteilt: Demnach »gehört die Farbe eines Neufahrzeugs zu den Beschaffenheitsmerkmalen und stellt ein äußerliches Merkmal des Fahrzeugs dar, welches für den Käufer im Rahmen der Kaufentscheidung maßgeblich ist.« Ergeben sich also Abweichungen im Farbton des Bestellten zu dem tatsächlich gelieferten Fahrzeug, kann der Käufer hierauf grundsätzlich Gewährleistungsansprüche geltend machen.
Durch das OLG Köln bestätigtes Urteil des LG Aachen vom 26.04.2005 (Az. 12 O 493/04).

## Recht auf Nachbesserung

Seit dem 01.01.2002 gewährt die neue Rechtslage sowohl dem Käufer als auch dem Verkäufer einen Anspruch auf Beseitigung eines Mangels. Anstatt von Nachbesserung spricht jetzt das Gesetz von Nacherfüllung. Grundsätzlich hat der Händler das Recht, bis zu dreimal nachzuerfüllen. Hierbei hat der Verkäufer die zum Zwecke der Nacherfüllung erforderlichen Aufwendungen zu tragen, das sind Transport-, Wege-, Arbeits- und Materialkosten. Zu beachten ist in diesem Zusammenhang, dass der Verkäufer sein Recht, einen Mangel nachzubessern, behält, auch wenn Reparaturen bereits in einer fremden Werkstatt erfolglos waren. Der Verkäufer muss sich diese Nachbesserungsversuche nicht zurechnen lassen, er kann auf eine Nacherfüllung im eigenen Firmensitz bestehen.
OLG Köln vom 14.02.2006 (Az. 20U 188/05)

## Wandlung und Preisnachlass

Hat sich ein erheblicher Mangel nach drei Nacherfüllungsversuchen immer noch nicht beseitigen lassen oder fehlen zugesicherte Eigenschaften, hat der Käufer das Recht auf Wandlung oder Preisnachlass. Dies ist dann auch der Zeitpunkt, an dem Sie als Käufer einen Rechtsanwalt zu Rate ziehen sollten. Sie werden sich auf jeden Fall jedoch eine Nutzungspauschale, die abhängig von der genutzten Laufleistung des Fahrzeugs ist, anrechnen lassen müssen. Eine Wandlung ist grundsätzlich nur dann möglich, wenn das Fahrzeug noch im Originalzustand ist.

## Der Kulanzantrag

Nach Ablauf der Gewährleistungszeit, gegebenenfalls auch der Garantiezeit, bleibt Ihnen immer noch die Möglichkeit einer Kulanzregelung beim Händler. Kulanz umschreibt im Allgemeinen ein Entgegenkommen zwischen den Vertragspartnern nach Vertragsabschluss. Sie regelt den Ablauf der freiwilligen Reparatur- und Serviceleistungen nach Ablauf der gesetzlichen oder individualvertraglichen Gewährleistungsverpflichtungen. Die Kulanzregelung wird in der Regel als Maßnahme zur Kundenbindung dargestellt.

# In der Werkstatt

Aufgrund der vielen Ausstattungsvarianten und verfügbaren Sonderausstattungen, die moderne Autos selbstverständlich bieten, ist eine genaue Bestimmung des Fahrzeugtyps anhand der Fahrgestellnummer nicht immer präzise möglich. Sollten Sie also Ihre Werkstatt wechseln, vergessen Sie nicht, alle Unterlagen (Serviceheft, Radiocode, ABE, Zubehörunterlagen) vorzulegen. Berücksichtigen Sie durchaus auch vorhandenes Zubehör wie verschließbare Sonderfelgen. Bei Arbeiten an der Wegfahrsperre oder dem Schließsystem werden in der Regel alle Fahrzeugschlüssel benötigt. Ansonsten räumen Sie Ihr Fahrzeug aus und entfernen auch alle Privatsachen. So ersparen Sie sich zumindest unliebsame Diskussionen...

## Das hinterlegen Sie am Werkstatttresen

- Fahrzeugschein
- Serviceheft
- Adapter oder Schlüssel für Felgenschlösser
- Radiocode
- alle Schlüssel (bei Arbeiten am Schließsystem)

## Erteilen Sie der Werkstatt einen schriftlichen Auftrag

Um vermeidbaren Ärger mit der Werkstatt aus dem Weg zu gehen oder wenn Ihnen einfach mal die Zeit fürs Do-it-yourself, die nötige Erfahrung oder teures Spezialwerkzeug fehlen, kommen Sie an der Werkstatt nicht vorbei. In jenen Fällen haben Sie allerdings selbst großen Einfluss darauf, ob die professionelle Hilfe Ihren Vorstellungen entspricht und Sie zufrieden vom Hof fahren. Beachten Sie darum die Spielregeln und Tipps in der folgenden Übersicht schon bei Ihrem nächsten Werkstattbesuch.

***Enthält alle relevanten Daten:*** der Kfz-Schein.

## Wohin mit Ihrem Auto – Vertrags- oder freie Werkstatt?

- Erteilen Sie Reparaturaufträge stets schriftlich. Der Auftrag muss auszuführende Arbeiten möglichst genau umreißen. Lassen Sie sich immer von der Werkstatt eine Auftragsbestätigung aushändigen.
- Stellen Sie also eine Liste der Symptome und Mängel zusammen, die Sie bemerkt haben. Besprechen Sie die Liste Punkt für Punkt mit dem Werkstattmeister oder seinem Vertreter. Wenn Ihnen dabei etwas unklar bleibt, fragen Sie nach oder demonstrieren Sie die Mängel direkt am Fahrzeug.
- Formulieren Sie präzise Reparaturaufträge: Pauschalaufträge wie »TÜV-fertig machen« oder »für den Urlaub herrichten« programmieren geradezu späteren Ärger. Etwa dann, wenn Sie für Arbeiten zur Kasse gebeten werden sollen, die Ihrer Meinung nach unnötig waren.
- Bevor Sie einen Reparaturauftrag erteilen, lassen Sie sich die voraussichtlichen Lohn- und Materialkosten splitten. Legen Sie für eventuell erforderliche Zusatzarbeiten eine Preisgrenze fest. Ist der Arbeitsumfang vorab nur vage zu bestimmen, nennen Sie der Werkstatt Ihr eigenes Reparaturkostenlimit.
- Fragen Sie auf jeden Fall auch nach den voraussichtlichen Diagnosekosten. Wenn Ihr Auto beispielsweise zu viel Kraftstoff verbraucht oder schlecht anspringt, wenn der Motor stottert oder Sie merkwürdige Geräusche an den Rädern hören, ist die Diagnose häufig teurer als die eigentliche Reparatur. Begrenzen Sie daher auch die Fehlersuche mit einem Preislimit.
- Damit Sie bei Rückfragen erreichbar sind, geben Sie der Werkstatt Ihre Telefonnummer. Ein Rückruf muss immer dann stattfinden, wenn die Reparatur umfangreicher oder teurer als vereinbart wird. Lassen Sie auch zusätzliche Absprachen schriftlich auf dem Werkstattauftrag festhalten.

■ Bitten Sie die Werkstatt bei umfangreichen Reparaturen um einen schriftlichen Kostenvoranschlag. Solide Werkstätten berechnen Ihnen in der Regel den Kostenvoranschlag nur dann, wenn die anschließende Reparatur nicht stattfindet. Bei unvorhersehbaren Arbeiten darf die Rechnung den Kostenvoranschlag um maximal 15–20 Prozent überschreiten.

■ Welche Werkstatt Sie mit Ihrem Logan aufsuchen, steht Ihnen grundsätzlich frei. Neben der Vertragswerkstatt können freie Werkstätten auch eine gute Adresse sein.

Viele Reparaturen führen »Freie« mit vergleichbarer Kompetenz wie Vertragswerkstätten aus. Ölwechsel, neue Bremsbeläge, Bremsscheiben, Reifen und Stoßdämpfer sind dort häufig sogar günstiger. Achten Sie jedoch grundsätzlich darauf, dass die von Ihnen beauftragte Werkstatt ein Meisterbetrieb ist und der Kfz-Innung angehört.

■ Innerhalb der Garantiezeit ist Ihr Logan jedoch grundsätzlich ein Fall für die Vertragswerkstatt. Das gilt für Inspektionen wie für die meisten Aggregatereparaturen. Einfache Blech- oder Lackschäden können Sie – trotz Garantie – durchaus in Eigenregie beheben oder von einer freien Werkstatt erledigen lassen. Bei späteren Reparaturproblemen könnte es dann mit der Werksgarantie allerdings kritisch werden.

## Bis zu 30 Prozent günstiger – spezielle Teile- und Serviceangebote

■ Sobald Ihr Logan in die Jahre kommt, lohnt es sich, nach speziellen Teile- und Serviceangeboten zu fragen. Nicht nur Dacia-Vertragswerkstätten bieten oft Servicepakete inklusive preisgünstiger Originalteile an – Sie können hier locker bis zu 30 Prozent sparen. Fragen Sie Ihren Dacia-Händler einfach mal nach seinen aktuellen Serviceangeboten.

■ Wird ein Aggregateaustausch unumgänglich, muss das Neuteil nicht immer die erste Wahl sein: Erkundigen Sie sich nach aufbereiteten und geprüften Austauschteilen. Damit sparen Sie Bares – natürlich bei vergleichbarer Qualität. Prädestinierte Austauschteile sind Motor, Kraftstoffeinspritzanlage, Getriebe, Kupplung, Lichtmaschine, Anlasser und die Wasserpumpe.

■ Ein Ölwechsel in der Werkstatt oder an der Tankstelle geht mitunter ins Geld: Professionelle Schmiermaxen spendieren Ihrem Auto gerne den teuersten Saft. Fragen Sie nach preisgünstigeren Ölsorten mit vergleichbaren Spezifikationen – in der Regel schmieren diese Ihren Logan nicht schlechter.

## Gemeinsam mit dem Werkstattmeister checken – die Reparaturrechnung

■ Checken Sie die Werkstattrechnung nach der Reparatur zusammen mit dem Meister oder Kundendienstberater. Lassen Sie sich unverständliche Abkürzungen und Fachbegriffe vor Ort erklären.

■ Auf der Rechnung sollten Posten wie Arbeitslohn, Material und Mehrwertsteuer separat aufgeschlüsselt sein. Fehlerhafte Rechnungen können Sie binnen sechs Wochen nach Erhalt reklamieren.

Rechtzeitig monieren – mangelhafte Reparaturen

■ Mangelhafte Reparaturen sollten Sie umgehend monieren. Meisterbetriebe müssen für die Arbeit sechs Monate geradestehen (Gewährleistung). Für Folgeschäden, hervorgerufen durch unsachgemäße Reparaturen, haften autorisierte Werkstätten natürlich auch.

■ Wenn Ihnen bei der Fahrzeugübernahme bereits die ersten Mängel auffallen, kann die Werkstatt Ihnen trotzdem den vollen Reparaturumfang berechnen. Vermerken Sie in solchen Fällen auf der Rechnung, dass Ihre Zahlung ausschließlich unter Vorbehalt und nach Aufforderung erfolgte.

■ Tragen Sie dem Werkstattmeister Ihre Reklamationen in einem sachlichen Ton vor. Lassen sich Unstimmigkeiten vor Ort nicht ausräumen, helfen Schiedsstellen der Kfz-Innung kostenlos weiter – vorausgesetzt, Ihre Werkstatt ist Innungsmitglied. Adressen von Kfz-Schiedsstellen nennen Ihnen zum Beispiel die Zentrale für Verbraucherberatung, Ihr Automobilclub oder der ZDK e.V., Franz-Lohe-Str. 21, 53129 Bonn.

***Problemschilderung:*** Je mehr Informationen Sie bei der Problembeschreibung dem Servicetechniker schildern, desto leichter tut er sich später in der Werkstatt beim Auffinden der Fehlerursache(n) sowie auch der Reparatur!

# Investition in die Zukunft

Als do it Yourselfer wissen Sie's längst: Ohne das richtige Werkzeug sind Sie aufgeschmissen – und gutes Werkzeug ist zudem schon die halbe Miete… Darum zeigen wir Ihnen in diesem Kapitel was Sie möglichst alles haben sollten und wie der »Schatz« in Ihre Garage passt.

Egal, ob Sie nun häufig oder eher selten, aus purer Lust am Basteln oder um Geld zu sparen, an Ihrem Auto schrauben möchten: Ohne die richtige Basis ist Ihr Einsatz von vornherein zum Scheitern verurteilt. Bevor Sie also die erste Schraube gedreht haben, kommen leider schon Ausgaben auf Sie zu.

## Was kostet mich meine Schrauberlust?

Pauschal gesagt: Zunächst einmal viel Geld. Bitte versuchen Sie bei der Ausstattung nicht wie ein Sparweltmeister zu knausern: Gute Arbeitsergebnisse sind auch von gutem Werkzeug abhängig – und dass gutes Werkzeug auch Ihre Hände vor Verletzungen schützt, ist unter Profis ein offenes Geheimnis.
Natürlich müssen Sie nicht auf Anhieb gleich den Gegenwert eines guten Gebrauchtwagens gegen Schraubenschlüssel und Arbeitsmöbel wechseln, so viel kostet nämlich die Ausrüstung unserer Heimwerkstatt. Wir haben hier einen kompletten Werkzeugsatz in Profi-Qualität eingeräumt und die Ausstattung zudem mit praktischem Zusatz-Equipment ergänzt.
Lohnt sich der Aufwand für einen Do-it-yourselfer?
Eine Frage, auf die es keine eindeutige Antwort gibt: Denn wieviel Euro Sie persönlich investieren, hängt natürlich von Ihrem Geldbeutel und Ihrer Schrauberleidenschaft ab. Doch egal wie Sie entscheiden, einen Grundsatz sollten Sie beherzigen: Weniger ist mehr – mehr Qualität. Die hat bei Werkzeug immer noch ihren Preis. Über die Jahre rechnet sich gute Qualität, nehmen Sie von vermeintlichen Wühltischschnäppchen also besser gleich Abstand.

## Womit starten Sie?

Ohne ein Platz sparendes Ordnungssystem und eine stabile Werkbank sollten Sie sich und Ihrem Auto möglichst keine umfangreicheren Arbeiten zumuten: Ordnung und Sauberkeit sind beim Schrauben oberstes Gebot.
Hochwertige Ordnungssysteme, beispielsweise das in unserer Garage, kosten gut 4000 Euro – ohne den gesamten Inhalt versteht sich. Aber einzelne Werkzeuge ergänzen Sie über die Jahre ja ohnehin praxisbezogen. Lassen Sie sich doch künftig von Ihren Lieben zum Geburtstag oder zu Weihnachten, mit Werkzeug beschenken. Die Schränke füllen sich dann schneller als Sie denken. Und Socken oder Unterwäsche haben Sie eh schon genug…

### ⚠ Schraubergrundsatz

GEFAHRENHINWEIS

Dass Essen, Trinken, offenes Licht, Feuer oder brennende Zigaretten am Arbeitsplatz nichts verloren haben, setzen wir als selbstverständlich voraus. Lagern Sie auch keine undefinierbaren Flüssigkeiten in Trinkflaschen. Selbst destilliertes Wasser ist kein verdauliches Lebensmittel.
Einerlei, ob Sie nun Do-it-yourselfer oder Profi sind – schrauben ist nicht ungefährlich: Die Verletzungsbandbreite reicht vom kleinen Kratzer bis hin zu veritablen oder gar tödlichen Verletzungen. Beachten Sie daher folgende Spielregeln:

- Rüsten Sie Ihren Arbeitsplatz mit einem Verbandskasten und Feuerlöscher aus – immer und überall.
- Arbeiten Sie niemals mutterseelenallein.
- Wenden Sie rund ums Auto keine Gewalt an, besser, Sie denken über elegantere Problemlösungen nach.
- Sichern Sie angehobene Lasten IMMER doppelt.
- Tragen Sie möglichst Schutzkleidung – besonders für die Augen.
- Benutzen Sie hochwertiges Werkzeug.
- Belüften Sie geschlossene Räume immer großzügig.

## Woran erkenne ich gutes Werkzeug?

Solides Werkzeug ist in der Regel nicht billig, über die Jahre wird es jedoch preisgünstig: Ein Ring-/Maulschlüssel kostet im Fachhandel je nach Größe zwischen fünf und 15 Euro. Für einen Zehnersatz mit den gängigen Schlüsselweiten müssen Sie also mit rund 80 Euro rechnen. Noch gravierender sind die Qualitäts- und Preisunterschiede bei Steckschlüsselsätzen. Ein leistungsfähiger Ratschenkasten mit Verlängerungen und Stecknüssen kostet an die 200 Euro.
Fernöstliche Wühltischware geht da wesentlich billiger über den Tresen, doch längst ist nicht alles, was glänzt, auch glänzende Qualität. Merke: Nicht nur der Glanz sondern auch das Gewicht ist zunächst ein Indiz für Qualität: Je schwerer das Werkzeug ist, umso stabiler ist es im Umgang mit Schrauben & Co. »Wiegen« Sie zum Vergleich einfach mal ein paar Schlüssel in der Hand und achten dabei natürlich auch auf Maßhaltigkeit und Oberfläche. Vermeintlich billige Leichtgewichte fallen leicht durch das Qualitätsraster.

## Was tun, wenn die Garage fehlt?

Der ideale Ort zum Schrauben ist natürlich eine Garage – je größer umso besser. Doch auch wenn Sie einen Stellplatz Ihr Eigen nennen oder gar im Freien arbeiten, müssen Sie Ihr Werkzeug nicht im Schuhkarton ordnen. In dem Fall heißt die Lösung Werkzeugwagen. Er wartet dann eben nach getaner Arbeit im Keller auf seinen nächsten Einsatz. Allzu schwer beladen sollte er dann freilich nicht sein.
Achten Sie beim Kauf eines Werkzeugwagens unbedingt auf stabile, kugelgelagerte Laufräder und auf rollengeführte Werkzeugladen. In diesem Punkt unterscheidet sich die Spreu vom Weizen. Für einen »standfesten« Wagen in Profi-Qualität kalkulieren Sie rund 1000 Euro ein.

***Schraubendreher:*** Entscheidend ist der Griff und die Qualität der Spitze. Je drei Größen von Schlitz- und Kreuzschlitzschraubendrehern genügen für den Anfang.

***Der Werkzeugwagen:*** Was in einem guten Wagen alles Platz hat, verdeutlichen die Bilder. Die gezeigte Luxusversion ist abschließbar und hat ölfeste Gummiräder.

***Ring-Maulschlüssel:*** Ein kompletter Satz dieser Kombinationsschlüssel von acht bis 22 Millimeter reicht in den meisten Fällen. Zusätzlich gibt es natürlich noch Spezialschlüssel.

***Steckschlüsselkasten:*** Auch Knarrenkasten genannt. Ein empfehlenswerter Kompromiss für das Grobe und Feine hat das Verbindungsmaß 3/8 Zoll. Sparen Sie auf keinen Fall an der Umschaltknarre!

***Zangen:*** Wichtig sind eine verstellbare Wasserpumpen-, eine Flach- oder Spitz- sowie eine Kombizange und ein Seitenschneider.

***T-Griffe:*** Werden meist im Karosseriebereich eingesetzt. Das übertragbare Drehmoment ist nicht sehr hoch, dafür sind auch tief sitzende Schrauben gut erreichbar.

***Torx-Abteilung:*** Immer mehr Schraubverbindungen haben Torx- oder Vielzahnköpfe. In diesem Fach ist alles versammelt, was das Arbeiten mit Torxschrauben erleichtert.

***Sonderfach:*** Selten benötigte Werkzeuge, etwa Bremsleitungsschlüssel, Messschieber oder verschiedene Spezialbits, sind in einem Sonderfach gut aufgehoben.

***Gekröpfte Ringschlüssel:*** Diverse Schrauben sind am Auto häufig nur mit einem gekröpften Ringschlüssel erreichbar. Es gibt verschiedene Ausführungen von Ringschlüsseln, so auch für Spezialfälle.

***Hammer, Säge, Drehmomentschlüssel:*** Schwere Werkzeuge positionieren Sie besser im untersten Schubfach. Der Wagen rollt dann besser und häufig ist dieses Fach auch größer als die anderen.

## Nützliche Sonderwerkzeuge – damit macht schrauben Spaß

Wenn Sie keine Platzprobleme haben, bringen Sie Ihr gesamtes Werkzeug doch in einer Werkbank-/Werkzeugschrank-Kombination unter. Lassen Sie jedoch noch etwas Platz übrig, denn außer gutem Werkzeug finden sich in einer zünftigen Schraubergarage immer auch einige nützliche Sonderwerkzeuge. Was jedoch meistens fehlt: eine Hebebühne. Doch dafür müsste das Dach einer Standardgarage gut zwei Meter höher sein.

***Sicherer Stand:*** Stabile Auffahrrampen sind für die meisten Arbeiten unter dem Auto völlig ausreichend. Zwar können Sie für spezielle Arbeiten nicht die Räder nicht abnehmen, dafür steht das Auto aber sicher.

***Beste Bedingungen:*** Ungenutzte Räder parken perfekt auf einem Reifenbaum. Zwischen den Rädern bleibt sogar etwas Luft – das Gewicht trägt die Felge. So gelagert, bleiben Räder über Monate perfekt in Form.

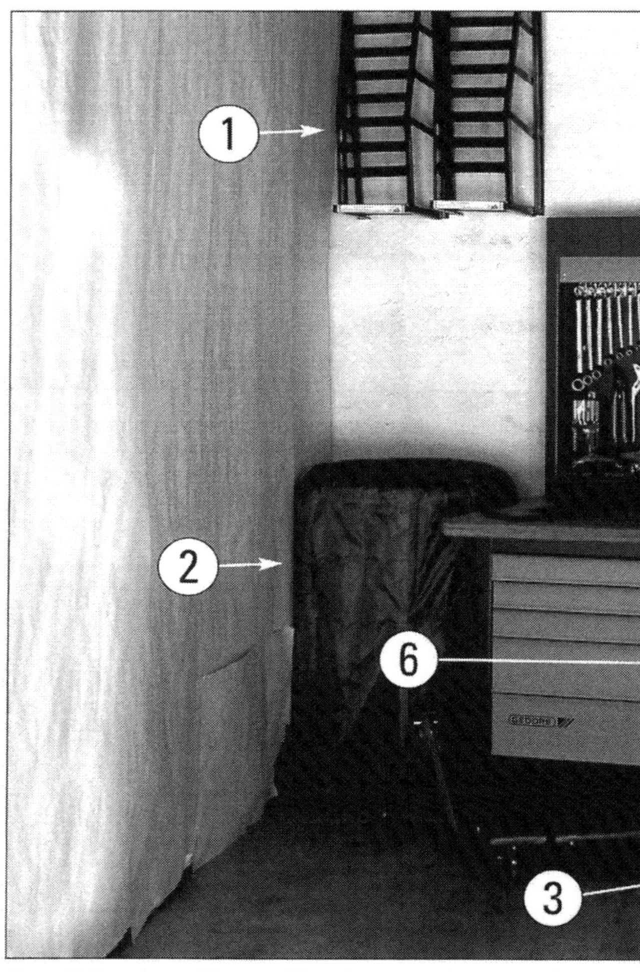


***Des Schraubers Traum:*** Ein cleveres Werkstatt-System schafft auf begrenztem Raum ein wahres Schrauberparadies. Die gezeigte Ausrüstung passt in eine Normgarage. Wir haben dazu eigens fürs Foto eine entsprechend große

***Helfer für den Autobauch:*** Unterstellböcke und ein hydraulischer Wagenheber sind für Arbeiten unter dem Auto ein Muss. Ein Rollbrett, das auf Verlangen zum Hocker mutiert, ist dagegen Luxus.

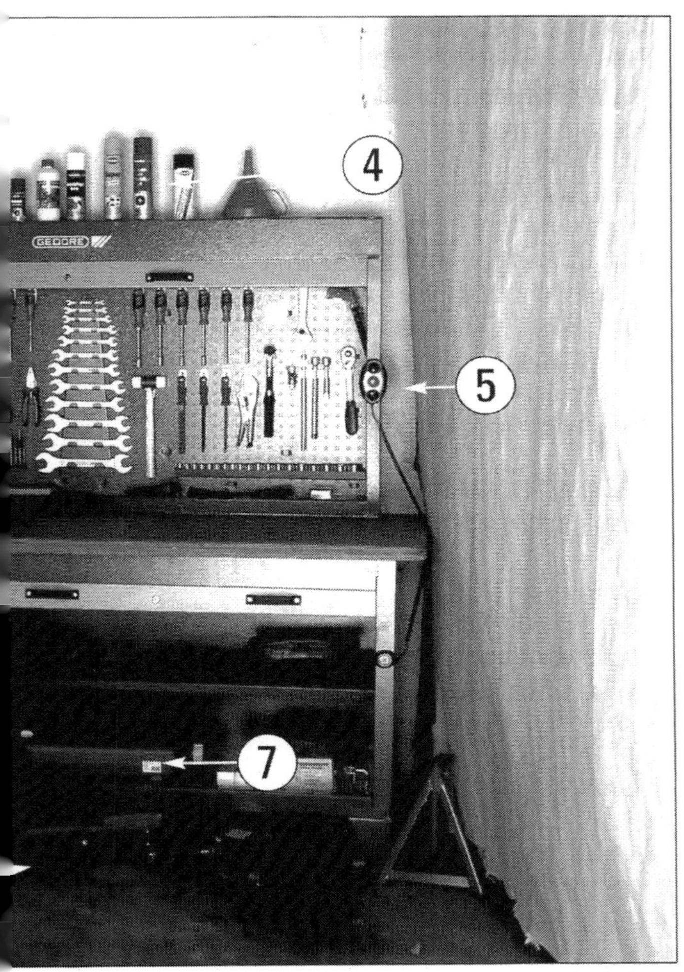


Grundfläche vorbereitet. (1) Auffahrrampen, (2) Reifenbaum, (3), Lift- und Sitzhilfen, (4) Reinigungs- und Pflegemittel, (5) Rangierhilfe, (6) Arbeitlichtquellen, (7) Ölwechselequipment.

***Werkstattapotheke:*** Ganz ohne Chemie geht in der Werkstatt nichts von der Stelle. Unverzichtbar sind Teilereiniger, Sprühfett und Rostlöser. Häufig nachgefragt ist auch Kupferpaste.

***Ampellösung:*** Damit unser »heilix Blechle« nicht mit der kostbaren Werkbank aneinander gerät, signalisiert ein Abstandswarner die gebührende Distanz.

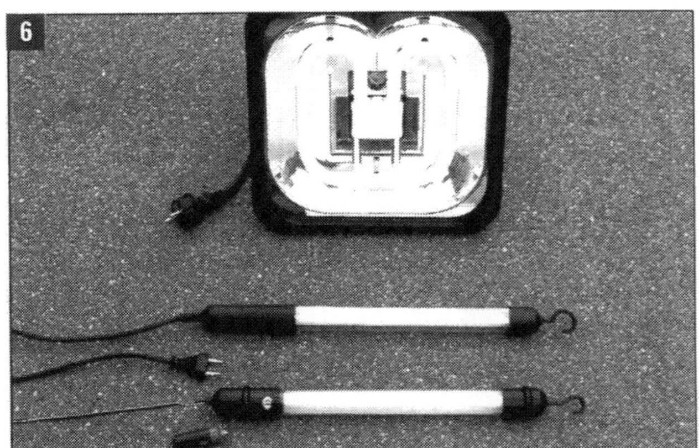


***Es werde Licht:*** Gute Sicht und gutes Werkzeug sind schon mal die halbe Miete – hieran zu sparen, wäre unklug, zumal Ihre Augen beim Schrauben ja möglichst lange hellwach bleiben sollten.

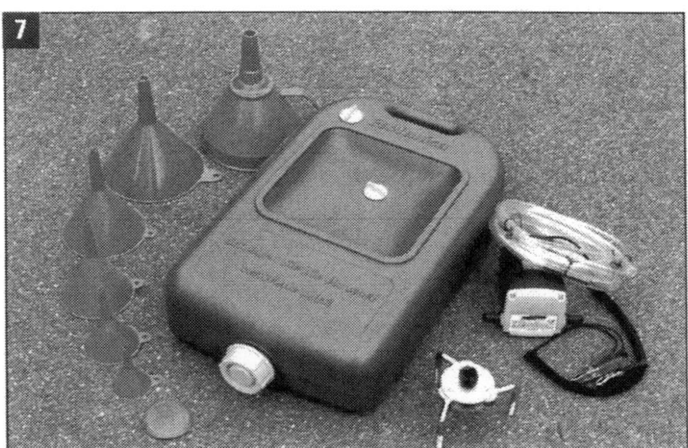


***Ölige Helfer:*** Für den sauberen Ölwechsel empfehlen wir eine ölfeste Wanne mitsamt Trichterset. Sie bevorzugen die Absaugmethode? Dann kommen Sie ohne Altölpumpe und diverse Adapter nicht wirklich weit...

# Richtig schrauben

So manchem Schrauber haben unlösbare oder abgerissene Schrauben die gute Laune schon gründlich vermasselt. Damit Sie nicht zu den Frustrierten gehören, reden wir über die gebräuchlichsten Tipps und Kniffe der Profis.

## Nach bombenfest kommt schnell ganz los – achten Sie aufs Drehmoment

Damit Schrauben und Muttern richtig fest sitzen, benötigen Sie ein bestimmtes Anziehdrehmoment. Die Betonung liegt auf »bestimmtes« Anziehdrehmoment. Werden nämlich Schrauben/Muttern zu leicht angezogen, lockern Sie sich ungewollt. Zu fest angezogene Schrauben übrigens auch: Entweder zerbröseln die Gewindeflanken unter dem Anzugsmoment oder die Schraube reißt gleich ab.

Die Erfahrung müssen Sie nicht unbedingt selbst machen: Wir nennen Ihnen darum die gebräuchlichsten Anzugsmomente für normale Schraubverbindungen.

| | |
|---|---|
| Schraube/Mutter M6 | 6 bis 10 Nm |
| Schraube/Mutter M8 | 15 bis 20 Nm |
| Schraube/Mutter M10 | 30 bis 40 Nm |
| Schraube/Mutter M12 | 55 bis 70 Nm |
| Schraube/Mutter M14 | 85 bis 100 Nm |
| Schraube/Mutter M16 | 120 bis 140 Nm |

Profis zeichnen übrigens gerne Schrauben/Muttern, die mit Drehmoment angezogen sind, mit einer Farbmarkierung. Sollte sich dann wider Erwarten eine Schraubverbindung lockern, verraten das die zueinander verdrehten Farbmarkierungen.

## Wichtig in Leichtmetallen – die Schraubenlänge muss stimmen

In Aluminium oder Messing gedrehte Stahlschrauben müssen mindestens mit der Länge des doppelten Schraubendurchmessers im Gewinde sitzen. Beispiel: Eine M6-Schraube soll demnach mindestens zwölf Millimeter tief ins Gewinde reichen. Auf der sicheren Seite sind Sie jedoch, wenn die zweieinhalbfache Länge im Gewinde sitzt.
Sie haben gerade mal keine passend lange Schraube zur Hand und sind versucht, eine kürzere zu verschrauben? Vergessen Sie's sofort und kürzen mit der Metallsäge oder dem Winkelschleifer lieber eine längere Schraube passend ein. Nur dann sind Sie sicher, dass die Verbindung auch dauerhaft fest bleibt.
Gleich noch ein Tipp für den Umgang mit gebrauchten Schrauben: Checken Sie das Gewinde auf Beschädigungen. Sobald Sie fündig werden, gehört die Schraube ins Altmetall. Nicht so, wenn aus einer alten Verbindung noch Schmutz oder Reste von Schraubenkleber den Gewindegängen anhaften. Reinigen Sie die Alte einfach mit einer Messingdrahtbürste. Jawohl Messing, denn eine Stahldrahtbürste verletzte die Gewindeflanken.

## Erhöhen die Pressung – Unterleg-, Well-, Zahnscheiben und Federringe

Eines vorweg: Eine Schraubverbindung ohne Unterlage ist Pfusch! Eine Schraubverbindung mit der falschen Unterlage gleichfalls!
Unterleg- oder Wellscheiben gehören zwischen Stahlmuttern und Aluminium, Federringe (Sprengringe) und Zahnscheiben passen dagegen zu Stahlverschraubungen.
Bei modernen Autos kommen zudem immer häufiger selbstsichernde Muttern (Stoppmuttern) zum Zuge. Diese Muttern sichert entweder ein am oberen Rand eingelegter Kunststoffring oder ein gesprengter Gewindegang. Sowohl der Kunststoffring als auch der behandelte Gewindegang sichern die Mutter auf dem Schraubgewinde. Stoppmuttern unterliegen einem normalen Verschleiß. Verwenden Sie die Muttern zweimal, danach sind Sie ein Fall für die Schrottkiste.
Ab und an halten auch Stahlmuttern mit fein verzahntem Bund Schraubverbindungen beieinander. Diese Muttern sind eher selten anzutreffen, am ehesten jedoch dort, wo Schraubverbindungen ohne Unterlage zwischen Stahl und Aluminium zu realisieren sind.

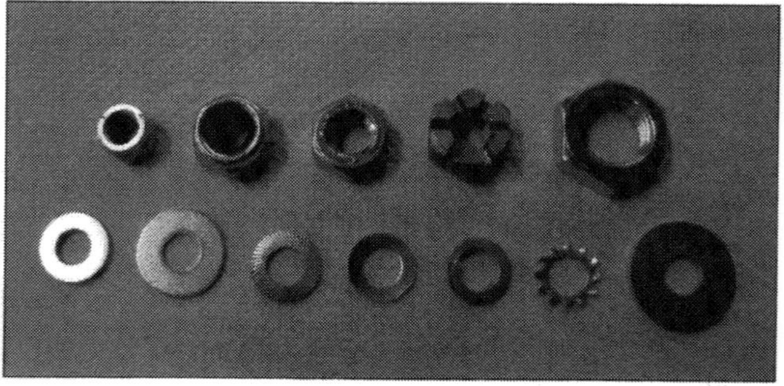

***Kleine Auswahl:*** Für jede Befestigung gibt es spezielle Muttern und Unterlegscheiben.

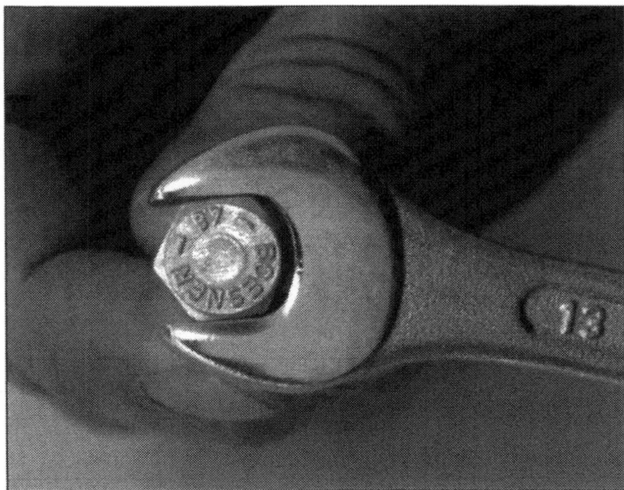

*Das passt:* Der richtige Schlüssel zur passenden Schraube/Mutter.

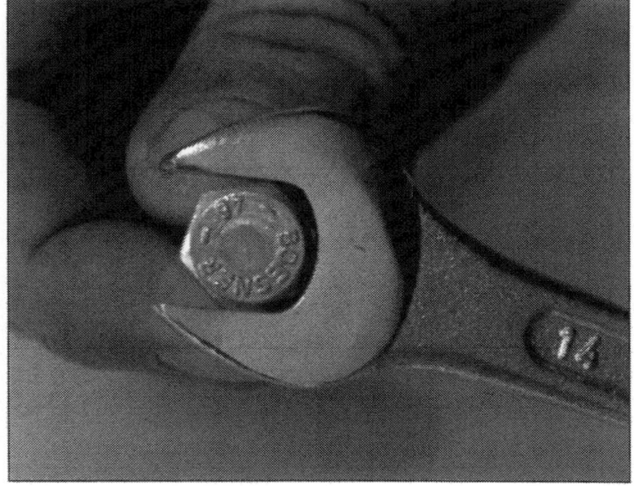

*Das funktioniert nicht:* Ein zu großer Schlüssel rutscht über den Schraubenkopf.

## Kapitulieren meistens – verrostete Schraubverbindungen

Bevor Sie eine festgerostete Mutter bzw. Schraube lösen, befreien Sie die überstehenden Gewindegänge mit einer Messingdrahtbürste von Schmutz und Rostrückständen. Andernfalls könnte sich die Mutter auf dem Gewindestück dermaßen verspannen, dass Ihnen der Gewindebolzen oder die Schraube abschert.

■ Zunächst säubern Sie das überstehende Gewinde mit einer Drahtbürste und sprühen es anschließend mit Rostlöser ein.

■ Bei Schnellrostlösern drehen Sie die Mutter sofort los, …

*Ein Fall für den Schrott:* Verrostete oder beschädigte Schrauben sollten Sie niemals wieder verwenden.

■ … andere Rostlöser (Öl, Petroleum, Diesel, »Cola«, etc.) lassen Sie erst einige Zeit einwirken.

## Zeitaufwändig – beschädigte Muttern lösen

■ Wenn Sie mit dem Gabelschlüssel eine Sechskantmutter rund gedreht haben oder die Anlageflächen bereits vom Rost zerfressen sind, sprengen Sie die Mutter entweder mit einem Muttersprenger oder einem scharfen Meißel auf.

■ Bei kleineren Muttern hilft in dem Fall ab und an noch eine stabile Gripzange. Sie greift mit etwas Glück den angefressenen Sechskant, sodass Sie die Verbindung lösen können.

■ Hilft das nicht weiter, verfahren Sie wie mit widerspenstigen größeren Muttern.

■ Gut zugängliche Muttern können Sie auch – entlang des Gewindes – mit einer Metallsäge aufsägen oder mit einem Winkelschleifer flexen.

## Selten anzutreffen – Inbus- und Vielzahnschrauben

■ Bevor Sie einen Schlüssel in Inbus- oder Vielzahnschrauben ansetzen, reinigen Sie gründlich den Schraubenkopf.

■ Besonders hartnäckige Schraubverbindungen brechen Sie mit einem leichten Hammerschlag auf den Schraubenkopf meist schon los.

■ Ist der Schraubenkopf nicht direkt mit dem Hammer zu treffen, schaffen Sie eine Verlängerung.

■ Im Gegensatz zu gebräuchlichen Winkelschlüsseln – bei denen setzt die Kraft immer schräg an – sind gerade Steckeinsätze meistens die bessere Wahl.

## Sitzen ab und zu bombenfest – Schlitz- und Kreuzschlitzschrauben

Schon nach relativ kurzer Zeit können festsitzende Schlitz- oder Kreuzschlitzschrauben einen normalen Schraubendreher schlichtweg überfordern. Bei Kreuzschlitzschrauben kommt erschwerend hinzu, dass der Schraubendreher häufig keinen sicheren Halt im Schraubenkopf findet. Folge: Schon nach wenigen Versuchen ist die Schraube vermurkst.

■ Versuchen Sie, festgebackene Schrauben darum zunächst mit einem knackigen Hammerschlag auf den Schraubenkopf zu lösen.

■ Wenn Sie den Schraubenkopf nicht direkt mit dem Hammer erreichen, setzen Sie als Verlängerung einen passenden Schraubendreher mit stabilem Griff an und traktieren die Verbindung.

■ Bleiben Sie erfolglos, versuchen Sie Ihr Glück mit einem Schlagschrauber und dem passenden Einsatz. Schlagschrauber setzen an der Schraube jeden Hammerschlag in eine Drehbewegung um.

## Verursacht Probleme – festsitzender Stehbolzen

Stehbolzen (Gewindestangen) bieten einem Schraubenschlüssel meist keine Anlagefläche. Sollten Sie keinen Stehbolzenausdreher haben, schaffen Sie auf dem Stehbolzen eine provisorische Schraubmöglichkeit.

■ Schweißen Sie beispielsweise eine Mutter auf dem überstehenden Bolzengewinde fest oder kontern Sie zwei Muttern.

■ Zum Lösen gekonterter Muttern setzen Sie den Schraubenschlüssel immer an der unteren Mutter an. Zum Festziehen nutzen Sie grundsätzlich die obere Mutter.

## Den Bohrer exakt zentrieren – bevor Sie abgescherte Schrauben ausbohren

Ist die Schraube erst einmal abgeschert, bleiben nicht mehr viele Möglichkeiten. Eine davon ist das Ausbohren, doch die Gefahr, das Gewinde zu beschädigen, ist groß. Lassen Sie sich also Zeit bei dieser Operation. Nur so retten Sie das Außengewinde.

■ Geben Sie zunächst einen Körnerschlag exakt in die Mitte des Schraubenstumpfs.

■ Bohren Sie den Stumpf an: Bis Schraubengröße M8 schafft das ein so genannter Kernlochbohrer. Als Kernloch wird der Durchmesser einer Schraube ohne Gewindeflanken bezeichnet. Bis zur Schraubengröße M 6 gilt die Faustregel: Gewindedurchmesser multipliziert mit 0,8. Beispiel: Verschraubung M 6 x 0,8 = Kernlochdurchmesser 4,8. Bei Schrauben, die größer sind als M 8, sollten Sie mit einem dünneren Bohrer vorbohren.

■ Die in den Gewindegängen verbliebenen Metallreste können Sie anschließend mit einer Reißnadel oder einem Stabmagneten entfernen.

■ Falls nicht, schneiden Sie das Gewinde vorsichtig nach. Der Gewindeschneider entfernt dabei die Reste des alten Bolzens.

## Gewinde schneiden – mit speziellen Gewindebohrern leicht machbar

Leichtmetall hat eine geringere Festigkeit als Stahl. Demzufolge reißen Gewinde in Leichtmetall besonders leicht aus. Solange dann um das alte Gewinde herum noch genügend Materialsubstanz vorhanden ist, können Sie ein größeres Gewinde einschneiden.
Neue Gewinde schneiden Sie in drei Stufen. Die entsprechenden Gewindeschneider heißen daher Vorschneider (ein Ring am Schaft), Mittelschneider (zwei Ringe am Schaft) und Fertigschneider (ohne bzw. drei Ringe am Schaft).

■ Drehen Sie die Gewindeschneider unter ständigem Ölen nacheinander in das vorgebohrte Kernloch ein und aus.

■ Um die Schneider nicht abzureißen, nehmen Sie immer nur kleine Vorwärtsdrehungen (max. 1/8 des Umfangs) vor. Drehen Sie danach den Schneider immer so weit zurück, bis die Schneidspäne abbrechen und der Schneider nicht mehr klemmt.

## Meist ein Fall für Profis – Gewindereparatur mit neuen Gewindeeinsätzen

Es gibt viele Gründe, warum ein Gewinde nicht mehr in der Lage ist, das vorgesehene Anzugsdrehmoment zu halten.
– Grund 1: Häufiges Lösen und Anziehen führt zum Verschleiß der Gewindeflanken und, je nach Häufigkeit der Benutzung, zur Zerstörung.

– Grund 2: Die zum Teil recht weichen Aluminiumgusslegierungen sind in dieser Beziehung besonders problematisch und anfällig.
– Grund 3: Schrauben oder Muttern werden mit zu großen Anziehdrehmomenten angezogen.
– Grund 4: Rost zwischen Schraube und Bauteilwerkstoff blockiert die Schraube. Der Versuch, die Schraube zu lösen, zerstört das Muttergewinde.

Zerstörte Gewinde können allerdings mit relativ geringem Aufwand zu durchaus vertretbaren Kosten zuverlässig instand gesetzt werden. Das defekte Innengewinde wird in dem Fall einfach ausgebohrt und danach ein aus gewickeltem Draht bestehender Gewindeeinsatz (zum Beispiel HeliCoil) eingedreht.
Entsprechende Gewindereparatursätze vertreibt der Fachhandel. Größen zwischen M2 bis M36 sind meistens vorrätig. Doch für Do-it-yourselfer lohnt die Anschaffung meistens nicht: Gewindereparatursets sind relativ teuer. Betrauen Sie damit besser eine Fachwerkstatt.

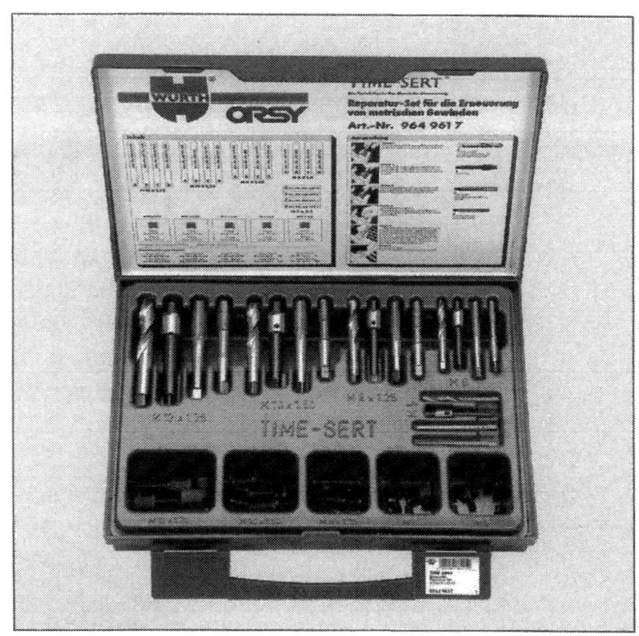


***Voll belastbar:*** Mit hochwertigen Gewindereparatursets erzielen Sie hervorragende Ergebnisse.

# Auf Kante kalkuliert

Die technische Basis des Dacia Logan bildet die gemeinsam mit Renault und Nissan entwickelte B-Plattform, auf der auch der Renault Modus und Clio aufbauen. Serienmäßig beim viertürigen Logan-Grundmodell: ABS mit elektronischer Bremskraftverteilung für die Vorder- und Hinterachse, zwei Frontairbags, Dreipunkt-Sicherheitsgurte und Kopfstützen auf allen fünf Plätzen. Nicht schlecht für ein Auto der Kompaktklasse zu einem Preis unterhalb der Mikroklasse…

Die erste osteuropäische Antwort auf fernöstliche Billigprodukte heißt Dacia Logan. Der Logan entsteht im rumänischen Pitesti, dem Stammwerk der Renault Tochter Dacia. Der geschichtliche Name erinnert an die Vergangenheit Rumäniens als römische Provinz ab 107 n. Chr. Seit 1999 investierte Renault in Pitesti rund eine Milliarde Euro in moderne Entwicklungs- und Produktionsstätten. Derzeit zeichnet das Werk neben den fünf Modellreihen (Stufenhecklimousine Logan, Kombi Logan MCV, Nutzfahrzeug Logan Van, Logan Pick-up und Sandero) auch für die weltweite Ersatzteil- und Modulversorgung verantwortlich.
Denn neben Pitesti wird der Logan aktuell auch in Russland, Marokko, Indien, Brasilien, Kolumbien und im Iran produziert. Seit dem Serienanlauf im Jahr 2004 gingen insgesamt bereits über eine Million Ableger der Logan-Familie an den Mann oder die Frau. Inzwischen rollen die Stufenhecklimousine, der Kombi MCV, die Kleinlieferwagen-Variante Van und der Pick-up in insgesamt 59 Ländern. Allein im Jahr 2007 wurden weltweit insgesamt Fahrzeuge aller Karosserievarianten gebaut. Ab 2009 sollen allein in Pitesti jährlich bis zu 400.000 Einheiten vom Logan und seinen Derivaten entstehen. Bis 2010 sollen dem Logan dann jährlich schon etwa eine Million Käufer das Ja-Wort geben. In einigen Ländern wird der Logan übrigens auch unter dem Markennamen Renault vertrieben.
Ursprünglich war der Dacia Logan vornehmlich für die wachstumsstarken Schwellenmärkte in Osteuropa, Südamerika und dem Mittleren Osten konzipiert. Doch was sich dort bewährt und durchsetzt, hat auch in Westeuropa eine reelle Chance: Inzwischen gehen die Absatzzahlen stetig nach oben. Allein hierzulande kamen 2007 mehr als 17.000 Logan neu auf den Markt – Tendenz weiter steigend. In Frankreich zählt Dacia inzwischen, mit nahezu 33.000 verkauften Einheiten, gar zu den zehn meistverkauften Marken.

## Logan Erfolgsrezeptur – die »Design to Cost«-Methode

Der Logan ist übrigens das Erstlingswerk der Renault-Tochter Dacia, welches konsequent nach dem Prinzip der »Design to Cost-Methode« entstand. Demnach unterliegen alle Baugruppen dem strengen Diktat eines möglichst lukrativen Verkaufspreises. Der Vorsatz führte zwangsläufig zur Adaption serienerprobter Komponenten aus dem reichhaltigen Konzernfundus der Allianzpartner Renault/Nissan.
Doch auch dort, wo der Logan seinen unverwechselbaren Auftritt prägen sollte, beispielsweise bei der Karosserie oder Komponenten des In- und Exterieurs, sind die Produkte so gestaltet, dass sie mit einfachem Maschinen- und Werkzeugeinsatz zu produzieren und zu montieren sind.
»Design to Cost« verinnerlicht einen weiteren, pragmatischen Grundgedanken: Das generell vorhandene Risiko neuer Entwicklungen mit ihren zeit- und kostenintensiven Entwicklungsphasen fließt äußerst moderat in die Gesamtkalkulation ein. Der Einfall sticht auch in der Praxis: Im Dacia Logan geht bewährte Technik, teilweise von gestern, eine Symbiose mit den Ansprüchen von heute, für expandierende Marktpotenziale von morgen, ein.

## Auf einen Blick – das Logan-Modellprogramm

Mit seinem großzügigen Raumangebot und dem verlockenden Preis-Leistungs-Verhältnis spricht der Dacia Logan in Westeuropa überwiegend Kunden mit einem rein rationalen Zugang zum Auto an. »Zuverlässigkeit und Preis« sind laut Dacia »wichtiger als Markenimage, Design und sportliche Fahrleistungen.« Logan-Käufer sind nach Auskunft der Dacia-Strategen »hierzulande überwiegend Gebrauchtwagenbesitzer, die zum ersten Mal einen Neuwagen erwerben«.
Sie wählen ihr Auto unter drei möglichen Ausstattungsvarianten aus. Über die Serienausstattung hinaus, steigern Logan-Käufer den Komfort mit einer Reihe weiterer Optionen. Dazu gehören ein 2 x 15-Watt-CD-Radio (Ambiance) oder ein 4 x 15-Watt-CD-Radio (Lauréate). Beide genannten Modelle bekommen im Rahmen des Klang & Klima-Pakets optional zudem eine Audioanlage mit MP3-Funktion installiert. Ab Ambiance steht dann gleichfalls noch eine Klimaanlage (AC) auf der Wunschliste. 15-Zoll-Leichtmetallfelgen bleiben allerdings dem Top-Modell Lauréate vorbehalten.
Soweit die möglichen Sonderwünsche – alles in allem sehr überschaubar. Nachteilig ist das freilich nicht, die serienmäßigen Lieferumfänge sind weitgehend komplett. Hier der Überblick für die einzelnen Varianten des Stufenhecks und Kombi (MCV):

- Logan — die Basis-Variante
- Ambiance — die Brot- und Butter-Variante
- Lauréate — die Topp-Variante

Ausstattungsdetails wie ABS mit elektronischer Bremskraftverteilung, Bremsassistent, Fullsize-Fahrer- und Beifahrerairbags, Seitenaufprallschutz, Dreipunktsicherheitsgurte vorn, Kopfstützen an allen fünf Sitzplätzen, elektronische Wegfahrsperre, Seitenschutzleisten, zwei Außenspiegel von innen verstellbar, mehrstufiger Scheibenwischer mit Intervallschaltung, Wärmeschutzverglasung, beleuchteter Gepäckraum, Staufächer in den Vordertüren, Mittelkonsole mit Cupholdern, Sonnenblenden, vierstufiges Innenraumgebläse, vier variable Innenraum-Luftdüsen, Drehzahlmesser, ISO-Fix-Kindersitzbügel, beheizbare Heckscheibe – der Basis Logan hat's an Bord. Ab der Brot- und Butter-Variante ist dann geringfügig mehr Bequemlichkeit im Angebot. Den Logan Lauréate durchlüftet zwar immer noch kein Hauch von Luxus, doch alles wirkt ein bisschen wohnlicher – weg von Plastik, hin zu mehr Textilien…

***Typisch Renault:*** Die Sitzmöbel des Dacia Logan tauchten früher schon im Renault Clio auf. Etwas zu kurz geratene Sitzflächen und weich gepolsterte Rückenlehnen mit ausgeprägten Seitenwangen.

## Logan – die Basis-Variante

Den Basis Logan gibt's lediglich mit dem 1.4 MPI Motor. Der hubraumschwächste Vierzylinder leistet mit 1,4-Liter Hubraum 55 kW (75 PS). Das Ausstattungsniveau weist innen wie außen keine großen Schwächen auf, doch die optische Anmutung wirkt unübersehbar nüchtern. Es fehlt zwar nichts Wesentliches, alles was geboten wird, hinterlässt auch einen durchaus robusten Eindruck – Design-to-Cost durchzieht die Basis-Variante allerdings mit ausgesprochener Nüchternheit.

***Grau in grau:*** Das Armaturenbrett des Logan mit typischen Renault-Hebeleien.

## Logan Ambiance – die Brot- und Butter-Variante

Im Großen und Ganzen bietet Ambiance die solide Hausmannskost des Basis-Logan – auch unter der Motorhaube. Ausstattungsseitig rüstet das Ambiance-Paket allerdings mit dem gebotenen Augenmaß auf: Nebellampen im Windlauf unterhalb des Stoßfängers gibt's immerhin optional, Stoßfänger in Wagenfarbe, verchromt eingefasster Kühlergrill oder schwarze Seitenschutzleisten sind ab Werk mit von der Partie. Gleichfalls eine Zentralverriegelung, ein Make-up-Spiegel für den Beifahrer oder die Möglichkeit, das Innenraumklima mit Umluftregelung zu beeinflussen. Unter dem Strich reicht das allerdings nicht, um der Wartesaal Atmosphäre erfolgreich entgegenzuwirken.

***Übersichtlich und funktionell:*** Das Cockpit des Logan. Die abgebildete Version spiegelt die Topp-Variante Logan Lauréate MCV.

## Logan Lauréate – die Topp-Variante

Zusätzlich bzw. abweichend von der Basisausstattung seiner beiden Artgenossen kommt der Lauréate mit optischem und praxisorientiertem Mehrwert. Seinen Gepäckraumdeckel schmückt eine Chromzierleiste, die Seitenschutzleisten, Türgriffe und beide Außenspiegel sind in Wagenfarbe lackiert. Die Spiegel werden zudem mit Elektromotoren verstellt – im Winter sind sie elektrisch beheizt. Im Innenraum fällt der hellgraue Instrumententräger in Mattchromoptik auf. Da ziehen die Mittelkonsole sowie die verstellbaren Lüftungsdüsen im Armaturenbrett gleich. Ebenso die Türhaltegriffe, die Türöffner sowie diverse Dekorleisten – alles in Mattchromoptik. Unterhalb der Mittelkonsole ist eine Ablage versteckt und zwei Pompadourtaschen in den Vordersitzlehnen nehmen Karten und weiteren Reisekrimskrams auf. Selbst ein Bordcomputer mit sechs Funktionen wertet den Lauréate-Fahrerplatz sinnvoll auf. Sinnvoll auch der höhenverstellbare Fahrersitz mit Lendenwirbelstütze. Nicht zu vergessen die Servolenkung mit höhenverstellbarer Lenksäule: Den anderen Modellen sind beide Goodies nicht für Geld und gute Worte zu implantieren. Die Türen reagieren im Lauréate auf das Funksignal des Zündschlüssels und in den Vordertüren gleiten die Türscheiben elektrisch nach oben oder unten. Wem der Sinn nach mehr »Wohnkomfort« gepaart mit Technologie steht, der wird mitunter enttäuscht. Ein Eldorado also für Do-it-yourselfer mit Hang zur Perfektion. Doch die wohl gravierendste Information zu guter Letzt: Lauréate-Käufer haben die Qual der Wahl zwischen vier Leistungsstufen. Außer dem kleinsten Treibsatz, dem 1.4 MPI 55 kW (75 PS), sind noch der 1.6 MPI (64 kW (87 PS), der 1.6 16V 77 kW (105 PS) sowie der 1.5 dCi 63 kW (86 PS), als einziger Diesel, im Lauréate zu haben.

## So können Sie kombinieren – der Logan und seine Motoren

| | 1.4 MPI | 1.6 MPI | 1.6 16V | 1.5 dCi |
|---|---|---|---|---|
| Logan* | • | - | - | - |
| Logan Ambiance* | • | - | - | - |
| Logan Lauréate* | • | • | • | • |

* auch Logan MCV; • lieferbar; - nicht lieferbar.

## Wunschliste – die Logan-Sonderausstattungen

Logan-Käufer sind mit dem Studium der Preis- und Ausstattungsliste schnell fertig: Sie existiert praktisch nicht. Was allerdings feilgeboten wird, hat ein faires

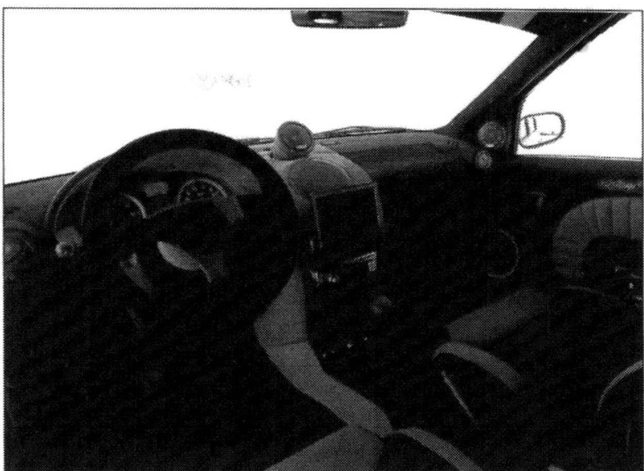

***Logan zum Träumen:*** Der Sonderausbau »Graf Dracula« inspiriert so manchen Do-it-yourselfer zu großen Taten an der eigenen Werkbank.

Preis-/Leistungsverhältnis. Es lohnt selbst für eingefleischte Do-it-yourselfer vor dem Kauf genau abzuwägen. Zumal im einen oder anderen Fall dann auch die nötigen Sonderabnahmegebühren beim TÜV oder DEKRA entfallen.
Ansonsten kommen ambitionierte Schrauber voll auf ihre Kosten. Erst recht, wenn sie ihren Logan Schritt für Schritt in Eigenregie veredeln möchten. Werksseitige Ausstattungspakete haben da nämlich keine ernsthafte Chance. In dem Fall ist eindeutig »selber machen« angesagt – wir greifen das Thema »Besser machen« im Verlaufe des Buchs immer mal wieder auf. Zumal bei diversen Optionen auch ein kritischer Preisvergleich mit Qualitätsprodukten aus dem Zubehörhandel oder von Internetanbietern durchaus lohnenswert erscheint.
So zum Beispiel bei Sonderreifen und Felgen, oder bei Dachtransportsystemen mit unterschiedlichen Aufsätzen, ebenso wie bei Kindersitzen – Stichwort MaxiCosi oder Isofix.

## Die Abmessungen

Stufenheck, Steilheck – der Dacia Logan bietet beides: das konventionelle Stufenheck in der viertürigen Limousine, das praktische Steilheck im viertürigen Kombi mit zwei asymmetrischen Hecktüren. Als konventioneller Vertreter der Kompaktklasse setzt Dacia zwar auf gewohnte Linien, verschenkt damit jedoch keinen praktisch nutzbaren Karosseriezentimeter.
So verwundert es nicht, dass der Logan derzeit das beste Raumangebot seiner Klasse bietet: Er bringt es auf

eine Gesamtlänge von 4.288 Millimeter (MCV 4.473 mm). Die Breite beträgt 1.740 Millimeter und die Höhe 1.534 Millimeter (MCV 1.662 mm). Innen bietet die Limousine 1,415/1,426 Meter Ellbogenbreite (vorn/hinten) sowie 1,388/1,424 Meter Schulterbreite. Die Kopffreiheit beträgt vorn 90,5 Zentimeter und hinten 87,3 Zentimeter, so dass selbst groß gewachsene Insassen bequem Platz finden. Dank der hohen Türausschnitte können sie zudem komfortabel ein- und aussteigen.

Zum »erwachsenen« Raumgefühl trägt auch der Radstand bei, er misst 2.630 Millimeter (MCV 2.900 mm). Im Limousinenheck des Logan verschwinden nach VDA-Norm maximal 510 Liter.

Das kann der MCV natürlich besser: In fünfsitziger Konfiguration bietet der MCV nach VDA-Norm 700 Liter Ladevolumen. Wird die zweite Sitzreihe gegen die Frontsitze gestellt, steigt die Gepäckraumkapazität bei dach hoher Beladung auf 2.350 Liter. In siebensitziger Ausführung bleiben im MCV dann immer noch 198 Liter für das Gepäck übrig. Das sind Spitzenwerte im Segment und mitunter auch darüberhinaus.

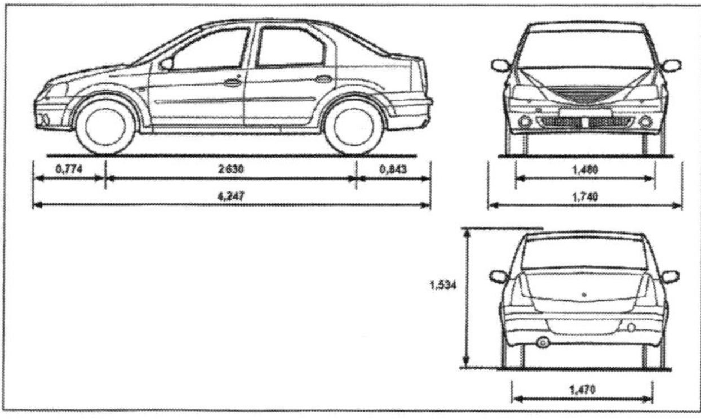


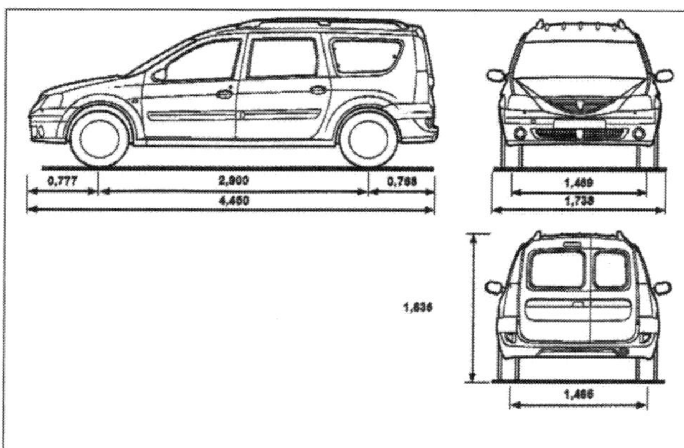


***Abmessungen:*** Länge – 4. 247 mm (MCV – 4.450 mm), Breite – 1. 740 mm, Höhe – 1. 534 mm (MCV – 1.636 mm), Radstand – 2. 630 mm (MCV – 2.900 mm), Spurweite v. / h. – 1.469 / 1.466 mm.

Die maximale Zuladung beträgt bei der Limousine 485 Kilogramm (MCV – 500 kg), Anhänger schleppt der Logan bei 12 % Steigung bis 1.100 kg (MCV – 1.300 kg) Gebremst, bzw. 525 kg (MCV – 620 kg) ungebremst. Die Stütz-/Dachlast beträgt bei beiden Varianten 75/80 Kilogramm.

## Markenstenogramm Dacia

- 1966 Bau der Automobilfabrik in Pitesti/Rumänien
- 1968 Erste gemeinsame Absprachen zur engen Zusammenarbeit zischen Renault und Dacia. Noch im gleichen Jahr kommt als erstes gemeinsames Produkt eine Version des Renault R8 als Dacia 1100 auf den Markt.
- 1969 Als zweites Modell folgt der Renault R12 als Dacia 1300 Limousine.
- 1973 Dacia baut den Dacia 1300 Kombi – ein Ableger des Renault R12 Kombi.
- 1976 Im Rahmen politischer Entwicklungen wir das ehemals staatliche Unternehmen unabhängig. Die Zusammenarbeit mit Renault wird intensiviert und über die Jahre gepflegt.
- 1991 Beide Unternehmen entwickeln einen Plan zur gemeinsamen Fertigung zwischen Renault und Dacia.
- 1995 Als erstes Produkt der neuen Zusammenarbeit entsteht der Dacia Nova. Er ist das erste, komplett in Rumänien entwickelte und gebaute Auto der neuen Allianz.
- 1997 Dacia produziert erstmalig über 100.000 Fahrzeuge im laufenden Jahr.
- 1999 Renault stockt seine Anteile an Dacia auf 51 % auf.
- 2000 Renault stockt seine Beteiligung an Dacia auf 81,4 % auf. Im selben Jahr erscheint der Super Nova mit Renault Motor.
- 2001 Renault erhöht seine Beteiligung auf 92,72 %. Im selben Jahr meldet die Allianz 54.446 verkaufte Autos.
- 2002 Die Kapazitäten steigen – 57.775 verkaufte Autos.
- 2003 Renault verlautbart, das so genannte »5000-Euro-Auto« (Projekt X90) ab Mitte 2005 auch in Russland (Moskau) fertigen zu wollen. In Rumänien debütiert der Solenza. Dacia verkauft 69.166 Autos.
- 2004 Der Dacia Logan kommt auf den Markt. Bereits im ersten Jahr verlassen 95.000 Autos das Stammwerk Pitesti.

- 2005 Nach weniger als 12 Monaten werden bereits über 100.000 Logan produziert und in Europa verkauft. Der Logan debütiert am 17. Juni im selben Jahr in Deutschland zum Basispreis von 7.200 Euro. Das Basismodell hat zwei Fullsize-Frontairbags, Dreipunkt-Sicherheitsgurte und Kopfstützen auf allen fünf Plätzen sowie ein elektronisches ABS an Bord. Zum Jahresende sind 164.400 Autos verkauft.
- 2006 Die Motorenpalette des Logan erweitert ein moderner Dieselmotor mit Common-Rail-Technik (1,5-dCi). Die Produktionskapazität im Stammwerk Pitesti wird auf nunmehr 235.000 Einheiten jährlich ausgebaut. Im Oktober kommt die Kombiversion des Logan, der Logan MCV, in Rumänien auf den Markt. 196.600 verkaufte Logan im Jahr 2006.
- 2007 Zum Basispreis von 8.400 Euro debütiert Anfang des Jahres der Logan MCV in Deutschland als preisgünstigster Kombi. Dacia verkauft 420.063 Autos.
- 2008 Ab Juni 2008 bereichert hierzulande das fünftürige Schrägheckmodell Sandero das Dacia-Angebot. Es ist die dritte Baureihe des Herstellers. 603.457 verkaufte Autos meldet die Allianz in 2008.

***Dacia–Logan »by Renault«:*** Logan Modelle trumpfen weniger mit emotionalen Werten als mit hohem Nutzwert auf. Sobald Preis/Leistung an vorderster Stelle rangieren, ist der Dacia ein Schnäppchen …

# Große Wäsche

Regelmäßige Wagenpflege – die wöchentliche Kür für jeden Do-it-yourselfer! Spätestens beim Wiederverkauf bringt ein gepflegtes Auto ein paar zusätzliche Euro. Unabhängig davon verbessert ein sauberer Wagen natürlich die eigene, wie die Stimmung anderer Mitfahrer. Während der Wäsche lernen Sie Ihren Wagen zudem bis in den letzten Winkel kennen: Eine ideale Vorraussetzung, um kleine Reparaturen stante pede zu erledigen.

Autofahren bedeutet für viele von uns mehr als nur eine bequeme Alternative zu Straßenbahn oder Fahrrad. Auch Sie haben ja schließlich nicht irgendeinem, sondern Ihrem Auto das Ja-Wort gegeben. So ganz pragmatisch funktioniert sie nicht, die Beziehung zwischen Ihrem Auto und Ihrer Ratio: Da stehen Emotionen dazwischen – warum sonst etwa fahren Sie einen Dacia Logan.
Diesen Spannungsbogen gilt es möglichst lange zu pflegen: den emotionalen Besitzerstolz und den nüchternen Restwert in Euro. Denn beim Wiederverkauf polstert aufmerksame Pflege Ihr Bankkonto mit dem einen oder anderen spontanen Euro des Käufers auf – »Kleider machen Leute«.
Auch die Prüfer von TÜV und DEKRA dekorieren propere Autos bereitwilliger mit ihrem Prüfsiegel als verdreckte Altwagen: Betrachten Sie daher jeden Waschgang als willkommene Gelegenheit, Ihren Logan auf Hochglanz zu bringen und seinen Zeitwert zu stabilisieren. Wie Sie das möglichst effektiv angehen, beschreiben wir auf den folgenden Seiten.

## Alternativangebot – Waschplatz oder Selbstwaschanlage

Wenn Ihnen – warum auch immer – Waschanlagen nicht geheuer oder zu oberflächlich sind, fragen Sie Ihren Tankwart nach einem Waschplatz. Oder suchen Sie sich einen professionell betriebenen Selbstwaschplatz aus. Serviceorientierte Anlagenbetreiber bieten Ihnen sogar vom Hochdruckreiniger bis hin zum Staubsauger alle Hilfsmittel, die Ihnen die Putzarbeit erleichtern. Kontrollieren Sie auf Selbstwaschplätzen jedoch vor Arbeitsbeginn die Waschbürsten. Möglicherweise hat Ihr Vorgänger gerade den Unterboden oder die Radkästen nach einer Schlammfahrt damit gereinigt.
Noch ein Tipp: Waschen Sie Ihr Auto möglichst niemals in der prallen Sonne. Kleine Wassertropfen wirken wie Brenngläser – darunter gehen Staubteilchen und Kalk eine »innige Verbindung« mit der Lackoberfläche ein.

## Schadet häufiges Waschen dem Lack?

Heutige Lacke sind außerordentlich resistent gegen Umwelteinflüsse. Sie können auch relativ neue Lacke, zum Beispiel nach Unfallreparaturen, unbedenklich waschen. Was sie allerdings nicht gut vertragen: Industriestaub, Vogelkot oder aggressive Baumharze.

### ⚠ Putzen gefährdet die Umwelt

GEFAHRENHINWEIS

**Beachten Sie diesen Gefahrenhinweis bitte besonders – er gilt nicht Ihnen, sondern unser ALLER Umwelt.**
Den Wagen vor der eigenen Hautür zu waschen ist längst nicht mehr überall erlaubt. Aus gutem Grund: Mit dem Abwasser können gefährliche Stoffe in das Grundwasser gelangen, so zum Beispiel Öl oder Reinigungschemikalien. Auch der Verbrauch wertvollen Trinkwassers ist nicht zu unterschätzen. Waschanlagen gehen effizienter mit dem Wasser um. Sie binden Schmutzpartikel und chemische Rückstände in speziellen Abscheidern – das Waschwasser wird also aufbereitet und wieder verwendet.
Sollten Sie Waschanlagen freilich prinzipiell meiden, raten wir Ihnen, grundsätzlich öffentlich ausgewiesene oder gewerblich betriebene Waschplätze aufzusuchen. Sie treffen dort Gleichgesinnte – Autofreaks also, die ihr Vehikel nicht nur als Fortbewegungsmittel nutzen, sondern emotionale Erlebnisse damit verbinden. Übrigens, öffentliche Waschplätze sind auch ein guter Ort für Benzingespräche.

Sobald Sie auch nur einen Störenfried davon entdecken, greifen Sie zu Schwamm und Wasser, oder fahren Sie eine Waschanlage an.

## Do-it-yourself Wäsche – so klappt's garantiert

■ Geizen Sie nicht mit Waschwasser, das ruiniert die Lackoberfläche: Feine Staub- und Sandkörnchen wirken in trockenen Waschschwämmen wie Schmirgelpapier und hinterlassen mikroskopisch kleine, spinnwebartige Kratzer. Falls Sie mit Eimer waschen, spülen Sie den Waschhandschuh oder Schwamm grundsätzlich nach jedem zweiten oder dritten Waschstrich gründlich aus. Kalkulieren Sie mindestens zwei Wassereimer für die Grundreinigung.
■ Besser, Sie nutzen einen Gartenschlauch, möglichst mit Sprühdosierdüse.
■ Halten Sie die Düse möglichst nah an die Waschfläche, gelöste Schmutzpartikel haben dann erst gar keine Chance, sich erneut festzusetzen.
■ Am lackschonendsten waschen Sie mit einer Schlauchbürste, bei der fließendes Wasser ständig den Schmutz wegschwemmt.

■ Felgen und Radkästen reinigen Sie besonders gut mit einer Waschbürste, einem Haushaltsschwamm bzw. einer alten Zahn- oder Abspülbürste.
■ Die Scheiben- und Lackoberfläche trocknen und polieren Sie schlierenfrei mit einem Fensterleder.

## Systematisch vorgehen – danach glänzt Ihr Logan fast wie neu

■ Schließen Sie alle Türen und Fenster. Ansonsten sitzen Sie nach der Wäsche auf quietschnassen Polstern.
■ Säubern Sie zuerst die Radhäuser, Felgen und Türschweller. Vorteil: Sie können die Karosserie danach in »einem Rutsch« abspülen.
■ Reinigen Sie den Unterboden gelegentlich mit einem Hochdruckreiniger oder scharfen Wasserstrahl. Im Winter sollten Sie anlässlich jeder zweiten Wagenwäsche auch den Unterboden Ihres Logan abspritzen.
■ Die vorderen Felgen verschmutzen wesentlich schneller als die Hinteren, an der Vorderachse entsteht bei jedem Bremsvorgang mehr Bremsenabrieb. Berücksichtigen Sie die Tatsache in Ihrem Pflegeplan und reinigen die Vorderräder einfach häufiger mit Felgenreiniger. Achten Sie beim Kauf unbedingt auf umweltverträgliche Produkte. Studieren Sie, bevor Sie loslegen, die Gebrauchsanweisung und spülen nach der Wäsche die Räder gründlich mit sauberem Wasser nach.
■ Weichen Sie den Dreck mit einem weichen Wasserstrahl gut ein. In Selbstwaschanlagen mit Hochdruckreiniger wählen Sie das Programm »Spülen«.
■ Per Hand waschen Sie immer nur ganze Flächen. Nachdem Sie zuerst die Radhäuser, Felgen und Türschweller vorgewaschen haben, putzen Sie sich vom Dach nach unten vor.
■ Verteilen Sie den Reinigungsschaum unter geringem Druck mit kreisenden Bewegungen und lassen ihn kurz einwirken.
■ Die Schmutzbrühe spülen Sie mit einem Wasserschlauch ab. In der Selbstwaschanlage wählen Sie das Programm Spülen.
■ Im letzten Waschgang reinigen Sie die Räder mit einer Waschbürste und Schlauch.
■ Nach der Wäsche ledern Sie den Wagen sofort ab. An der Luft getrocknete Wassertropfen hinterlassen ansonsten einen grauen Kalkbelag, der dem Lack schaden kann.
■ Spülen Sie das Trockenleder vor Gebrauch gut in sauberem Wasser und wringen es danach aus. Legen Sie es dann möglichst großflächig auf die Karosserie und ziehen das Leder langsam zu sich heran.
■ Spülen Sie das Leder vor dem Auswringen immer durch: Schmutzrückstände ruinieren gleichermaßen das Leder und die Lackoberfläche. Darum trocknen Sie schlecht zugängliche Stellen besser mit einem Mikrofasertuch oder einem alten Leder.

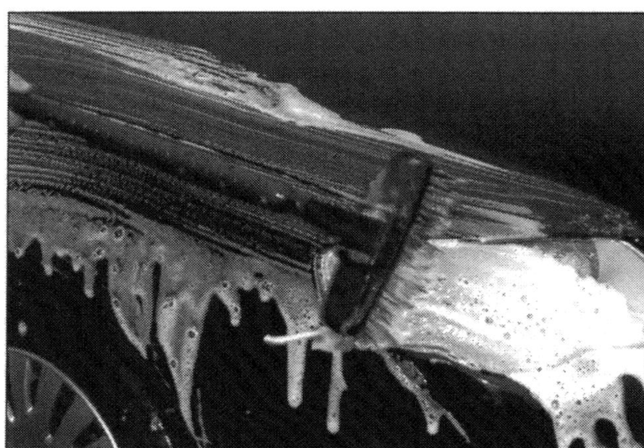

***Hässliche Drecknester:*** Starke und hartnäckige Karosserieverschmutzungen lösen Sie zunächst mit der Waschbürste oder einem großen Schwamm. Doch bevor Sie loslegen, checken Sie den Bürstenkopf oder Schwamm auf eventuelle Dreckrückstände vom letzten Einsatz. Ansonsten können Sie die Lackoberfläche auch gleich mit Schmirgelpapier malträtieren.

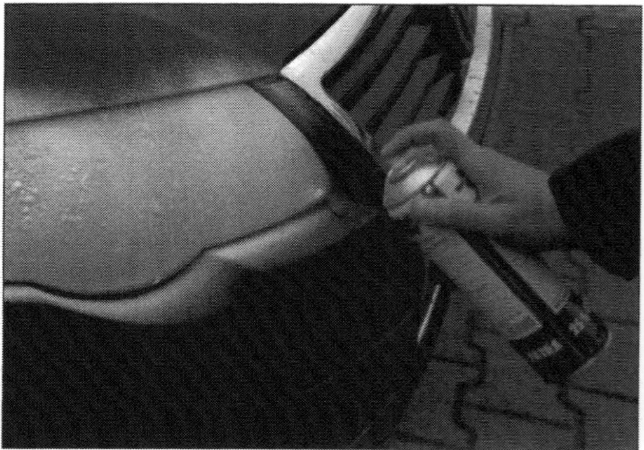

***Widerspenstige Insektenkadaver:*** Um, etwa an der Front oder auf der Scheibe, widerspenstige Insektenreste gründlich einzuweichen, nutzen Sie einen handelsüblichen Insektenreiniger, alternativ tut's auch ein mit Essig und Spülmittel benetzter Schwamm. Danach spülen Sie den Wagen gründlich mit Wasser ab. Sollten Sie einen Hochdruckreiniger nutzen, gehen Sie überlegt damit um (siehe Kasten).

## Vorsicht im Umgang mit dem Hochdruckreiniger

GEFAHRENHINWEIS

***Darauf sollten Sie achten:*** *Halten Sie mit der Sprühlanze des Hochdruckreinigers mindestens 60 Zentimeter Abstand zum Objekt! Falsch bediente Hochdruckreiniger schaden mehr als sie nutzen!*

Der Hochdruckreiniger ist eine praktische Hilfe: Wasser, unter extrem hohen Druck (60 – 120 bar) auf der Karosserie verteilt, löst fast jede Schmutzkruste. Für den industriellen Einsatz gibt es übrigens auch Hochdruckreiniger, die ihr Wasser nicht nur unter Druck setzen, sondern zusätzlich noch erhitzen. Gute Geräte heizen das Wasser bis zu 60° C vor. Da hat der »dicke Dreck« im Motorraum natürlich keine Überlebenschance mehr – alles wie weggeblasen. Wir raten allerdings dringend davon ab: Die im Motorraum verbauten Elektronikteile können durch eindringende Feuchtigkeit erheblich Schaden nehmen. Folge: Früher oder später wird ein kostspieliger Austausch fällig. Das kann übrigens bei einem zentralen Motorsteuergerät schon mal schnell einen vierstelligen Betrag ausmachen. Gehen Sie darum gegen den Schmutz unter der Motorhaube besser nur mit geeigneten Kaltreinigern und einem normalen Wasserschlauch vor. Übrigens, auch wenn Sie bei der Vorwäsche den Hochdruckreiniger »scharf« vor den Kühlergrill halten, kann Ihnen das der Wärmetauscher dahinter verübeln: Der harte Sprühstrahl trifft die Kühlerlamellen mit voller Wucht und kann sie zerstören. Tatsächlich leisten Hochdruckreiniger allerdings im Kampf mit Bremsstaub und anderen Verschmutzungen viel Gutes. Es kommt eben nur darauf an, dass Sie die technischen Möglichkeiten ÜBERLEGT nutzen.

***Immer auf Distanz halten:*** Den Sprühstrahl zur Fläche. Moderne Hochdruckreiniger beschleunigen das Wasser mit bis zu 120 bar aus der Sprühlanze. Nicht unbedingt vorteilhaft, wenn der Strahl geradewegs aufs »Ziel« prasselt.

***Hartnäckiger Belag:*** Bremsstaub auf Felgen oder Radzierblenden sieht nicht nur schmuddelig aus, er greift auch die Oberflächen an. Schäumen Sie die verdreckten Partien gut ein und bearbeiten sie mit einem kleinen Haushaltsschwamm, bzw. einer alten Zahn- oder Abspülbürste. Gehen Sie vorsichtig mit chemischen Felgenreinigern um: Auf aggressive Produkte reagieren Leichtmetallfelgen, bis hinein in die Materialstruktur, empfindlich.

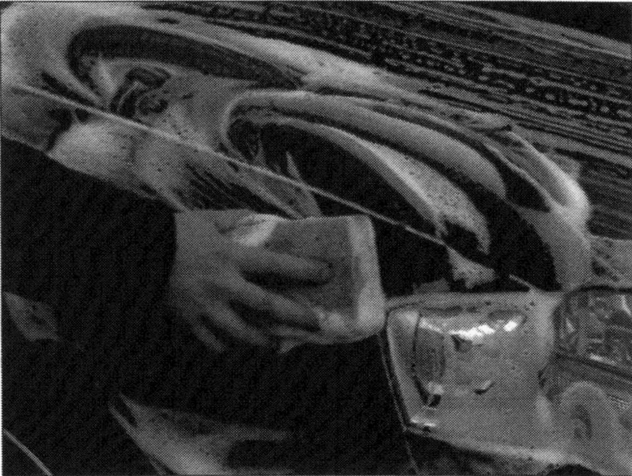

***Kreisende Bewegungen:*** Kreisen Sie grundsätzlich mit einem triefend nassen Waschschwamm über den Lack. Um der Umwelt nicht zu schaden, dosieren Sie das Waschmittel nach Herstellerangaben. Damit entlasten Sie übrigens nicht nur die Umwelt sondern auch Ihren eigenen Geldbeutel – ohne zeitlichen Mehraufwand oder Einbußen beim Arbeitsergebnis. Das Prinzip »viel hilft viel« ist hier nicht angebracht.

■ Zum Schluss geht's an die Scheiben: Checken Sie die Frontscheibe auf Steinschläge, Kratzer und Risse.
■ Wischerblätter reinigen Sie mit einem Schwamm oder Trockenleder. Prüfen Sie die Gummilippen auf Beschädigungen und Elastizität – verhärtete Gummis erneuern Sie besser. Das ist preisgünstiger als eine zerkratzte Scheibe.
■ Nach der Wäsche prüfen Sie den Lack, die Scheinwerfergläser und den Frontstoßfänger auf hartnäckigen Schmutz: Insektenreste, Vogelkot, Blütenpollenrückstände und Teerspritzer wirken aggressiv. Entfernen Sie die Rückstände mit Spezialreiniger oder Essig.
■ Verwenden Sie Teerentferner nicht auf frischen oder frisch ausgebesserten Lacken – darin enthaltene Lösungsmittel können die Lackoberfläche angreifen.

## Damit alles in Bewegung bleibt – kleiner Schmierdienst

Wer gut schmiert, der gut fährt – ein Tröpfchen Öl, eine wohl dosierte Prise Fett oder ein Spritzer Silikon wirken manchmal Wunder: Leichtgängig bleibt, was sonst quietscht, klemmt, reißt oder rostet. Machen Sie es sich doch zur Gewohnheit, nach jeder Wagenwäsche einen kleinen Schmierdienst zu erledigen. Beherzigen Sie dazu folgende Faustregel: Überall dort wo kein Fett eindringen kann, beispielsweise an Scharnieren und Gelenken mit engen Passungen, ist Öl oder Schmierspray die erste Wahl. Gegeneinander reibende Flächen fetten Sie dagegen besser mit einer Schmierpaste oder Silikongleitmittel.

## Hier »schmieren« Sie sinnvoll:

■ Die Scharniere an Türen, Motorhaube und Heckklappe honorieren ab und an einen Spritzer Öl.
■ Die Türfeststeller bleiben mit etwas Mehrzweckfett geräuschlos in Form.
■ Die Schlossfallen an Türen, Motorhaube und Heckklappe behandeln Sie zweckmäßigerweise mit Sprühfett oder Gleitpaste. Dort, wo Seilzüge sichtbar sind, zum Beispiel an der Schlossplatte der Motorhaube, etwas Fett auftragen und mit wiederholter Hebelbewegung in die Zugumhüllung ziehen.
■ Die Schließzylinder inklusive der Schlüsselführungen bereiten Sie mit Silikonspray spätestens zu Beginn der kalten Jahreszeit auf den Winter vor: Silikon schmiert, verdrängt Feuchtigkeit und schützt vor Rost.
■ Die Arretierbügel der Motorhaube schmieren Sie am unteren Lagerbolzen mit Öl.

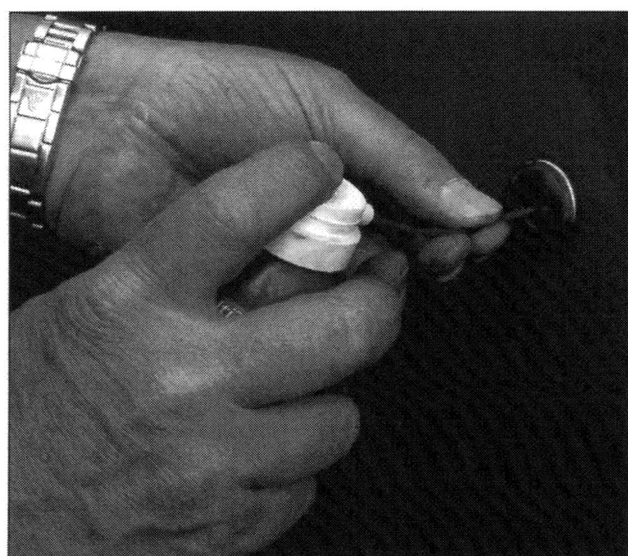

***Hält die Schlossfallen beweglich:*** Eine regelmäßige Prise Silikonspray.

***Bleibt mit Fett geschmeidig:*** Die Schließe am Motorhaubenschloss.

## Werterhaltend – Lackpflege

Die regelmäßige Lackpflege ist eine lohnende Arbeit. Denn stumpfe, verwitterte Lackoberflächen machen Ihren Logan für Sie und andere unansehnlich: Spätestens beim Wiederverkauf »rächt« sich ein ungepflegter Lack schnell mal mit ein paar »Euro« weniger in Ihrer Tasche. Neue Lacke sind zunächst pflegeleicht, regelmäßiges Waschen reicht ihnen völlig aus. Doch spätestens, wenn Wassertropfen nur noch mit unscharfen Rändern auf dem frisch gewaschenen Auto perlen, wird es Zeit zur Lackpflege. Sonne, Regen, Streusalz, Schmutz und andere Umweltgifte haben dann den Lack abgestumpft.

## Wirkt häufig Wunder – Lackreiniger

Welches Lackpflegemittel für Ihren Logan geeignet ist, hängt vom Lackzustand ab. Einem neuen, noch gut erhaltenen Lack genügt eine milde Politur. Sie frischt die von Umwelteinflüssen und mechanischen Einwirkungen leicht angegriffene Lackoberfläche nachhaltig auf. Außerdem beinhalten moderne Polituren mikroskopisch feine Wachskomponenten, die das Blechkleid im gleichen Arbeitsgang konservieren. Für neue Lacke sind scharfe Lackreiniger eher reines Gift – für alte und verwitterte Lacke jedoch genau das richtige Mittel, um glänzende Ergebnisse zu erzielen.

## Immer einen Versuch wert – gründliche Lackpflege

Ein Lackreiniger wird wie eine Politur aufgetragen. Seine Mixtur enthält jedoch Schleifmittel, die auch stärkere Verschmutzungen beseitigen. Bevor Sie Ihrem verwitterten Logan also freiwillig eine Neulackierung spendieren, sollten Sie es zunächst mit einem guten Lackreiniger versuchen: Zur Lackpflege ist es nie zu spät. Konservierende Komponenten enthalten Lackreiniger in der Regel allerdings keine. Darum müssen Sie die angeschliffene Lackoberfläche in einem zweiten Arbeitsgang mit Flüssigwachs gegen Umwelteinflüsse schützen.

## »Gift« für den Lack – pralles Sonnenlicht

Bei neuen und aufbereiteten Lacken empfiehlt es sich übrigens, die Konservierung erst nach rund einem Jahr zu erneuern. Verwitterte oder ältere Lackoberflächen versiegeln Sie dagegen ruhig zwei- oder dreimal jährlich. Das erhält den Glanz, optimiert den Langzeitschutz und hält den Lack elastisch. Meiden Sie allerdings pralles Sonnenlicht. Die meisten Polituren und Lackreiniger wirken unter Sonneneinstrahlung ziemlich aggressiv. Arbeiten Sie lieber im Schatten oder unter einem Garagendach. Dort haben die chemischen Politursubstanzen keine Chance, den Lack über Gebühr anzugreifen. Wenn Sie in geschlossenen Räumen arbeiten, sorgen Sie für eine ausreichende Raumdurchlüftung – die Ausdünstungen des Pflegemittels sind gesundheitsschädlich.

Zuviel Geschäft? Dann greifen Sie unseren Pflegetipp auf: Neuerdings bieten immer mehr Autopflegefachbetriebe Oberflächenversiegelungen auf Basis der Nanotechnologie (siehe Kasten) an. Das kostet Sie zunächst zwar mehr als die Politur mit Wattebausch und eigenem Muskelschmalz, hält dafür aber auch bis zu drei Jahren.

Gut zu wissen, doch Sie bleiben bei der alten Methode mit Watte, Politur und Co? Dann waschen Sie Ihren Logan zunächst besonders gründlich. Geben Sie sich auch mit dem Trocknen besondere Mühe, das erleichtert Ihnen später nämlich den Umgang mit der Politur.

Danachprüfen Sie zuerst an einer relativ unauffälligen Stelle, ob der Lack auch Ihr Politurmittel verträgt. Vorsicht bei Lackreinigern: Tragen Sie immer nur dünne Schichten kreisförmig auf – zu viel Lackreiniger schleift mehr Decklack ab, als nötig. Reinigen Sie Ihren Logan darum lackschonend besser in mehreren Durchgängen.

- Politur oder Lackreiniger tragen Sie unter sanftem Druck mit einem handballengroßen Polierwattebausch oder einem weichen Tuch (keine Kunstfaser) in kreisförmigen Bewegungen auf. Behandeln Sie immer nur überschaubare Flächengrößen.
- Schon nach kurzer Einwirkzeit bildet sich ein trockener weißer Belag, den Sie in kreisenden Bewegungen mit einem sauberen Wattebausch auspolieren.
- Wenden oder erneuern Sie den Wattebausch regelmäßig – seine Oberfläche setzt sich nach geraumer Zeit mit Wachs- und Pflegemittelpartikeln zu.
- Um Poliermittel- und Watteflusenresten den Garaus zu machen, reiben Sie abschießend die polierte Lackoberfläche mit einem sauberen Baumwolllappen oder Viskosetuch ab.
- Den Konservierer tragen Sie unter sanftem Druck mit handballengroßen »Fetzen« Polierwatte oder einem weichen Tuch (kein Kunstfaserlappen) in kreisförmigen Bewegungen auf. Behandeln Sie immer nur überschaubare Flächen, das steigert den Tiefenglanz.
- Die Watte muss mit wenig Widerstand leicht über den Lack gleiten. Deshalb wenden Sie den Bausch häufig und nehmen rechtzeitig einen neuen Wattebausch zur Hand.
- Erkennen Sie danach noch Streifen oder Wolken auf dem Lack, liegt das meist an verschmierten Farbpartikeln – häufig Rückstände einer vorhergehenden Politur. Wiederholen Sie den Vorgang an den schlierigen Stellen.

***Strategisch vorgehen:*** Stark verwitterte Lackoberflächen schleifen Sie vor der eigentlichen Politur mit einem Lackreiniger an. Gut ausstaffierte Do-it-yourselfer erledigen den Job mit einem Exzenterschleifer inklusive angefeuchteter Schaumstoffscheibe. Lassen Sie die Scheibe nur mit gebremster Energie über die Lackoberfläche rotieren – mit voller Power könnte Ihnen sonst der Lack verschmoren. Teilen Sie sich zudem immer nur überschaubare Karosserieflächen ein.

***Immer großflächig auspolieren:*** Am schnellsten klappt's mit einer Poliermaschine. Vor ihrer sauberen und trockenen Lammfellhaube kapituliert der angetrocknete Politurschleier im Nu. Vergessen Sie bitte nicht, die Polituscheibe oder den Wattebausch regelmäßig auszuklopfen. Ansonsten gibt's Schlieren auf der geglätteten Fläche.

***Schlierenfreier Hochglanz:*** Brillanz kommt auf den aufgefrischten Lack, wenn Sie im letzten Arbeitsgang die Lackoberfläche noch einmal mit einem großen Wattebausch oder blitzsauberer Lammfellhaube glätten. Das entfernt auch noch die hartnäckigsten Politurreste.

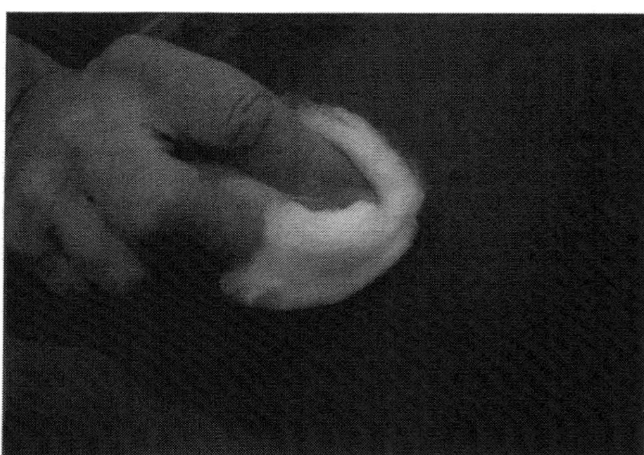

***Muss Verbindung eingehen:*** Lackkonservierer auf der Lackoberfläche. Sollte der Konservierer auf der Lackoberfläche abperlen, ist entweder die Oberflächenspannung noch zu groß oder der Politur war bereits ein Konservierer untergemischt. Warten Sie in dem Fall bis zur nächsten Wagenwäsche und konservieren dann erneut.

## Wert mindernd – hässliche Lackschäden

Während der Fahrt unterliegt die Karosserie Ihres Logan einem »Dauerbeschuss« diverser Fremdkörper: Kleine aufwirbelnde Steinchen, selbst winzige Sandkörner schlagen bei hohen Tempi wie Meteoriten auf dem Lack ein.

Vor allem die Frontpartie und Motorhaube sind stark gefährdet, besonders auf winterlichen Straßen – feste Streumittelbestandteile prasseln dann hörbar gegen die Karosserie. Steinschlagschäden sind jedoch kein Drama. Auch ein leichter Parkrempler mit Kratzern und Schrammen bietet keinen Anlass zur Panik. Solche Stellen lassen sich häufig einfach mit Lackreiniger oder einer speziellen Schleifpolitur auspolieren.

Klarlack 40µm
Decklack 40µm | Basislack 40µm
Füller 30µm | Füller 30µm
Grundierung 30µm | Grundierung 30µm
Karosserieblech | Karosserieblech
Uni-Lack | Metallic-Lack

***Lackschichten:*** Durch unterschiedlich dicke Schichten ist die Lackoberfläche aufgebaut und schützt das Blech darunter vor Korrosion.

***Vor der Montage exakt justieren:*** Den Scheibenwischerarm auf der Scheibe.

## Praktisch nach Steinschlägen – Lack-Reparaturset

Die meisten Hersteller bieten gegen kleine Steinschlagschäden praktische Reparatursets an. Sie lassen sich ähnlich leicht handhaben wie Nagellack. Eine gebräuchliche Alternative ist Tupflack, mit dem Sie Steinschlagkrater in mehreren Lackschichten auffüllen können. Bei normalen Lacken und kleinen Beschädigungen helfen übrigens auch Wachsstifte in Wagenfarbe. Das Reparaturwachs hält freilich nur einige Wagenwäschen lang. Sollten Sie die Lackbezeichnung und den Farbcode Ihres Logan vergessen haben, kein Problem: Die Angaben sind auf dem Typenschild im Motorraum oder im Kfz-Schein verewigt.

WISSENSWERTES

## Nanotechnologie

Was als Oberflächenschutz an Häuserfassaden bestens funktioniert, kommt auch am Auto immer mehr zum Zuge. Nanotechnologie erobert moderne Autogläser: Die Scheiben absorbieren Infrarotstrahlen und senken das Temperaturniveau, außerdem sind sie nahezu blendfrei.
Doch die derzeit wohl bekanntesten Nanoanwendungen, besser bekannt unter dem Namen »Lotusblüteneffekt«, sind selbstreinigende Oberflächenbeschichtungen. Nano-Oberflächen sind übrigens alles andere als glatt. Stattdessen weisen sie mikroskopisch kleine Raustrukturen auf, an denen

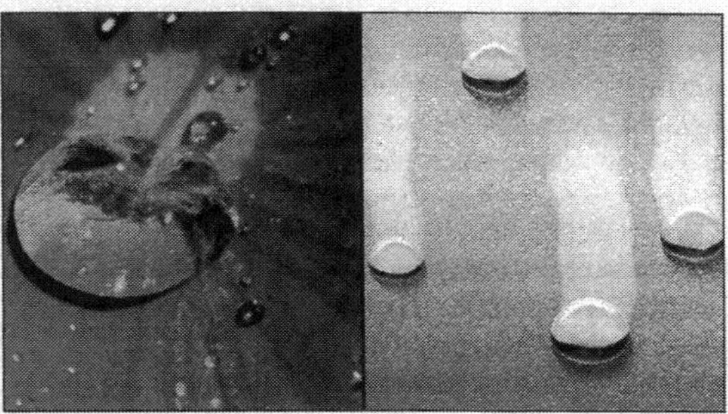

***Von der Lotusblüte übernommen:*** Schmutzpartikel finden darauf keinen Halt.

der Schmutz keinen Halt findet. Und da liegt das Problem der Autobauer: Bewegliche Objekte, wie etwa Automobile oder Fugzeuge, kollidieren im Betrieb häufig mit Insekten oder sonstigen Fremdpartikeln, deren Überreste die Raustruktur von Nano-Oberflächen verstopfen. Der Schmutz findet somit wieder eine zusammenhängende Oberfläche, auf der er Halt findet. Dennoch, Nanotechnologie setzt zum Siegeszug an: Immer mehr Autopflegefachbetriebe bieten schon Langzeitschutz auf Nano-Basis an. Im Unterschied zu herkömmlichen Wachsprodukten versiegeln Nano-Polituren den Lack bis zu drei Jahre – und das zu durchaus vergleichbaren Kosten. Auch die ersten Neuwagen nutzen schon den Lotusblüteneffekt. Nanoschichtige Klarlacke halten unsere Autos nicht nur länger sauber, sie bieten zudem auch kratzfestere Oberflächen als normale Lacke. Weitere praktische Anwendungen stehen derzeit vor der Serienreife: Selbstreinigende Felgen zum Beispiel, oder auf Knopfdruck wechselnde Farben – mit Nanotechnologie mehr als nur kühne Visionen...

## Umgehend beseitigen – frische Lackblessuren

Ignorieren Sie auch winzige Macken im Lack nicht: Rost leistet in kurzer Zeit ganze Arbeit: Bei ungünstigen Bedingungen (Nässe, Wärme oder unter Salzeinfluss) sogar schon in wenigen Tagen – auch an verzinkten Karosserieblechen. Lassen Sie dem Rost gar über Monate oder Jahre ungehinderten Freiraum, sind große Krater das traurige Resultat. In diesem Fall helfen nur noch aufwändige Restaurationsarbeiten.
Die können wir Ihnen in diesem Umfeld freilich ebenso wenig vorstellen wie die Reparatur eines Unfall- oder Blechschadens. Dazu empfehlen wir Ihnen Ihre Vertragswerkstatt oder den Kauf des Bands 175 aus der Reihe »Jetzt helfe ich mir selbst«.

## So verschwinden Steinschlagschäden

■ Beseitigen Sie abstehende Ränder rund um den Lackkrater vorsichtig mit einer feinen Nadel oder einem Uhrmacherschraubendreher.
■ Rostschuppen kratzen Sie mit einem spitzen Messerchen vorsichtig aus. Danach träufeln Sie einen Tropfen Rostumwandler auf die Stelle und lassen ihn gemäß Produktbeschreibung einwirken.
■ Jetzt waschen Sie die Schadstelle gründlich mit Lackverdünner aus und trocknen sie mit einem Haarfön.
■ Sprühen Sie etwas Haftgrund in den Sprühdosendeckel und tragen ihn dann mit einem Tupfpinsel oder Ihrer sauberen Fingerkuppe dünn auf die Schadstelle auf. Den Haftgrund lassen Sie gut austrocknen.
■ Drücken Sie, bündig zur umgebenden Lackfläche, mit Ihrer Fingerkuppe oder einem kleinen Kunststoffmesser ein wenig Spachtel in den Krater. Lassen Sie die Masse gut austrocknen. Überstehende Spachtelflecken wischen Sie dagegen umgehend mit einem in Lackverdünnung getränkten Lappen ab.
■ Überflüssige Spachtelmasse schleifen Sie mit feinem Schleifpapier vorsichtig aus. Umwickeln Sie dazu ein Bleistiftende mit einem schmalen Streifen, den Bleistift drehen Sie zum Schleifen zwischen den Handflächen.
■ Sprühen Sie Decklack in den Dosendeckel und lassen ihn etwa eine Minute ablüften. Tragen Sie dann den verdickten Lack mit Ihrer Fingerkuppe oder einem spitzen Pinsel dünn auf.
■ Um das Ergebnis zu toppen, polieren Sie die Übergänge des vollständig ausgetrockneten Lacks (im Sommer nach etwa zwei, im Winter nach rund fünf Tagen) mit Politur bzw. Lackreiniger aus.

## Großflächig auspolieren – kleine Kratzer und Schrammen

■ Reinigen Sie die Schadstelle gründlich mit Waschbenzin oder Verdünner und …
■ … polieren dann die Fremdfarbe (falls vorhanden) in mehreren Arbeitsgängen mit Polierwatte, Schleifpolitur oder Lackreiniger aus dem Decklack. Legen Sie die Polierfläche möglichst großzügig an.
■ Ausgefranste Schrammenränder schleifen Sie zunächst mit einem kleinen Streifen Wasserschleifpapier (mindestens Körnung 800) behutsam glatt. Wässern Sie ständig das Schleifpapier in einem Wassereimer und spülen gleichfalls die Schleifstelle. Vorsicht: Durchschleifen Sie nicht die Decklackschicht.
■ Polieren Sie die Schadstelle großflächig mit einer milden Politur nach. Sie verteilen dabei Farbpartikel aus der unmittelbaren Lackumgebung in die Schramme.
■ Zuletzt versiegeln Sie die bearbeitete Stelle mit einem Lackkonservierer.
■ Wenn Sie auf gleichmäßigen Glanz Wert legen, polieren Sie anschließend den gesamten Lack auf.

## Lackneuaufbau – so verschwinden größere Schrammen

**Vorsicht:** Während des Lackierens entstehen giftige Dämpfe – lüften Sie Ihren Arbeitsplatz gut durch!
■ Bei tiefen Schrammen an Stoßfänger, Kotflügel oder Tür, bauen Sie sinnvollerweise vor der Reparatur das Karosserieteil aus. Dann geht Ihnen die Arbeit leichter von der Hand.
■ Schleifen Sie die Schadensfläche mit Schleifpapier (Körnung 80 oder 100) leicht an. Rost schleifen Sie natürlich bis aufs blanke Blech herunter und tragen dann Rostumwandler auf. Lassen Sie den »Wandler« gemäß Beschreibung einwirken.
■ Im folgenden Schritt entfetten Sie die Stelle und reinigen sie mit Lackverdünner. Lassen Sie alles gut ablüften.
■ Vermischen Sie nun den Spachtel mit dem Härter. Die Spachtelmasse gleicht Höhenunterschiede zu den angrenzenden Flächen aus. Vorsicht: Zweikomponentenspachtel bleibt, je nach Temperatur, nur einige Minuten verarbeitungsfähig. Deshalb mischen Sie stets nur kleine Mengen an. Bei geringen Uneben-

heiten ist Spritzspachtel aus der Sprühdose die bessere Wahl.

■ Tragen Sie die Spachtelmasse gleichmäßig und zügig in mehreren dünnen Schichten auf. Nach etwa einer Stunde ist der Spachtel ausgehärtet.

■ Unebenheiten egalisieren Sie mit Trockenschleifpapier (Körnung 180). Den Feinschliff erledigen Sie mit Nassschleifpapier (Körnung 400). Schleifen Sie die Fläche mit viel Wasser und verhaltenem Gegendruck plan.

■ Verbliebene Riefen gleichen Sie nun erneut mit Spritzspachtel aus. Sobald sie ausgehärtet sind, schleifen Sie die Stellen mit Nassschleifpapier (Körnung 600) an.

■ Spülen Sie vor dem Lackieren den Schleifstaub sorgfältig mit Wasser ab.

■ Die gründlich vorbereitete Schadstelle müssen Sie nun mit wasserfestem Abklebeband (Profiqualität) und /oder einer Folie bzw. alten Zeitungen abkleben. Verwenden Sie kein »billiges« Klebeband, es weicht schnell auf und hebt sich vom Untergrund und zerstört die Übergänge.

■ Als Grundlage für den Decklack spritzen Sie Haftgrund (Füller) auf die gespachtelte Fläche. Arbeiten Sie sauber – Unebenheiten und Lacknasen verschwinden nicht mit zunehmendem Lackauftrag, sondern vergrößern sich. Den Haftgrund lassen Sie trocknen und schleifen dann die Fläche mit Nassschleifpapier (Körnung 600) plan. Die Schleifrückstände spülen Sie mit Wasser ab.

■ Tragen Sie den Decklack aus der Sprühdose gleichmäßig und zügig in mehreren Schichten auf. Der Abstand vom Sprühkopf zur Lackierfläche sollte etwa 20 bis 30 Zentimeter betragen. Erwärmen Sie die Sprühdose vor dem Lackieren kurz in heißem Wasser oder auf einem Heizkörper.

Die Farbpartikel entweichen dann unter höherem Druck. Der Lackverlauf ist dann gleichmäßiger als bei kaltem Lack.

■ Bevor Sie die Schadstelle nachsprühen, lösen Sie um die Reparaturstelle herum vorsichtig die Klebebandränder und knicken sie um. Der Übergang zum Originallack wird dann unscharf und lässt sich leichter beipolieren.

■ Sobald der Reparaturlack vollständig ausgetrocknet ist (im Sommer nach etwa zwei, im Winter nach fünf Tagen), bearbeiten Sie die ausgebesserte Stelle mit Politur und die Übergänge mit Lackreiniger. Die besten Ergebnisse erzielen Sie, wenn anschließend das gesamte Fahrzeug aufpoliert wird.

GEFAHRENHINWEIS

**Sondermüll – Farbreste, leere Spraydosen, verdreckte Putzlappen, alte Pinsel**

Farb- und Lösungsmittelreste gehören nicht in den Haus- dafür jedoch in den Sondermüll. Das gilt auch für verschmutzte Lappen, Pinsel und Spraydosen. In vielen Städten und Gemeinden gibt's heute mobile Annahmestellen. Fragen Sie bei Ihrem Umweltamt nach den Abholterminen oder den Öffnungszeiten der Deponie.

## Die Scheibenwischer

Eine gute Rundumsicht ist die Grundvoraussetzung für die eigene und die Sicherheit anderer Verkehrsteilnehmer. Damit Sie in Ihrem Logan auch bei Regen, Matsch und Schnee den Ausblick nicht verlieren, putzen Scheibenwischer mitsamt Scheibenwaschanlage die Front- und beim Logan MCV zudem die Heckscheibe.

Die Frontwischer arbeiten grundsätzlich mit zwei Geschwindigkeiten. Bei schwachem Nieselregen oder Nebel erweist sich der Einmaltippkontakt sowie eine zusätzliche Wischintervalleinrichtung als komfortabel. Im Logan takten Sie die Frontwischer etwa alle vier Sekunden.

Auch die Heckscheibe reinigt ein Wischer mitsamt Scheibenwaschanlage. Gut so, denn stark verschmutzte Scheiben sind zunächst grundsätzlich ein Fall für die Scheibenwaschanlage – erst dann kommt der Wischer zum Einsatz. Stellen Sie die Scheibenwaschdüsen bitte so zur Sichtfläche ein, dass Sie das Waschwasser im oberen Drittel des Wischfelds zerstäuben.

## Für Profis selbstverständlich – einmal jährlich neue Wischergummis

Die Lebensdauer von Wischergummis ist begrenzt: Bei jeder Wischbewegung malträtieren öliger Straßenschmutz, verhärtete Insektenreste sowie Salzrückstände die Wischerlippen. Ozon und UV-Strahlen härten die Wischergummis zusätzlich aus. Profis wechseln die Wischer daher vorbeugend einmal jährlich, vorzugsweise im Herbst, gegen Neue aus.

Bei korrektem Anpressdruck der Wischerarme auf die

Scheibe sind lästige Schlieren der sichtbarste Beweis für verschlissene Wischergummis – der fällige Austausch bereitet keinerlei Probleme. Wie übrigens auch die meisten Arbeiten an der Scheibenwaschanlage, die Sie in der Regel selbst erledigen können. Bei Störungen an der Elektrik werfen Sie zunächst auf die Sicherungen und elektrischen Zuleitungen einen prüfenden Blick. Logan-Fahrer berichten in einschlägigen Internet-Foren mitunter über kontaktschwache Kabelanschlüsse an den Wischermotoren bzw. am Wischerschalter. Sollten Sie auch dort fündig werden, informieren Sie sich vor der anstehenden Reparatur bitte im Kapitel »Elektrik« über die praktikablen Schritte.

## Scheibenwaschwasser auffüllen

Im Sommer sollten Sie den Waschwasservorrat mit klarem Wasser ergänzen. Ein Anteil Reinigungsmittel oder Geschirrspüler steigert die Waschwirkung erheblich. Im Winter mengen Sie der Waschlösung zusätzlich Gefrierschutzkonzentrat bei.
Der Gebrauch von bereits vorgemischtem Scheibenreiniger ist natürlich der bequemste Weg zur sauberen Scheibe. Wir haben auch keine großen Einwände gegen den Einsatz von Brennspiritus als Frostschutz im Winter. Sie sollten allerdings berücksichtigen, dass Spiritus über die Zeit die Wischblätter und Scheibengummis austrocknet.

■ Damit im Vorratsbehälter sofort eine homogene Mischung entsteht, füllen Sie zunächst das (die) Zusatzmittel ein, erst dann verdünnen Sie die Zusätze mit Leitungswasser.

■ Bei Minustemperaturen friert die Scheibenwaschanlage ein. Darum präparieren Sie ihren Vorratstank in der kalten Jahreszeit immer mit dem nötigen Quantum an Gefrierschutzmittel oder einer vorgemischten Reinigungslösung. Damit im Ernstfall auch die Zuleitungen und Spritzdüsen geschützt sind, lassen Sie die Waschanlage nach dem Füllvorgang solange pumpen, bis Sie die Mischung auf den Scheiben erkennen und riechen.

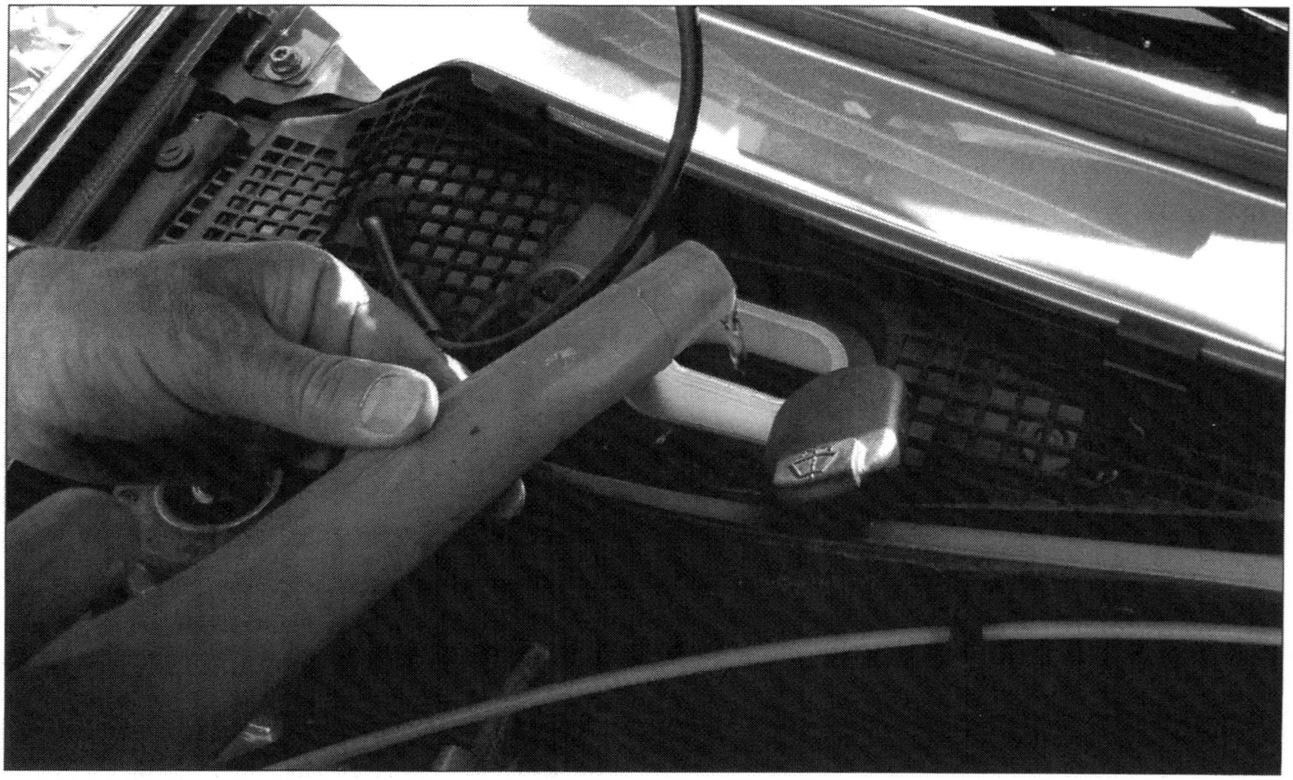

***Leicht befüllbar:*** Waschwasserbehälter unter der Motorhaube im Lüftungsgitter links.

## Wischerblatt wechseln (vorne)

■ Klappen Sie den Scheibenwischerarm von der Scheibe ab und …

■ … schwenken das betreffende Wischerblatt etwa 90 Grad um seine Drehachse nach oben.

■ In dieser Stellung drücken Sie auf die Rastnase (Pfeil) und schieben das Blatt nun vorsichtig nach unten aus dem Wischerarm.

■ Verschaffen Sie dem Wischerarm am Wischergummi den nötigen Platz und …

■ … jonglieren das Blatt am Wischerarm vorbei aus der Halterung.

■ Beenden Sie die Montage in umgekehrter Reihenfolge. Achten Sie bitte darauf, dass die Sicherungszunge hörbar einrastet. Falls nicht, fliegt Ihnen das Blatt beim nächsten Regen von der Scheibe.

■ Verfahren Sie mit dem anderen Blatt auf die gleiche Weise.

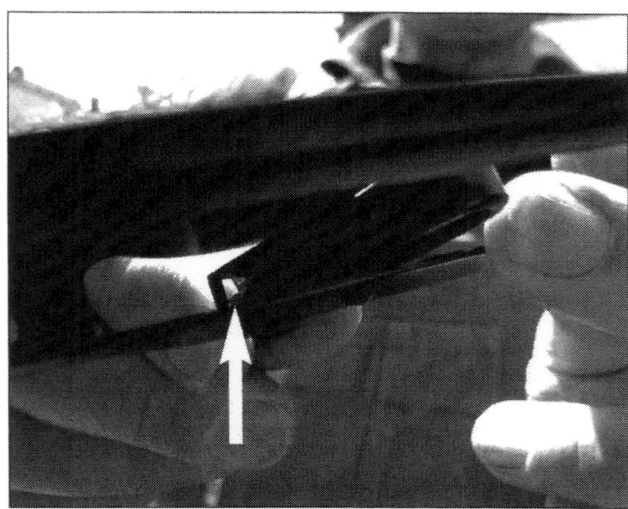

***Gefühlvoll zusammendrücken:*** die Klemmzungen des Waschdüsenstativs unterhalb der Motorhaube.

## Wischergummi wechseln

■ Demontieren Sie den Wischerarm von der Scheibe und legen ihn beiseite.

■ Achten Sie darauf, das Wischerblatt fixiert mit zwei Halteklammern (2) den Gummi (3) an einer Seite. Quetschen Sie in dem Bereich den Gummi mit einem Lüsterklemmenschraubendreher aus den Halteklammern.

■ Danach ziehen Sie den Wischergummi – zusammen mit den beiden Metallfederstreifen – in die andere Richtung aus dem Halter.

■ Die Montage des neuen Wischergummis erledigen Sie in umgekehrter Reihenfolge.

■ Achten Sie darauf, dass Sie die Metallfederstreifen mit der Krümmung zur Wischerlippe in den neuen Wischergummi einschieben. Falls Sie das versäumen, zieht der runderneuerte Wischer Schlieren über die Scheibe.

***Schwenken und leicht aufstellen:*** Das Wischerblatt zum Wechsel.

# Wischerblatt wechseln (hinten, MCV)

■ Schwenken Sie den Wischerarm von der Scheibe ab, stellen das Wischerblatt geringfügig zum Wischerarm auf und ...

■ ...pressen das Blatt mit leichtem Nachdruck aus der Arretierung des Wischerarms.

■ Das neue Wischerblatt montieren Sie in umgekehrter Reihenfolge. Achten Sie bitte darauf, dass es deutlich hörbar einrastet.

***Schnell erledigt:*** Heckwischerblatt erneuern.

# Scheibenwischerarm demontieren

## Frontscheibe

## Werkzeug:

Schlitzschraubendreher,
Ratsche, 13er Stecknuss

■ Markieren Sie die Ruhestellung der Wischerblätter mit Klebeband auf der Scheibe. Vorschriftsmäßig eingestellt liegen beide Wischerblätter etwa 3,5 Zentimeter über dem unteren Scheibenrand auf.

■ Liften Sie nun die Abdeckkappen der Wischerarmachsen mit einem Schlitzschraubendreher und ...

■ ...lösen zunächst die Wischerarmmutter ca. zwei Umdrehungen.

■ Dann stellen Sie den Wischerarm auf und hebeln ihn seitlich leicht hin und her.

■ Sobald der Arm lose auf dem Konus steckt, drehen Sie die Mutter ganz von den Wischerarmachse und ...

■ ... ziehen den Wischerarm mitsamt Unterlegscheibe von der Wischerachse ab.

■ Bei der Montage achten Sie darauf, dass der jeweilige Wischerarm mit Ihrer Scheibenmarkierung korrespondiert. Ziehen Sie die Arme gefühlvoll fest und checken dann den korrekten Wischerlauf: Eventuell müssen Sie die Ruhestellung korrigieren.

***Vor der Montage exakt justieren:*** Den Scheibenwischerarm auf der Scheibe.

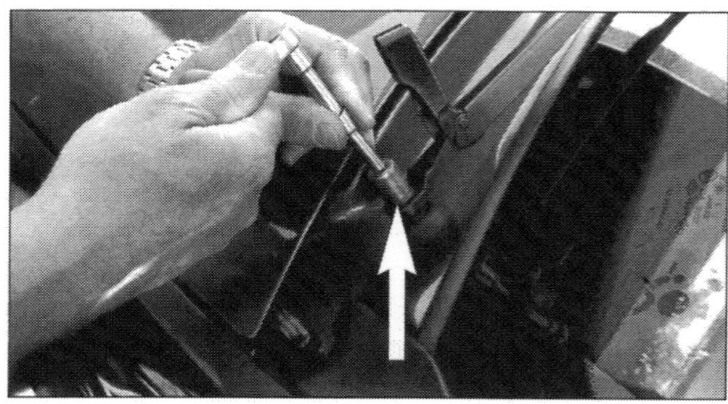

***Muss wieder richtig einrasten:*** die Wischerarmabdeckung (Pfeil) nach der Demontage.

### Heckscheibe (Logan MCV)

### Werkzeug:

Schlitzschraubendreher,
Ratsche, 13er Stecknuss

■ Markieren Sie die Ruhestellung des Wischerblatts mit Klebeband auf der Scheibe und ...

■ ...klappen die Wischerarmabdeckkappe ab und lösen die Wischerarmmutter zunächst nur um zwei Umdrehungen. Dann ...

■ ... stellen Sie den Wischerarm auf und hebeln ihn gefühlvoll seitlich etwas hin und her.

■ Sobald der Arm lose auf dem Konus steckt, drehen Sie die Mutter ganz von den Wischerarmachse und ...

***Lösen:*** die Zentralmutter am hintern Wischerarm.

■ ... ziehen den Wischerarm mitsamt Unterlegscheibe von der Wischerachse ab.

■ Bei der Montage achten Sie darauf, dass der Wischerarm mit der Scheibenmarkierung korrespondiert. Ziehen Sie den Arm gefühlvoll fest und checken den Wischerlauf: Eventuell müssen Sie die Ruhestellung korrigieren.

## Waschwasserdüsen prüfen und einstellen

Ihr Logan flutet die Frontscheibe mit zwei Waschwasserdüsen. Um deren Reinigungswirkung voll auszuschöpfen, stellen Sie die Düsen mit einer Nadel oder Büroklammer punktgenau auf das obere Scheibendrittel ein.
Reicht die Wassermenge nicht aus, um die Scheibe zu reinigen? Sind die Düsen gar verstopft? Dann legen Sie beide Düsen für geraume Zeit in eine scharfe Essiglösung. Essig hilft meistens, wenn die Düsen von Kalkablagerungen noch nicht ganz zugesetzt sind, danach ist ein Neuteil angesagt. Je nach Wasserqualität ist Kalk übrigens die häufigste Ursache für unzureichende Waschleistung. Begegnen Sie dem Ärgernis mit guten Waschwasserzusätzen oder einer sparsamen Portion Essig im Waschwasser.
Zudem beklagen Logan-Fahrer in Internetforen ab und an gequollene oder geknickte Waschwasserschläuche. Bevor Sie also die Düsen verdächtigen, checken Sie auch die Zuleitungen, das ist mitunter preisgünstiger und zielgerichteter. Die Pumpen sind dagegen offensichtlich ziemlich immun gegen kalkhaltiges Wasser.

***Einstellung der Wasschdüsen:*** Achten Sie auf die korrekte Höhe und Verteilung des Sprühstrahls. Sind die Düsen richtig eingestellt, ergibt sich ein Strahlbild wie hier skizziert.

# Scheibenwaschdüsen demontieren

Um sich zukünftigen Ärger mit verstopften Scheibenwaschdüsen zu ersparen, empfehlen wir Ihnen bei der Gelegenheit gleich einen handelsüblichen Kraftstofffilter (z. B. von einem Mofa) in die Waschwasserzuleitung einzusetzen. Der feinporige Filter hält die Düsen sauber.

■ Zur Demontage der vorderen Düsen öffnen Sie die Motorhaube und ziehen den Waschwasserschlauch von der jeweiligen Düse ab.

■ Danach pressen Sie die Klemmzungen an der Düse zusammen und...

■ ... drücken gleichzeitig die Düse von unten aus der Motorhaube.

■ Zur Montage rasten Sie die Düse von oben wieder in die Motorhaube ein. Achten Sie unbedingt darauf, dass die Klemmzungen hörbar einrasten. Falls nicht, können Sie die Einstellung des Waschstrahls gleich vergessen: die Düse wandert eh beizeiten aus der Motorhaube.

## Heckdüse (MCV)

■ Demontieren Sie zunächst die dritte Bremsleuchte und drücken die Düse aus der Leuchte. Das war's schon!

■ Beenden Sie die Montage in umgekehrter Reihenfolge. Vergessen Sie dabei nicht, den Waschwassersprühstrahl im oberen Drittel bestmöglich auf die Scheibe auszurichten.

***Gefühlvoll zusammen drücken:*** die Klemmzungen des Waschdüsenstativs unterhalb der Motorhaube.

# Macht Ihren alten begehrenswerter – Make-up

Wenn Sie Ihrem Logan nicht bis ans Ende seiner Tage fahren möchten, steht irgendwann ein Neukauf an. In dem Fall sind Sie gut beraten, den Werteverfall über die Zeit möglichst gering zu halten. Kurz vor dem Verkauf brezeln Sie Ihren Alten dann noch einmal mit Augenmaß so richtig auf: Die Chancen, mit überschaubarem Aufwand den Kaufpreis zu heben, stehen nämlich nicht schlecht.

Zunächst sollten Sie dem Käufer die Angst vor einem technisch maroden Auto nehmen.

Prüforganisationen wie TÜV oder DEKRA, natürlich auch freie Kfz-Sachverständige, begutachten die möglichen Macken Ihres Logan gerne gegen Cash. Sie listen dazu detailliert ihre Erkenntnisse in einem Prüfprotokoll auf. Dazu gehören Bremsen, Lenkung, Fahrwerk, Antrieb, Auspuffanlage, Elektrik und Beleuchtung, die Karosserie mitsamt der Lackierung sowie der Innenraum. Ein spezielles Gebrauchtwagenzertifikat schafft zusätzliches Vertrauen und dient als neutrale Verhandlungsbasis zwischen Ihnen und dem möglichen Käufer.

***Da sind die Finger gefragt:*** an Ecken und Kanten.

WISSENSWERTES

## Das leisten Profis

Kleider machen Leute – auch bei älteren Autos. Wir denken allerdings nicht unbedingt nur an das obligatorische Make up in Eigenregie: Wir schlagen Ihnen eher eine professionelle Aufbereitung Ihres Logan vor. Innenraum und Karosserie erhalten in dem Fall eine Komplettsanierung, die kleinere Mängel und Schönheitsfehler perfekt beseitigt oder zumindest bestmöglich retuschiert.

Fahren Sie dazu einen Auto-Kosmetiker an und erkundigen sich vorab über die technischen Möglichkeiten seines Wirkens und geben dem Blechvisagisten einen detaillierten Auftrag. Darin nämlich liegt Ihre große Chance: mit möglichst geringem Aufwand den Wiederverkaufswert Ihres Dacia Logan zu pushen.

Sollten Sie Ihren Logan über die Jahre vordergründig als urbanes Fortbewegungsmittel genutzt haben, trägt er wahrscheinlich auch die typischen Spuren zur Schau: Kleine Kratzer oder Beulen außen, das eine oder andere Loch in den Kunststoffverblendungen, zum Beispiel von der Handyhalterung, oder einfach nur tiefere Kratzer auf den Oberflächen.

Sind Sie eventuell gar Raucher? Dann verunstalten vielleicht kleine Brandwunden die Polster oder Verkleidungen?

Keine Angst: professionelle Gebrauchtwagenaufbereiter stellen Ihre Unaufmerksamkeiten nicht unbedingt vor unlösbare Probleme. Die unterschiedlichsten Make-up-Methoden beseitigen optische Schönheitsfehler mit relativ geringem Aufwand. Einen Neuwagen freilich – einen Neuwagen macht auch kein Profi aus einem heruntergekommenen »Schlorren«.

Dennoch, professionell aufbereitete Autos erzielen durch die Bank einen deutlich höheren Verkaufspreis als ungeschönte Oldies. In der Praxis steigt der Wert des Alten bis zu 1000 Euro. Dem gegenüber stehen Aufbereitungskosten zwischen 400 bis 500 Euro – da bleibt Ihnen ein satter Gewinn von mehreren hundert Euro…

PRAXISTIPP

## Aufbereitung vom Profi

Die Abwägung, ob es sich für die vorhandenen Kleinschäden an Ihrem Fahrzeug lohnt, einen Profi zu engagieren oder nicht, wird dann relevant, wenn Sie sich von ihm trennen wollen oder müssen. Denn auch bei der Fahrzeugwartung und -pflege hat sich leider die »Geiz-ist-geil«-Mentalität in letzter Zeit bemerkbar gemacht. Trotz des gestiegenen Anteils älterer Fahrzeuge in Deutschland, (das Durchschnittsalter des bundesweiten Fahrzeugbestandes beträgt mittlerweile acht Jahre) scheinen sich immer weniger Besitzer um den Allgemeinzustand ihres Fahrzeugs Gedanken zu machen. Wartung und Kundendienst werden vernachlässigt, die Motivation sinkt, in das Fahrzeug und den fälligen Service Geld zu investieren. Die Folge sind sich anhäufende Kleinmängel, die in ihrer Summe das Gesamtbild und die Erscheinung eines Kfz schnell trüben. Dies ist eine Chance für Besitzer wie Sie, die pfleglich mit Ihrem Automobil umgehen. Sie können sich mit Ihrem ordentlich gepflegten Fahrzeug hervorheben und zusätzlich durch eine optische Generalüberholung den Wiederverkaufswert steigern. Praxistests haben gezeigt, dass professionell aufbereitete Fahrzeuge in aller Regel einen deutlich höheren Verkaufspreis erzielen als ohne vorherige Verschönerungsmaßnahmen. Die Schönheitskur kann so eine Wertsteigerung von bis zu 1000 Euro erzielen. Rechnet man die ca. 400 bis 500 Euro Aufwendungen ein, bleibt immer noch ein schöner Überschuss von mehreren hundert Euro.

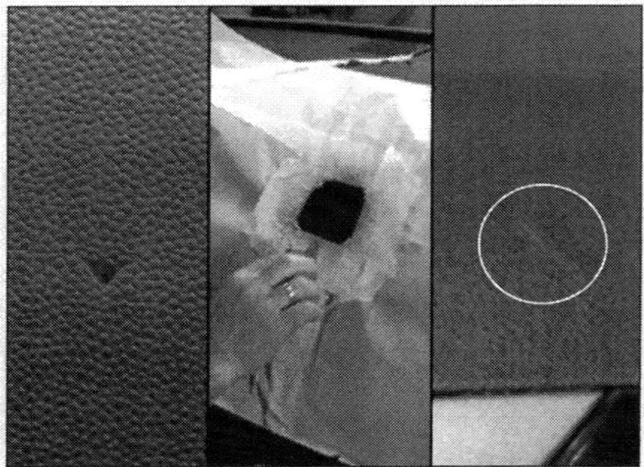

***Schnell und gut kaschiert:*** Ein Loch im Armaturenträger vor und nach der Reparatur.

PRAXISTIPP

## Frontscheiben reparieren

Ein ganz neuralgischer Punkt ist mittlerweile die Verglasung: Kratzer und Steinschläge sind im Sommer schon lästig, im Winter jedoch werden Sie zur echten Gefahr. Abgesehen von sichtbehindernden Reflektionen sammelt sich in den Kratern Schmutz, den der Wischer auf der Scheibe verteilt. Zudem büßen Verbundglasfrontscheiben im Winter eine Großteil ihrer Elastizität ein: Kühlt der zwischen den Glasschichten vermittelnde Kunstharzfilm etwa von +20° C. auf -5° C. ab, verhärtet die Scheibe um satte 57 Prozent. Das zweischichtige Gebilde wird in der kalten Jahreszeit einfach spröder. In dem Fall haben natürlich Spannungen oder punktuelle Belastungen fatalere Folgen im Sommer. Doch wenn Sie den Steinschlag sofort ernst nehmen und behandeln lassen, hat die Scheibe eine reale Chance zu »genesen«.
Scheibenprofis, beispielsweise die von Carglass (www.carglass.de), unterfüttern Steinschlagschäden mit einem speziellen Reparaturharz. Vorraussetzung: Die Schadstelle ist noch nicht allzu sehr ausgefranst oder bereits angerissen. Auch darf der Schaden nicht im direkten Sichtfeld des Fahrers liegen – so schreibt es zumindest der Gesetzgeber vor.
Mit etwas Glück bekommen Sie Scheibenreparaturen sogar zum Nulltarif: Die meisten Kfz-Versicherungen verzichten bei dieser Reparaturmethode auf den Einbehalt der Selbstbeteiligung. Vorausgesetzt, der Schaden wird auch tatsächlich professionell behoben.

***Fast wie neuwertig:*** Ein professionell ausgebesserter Steinschlag in der Scheibe.

# Wenn ferne Ziele locken...

... nimmt der Logan fünf Erwachsene samt Urlaubsbagage mit auf die Reise, der MCV bietet bis zu sieben Mitfahrern ein Dach über dem Kopf. Mit seinen zeitgemäßen Außenabmessungen passt der Kompaktklässler wie maßgeschneidert auch noch in quirlige Innenstädte. Damit Ihre Fernziele dann nicht irgendwo am Straßenrand abrupt als Alptraum enden, spendieren Sie Ihrem Dacia vor der großen Tour einen technischen Check-up. Auf den folgenden Seiten beschreiben wir Ihnen, was zu inspizieren ist.

Ein Blick in diverse Internetforen reicht: Die meisten Logan-Eigner titulieren ihren Wagen als relativ anspruchslosen Kumpel für dick und dünn. Was Wunder, schließlich hat ein Großteil seiner technischen Komponenten im letzten Jahrzehnt, in mehr oder weniger abgewandelter Form, diverse Renault-Modelle schon rund um den Globus mobilisiert. Einzelne Baugruppen erleben im Logan gewissermaßen ihren zweiten Frühling in frischer Aufmachung. Beruhigend zu wissen, zumindest dann, wenn die Ansprüche an mobile Fortbewegung sich auf das Wesentliche konzentrieren. Dabei bietet der Logan durchaus eine Priese mehr als nur automobilen Eintopf. Er macht damit nahezu überall eine gute Figur – Sie müssen ihn ja nicht unbedingt täglich im kleinen Schwarzen oder mit Smoking verlassen.

Einen Allzeit-Sorglosfrei-Fahrschein freilich löst natürlich auch Ihr Logan nicht ein. Es sei denn, Sie schauen ihm von Zeit zu Zeit sehr aufmerksam unters Blech.

Speziell vor größeren Urlaubsexkursionen sollten Sie Ihrem Logan etwas technische Zuwendung schenken. Oder verärgerte es Sie nicht, wenn Ihr Auto ausgerechnet in den schönsten Wochen des Jahres in Irgendwo am Straßenrand den Dienst quittiert? Egal ob mit gerissenem Antriebsriemen, geplatztem Kühlwasserschlauch oder abgelatschten Bremssegmenten, der Ärger ist vorprogrammiert – erst recht, wenn Sie in fernen Ländern zudem noch mit Sprachschwierigkeiten zu kämpfen haben.

### Was wann machen?

Je nachdem, wann es los geht und wohin Sie die Reise führt, auf die Vorbereitungen hat das gravierenden Einfluss. Folglich haben wir dieses Kapitel in die Teile Sommer und Winter gesplittet. So bereiten Sie Ihren Dacia Logan dann, der Jahreszeit entsprechend, gezielt auf das fremde Ziel vor.

## Fit im Sommer

Stellen Sie sich bitte vor, Sie hätten aus dem Stand einen Zehntausend-Meter-Lauf vor der Brust. Der Gedanke ist bedrückend. Oder?

Gleichwohl, wenn Sie den Lauf im Vorfeld akribisch planen und vorbereiten würden, könnte das Ziel durchaus reizvoll sein.

Ähnlich würde Ihr Logan reagieren, müsste er Sie unvorbereitet samt Familie und Urlaubsgepäck nach den schmuddeligen Wintermonaten über die Alpen oder sonst wohin kutschieren. Wir möchten Ihnen jetzt keinen zeit- und kostenaufwendigen Rundumcheck aufdrängen, da sind Sie als Do-it-yourselfer eh ständig am Ball. Doch wichtige Sichtkontrollen sollten Sie – im eigenen Interesse – möglichst noch vor der heimischen Garage abhandeln.

Wie steht's denn mit der Bremsflüssigkeit? Spurt der Antriebsriemen noch flexibel über die Riemenscheiben? Ist der Kühlflüssigkeitspegel im grünen Bereich? Wie ist der Luftfilter über den Winter gekommen? Haben die Bremssegmente noch genügend Reserven für Passfahrten mit voller Zuladung oder gar Anhänger am Haken? Reicht das Waschwasser? Haben Sie die Lösung mit genügend Scheibenklar geimpft?

Vergessen Sie auch die Reifen nicht: Wie steht's mit dem Reifendruck? Hat auch das Reserverad noch genügend Profil und Luft? Läuft das Reifenprofil gleichmäßig ab? Erkennen Sie Auswaschungen? Reicht das Restprofil noch ans Ziel und wieder retour?

Gesetzlich vorgeschrieben sind zwar lediglich 1,6 mm Profiltiefe. Wenn Sie mit »Einssechser-Reifen« allerdings eine veritable Vollbremsung hinlegen müssen, oder gar in den Regen – ganz zu schweigen in ein deftiges Sommergewitter – kommen, haben Sie gehörig verwachst: Aquaplaning ist da vorprogrammiert – und das mit Kind und Kegel an Bord...

Wussten Sie eigentlich: Schon bei ca. vier Millimeter Restprofil, dass entspricht etwa der Hälfte eines Neureifens, verlängert sich der Bremsweg aus 100 km/h bereits um mehr als zwei Wagenlängen.

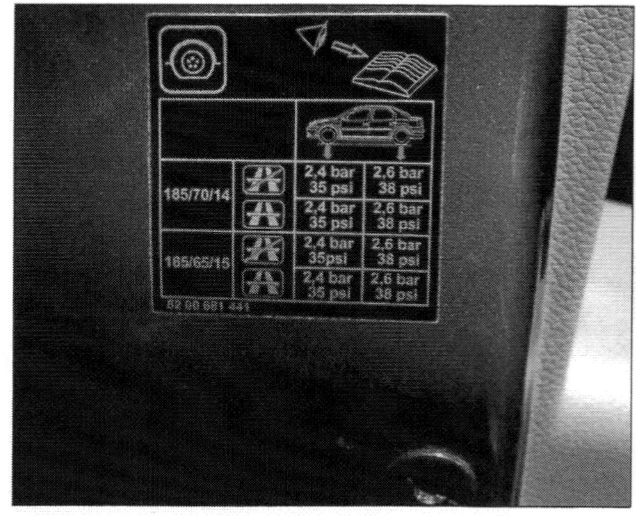


***Reine Drucksache:*** Der Luftdruck muss immer dem Belastungszustand entsprechen. Die richtigen Werte stehen im Fahrertürfalz.

| Bremsweg aus 100 km/h (regennasse Fahrbahn) | | |
|---|---|---|
| Profiltiefe | Bremsweg | Verlängerung (relativ) |
| 8 mm | 70 m | – |
| 4 mm | 82 m | 17% |
| 3 mm | 87 m | 24% |
| 2 mm | 97 m | 39 % |

***Zahlen lügen nicht:*** Millimeter entscheiden über Meter. Die Restprofiltiefe ist ein entscheidender Sicherheitsfaktor bei jedem Bremsmanöver – vor allem auf nassen Straßen.

## Profiltiefe messen

Die realistische Profiltiefe ermitteln Sie natürlich in den Hauptprofilrillen auf der Lauffläche. Das verlässlichste Ergebnis liefert Ihnen ein Profiltiefenmesser. Messen Sie ruhig auf den TWI-Stegen (**T**read **W**ear **I**ndikator, Laufflächen-Abnutzungsanzeiger), denn unterhalb der gesetzlichen 1, 6 Millimeter Mindestprofiltiefe sind Reifen eh nur noch mit Vorsicht zu betrachten. Sie verlängern den Bremsweg und neigen ganz unvermittelt zu Aquaplaning.

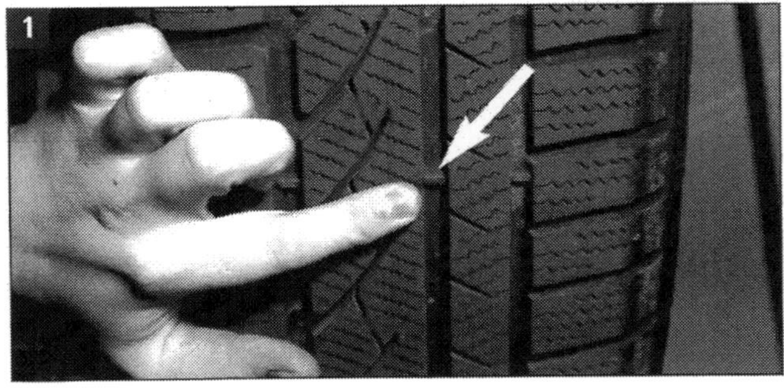

***Von Sicherheitsreserven gehörig entfernt:*** Ein bis zum Laufflächen-Abnutzungsanzeiger (Pfeil) auf 1,6 Millimeter Restprofil abgelatschter Reifen. Diese Pneus schwächeln besonders eklatant bei scharfen Bremsmanövern und auf regennassen Straßen (1). Das absolute Restprofil messen Sie in den Profilrillen. Der Profiltiefenmesser liefert exakte Ergebnisse (2).

WISSENSWERTES

### Gesetzliche Regelungen

Laut Gesetzgeber müssen schon seit Januar 2006 alle Kraftfahrzeuge in ihrer Ausrüstung den herrschenden Witterungsverhältnissen angepasst sein (StVZO, §2 Abs. 3a). Hierzu gehört insbesondere eine »geeignete Bereifung«. Mit dieser Vorgabe sollte es nun ALLEN Autofahrern unmissverständlich klar sein, dass Frühling, Sommer, Herbst und Winter, hinsichtlich Profil und Gummimischung, spezielle Reifen benötigen.
Gerade auf der Urlaubsfahrt kommt es besonders auf die richtigen Reifen an. Ein moderner Reifen besteht aus bis zu 16 verschiedenen Gummimischungen. Die Mixturen sorgen für möglichst wenig Abrieb (Verschleiß), hohe Rissfestigkeitsreserven, größtmöglichen Rutschwiderstand, geringen Rollwiderstand, dynamische Beständigkeit sowie ein hohes Maß an Laufruhe und Alterungsbeständigkeit.
Allerdings bestimmen nicht allein Gummimischung und Profilierung die Leistungsfähigkeit eines Reifens, mindestens genau so wichtig sind genügend Profilreserven. Zwar fordert der Gesetzgeber hier nur einen Mindestwert von 1,6 Millimetern, in der Praxis sind 1,6 Millimeter für einen rundum sicheren Betrieb gleichwohl kaum noch ausreichend. Fachleute sind sich einig: Das Mindestprofil eines Sommerreifens sollte drei Millimeter und das eines Winterreifens vier Millimeter nicht unterschreiten.
Die Gründe dafür sind technisch nachvollzieh- und beweisbar: Mit einem Restprofil von 1,6 Millimeter verlängert sich der Bremsweg auf regennasser Straße mitunter bereits um das Doppelte. Schon bei 80 km/h verdrängen die Drainagerillen auf nasser Fahrbahn bis zu 25 Liter Wasser pro Sekunde – bei 140 km/h sind's bereits 43 Liter. Anders gesagt: Geiz bei der Profiltiefe ist nicht geil…

Gönnen Sie also dem einzigen Bindeglied zwischen Ihrem Logan und der Straße ordentliches Profil: Die Kontaktfläche jedes Reifens beschränkt sich nämlich nur auf die Größe einer Postkarte.

## Reifen-Pannenset

Reifenpannensets ersetzen an Neuwagen immer häufiger das Reserverad: Ihr Logan kommt allerdings noch mit vollwertigem Reserverad auf die Autowelt. Wir möchten hier nicht die Diskussion um das vollwertige Ersatzrad mit Ihnen führen: Doch wenn wir statistisch unterfüttert argumentieren würden, könnten wir das E-Rad zumindest stark in Frage stellen. Denn ein kapitaler Plattfuß ist für die meisten von uns Autofahrern die absolute Ausnahme, die etwa alle 70.000 Kilometer eintritt. In dieser Zeit schleppen Sie völlig nutzlos ein rund 5 Kilogramm schweres Ersatzrad über Stock und Stein. Das erhöht zwangsläufig den Kraftstoffverbrauch und minimiert die höchstzulässige Zuladung und das Platzangebot im Gepäckraum.
Dabei gibt es mittlerweile für ganz »normale Reifenplatten« praktikable Pannensets. Sie sind einfach zu bedienen und halten den Wagen bis zur nächsten Werkstatt mobil. Doch bevor Sie das Ersatzrad ausmustern, achten Sie unbedingt auf Preis und Qualität der angebotenen Pannensets: Nicht alle halten wirklich DICHT, viele sind ihr Geld nicht Wert.

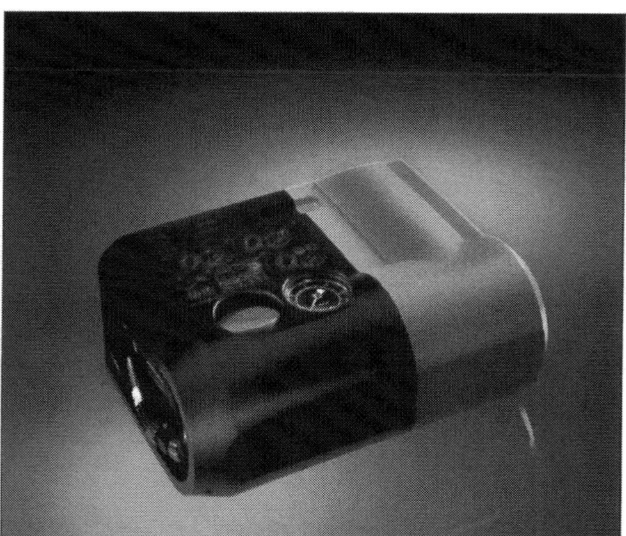

***Dichtet die meisten Plattfüße ab:*** Das Conti-Reifenpannenset.

## 12V-Kühltasche fürs Auto

Getränke und ein Vesperbrot – auf langen Reisen eine willkommene Erfrischung: Sie wecken die Lebensgeister und geben neue Kraft. Allerdings nur, wenn die Snacks möglichst frisch greifbar sind und die Butter samt Brotaufstrich nicht schon aus der Verpackung kriecht. Auch der Schluck aus der »Pulle« erfrischt Sie nur, wenn er zumindest noch kühler als Ihre Stirn ist. Wenn Sie also Raststätten meiden wollen, sollten Sie zumindest eine geeignete Kühltasche oder Kühlbox an Bord haben. Kühltaschen reichen auf kleineren Reisen allemal aus, doch wenn die Kühlakkus erst geschmolzen sind, haben Kühltaschen allenfalls noch den Wirkungsgrad eines Einkaufbeutels.
Kühlboxen das »eiskalte« Vorteile. Das Angebot ist groß und die meisten Boxen sind im Auto auch praktisch zu verstauen. Kühlboxen reicht in der Regel ein 12-Volt-Stromanschluss (Zigarettenanzünder, separate Steckdose), sie arbeiten überwiegend mit Piezo-Elementen. Besonders praktische Geräte aus dem soliden Kfz-Zubehörregal schließen Sie am Zielort übrigens auch ans normale 230 Volt Stromnetz an. Solche Geräte halten ihren Inhalt rund 30 °C. unterhalb der Umgebungstemperatur und im Umkehrschluss auch entsprechend warm: Der Nachwuchs in der Babywiege hat also immer sein vorgewärmtes Fläschchen an Bord und manch ein Pizzabäcker bringt seine Teigwaren damit »al dente« oder knusperfrisch bis vor die Wohnungstür.

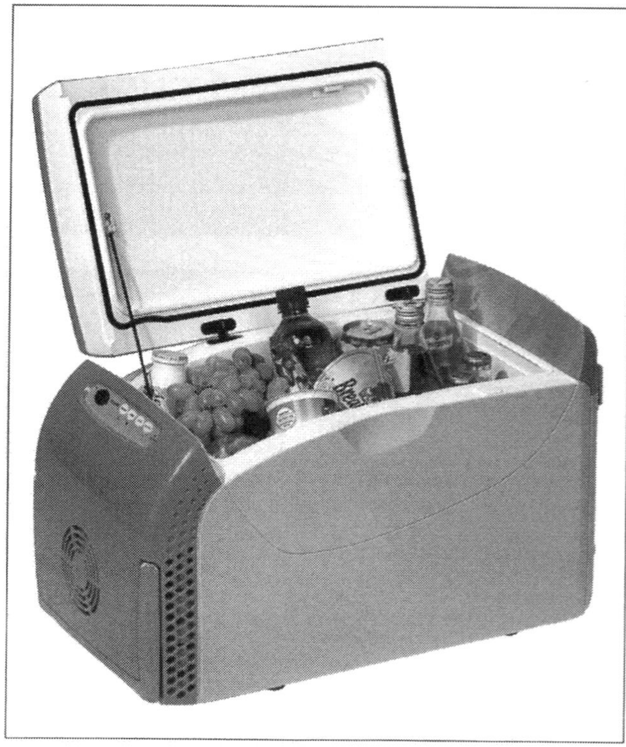

***Snacks auf Reisen:*** Mit einer guten Multifunktionsbox (Kühl- und Wärmfunktion) kein Problem.

CHECKLISTE

## Vor und nach jeder großen Fahrt

| Bereich | worauf Sie achten sollten | was zu tun ist |
|---|---|---|
| **A Motor** | **1** Motorölstand | Motoren, die im Kurzstreckenbetrieb nur selten richtig betriebswarm werden, sammeln Kondensate im Ölsumpf an, die auf langen Strecken wieder vergasen. Folge: Der Ölstand sinkt bei heißem Motor dann schlagartig ab. Checken Sie den Pegel deshalb erneut während des ersten Tankstopps. |
| | **2** Kühlmittelstand | Bei kaltem Motor muss der Kühlflüssigkeitspegel im Ausgleichbehälter zwischen »Min.« und »Max.« stehen. Falls nicht, bitte entsprechend ergänzen. |
| | **3** Zustand der Kühlmittelschläuche | Verlässliche Kühlmittelschläuche sind dicht und elastisch. Die Schlauchschellen sitzen satt und fest. Kneten Sie die Schläuche vor großen Touren kräftig durch. Verhärtete oder brüchige Schläuche tauschen Sie aus. Auch Kalkablagerungen an den Schlauchenden sollten Sie akribisch inspizieren. |
| | **4** Kühlerlüfter checken | Lassen Sie den Motor solange laufen, bis der Kühlerventilator ein- und selbstständig wieder ausschaltet. |
| **B Räder und Reifen** | **1** Luftdruck | Der Reifenluftdruck muss der Beladung und Geschwindigkeit angepasst sein. Schauen Sie in die Tankklappe und korrigieren entsprechend. Dreizehntel bar über Normal ist generell vertretbar und senkt zudem den Verbrauch. |
| | **2** Zustand | Das Restprofil muss auch nach der Reise noch ausreichend sein. Messen Sie das vorher an den TWI-Stegen nach. |
| **C Fahrwerk** | **1** Stoßdämpfer | Achten Sie auf Schwitzspuren an den Stoßdämpferrohren und lassen eventuell einen richtigen Stoßdämpfertest durchführen. Mit Wippen an den Karosserieenden entlarven Sie keinen maladen Stoßdämpfer. |
| | **2** Manschetten und Gelenke | Poröse oder undichte Achsmanschetten fördern den Verschleiß an Antriebswellen, Radaufhängungen und Spurstangen. Tauschen Sie die Gummis vorausschauend schon zu Hause aus. |
| **D Sonstiges** | **1** Beleuchtung | Schalten Sie alle Lichter durch und checken auch Ihr Ersatzlampenset auf Vollständigkeit. |
| | **2** Scheibenwaschanlage | Prüfen Sie die Waschdüsen und stellen sie gegebenenfalls neu ein. Den Vorratsbehälter füllen Sie mit Reinigungslösung bis zur Gänze auf. Denken Sie im Winter an den Frostschutzzusatz. |

# Fit im Winter

Nach all den vielen Sommertipps könnten Sie fast schon auf die Idee kommen, wir wären Wintermuffel. Dem ist natürlich nicht so – Auto fahren macht auch im Winter Spaß! Vorausgesetzt, Sie stellen sich ernsthaft auf »Väterchen-Frost« ein und lassen Ihren Logan nicht gerade mit »Turnschuhen« überwintern...

Ihr Logan hat übrigens gute Wintereigenschaften: Seine angetriebenen Vorderräder sind gut belastet und das durchaus zeitgemäße Fahrwerk tut sein Übriges. Wenn dann noch gute Winterreifen mit von der Partie sind, können Regen, Schnee und Eis Ihnen und Ihrem Logan so leicht nichts anhaben. Es sei denn, Sie vergessen die Grenzen der Fahrphysik und glauben mit guten Reifen allein ist der Winter schon ausgebremst. In dem Fall benötigen Sie recht bald einen stabilen Bergegurt oder das Abschleppseil, das Sie hoffentlich immer an Bord haben.

Wenn Sie mit klarem Kopf allerdings die Herausforderungen der kalten Jahreszeit annehmen und Ihren Logan mit der gebotenen Rück- und Vorsicht auf winterlichen Straßen bewegen, kommen Sie immer gut an. Und wenn's denn mal ganz dick von Oben kommen sollte, wirkt ein Satz griffiger Schneeketten auf den Antriebsrädern montiert meistens weiter. Unser Tipp kommt weniger im Flachland denn im Gebirge zu Ehren, doch als Vielleicht-Wintersportler wissen Sie ohnehin: Auf winterlichen Passstraßen sind Schneeketten gesetzlich vorgeschrieben – auch bei unseren europäischen Nachbarn. Beim Logan gehören Ketten übrigens auf die angetriebene Vorderachse...

## Das sollten Sie im Winter an Bord haben

Manchmal hindert Sie nicht einmal das eigene Auto oder vielleicht sogar Ihr eigenes Unvermögen am Weiterkommen. Nein, es sind die äußeren Umstände, die sich gegen Sie verbündet haben. Und da ist es sinnvoll, ein paar Utensilien an Bord zu haben, so zum Beispiel:

- ein Frostschutzgemisch für die Scheibenwaschanlage (A),
- einen vollen Reservekanister, damit Ihnen im Stau das Benzin nicht ausgeht (B),
- eine warme Decke, falls Sie festsitzen und das Benzin dennoch ausgeht (C),
- eine kleine Schaufel, um verschneite Räder eventuell freischaufeln zu können (D),
- eine Kopflampe, bei der Sie im Dunklen die Hände frei haben (E),
- ein Abschleppseil, besser noch einen langen Schwerlastspanngurt (F),
- ein Starthilfekabel (G).

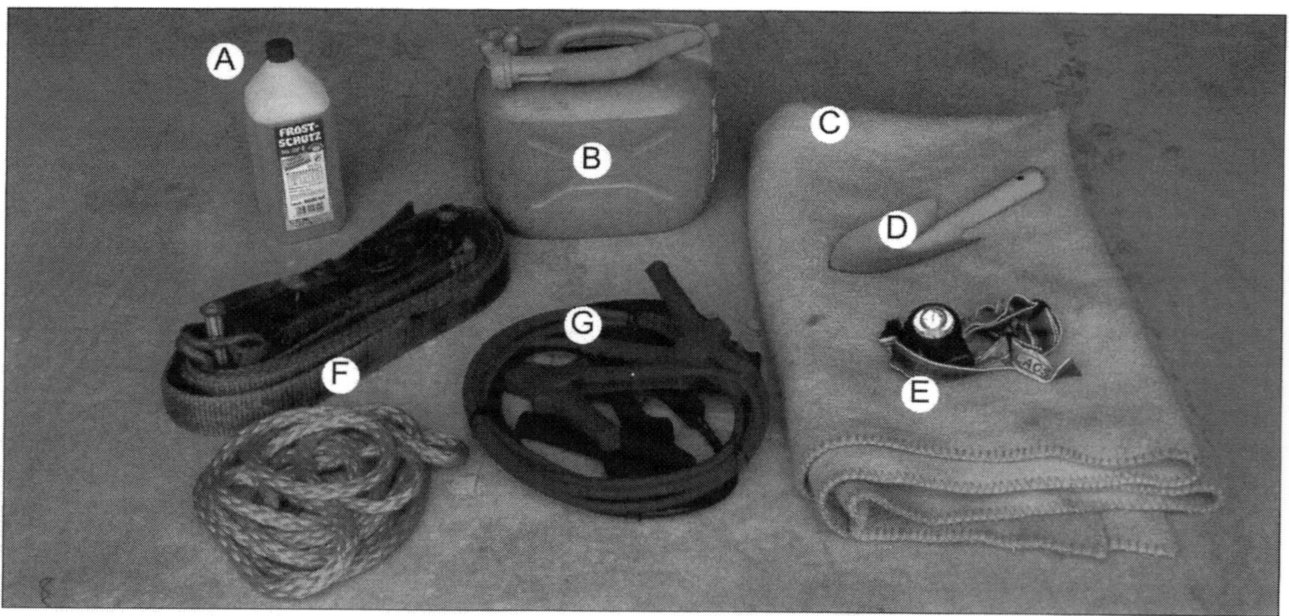


***Erste Hilfe im Schnee:*** (A) Frostschutz für die Scheibenwaschanlage, (B) Reservekanister, (C) Decke, (D) kleine Schaufel, (E) Kopflampe, (F) Abschleppseil oder Spanngurt, (G) Starthilfekabel.

## Weniger ist mehr – so unterstützen Sie den Anlasser

Unter winterlichen Bedingungen hat der Anlasser bei jedem Kaltstart Höchstleistungen zu erledigen: Der Starter Ihres Logan lutscht beim Kaltstart kurzfristig bis zu 2000 Watt aus der Batterie. Ein Großteil der immensen Leistung geht auf das Konto interne Reibungsverluste. Warmstarts realisiert der Starter dagegen schon mit rund einem Fünftel der Kaltstartpower. Darum machen Sie es dem Starter und der Batterie bei jedem Start möglichst leicht: Verzichten Sie derweil auf alle unnötigen Verbraucher. Schalten Sie das Fahrlicht, die Innenraumlüftung, das Radio, die beheizbare Heckscheibe, kurzum – schalten Sie ALLE Verbraucher aus, die der Batterie jetzt unnötig Strom abziehen könnten. Der Starter ist nämlich um jedes Watt verlegen und die Batterie um jeden abgeschalteten Verbraucher froh…

## Winterreifen: ein Sicherheits- und Komfortgewinn – auch im Flachland

Sie wissen es bereits aus Fahrschulzeiten und unzähligen Presseberichten – dennoch wiederholen wir den Rat: Grundvoraussetzung für sicheres Vorankommen auf winterlichen Straßen ist die richtige Bereifung. Seit 2006 schreibt endlich auch die Straßenverkehrsordnung in §2 Abs.3a eine »geeignete Winterbereifung« vor. Was jedoch als »geeignete Winterbereifung« zählt, definieren die Gesetzestexter nicht näher. Dennoch, die bequeme Ausrede, auf Winterreifen getrost verzichten zu können, ist gefährlich: Wer mit falschen Reifen ertappt wird, riskiert ein Bußgeld und im Falle eines Unfalls sogar den Versicherungsschutz!
Wir appellieren daher an Ihr Verantwortungsbewusstsein: Spätestens nach dem 15. Oktober bis zum 15. März sind ordentliche Winterreifen (Schlechtwetterreifen) angesagt. Besagte Pneus steigern die Fahrsicherheit und den Fahrkomfort. Übrigens nicht nur auf Eis und Schnee, Sie spuren zudem viel komfortabler auf nassen Straßen und reduzieren das Aquaplaning-Risiko ganz erheblich. Welche Winterreifen gut zu Ihrem Logan passen, verraten wir Ihnen an anderer Stelle.
Übrigens, auch Ganzjahresreifen können bei unkritischen Wetterlagen mit überwiegend milden Temperaturen schon »geeignet« sein. Bei plötzlichen Witterungseinbrüchen sind sie jedoch schlichtweg nicht mehr ausreichend.

***Der Lamellentrick:*** Spikes sind in Deutschland tabu, aber Lamellen in der Lauffläche erreichen einen ähnlich guten Kraftschluss wie die Stahlnägel. Die Lamellen öffnen sich bei rotierenden Reifen und übertragen damit geringfügig mehr Drehmoment auf die Straße.

## Winterpneus – Sicherheit geht vor Sparsamkeit!

Wer die Wahl hat, hat die Qual – so auch bei den richtigen Winterreifen für Ihren Logan. Eines vorweg: Auch ein mittelmäßiger Winterreifen hat in seiner Jahreszeit immer noch größere Sicherheitsreserven als ein guter Sommerreifen. Damit ist dann auch schon die Frage nach dem meist teuren High-Performance-Winterreifen für Ihren Logan schlichtweg beantwortet: Es muss nicht immer »Kaviar« sein. In aller Regel sind Sie mit einem guten Mittelklasseprodukt auch hinreichend bedient. Ihr Logan-Händler bietet Ihnen übrigens Winterkompletträder im Format 185/65 R15" zu durchaus günstigen Konditionen an. Da verliert selbst der günstigste No-Name-Gummi an Charme. Daher unser Rat: Halten Sie sich einfach an die Empfehlungen Ihres Vertragshändlers oder besser noch, Sie informieren sich in einschlägigen Reifentests der Motorpresse, der Stiftung Warentest oder großer Automobilclubs. Hier liegen Sie auf der sicheren Seite und finden zudem den für Sie richtigen Reifen. Der Rat sticht übrigens auch für Sommerreifen.
Wenn Sie nicht nur das Profil sondern auch die Größe variieren möchten, linken Sie sich beispielsweise auf

## Das Schneeflockensymbol

WISSENSWERTES

Die große Verunsicherung vieler Autofahrer, welche Reifen im Winter am besten geeignet sind, minimiert das Schneeflockensymbol. Die Entstehungsgeschichte dieses Symbols basiert auf dem zum Teil betriebenen Missbrauch mit der »M+S-Kennung« (-Matsch und Schnee). Das Kürzel »M+S« ist nämlich, entgegen der öffentlichen Darstellung, keine offiziell geschützte Kennzeichnung für unbeschränkte Wintertauglichkeit. Und das völlig zu Recht, denn längst nicht alle »M+S-Reifen« weisen in ihren Hauptprofilblöcken jene Lamelleneinschnitte auf, die für gute

***Garant für richtige Winterreifen:*** Die Schneeflocke mit zusätzlicher M+S Kennung auf der Reifenflanke.

Traktion auf Schnee und Eis sorgen. So tragen etwa auch waschechte Geländereifen das »M+S-Symbol« auf ihrer Reifenflanke. Und das, obwohl gerade grob profilierte Geländeprofile auf winterlichen Straßen allenfalls die Haftung von Turnschuhen auf den kalten Asphalt bringen.

So ist die Schneeflocke auf der Reifenflanke, seit 2002 europaweit als freiwilliges Hersteller-Kennzeichen von »richtigen« Winterreifen, durchaus begrüßenswert. Sie prangt übrigens zusätzlich zur »M+S« Markierung auf der Reifenflanke. Ernstzunehmende Winterreifen sind Pneus, die, im Vergleich mit einem Standard-Referenzreifen, mindestens sieben Prozent mehr Traktion auf Schnee bieten und zudem auch den Bremsweg um mindestens sieben Prozent verkürzen. »M+S-Reifen« hingegen müssen – per Definition – nur ein besonders grobes Profil, jedoch keine besonderen Wintereigenschaften, haben. Anders als Sommerreifen sind Winterreifen hierzulande mit einem geringeren Geschwindigkeitsindex, als den im Fahrzeugschein angegebenen Wert, zugelassen. Die Umrüstung auf den »langsameren« Reifen muss dann allerdings ein Aufkleber mit der gebotenen Höchstgeschwindigkeit im Sichtbereich des Fahrers kenntlich machen.

den Web-Seiten von Continental ein. Dort finden Sie unter dem Link »Reifenkonfigurator« alle für den Logan gängigen Größen aufgelistet. Seien Sie allerdings misstrauisch beim Kauf vermeintlich günstiger Gebrauchtreifen oder von Runderneuerten aus dubiosen Quellen. Unser Rat: Finger weg – Sicherheit geht vor Sparsamkeit!

An dieser Stelle gleich noch ein Rat: Winterreifen mit weniger als vier Millimeter Profiltiefe sind keine vollwertigen Winterreifen mehr. Nichts spricht allerdings dagegen, sie im Frühjahr bis zur Mindestprofiltiefe aufzubrauchen.

***Euro-Schnelltest:*** Winterreifen verlieren Ihre Wirkung unterhalb vier Millimeter Restprofilstärke. Das entspricht in etwa dem goldenen Rand einer Ein-Euro-Münze.

## Üben übt – moderne Schneeketten sind einfach zu montieren

Passende Schneeketten für Ihren Logan hat natürlich Ihr Dacia-Händler am Lager bzw. kann er beschaffen. Ansonsten geizt auch der Zubehörhandel nicht mit passenden Angeboten. Egal wo Sie nun fündig werden, das Attribut »MONTAGELEICHT« schmückt heutzutage nahezu alle Verpackungen. Unser Rat: Seien Sie durchaus misstrauisch und lassen sich am eigenen Auto, nicht an einem bequemen Demonstrationsmodell, von der Montageleichtigkeit überzeugen. Lassen Sie es mit der Demonstration dann noch nicht gut sein, sondern legen die Antriebsräder Ihres Logan versuchsweise selbst erneut in Ketten. Üben übt – wir reden aus eigener Erfahrung... Sie wären sonst nämlich nicht der erste »Schneekettenmonteur«, der

***Mit Bügel schneller zu montieren:*** Moderne Bügelketten passen sogar im Stand um die Räder. Was hier einfach aussieht, klappt in der Praxis mit Montageanleitung, Handschuhen und etwas trocken Training noch reibungsloser.

den Ernstfall mit steif gefrorenen Fingern beendet. Sollten Sie Mitglied eines Automobilclubs sein, können Sie sich dort übrigens Schneeketten ausleihen. Lassen Sie sich dann aber rechtzeitig vor der Winterreise auf die Anmeldungsliste setzen…

## Gummipflege – so bleiben Türdichtgummis geschmeidig

Alle Dichtungsgummis sind bei Minustemperaturen besonderen Anforderungen ausgesetzt: Sie werden spröde und frieren leicht an den Dichtflächen fest. Das ist dann bereits der Anfang vom Ende einer intakten Dichtung. Denn angerissene oder spröde Dichtungen sehen nicht nur optisch unansehnlich aus, sie führen ihren Job nicht mehr richtig aus und lassen das Wasser in den Innenraum. Sparen Sie also nicht bei der Gummipflege, der Wechsel defekter Gummidichtungen ist zeitaufwändiger als deren regelmäßige Pflege – teurer ist er allemal. Massieren Sie daher alle Tür- und sonstigen Dichtgummis mit einer Silikonpaste oder einem besonderen Gummipflegestift ein. Das muss nicht unbedingt nach jeder Wagenwäsche sein, doch vor und nach dem Winter nehmen Sie sich die Zeit.

## Hält Türschlösser fit – Enteiser

Wenn Sie Ihren Logan regelmäßig per Funkkontakt öffnen und verschließen können, erschien Ihnen unser Pflegetipp weltfremd. Wir raten Ihnen nämlich rechtzeitig alle Türschließzylinder vor dem Winter – und danach – mit einem Silikonspray gegen Frost zu schützen. Zudem sollten Sie ein kleines Sprühfläschchen Schlossenteiser in der Tasche haben. Denn der Trick mit dem Feuerzeug funktioniert bei Nichtrau-

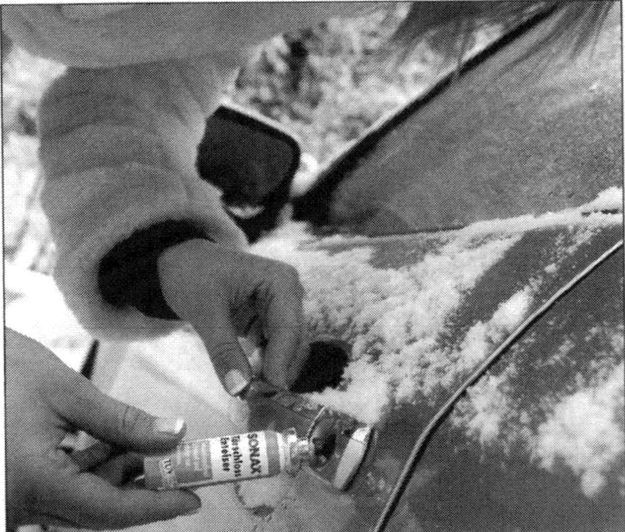


***Am besten griffbereit in der Tasche:*** Den Schlossenteiser nicht im Auto vergessen. Denn ist der Türschließzylinder erst eingefroren, bleibt der Enteiser im Innenraum wirkungslos.

***Schnell gemacht:*** Gummidichtungen sollten mit Vaseline oder einem speziellen Gummipflegestift mindestens einmal vor und nach der kalten Jahreszeit eingerieben werden – dann bleiben die Dichtungen geschmeidig.

chern nicht unbedingt und kann zudem ein Nachspiel haben. Ist der Schlüssel nämlich zu heiß, kann der Elektronikchip der Wegfahrsperre darunter leiden: Im Zweifelsfall sitzen Sie dann zwar im Auto, doch Ihr Auto macht keinen Mucks: Das Zündschloss erkennt »seinen« Schlüssel nicht mehr und der Anlasser bleibt beharrlich stumm.

## Scheibenwaschwasser – im Winter niemals ohne Frostschutz

Sowohl ins Kühl- als auch ins Scheibenwaschwasser gehört ein Frostschutzmittel. Während die Kühlflüssigkeit ständig frostgeschützt im Motor kursiert, reicht dem Scheibenwaschwasser im Winter ein Frostschutzmittel. Beide Frostschutzlösungen haben übrigens NICHTS miteinander zu tun. Vertauschen Sie die Flüssigkeiten also niemals. Die Folgen, zumindest für den Motor, könnten fatal sein!
Scheibenwaschmittel gibt's zu Genüge in jedem Zubehörshop oder an der Tankstelle. Achten Sie jeweils auf die richtige Dosierung. Ergänzen Sie dagegen Kühlerfrostmittel nur in Erstausrüsterqualität. Wenn Sie nämlich auf der heimischen Werkbank das falsche Gebräu mixen, könnte das Ihrem Motor den Garaus bereiten – im Kapitel »Antrieb« gehen wir detailliert darauf ein.

PRAXISTIPP

### Durchblick aus der Flasche

Für viele Laternenparker gehören zugefrorene Scheiben im Winter zum alltäglichen Ärgernis. Wer hat schon Lust auf regelmäßigen Früh- oder Abendsport am zugigen Straßenrand? Doch ohne geht's nicht. Wer etwa aus reiner Bequemlichkeit den Verkehr aus kleinen Sehschlitzen beobachtet, riskiert nicht nur einen veritablen Unfall, er riskiert zusätzlich ein saftiges Bußgeld. Der Gesetzgeber

***Alternative zum Eiskratzer:*** Flüssiger Scheibenenteiser aus der Sprühflasche.

verlangt laut §23 StVO von jedem Fahrzeugführer »die Sicht weder durch Beladung noch durch den Zustand des Fahrzeugs zu beeinträchtigen«. Im Klartext: Alle Autoscheiben müssen sauber sein.
Was also tun im Sinne der eigenen Bequemlichkeit und der Scheibenlebensdauer? Wer den Eiskratzer verbannen möchte, steigt kurzerhand auf Thermomatten oder flüssigen Scheibenenteiser um. Thermomatten werden um die A-Säulen gezogen und mit den Türen auf der Scheibe fixiert. Scheibenenteiser in Spray- oder Pumpdosen taut die Scheibe wie von Geisterhand ab – der Doseninhalt ist mit Alkohol versetzt. In der Praxis gibt's allerdings große Qualitätsunterschiede. Achten Sie zunächst auf das Sprühbild auf der Scheibe. Denn wird sie nur punktuell benetzt, verpufft die Wirkung im Nu. Wegen der Verdunstungskälte des Alkohols wird der Eispanzer auf der Scheibe sogar noch »stabiler«. Also doch ein Fall für den Eiskratzer! Sprühdosen die ihren Inhalt allerdings gleichmäßig auf der Scheibe verteilen, sorgen für Durchblick, zumindest dann, wenn Sie anschließend die Scheibe mit guten Wischerblättern weitgehend trockenwischen.

### Mollig warm und klare Scheiben – mit Standheizung keine Hexerei

Trotzt knapper werdender Ressourcen möchten wir nicht werten: Eine Standheizung ist im Winter fraglos ein Komfortzugewinn, erst recht bei besonders wärmedichten Dieselmotoren und für Laternengaragenparker. Denn sobald die Standheizung auch noch per Vorwahlzeituhr oder über Funkwellen zu aktivieren ist, steigen Sie nie mehr in ein kaltes Auto ein. Natürlich sind dann auch die Scheiben frei, bevor Sie den Motor starten. Sie haben fortan auch keine Kaltstartprobleme mehr zu befürchten, die Motorkühlflüssigkeit ist auch schon vorgewärmt. Gegen Cash gibt's besagten Komfort im Logan nicht ab Werk, Sie müssen die Standheizung nachrüsten.
Gleichwohl, die Montage überlassen Sie besser einem Profi. Für einen durchschnittlich begabten Do-it-yourselfer wären die erforderlichen Eingriffe unter der Motorhaube und im Innenraum zu umfangreich. Übrigens, eine Standheizung leistet auch im Sommer sinnvolle Dienste: Als Standlüfter kühlt Sie den parkenden Logan zumindest auf Außentemperaturniveau herunter.

### Problemlos nachrüstbar – die Sitzheizung im Logan

Wer die Sitzheizungsoption im Logan-Zubehörregal sucht, hat schlechte Karten. Er muss sich bei Zubehöranbietern bedienen. Die dort angebotenen Heizsysteme haben teilweise sogar Erstausrüsterqualität und darüber hinaus sogar noch mehr zu bieten. So zum Beispiel Carbon-Heizmatten; die Matten sind äußerst bruchfest und von geschickten Do-it-yourselfern auch selbst unter die Sitzflächen zu bugsieren. Der TÜV legt allerdings sein Veto ein. Demnach muss der ordnungsgemäße Einbau in einem Fachbetrieb erfolgen.

***Für rund 100 Euro pro Sitz zu haben:*** ein Sitzheizungsnachrüstkit.

### Macht müde Motoren munter – der Starthilfebooster

Wir haben Ihnen die außergewöhnliche Energieleistung des Anlassers und der Batterie bei jedem Kaltstart schon nähergebracht. Zudem haben wir die Vorzüge einer Standheizung hervorgehoben. Doch wir haben Ihnen bisher verschwiegen, dass Standheizungen nicht nur Benzin oder Diesel sondern auch Strom beanspruchen. Standheizungen schwächen die Batterie – und zwar wesentlich mehr, als Sie beim Ausschalten der von uns empfohlenen Verbraucher sparen...
Wenn Sie allmorgendlich also nicht ganz auf Risiko setzen möchten, raten wir Ihnen zu einem Starthilfebooster. Er unterstützt kurzfristig schlappe Batterien, sei es bei grimmiger Kälte oder wegen notorischer Unterladung.

***Dem Frost die Zähne ziehen:*** Mit einem Starthilfebooster haben Sie Ihr eigenes Kraftwerk an Bord.

CHECKLISTE

## Den Winter entschärfen

| Bereich | Worauf Sie achten sollten | Was zu tun ist |
|---|---|---|
| A Motor | 1 Motoröl | Häufige Kaltstarts und hohe Temperaturschwankungen belasten das Motoröl extrem. Verkürzen Sie eventuell die Wechselintervalle. Beachten Sie dazu unsere Hinweise im Kapitel »Antrieb«. |
| | 2 Kühlmittel | Checken Sie auf jeden Fall die Kühlmittelkonzentration. Wird's frostiger als – 4° C, kann ansonsten schon der Motorblock platzen. |
| | 3 Thermostat | Wenn im Winter der Thermostat nicht korrekt arbeitet, bleibt's dem Motor entweder zu kalt oder er wird zu heiß. In beiden Fällen zieht das teure Schäden nach sich. Halten Sie das im Auge und wechseln in beiden Fällen den Temperaturregler aus. |
| B Räder und Reifen | 1 Winterreifen | Winterreifen verdienen ihren Namen nur mit mindestens vier Millimeter Restprofilstärke. Montieren Sie die Reifen möglichst vor dem ersten Schnee. Fast abgefahrene Winterpneus können Sie bis weit ins Frühjahr hinein getrost abfahren. Halten Sie allerdings die maximale Höchstgeschwindigkeit ein. |
| C Licht und Sicht | 1 Beleuchtung | Kontrollieren Sie regelmäßig die Beleuchtungsanlage und reinigen regelmäßig die Scheinwerfergläser. |
| | 2 Verglasung | Die Scheiben sollten frei von Kratzern und Steinschlägen sein. Wechseln Sie im Herbst die Wischerblätter und präparieren den Waschwasserbehälter mit genügend Reiniger- und Frostschutzlösung. |
| D Karosserie | 1 Türen und Hauben | Massieren oder sprühen Sie die Gummidichtungen durchgängig mit Vaseline oder Silikonfett ein. Die Dichtungsoberfläche wird damit wasserabweisend und friert weniger schnell an die Karosserie an. |
| | 2 Schlösser und Scharniere | Schlösser und Gelenke bleiben mit einer fein dosierten Extraportion Silikon gelenkig und zudem widerstandsfähiger gegen Frost. |
| | 3 Lack | Gönnen Sie dem Lack regelmäßige Wäschen. So setzt sich erst gar keine Salzkruste fest. |
| E Elektrik | 1 Batterie | Batterien leiden unter Kälte, das gilt übrigens auch für die Schlüsselbatterie. Spätestens wenn der Anlasser nur noch quälend durchzieht, gehört der Speicher ans Ladegerät oder, bei entsprechendem Alter, erneuert. |

# Kleine Pannen

Unverhofft kommt oft: Kleine Ursache – große Wirkung! In unserem Fall gilt das geflügelte Wort kleinen Autopannen, die uns allen schon Zeit und Nerven gekostet haben. Unverhoffte Autopannen lassen Termine platzen, sie werfen die Tagesplanung über den Haufen oder sie reizen uns bis zur Weißglut. Meistens sind's Kleinigkeiten – im folgenden Kapitel nennen wir sie beim Namen. Natürlich verraten wir auch Erste-Hilfe-Tipps.

Schon mal erlebt – oder? Wir müssen zur Arbeit, sind ohnehin schon spät dran und der Anlasser streikt beharrlich. Ausgerechnet!
In rund 90 Prozent aller Fälle streikt nicht der Anlasser sondern die Batterie. Nur selten trägt sie freilich die Schuld: Meistens sind Sie der Hauptschuldige, jawohl, der Hauptschuldige sind Sie!
Wie das? Womöglich haben Sie am Vorabend das Licht nicht ausgeschaltet. Hand aufs Herz: Sind Sie nicht auch derjenige, der im Winter die beheizbare Heckscheibe mitsamt Außenspiegeln laufend unter Strom hält? Wärmt Ihnen vielleicht auch die Sitzheizung den Po ab der ersten Zündschlüsseldrehung? Oder dudelt nicht auch das Radio schon vor dem ersten Motorlebenszeichen? Das Heizgebläse pustet die Scheiben doch ohnehin fortlaufend mit erwärmter Luft an – einerlei, ob sie beschlagen oder klar sind. Erkennen Sie sich in unseren Beispielen wieder?
Egal, an all den Komfort haben wir uns längstens gewöhnt. Wo allerdings der Strom für all die Goodies herkommt, interessiert allenfalls am Rande. Hier liegt der wunde Punkt: Im Auto kommt der Strom nicht einfach aus der Steckdose von irgendwo, der Generator legt sich dafür eifrig ins Zeug und mit dem Zuviel füttert er die Batterie. Deren Speichermöglichkeiten freilich sind eng eingeschränkt – erst recht, wenn sie schon in die Jahre gekommen ist. Und wenn im Kurzstreckenverkehr der Generator dann zu wenig Zeit für die Batterie hat, streikt eben irgendwann der Anlasser – besonders im Winter.
Leere Batterien sind übrigens schon seit den Kindertagen des Autos der absolute Pannen-Klassiker. Dabei könnten sie mit etwas mehr Ein-, Weit- und Vorsicht längst von streikenden Türschließern oder Zündschlüsseln abgelöst sein. Denn längst nicht jeder elektrische Bordverbraucher muss ständig an der Batterie lutschen. Und wenn doch, dann ist eben irgendwann ein Zwischenstopp am Ladegerät oder eine längere Fahrstrecke angesagt.
Für den Moment helfen Ihnen unsere Ratschläge zwar nicht weiter: Die Batterie ist leer. Sie müssen pünktlich zur Arbeit – die Zeit drängt. Mit einem Fremdstartkabel an Bord und einem hilfsbereiten Autofahrer könnte es jetzt eventuell noch rechtzeitig klappen…

## Motor fremdstarten – mit Starthilfekabeln kein Problem

Zur Starthilfe verwenden Sie besser nur spezielle elektronik Starthilfekabel mit Überlastschutz. Jene Kabel halten nämlich gefährliche Spannungsssspitzen von den Elektronikmodulen Ihres Logan fern.

■ Schalten Sie zunächst an Ihrem Auto alle elektrischen Verbraucher aus. Lassen Sie den Helfer so nah an Ihren Logan heranfahren, dass die Starthilfekabel möglichst bequem zwischen beide Batterien passen.

■ Der Motor des Spenderautos läuft im Stand, derweil klemmen …

■ … Sie die Starterkabel zunächst an die leere und dann an die volle Batterie an.

■ Verbinden Sie zuerst beide Batteriepluspole (rote Klemmanschlüsse) und …

■ … danach beide Minuspole mit dem schwarzen Starthilfekabel. Sollte die Kabellänge des schwarzen Massekabels nicht bis zur leeren Batterie langen, nutzen Sie eine stabile Masseverbindung im Motorraum, zum Beispiel am Federbeindom.

■ Eile ist nun nicht unbedingt geboten, die leere Batterie bekommt bereits den ersten Anschub.

■ Versuchen Sie nun den Motor zu starten. Sollte Ihnen das nicht sofort gelingen, legen Sie immer wieder kleine Pausen ein – ansonsten könnte es den Anlasser überfordern und den Kat schädigen.

■ Sobald der Motor brummt, nabeln Sie Ihren Wagen ab. Klemmen Sie das Minuskabel an der leeren und erst danach an der vollen Batterie ab. Mit dem roten Kabel verfahren Sie gleich.

■ Belasten Sie die leere Batterie auf den ersten Kilometern mit möglichst wenigen Verbrauchern. Nach rund 30 Kilometern reicht die Batteriekapazität meist schon aus, um zumindest den nächsten Startvorgang zu realisieren.

# Was tun bei einer Reifenpanne?

Statistisch gesehen erleben Sie am eigenen Auto etwa alle 70.000 km einen Plattfuß. Dann heißt es richtig zu reagieren und umsichtig zu handeln. Schätzen Sie das Gefahrenpotential für sich und andere Verkehrsteilnehmer realistisch ein.
Entscheiden Sie an Ort und Stelle, ob Sie dort den platten Reifen relativ gefahrlos wechseln können. Ist der Platz hinreichend mit Warndreieck und Pannenlicht zu sichern? Falls nicht, gehen Sie keine Risiken ein. Bugsieren Sie besser den Havaristen dann im gemäßigten Tempo und mit Warnblinklicht an eine geeignetere Stelle.
Denken Sie allerdings daran, ein platter Reifen überlebt nur wenige hundert Meter schadlos. Falls Sie der Reifenwechsel ohnehin überfordern sollte, rufen Sie Hilfe per Handy herbei.

# Wagen richtig aufbocken

Für den Fall einer Reifenpanne oder eines Reifenwechsels, zum Beispiel von Winter- auf Sommerreifen, hat Ihr Logan einen Scherenwagenheber mit an Bord. Als Lifter oder Standhilfe, anlässlich größerer Instandsetzungs- bzw. Wartungsarbeiten, ist der Wagenheber freilich denkbar ungeeignet – ja er ist sogar gefährlich.

■ Ziehen Sie zunächst die Handbremse an und legen den ersten oder den Rückwärtsgang ein. Auf öffentlichen Straßen müssen Sie laut StVZO auch den Warnblinker einschalten und ein Warndreieck in gebührendem Abstand hinter dem Auto aufstellen.

■ Hebeln Sie zunächst die Radzierblende mit einem Schraubendreher aus dem Bordpannenset ab. Den Schraubendreher setzen Sie als Hebel zwischen Felge und Blende an.

■ Lösen Sie die Radschrauben um eine Umdrehung und ...

■ ... heben den Wagen an.

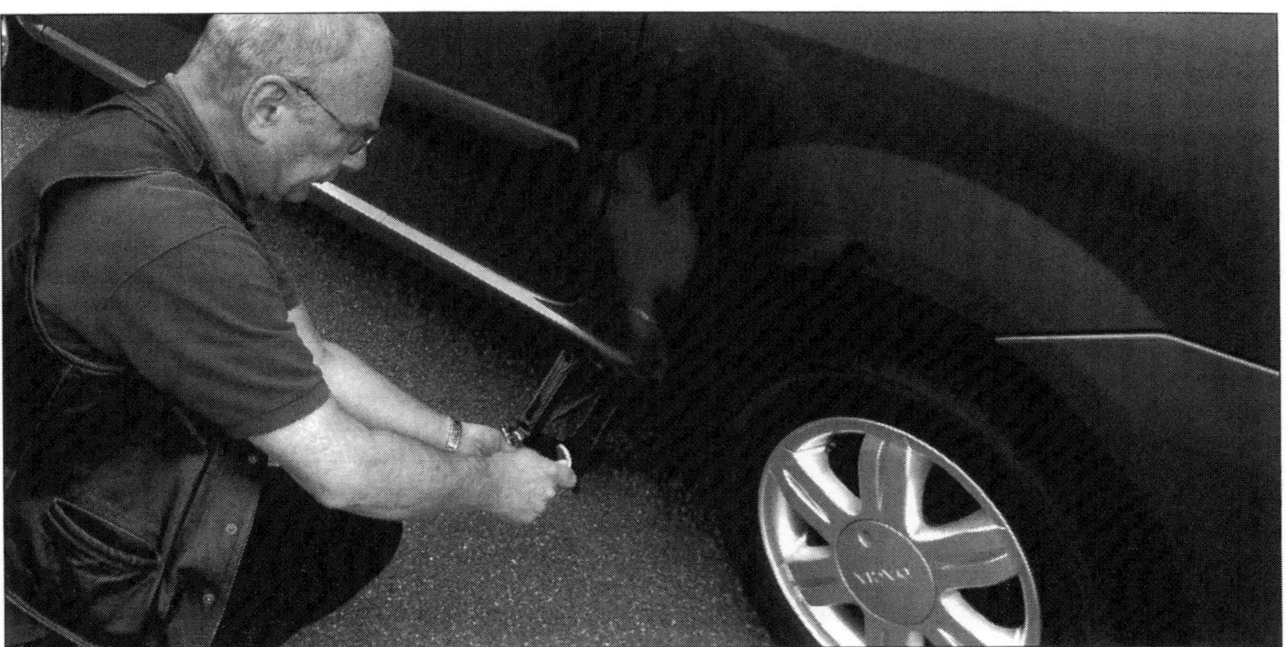

***Möglichst senkrecht unter dem Profilsteg des Längsholms ansetzen:*** Den Adapter des Wagenhebers.

■ Liften Sie den Scherenwagenheber soweit an, dass er noch leicht in den betreffenden Profilsteg vor dem zu liftenden Rads hineinpasst. Achten Sie unbedingt auf den stabilen Stand des Wagenheberfußes. Auf weichem Untergrund vergrößern Sie die Standfläche des Hebers mit einer entsprechend großen Unterlage.

■ Sobald das zu wechselnde Rad den Bodenkontakt verloren hat, drehen Sie die Radschrauben aus der Radnabe, ...

■ ... ziehen das Rad von der Nabe und richten das Reserverad zunächst nur provisorisch vor der Radnabe aus.

■ Versuchen Sie dann möglichst den obersten Radbolzen in der Nabe anzusetzen. Mit den anderen verfahren Sie gleich.

■ Sobald Sie sitzen, ziehen Sie alle Bolzen handfest vor.

■ Lassen Sie jetzt den Wagen ab und ziehen die Radbolzen gleichmäßig über Kreuz fest. Mit einem Radkreuz können Sie das Rad übrigens gefühlvoller anziehen als mit dem Bordsteckschlüssel.

■ »Knallen« Sie die Bolzen nicht bombenfest an. Fest ist fest – das vorgeschriebene Drehmoment beträgt 110 Nm.

■ Wenn Sie nun die Radabdeckung ansetzen, achten Sie darauf, dass die Ventilöffnung dem Ventil Platz lässt. Für den Fall, dass Ihr Logan eine Radvollabdeckung hat.

■ Zur eigenen Sicherheit checken Sie das Rad nach ca. 10 Kilometern erneut auf festen Sitz.

## Können platzen – gealterte Kühlschläuche

Platzt während der Fahrt ein Kühlwasserschlauch oder hat sich gar ein Marder ausgerechnet unter der Motorhaube Ihres Logan in einen Schlauch verbissen, muss an Ort und Stelle guter Rat zunächst nicht unbedingt schon teuer sein. Sollten Sie zufällig sogar Reserveschläuche an Bord haben, tauschen Sie den Schlauch sofort aus und der Fall ist erledigt. Falls nicht, und das wird die Regel sein, versuchen Sie, den alten Schlauch provisorisch mit einem festen Gewebeband zu retten. Entfetten Sie die Schadstelle und lassen den Schlauch auch möglichst auskühlen. Erst dann umwickeln Sie die undichte Passage in mehreren Schichten möglichst fest mit einem Gewebeklebeband. Bevor Sie den Motor starten, vergessen Sie nicht, die Kühlflüssigkeit zu ergänzen.
Damit Sie nicht von vornherein für die Katz' gearbeitet haben, lösen Sie noch schnell den Verschlussdeckel des Ausgleichsbehälters um eine Umdrehung. Das Kühlsystem bleibt dann drucklos und Ihre Flickstelle hat, bis zur endgültigen Reparatur, durchaus eine Chance. Achten Sie während der Weiterfahrt stets auf die Motortemperaturanzeige und gehen keinerlei Risiken ein: Überhitzten Motoren droht ein kapitaler Hitzetod.
Zur Reparatur zu Hause kaufen Sie nur Originalschläuche: Die passen garantiert und verhärten nicht schon nach kurzer Zeit. Inspizieren Sie gleichfalls die anderen Schläuche und Schlauchschellen – korrodierte Schellen erneuern Sie grundsätzlich; auch der Kühlflüssigkeitsstand sollte überprüft werden..

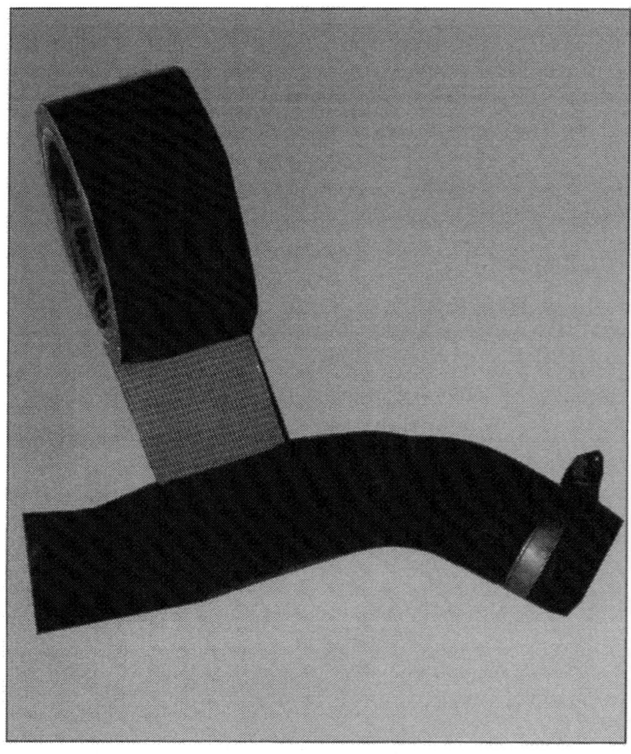

***Notreparatur bis zum Austausch:*** Ein festes Gewebeklebeband dichtet kleinere Undichtigkeiten kurzfristig ab – zumindest auf fettfreiem, trockenen Untergrund.

# Schlüsselbatterie wechseln

Je nach Modell und Ausstattung trägt der Logan im Zündschlüsselgriff eine kleine Knopfzelle (CR 2016 3 V). Im Laufe der Jahre wird die Batterie schwach und muss gewechselt werden.

- Lösen Sie im Schlüsselgriff die Schraube 1 und ...
- ... hebeln mit einem kleinen Schlitzschraubendreher den Griff auf. Setzen Sie den Schraubendreher vorsichtig an der Schlüsselbartseite an.
- Tauschen Sie die Batterie und beenden die Arbeit in umgekehrter Reihenfolge. Achten Sie auf die Polarität.

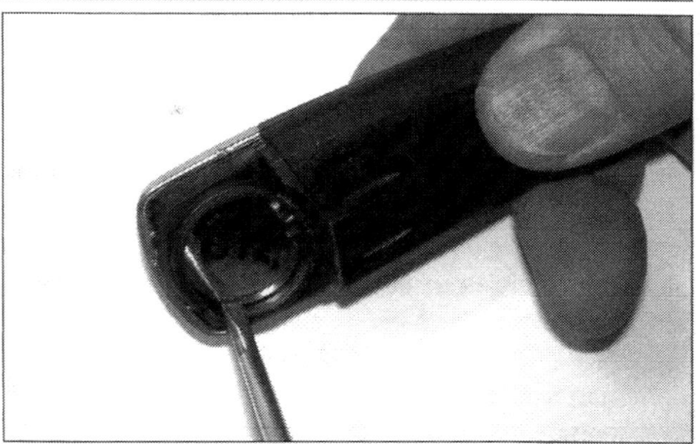

***Im Schlüsselgriff erneuern:*** die leere Knopfzelle.

## Nicht selten der Fall – an der falschen Zapfsäule getankt

Lachen Sie bitte nicht: Diesel anstatt Benzin, Benzin anstatt Diesel – nichts ist unmöglich... Wenn Sie dem ADAC, Dacia oder auch wieder Internet-Chats glauben schenken möchten, sind Falschbetankungen verbreiteter, als Sie bis gerade noch glaubten. Oder haben Sie etwa auch schon Ihre Erfahrungen mit der falschen Zapfpistole gemacht?
Wenn Sie es seinerzeit dann wenigstens noch rechtzeitig bemerkt haben, war der Ärger zwar groß, der Schaden gottlob jedoch überschaubar. Der Otto-Logan streikt spätestens an der Tankstellenausfahrt, gerade noch rechtzeitig, um Hilfe aus erster Hand in Anspruch nehmen zu können. Soweit wird's hoffentlich nicht kommen: Die voluminösere Dieselzapfpistole passt nämlich nicht in den Tankstutzen des Otto-Logan. Sollten Sie es dennoch geschafft haben, lassen Sie den Tank möglichst weit abpumpen und ergänzen den Rest mit Superbenzin. Mit etwas Glück war's das schon, zumindest dann, wenn Sie auch den Kraftstofffilter gesäubert haben. Ihr Logan läuft dann bis zum nächsten Volltanken zwar mit geringerer Leistung – doch der kapitale Schaden an der Einspritzanlage ist umschifft.
Anders herum ist das Malheur allerdings schnell passiert und zwar mit wesentlich größeren Folgen für die Technik: Zunächst passt die Otto-Zapfpistole locker in den Dieseltank, das erhöht die Chancen, an der falschen Säule zu tanken. Wenn Sie den Lapsus sofort bemerken, den Tank noch vor Ort abpumpen lassen und den Inhalt umweltgerecht entsorgen, zahlen Sie ein nur vergleichsweise geringes Lehrgeld.
Anders sieht die Sache freilich aus, wenn Ihr Logan den Ottokraftstoff erst einmal so richtig in seinem Kraftstoffsystem verteilen konnte. In dem Fall sind Sie mit Benzin von der Tanksäule gestartet. Die Reise wird zwar nicht allzu lange währen, mit einem Ohr für normale Dieselgeräusche bemerken Sie schnell völlig andere Verbrennungsgeräusche unter der Motorhaube. Sollten Sie die akustische Warnung gleichwohl ignorieren, nimmt das teure Unheil unwillkürlich seinen Lauf: Der Motor stirbt relativ schnell ab und mit ihm auch das Dieselequipment Ihres Logan. Anders als Dieselöl schmiert Ottokraftstoff die beweglichen Komponenten der Einspritzanlage nicht. Er schmiert übrigens nicht nur NICHT, Benzin wäscht den Schmierfilm sogar binnen weniger Kilometer von allen Oberflächen gänzlich ab. Folge: Die Kraftstoffeinspritzpumpe und Co. laufen blank und fressen aneinander fest. Der an der Tanksäule provozierte Schaden reißt zwangsläufig ein vierstelliges Loch in Ihr Budget...

## Schaltet bei Unregelmäßigkeiten auf Notlaufprogramm – Motorelektronik

Untrügliches Indiz für eine zickende Motorelektronik ist zunächst die Cockpitwarnleuchte »Motorelektronik«. Sollten Sie den Hinweis übersehen, bemerken Sie das an fehlendem Motortemperament.
Sie können dann zwar noch weiterfahren, doch möglichst nur bis zum nächsten Dacia-Händler. Denn die Motorwarnleuchte warnt nicht grundlos. Und der

aktuelle Grund kann im Zweifelsfall eben teure Folgeschäden nachsichziehen. Kann, muss jedoch nicht. Das sollten Sie allerdings sofort checken lassen, denn Ihr Logan hat ein »Schadensgedächtnis«, das Ihr Händler per Systemtester einfach abrufen und auslesen kann.

Hilfestellung im Do it yourself Verfahren ist da nur selten erfolgreich, es sei denn, Sie können die Fehlfunktion exakt lokalisieren. Und da kann durchaus schon ein wackeliger Steckkontakt, oxidierter Massepunkt oder einfach nur ein poröser Unterdruckschlauch das Rotlicht im Cockpit auslösen. In dem Fall können Sie den Fehlerspeicher übrigens auch selber wieder löschen. Klemmen Sie für rund eine Stunde die Batterie ab, das elektronische Gewissen ist dann wieder erleichtert und Sie können getrost weiterfahren – die Motorelektronik regeneriert auf den folgenden Kilometern selbstständig. Sollte der Fehler allerdings wiederholt auftreten, kommen Sie an einer ordentlichen Systemanalyse nicht vorbei: Ihr Dacia-Händler ist da erste Wahl!

Die gleichen Erfahrungen können Sie übrigens auch mit Ihrer ABS-Bremse machen. Checken Sie dann allerdings zunächst die Bremsflüssigkeit und den Zustand der Bremssegmente. Wenn dort alles im grünen Bereich ist, fahren Sie die Werkstatt an und lassen den möglichen Fehler auslesen.

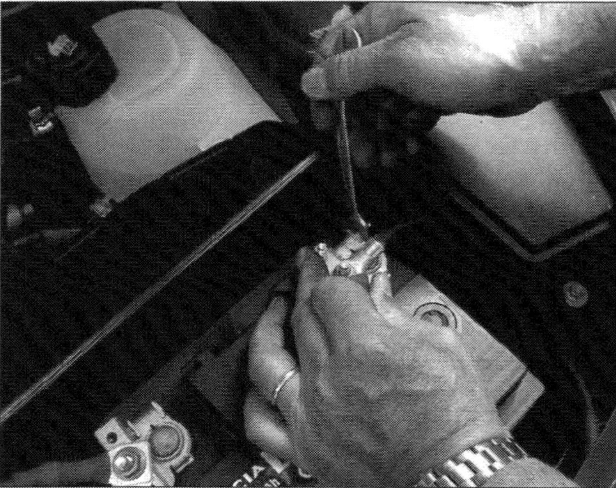

***Notlösung bei Elektrikfehlern:*** Zum Löschen des Fehlerspeichers hilft es mitunter, die Batterie für etwa eine halbe Stunde abzuklemmen.

## Erste Hilfe für kleine Pannen – die Bordapotheke

Mit dem serienmäßigen Bordwerkzeug wechseln Sie Ihrem Logan gerade einmal ein defektes Rad. Punkt! Natürlich können Sie auch andere Havaristen schleppen oder sich selber abschleppen lassen. Eine Ab-

***Kleines Horrorkabinett:*** Eine Auswahl spezifischer Diesel-Bauteile, die bei einer Falschbetankung Schaden nehmen.

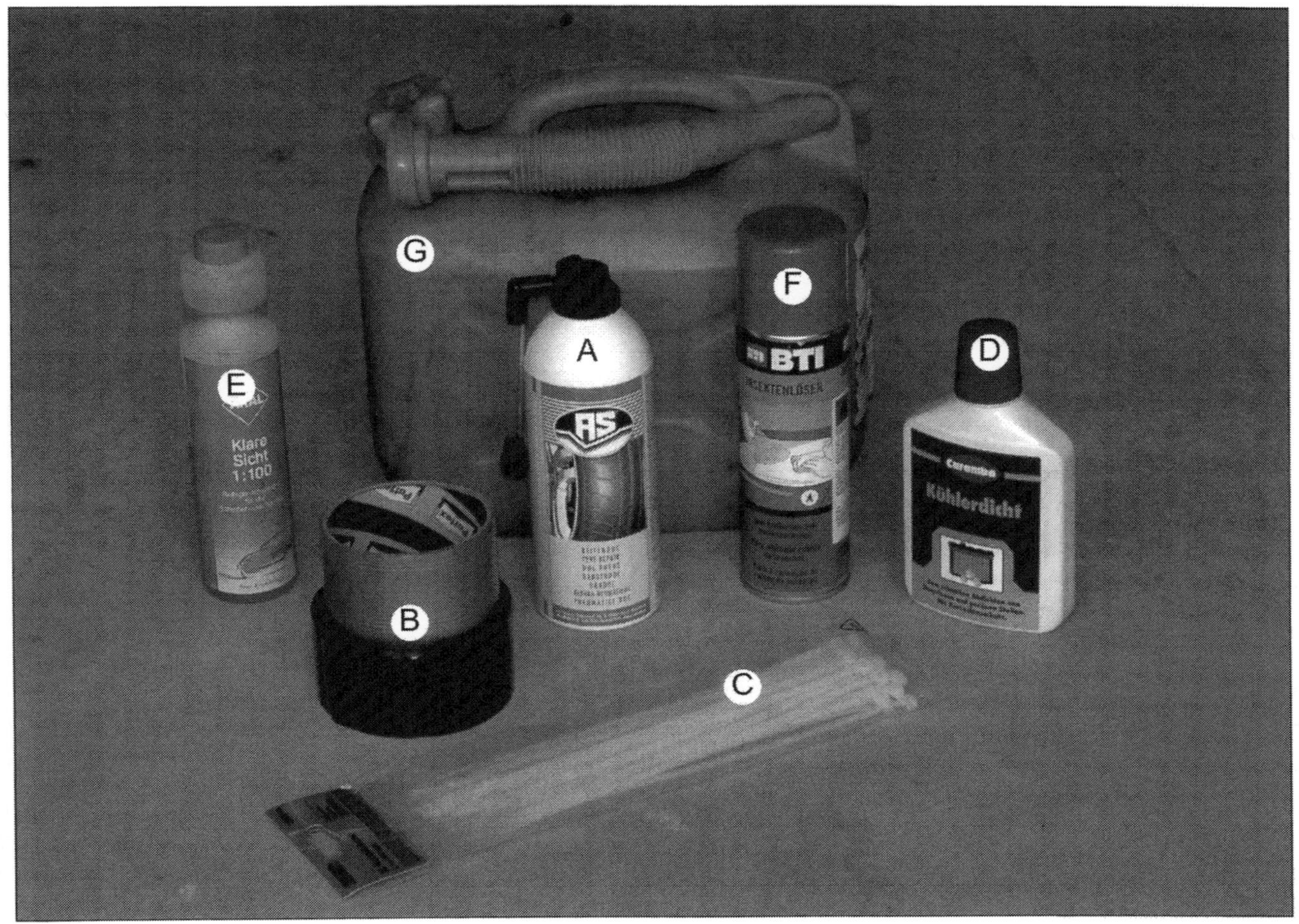


***Erste Hilfe am Straßenrand:*** (A) Reifendichtmittel, (B) hochfestes Klebeband, (C) Kabelbinder, (D) Kühlerdichtmittel, (E) Scheibenreinigungskonzentrat, (F) Insektenreiniger, (G) Reservekanister.

schleppöse ist gleichfalls mit im »Handgepäck« – für den Rest sorgen Sie selber vor – oder Sie sind im Ernstfall aufgeschmissen.
Sollte Sie das nicht gerade beruhigen, ergänzen Sie Ihre »Bordapotheke« eben nach eigenem Gusto. Wir haben Ihnen ein kleines Survival-Set zusammengestellt, das sich konsequent an den Pannen-Klassikern orientiert. Große Sprünge sind damit nicht machbar, doch erste Hilfe allemal möglich.

- Reifendichtmittel: Dichtet kleinere Durchstiche im Reifen von innen ab. Vorsicht: nicht in praller Sonne liegen lassen: Explosionsgefahr!
- Kühlerabdichtmittel: Funktioniert ähnlich wie das Reifendichtmittel und hilft bei Marderbissen oder kleinen Steinschlagschäden im Kühlernetz.
- Hochfestes Klebeband: Damit können Sie lose Karosserieteile befestigen (zum Beispiel nach einem Unfall) oder auch Kühlerschläuche flicken.
- Kabelbinder: Funktionieren bei guter Qualität sogar als Schlauchschellenersatz.
- Scheibenreinigungskonzentrat (auch pur anzuwenden) und Insektenentferner helfen Ihnen besonders in der Nacht oder wenn die Scheibe von Öl oder Kühlwasser verschmiert ist.
- Reservekanister: Streckt den Aktionsradius hierzulande meistens bis zur nächsten Tankstelle.

## Auto abschleppen – keine Hexerei

Wenn Ihr Logan unvermittelt zur Immobilie wird, haben Sie zwei Optionen: 1. Sie beauftragen einen Pannedienst, der Ihr Auto huckepack nimmt. 2. Sie suchen einen hilfreichen Autofahrer, mit dem Sie kurzzeitig eine Seilschaft eingehen. Seilschaft heißt: Sie schleppen Ihren Logan in die nächste Werkstatt. Den Arbeitsplatz der Abschleppöse finden Sie im vorderen Stoßfänger auf der rechten Seite unterhalb des Schein-

***Vor der Seilschaft montieren:*** Abschleppöse in den vorderen bzw. im hinteren Stoßfänger.

werfers bzw. im Heckstoßfänger rechts neben dem Kennzeichen. Schrauben Sie die Öse möglichst weit ins Gewinde, ein paar Umdrehungen bieten zu wenig Sicherheit – der Haken könnte ausreißen. Sollte der Haken nur widerwillig zu schrauben sein, knebeln sie die Öse kurzerhand mit dem Kurbelarm des Wagenhebers.

Sobald das Abschleppseil – Dacia empfiehlt übrigens eine Abschleppstange – beide Autos verbindet, beachten Sie bitte ein paar Grundsätzlichkeiten:

■ Schleppen Sie möglichst niemals weiter als 100 Kilometer, das Getriebe könnte Schaden nehmen.

WISSENSWERTES

## Vorschriften beim Abschleppen

Jedem Abschleppen steht der Nothilfegedanke vor: Ein abzuschleppendes Auto ist NICHT über weite Strecken zu transportieren, sondern nur bis zur nächstgelegenen oder nächstgeeigneten Werkstatt. Der Fahrzeugführer des schleppenden Autos benötigt grundsätzlich die Fahrerlaubnis für das schleppende Auto. Der Fahrzeuglenker des geschleppten Autos benötigt indes keine gültige Fahrerlaubnis. Außerdem muss er keinem gesetzlichen Mindestalter entsprechen. Der Schlepper muss den Geschleppten lediglich an Ort und Stelle mit dem Fahrzeug vertraut machen. Der Geschleppte muss den ihm anvertrauten Wagen bremsen und lenken können.

Denken Sie außerdem daran, während des Schleppens gilt der §15a der Straßenverkehrsordnung. Demnach darf ein Auto auf der Autobahn grundsätzlich nur bis zur nächsten Ausfahrt geschleppt werden. Nur logisch, dass Sie natürlich auch kein havariertes Auto auf die Autobahn schleppen dürfen. Während des Schleppvorgangs müssen beide Autos das Warnblinklicht aktiviert haben.

■ Schleppen Sie niemals schneller als mit 50 km/h, das Sicherheitsrisiko wäre ansonsten zu hoch.

■ Denken Sie immer daran, der Bremsweg ist mit stehendem Motor um ein Vielfaches größer als mit laufendem Motor (Bremsservo arbeitet nicht).

# Alles Wesentliche an Bord

Dass der Begriff »Brot-und-Butter-Auto« nicht negativ besetzt sein muss, dafür stehen der Dacia Logan wie der Logan MCV: Funktionalität wohin das Auge reicht, wer mehr erwartet, sitzt im falschen Auto oder bessert als do it Yourselfer zielgerichtet nach. Beide Dacia bieten gleichwohl Bewährtes aus dem Renault und Nissan Fundus sowie zeitgemäße Standards. Luxus und lange Aufpreislisten – in beiden Logan Fehlanzeige. Die Limousine wiegt 1.050 Kilogramm (MCV 1.240 kg), weitere 485 Kilogramm schultert sie als Nutzlast (MCV 500 kg). Im Gespannbetrieb nimmt der Kompaktklässler gebremst 1.100 Kilogramm (MCV 1.300 kg) an die Anhängerkupplung. Der Zahlenvergleich macht deutlich, unter ihresgleichen sind die Logan beiweiten keine Nobodys.

Auf den folgenden Seiten bringen wir Ihnen den Innenraum des Logan näher. Zudem machen wir keinen Hehl daraus, wann Sie auch als eingefleischter Do-it-yourselfer besser einem Profi vertrauen sollten. So zum Beispiel unterhalb des Armaturenbretts bzw. am Lenkrad. Dort schlummern nämlich zwei hochsensible Airbags ihrem hoffentlich niemals stattfindenden Einsatz entgegen.

Airbags arbeiten mit pyrotechnischen Zündmechanismen, bei falscher Behandlung können sie unvermittelt auslösen. Die Sensoren unterscheiden im Zweifelsfall nämlich nicht so genau zwischen einem veritablen Crash und unsachgemäßer Behandlung. Folge: Sie zünden und verschießen ihr »teures« Pulver dann nutzlos. Sollten Sie sich, entgegen unseres Rats, dennoch mit Airbags auseinandersetzen, studieren Sie vorab auf jeden Fall bestehende Sicherheitsvorschriften. Übrigens, auch Ihr Dacia-Händler setzt nur besonders geschulte Mitarbeiter für Arbeiten im Umfeld von Airbags ein.

Unsere Hinweise sollen Sie jedoch nicht dazu animieren, die Hände in den Schoß zu legen: Wir weisen lediglich auf mögliche Gefahrenpotenziale hin. Darüberhinaus gibt's ohnehin genügend Möglichkeiten, den Innenraum zu warten und zu pflegen oder das eine oder andere Zubehör zu installieren.

## Wo ist auf jeden Fall der Profi erste Wahl?

**Kurz und bündig:** Bei allen Arbeiten an Komponenten des passiven und aktiven Insassenschutzes!

Dabei spielt bei solcherart Reparaturversuchen das latente Risiko, selbst verletzt zu werden, nur eine untergeordnete Rolle. Die Verantwortung tragen Sie schließlich selber. Viel gewichtiger ist die Gefahr, mit

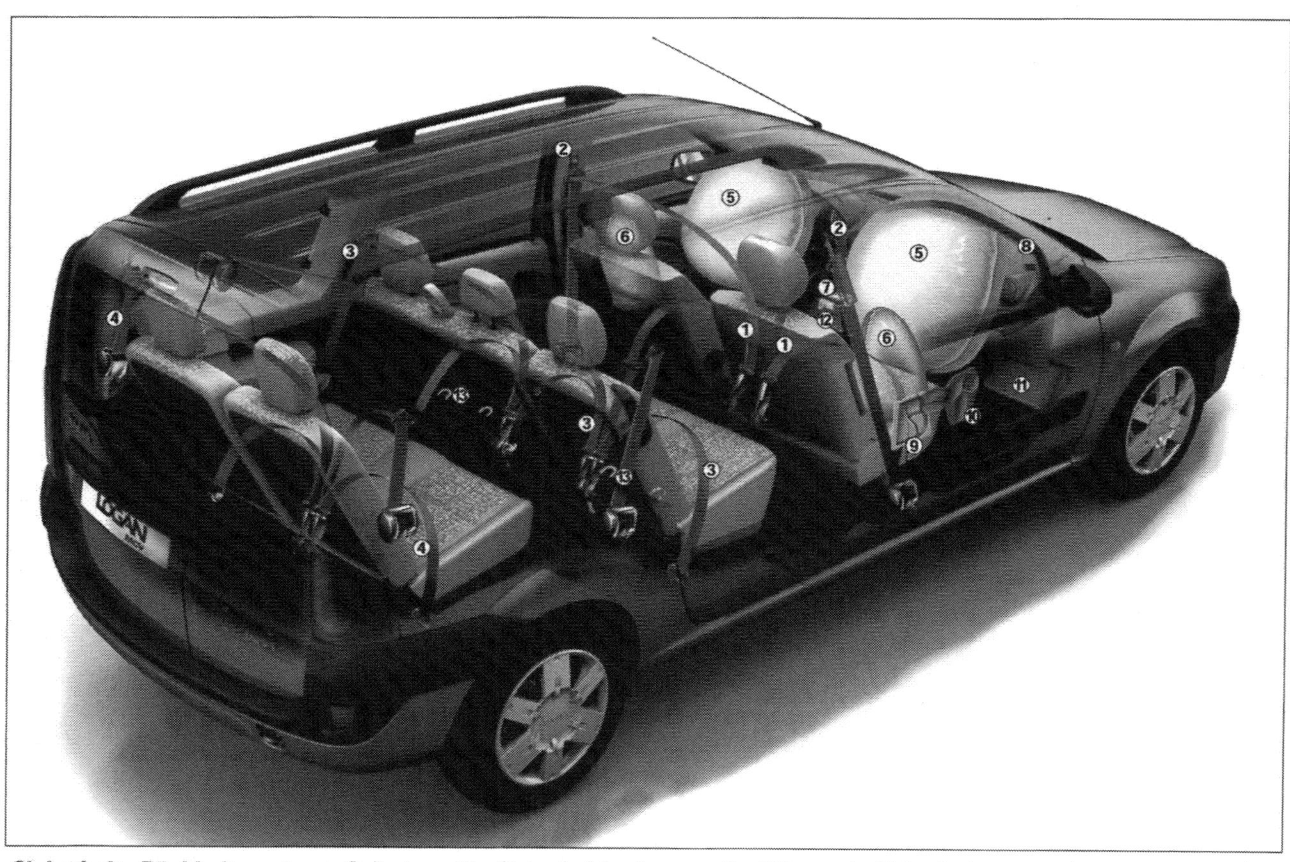

***Sicherheits-Rückhaltesysteme:*** Selbstverständlich sind im Logan alle Plätze mit Sicherheitsgurten bestückt. Zusätzlich entschärfen Airbags im Lenkrad, im Armaturenbrett sowie in den Vordersitzen (Aufpreis) Frontal- und Seitencrashs. (1) Dreipunkt Sicherheitsgurte vorne; (2) Sicherheitsgurthöhenverstellung an der B-Säule; (3) mittlerer Dreipunkt Sicherheitsgurt (Fond); (4) äußere Dreipunkt Sicherheitsgurte (Fond); (5) Fahrer-, Beifahrerairbags; (6) Seitenairbags; (7) Airbagsteuergerät; (8) Armaturenträger mit integrierten Deformationselementen; (9), (10), (11), (12) Aufprallschutzelemente im Seiten-, Fuß- und Brustbereich; (13) ISO-FIX Adapter.

GEFAHRENHINWEIS

### Arbeiten am Lenkrad oder unterhalb des Armaturenbretts

Vor allen Arbeiten im Einflussbereich von Airbags muss zum Beispiel die Bordbatterie mindestens schon ein halbe Stunde abgeklemmt sein. So lange nämlich benötigen die Zündkondensatoren, um ihre gespeicherte Zündspannung an die Karosserie ableiten zu können. Erst danach sind Arbeiten, beispielsweise die Demontage des Fahrer- oder Beifahrerairbags sowie der vorderen Türverkleidungen, relativ gefahrlos möglich. Übrigens, sobald ein neuer Airbag montiert wird, muss seine Verpackung vorab sogar elektrostatisch entladen werden. Airbags dürfen zudem nur mit der gepolsterten Seite nach oben und gleichfalls nur in dafür vorgesehenen, verschließbaren Sonderräumen lagern. Optisch beschädigte Airbags haben ohnehin ausgesorgt, sie sind fachgerecht zu entsorgen. Bevor der Kondensator eines neu montierten Airbags erstmalig ans Bordnetz angeschlossen wird, müssen alle Fahrzeugtüren geschlossen und die Seitenfenster eine handbreit geöffnet sein.

manipulierten Sicherheitselementen in einen Unfall verwickelt zu werden und womöglich noch andere Menschen zu gefährden. Sobald Sie sich dahingehend die Frage nach der eigenen Verantwortung für SICH und ANDERE stellen, haben wir uns richtig verstanden.

## Schützt empfindliche Oberflächen vor Montagekratzern – Kunststoffkeil

Wenn Sie Ihre ersten Montageversuche an Kunststoffverblendungen nicht gleich mit verkratzten Oberflächen unvergessen machen möchten, empfehlen wir Ihnen einen Montagekeil – entweder aus Holz oder Kunststoff. Der Keil schont die empfindlichen Kunststoffe vor Verletzungen. Einen zusätzlichen Verletzungspuffer bilden Klebebänder, wie zum Beispiel Tesa-Krepp, mit denen Sie die unmittelbaren Montagestellen abkleben. Schneller und nicht weniger wirksam geht's natürlich auch mit einem weichen Unterlegetuch. Die meisten Innenraumverkleidungen werden im Logan mit Kunststoffhalteclips fixiert. Rechnen Sie damit, dass der eine oder andere Clip die Montage nicht heil übersteht: Montageclips sind gewollte Verschleißteile. Sorgen Sie also rechtzeitig für Ersatzclips.

Noch eine Bemerkung zum Umgang mit Kunststoffteilen: Ihre Elastizität hängt in großem Maße von der Umgebungstemperatur ab: Im einstelligen Temperaturbereich besteht erfahrungsgemäß erhöhte Bruchgefahr.

## Gut für die Umwelt und den Geldbeutel – recyclingfähige Kunststoffe und Komponenten

Grundsätzlich steht Ihr Logan für ein möglichst langes Autoleben. Dennoch, in der Entwicklungsphase spielte gleichfalls bereits sein »geordnetes Ableben«eine dominierende Rolle. Den Logan zeichnet eine exzellente Wiederverwertbarkeit aus.
Dazu favorisierte die Logan-Crew innovative Lösungen zur schnellen Demontage. Zudem vereinfachen neu kombinierte Werkstoffe seine Recyclingqualitäten. Ergebnis: Der Logan ist zu 95 Gewichtsprozenten wieder verwertbar.
Die einfache Demontage, insbesondere der Kunststoffkomponenten sowie deren möglichst sortenreine Recyclingeigenschaften, tragen ebenso dazu bei, wie die entsprechende Kennzeichnung aller Kunststoffe. Den Logan dekorieren übrigens rund zehn Prozent Recyclingkunststoffe. So zum Beispiel im Bereich des Armaturenträgers, in den Radläufen oder den Lampengehäusen – im Logan erleben sie ihren zweiten Frühling.

## Ablagen und Verkleidungen – nicht kopflos verändern

Im Logan-Innenraum sind die meisten Oberflächen mit Kunststoff verblendet. Das steigert zwar die Optik, doch bei Arbeiten hinter den Kulissen sind die Sichtblenden zunächst einmal im Weg: Sie müssen fort. Solange Sie jetzt den Montagekeil oder einen geeigneten Schlitzschraubendreher an der richtigen Stelle als Hebel ansetzen, gibt's auch keinen Ärger. Andernfalls bekommen Sie ein Problem. Darum vergewissern Sie sich im Vorfeld so gut wie möglich über Ihr weiteres Vorgehen. Erfahrungsgemäß ist das gut investierte Zeit…
Und noch ein Tipp: Sollten Sie den Armaturenträger mit zusätzlichen Accessoires aufwerten, achten Sie unbedingt darauf, keine Airbagsichtblenden etwa mit Halterungen zu bekleben oder anderweitig zu nutzen. Im Falle eines Unfalls trifft Sie oder Ihren Beifahrer dann nämlich nicht nur der Airbag, sondern auch Ihre Zusatzinstallationen.

## Kindersitzlösungen – das gilt es zu beachten

Auf dem Beifahrersitz Ihres Logan dürfen Reboard- oder MaxiCosi-Kindersitze nur mit deaktiviertem Beifahrerairbag installiert sein! Das gilt nicht für Isofix-Sitzgelegenheiten: Sie fixiert eine spezielle Halterung unterhalb der Rückbank.

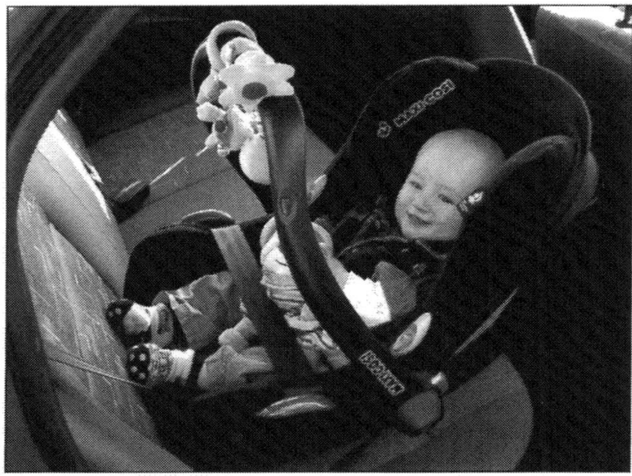

***Auf jeden Fall den Beifahrerairbag deaktivieren:*** vor der Montage von Reboard- oder MaxiCosi-Kindersitzen.

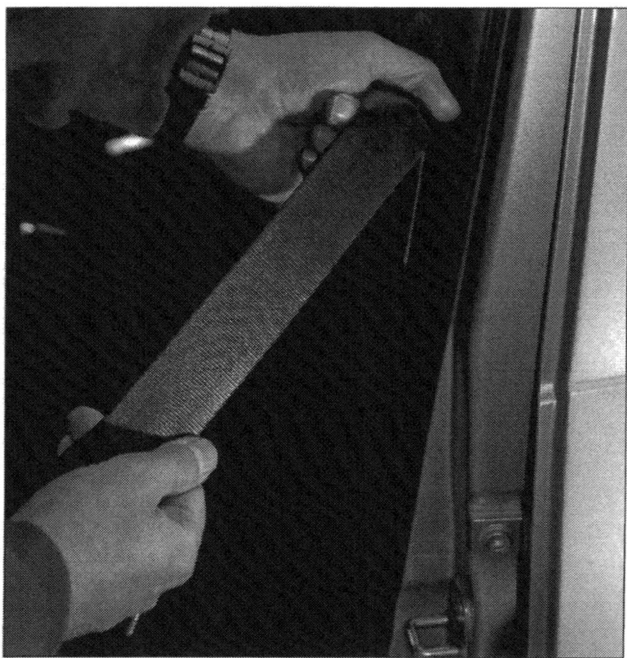

***Augen auf – im eigenen Interesse:*** Das Gurtband darf keine optischen Beschädigungen haben. Falls doch, entsorgen Sie den Gurt umgehend.

## Regelmäßig prüfen – Sicherheitsgurte

Sicherheitsgurte haben ein Innenleben und bei Gebrauchtwagen selbstverständlich auch eine unbekannte Vergangenheit. Wir raten Ihnen darum, alte Bänder mit anonymer Historie zu erneuern. Machen Sie Ihren Entschluss bitte nicht allein von einer scheinbar properen Optik oder einem leidlich funktionierenden Aufrollmechanismus abhängig: Nach einem Crash sind gedehnte Gurtbänder so oder so unbrauchbar – und das sehen Sie den Materialfasern optisch nicht unbedingt an.

Auch wenn Sie den Werdegang alter Gurte aus dem Effeff kennen sollten, checken Sie die Riemen von Zeit zu Zeit. Der Logan hat vorn und hinten Automatiksicherheitsgurte. Etwaige Fehler im Sicherheitsrückhaltesystem signalisiert Ihnen die Airbagkontrollleuchte im Cockpit. Nervt das Lämpchen ständig, lassen Sie den Fehler in Ihrer Dacia-Werkstatt auslesen. Übrigens: Airbagkomponenten dürfen Sie nicht zerlegen oder reparieren.

Die Rollgurte des Logan disziplinieren zwei Sensoren: Der Bewegungssensor wird beim Bremsen, Kurvenfahren, steilen Bergauf-Passagen und ungünstiger Fahrzeuglage aktiv. Dahingegen bremst der Gurtsensor den Gurt nur dann ein, wenn er ruckartig abrollt. Beide Systeme ergänzen sich in ihrer Funktion und müssen unabhängig voneinander funktionieren.

Da Sicherheitsgurte auch im normalen Alltag Alterungsprozessen unterliegen, checken sie von Zeit zu Zeit ihr Outfit: Wenn Sie

- wellige Gurtbänder,
- ausgefranste Kanten,
- aufgeriebenes Gewebe oder gar
- angerissene Nähte

entdecken, können Sie sich die dynamische Prüfung getrost sparen und neue Bänder in Ihrem Logan aufhängen. Ansonsten gehen Sie der Reihe nach vor.

**Bremsprüfung**

- Legen Sie den Gurt korrekt an (Ihr Beifahrer tut es Ihnen gleich), …
- … starten den Motor und fahren im ersten Gang zehn km/h (nicht schneller).
- Bremsen Sie dann möglichst »scharf«. Beide Gurte müssen sofort blockieren. Andernfalls sind die Bewegungssensoren nicht mehr einwandfrei, tauschen Sie den/die defekten Gurte aus.
- Wiederholen Sie die Prüfung auf allen Sitzplätzen.

**Zusatzprüfung (Kurvenfahren)**
Suchen Sie einen genügend großen Parkplatz, um mit voll eingeschlagenen Vorderrädern fahren zu können. Denken Sie daran, Ihr Logan hat einen Wendekreis von gut 11 Metern.

■ Fahren Sie mit ganz eingeschlagener Lenkung und mit höchstens 16 km/h im Kreis umher.

■ Derweil versucht Ihr Beifahrer, alle Automatikgurte langsam aus der Aufrollautomatik herauszuziehen. Klappt das, verschrotten Sie den betreffenden Gurt!

**Gurtsensor prüfen**
■ Halten Sie auf ebener Fläche und im stehenden Auto den Gurt nahe der oberen Verankerung fest. Ziehen Sie das Gurtband dann ruckartig aus der Aufrollautomatik. Nach spätestens 10 cm muss die Automatik blockieren. Falls nicht – Gurt verschrotten. Bevor Sie Ihrem Logan neue Gurte spendieren, prüfen Sie die Befestigungspunkte an den B- und C-Säulen sowie an der Bodengruppe – treibt dort der Rost bereits sein Unwesen oder ist das Blech etwa schon angerissen, seien Sie misstrauisch: Unsicher befestigte Gurte bieten allenfalls das Sicherheitspotenzial eines Hosenträgers.

# In Eigenregie zu erledigen – Sitze demontieren (ohne Seitenairbag)

Fahrer und Beifahrer reisen im Logan auf Einzelsitzen. Hinterbänkler sitzen auf einer teilbaren Rückbank.

## Vordersitze:

## Werkzeug:

Ratsche,
kurze Verlängerung,
10er Nuss,
Kreuzgelenk

■ Schieben Sie den zu demontierenden Sitz nach vorn, lösen beide Muttern (Pfeile) auf der Außenseite und ...

■ ... wiederholen den Vorgang an der inneren Sitzschiene.

■ Bugsieren Sie den Sitz jetzt vorsichtig aus dem Innenraum.

■ Beenden Sie die Montage in umgekehrter Reihenfolge und ziehen die Sitzkonsolen mit rund 20 Nm an.

## Rücksitzbank:

■ Klappen Sie zunächst das Sitzkissen gegen die vorderen Rücklehnen und ...

■ ... heben das Sitzkissen dann soweit an, bis Sie die

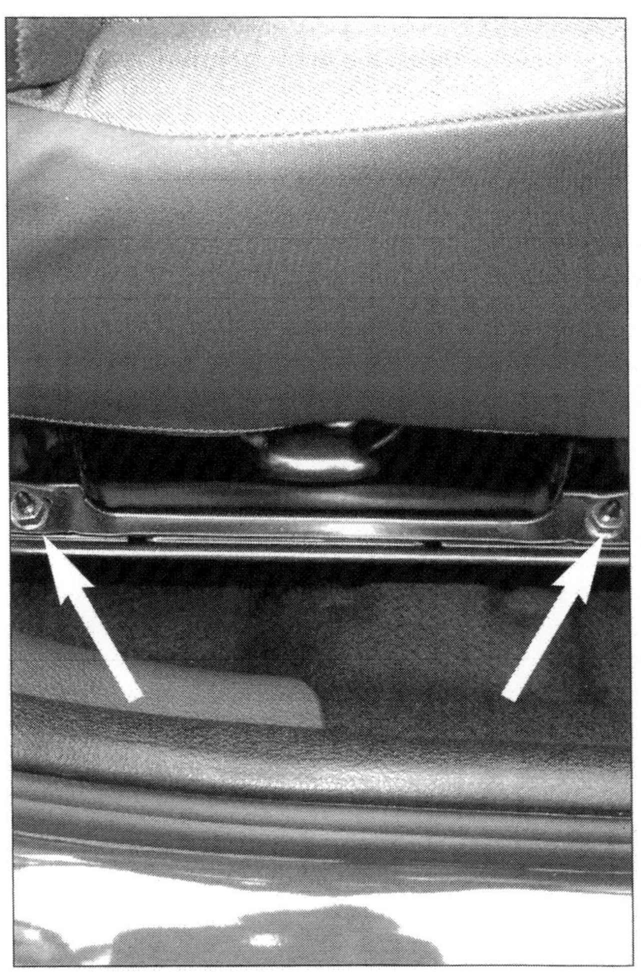

***Muttern lösen:*** Vordersitzdemontage im Dacia.

beiden Laschen (1) aus den Lagerstellen der hinteren Bodengruppe liften können.

■ Die Montage des Sitzkissens erledigen Sie in umgekehrter Reihenfolge. Achten Sie darauf, dass beide Laschen in den Lagerstellen einrasten.

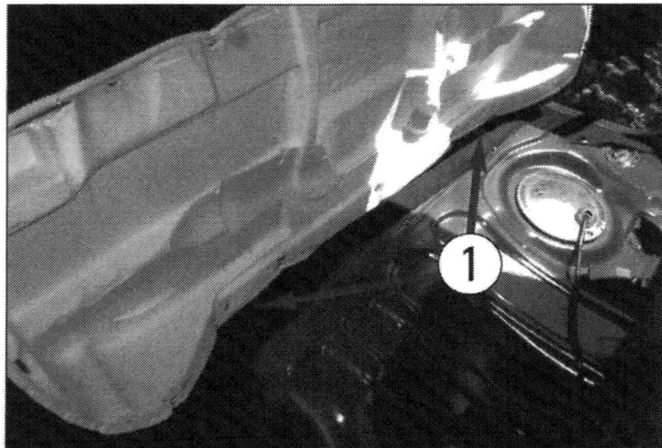


***Gegen die Vordersitzlehnen klappen und dann aus den Lagerstellen ziehen:*** das Rückbanksitzkissen zur Demontage.

## Rücksitzlehne:

### Werkzeug:

Ratsche, kurze Verlängerung,
13er Nuss

**(Limousine)**

■ Ziehen Sie zunächst die Kopfstützen aus der Lehne.

■ Danach lösen Sie beide unteren Lehnenbefestigungsschrauben (1) und ...

■ ... heben die Lehne soweit an, dass die Stecklaschen (2) aus den Führungen (3) der Schottwand reichen.

■ Bugsieren Sie die Lehne aus dem Innenraum.

■ Achten Sie zur Montage der Rückenlehne auf korrekten Sitz der Stecklaschen in der Schottwand. Vergessen Sie nicht, die unteren Befestigungsschrauben wieder anzuziehen.

■ Beenden Sie die Demontage in umgekehrter Reihenfolge.

***Beide Lehnenbefestigungen lösen:*** unterhalb der Rückenlehne vor der hinteren Schottwand.

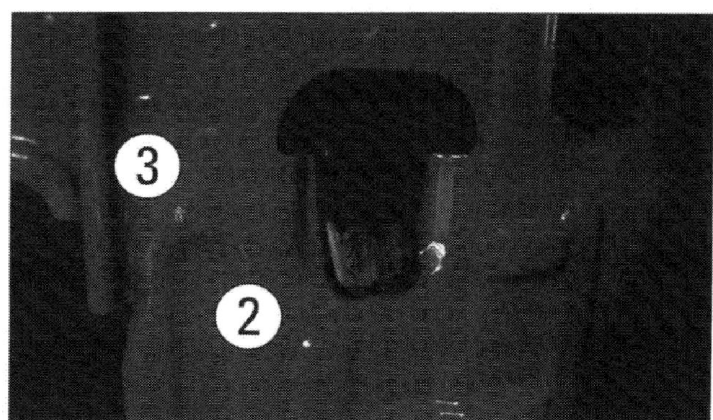


***Weit genug anheben:*** beide Stecklaschen müssen frei sein.

**(MCV)**

### Werkzeug:

Ratsche, kurze Verlängerung,
Torx-T30-Nuss

■ Klappen Sie zunächst die Lehne nach vorn und lösen jetzt...

■ ... beidseitig die Lehnenbefestigungsschrauben 1. Bugsieren Sie die Lehne aus dem Innenraum.

***Zunächst vorklappen:*** Die zu demontierenden Rücksitzlehne des MCV.

# Innenleuchten wechseln

**Werkzeug:**

Schlitzschraubendreher

■ Schließen Sie die Türen. An den Innenleuchten liegt dann keine Spannung mehr an.

■ Dann ziehen Sie das Lampenglas mit einem energischen Griff aus dem Lampenrahmen und ...

■ ... tauschen die alte Sofitte aus.

■ Beenden Sie die Arbeit in umgekehrter Reihenfolge. Pressen sie das Lampenglas möglichst gleichmäßig in den Rahmen. Ansonsten besteht Bruchgefahr.

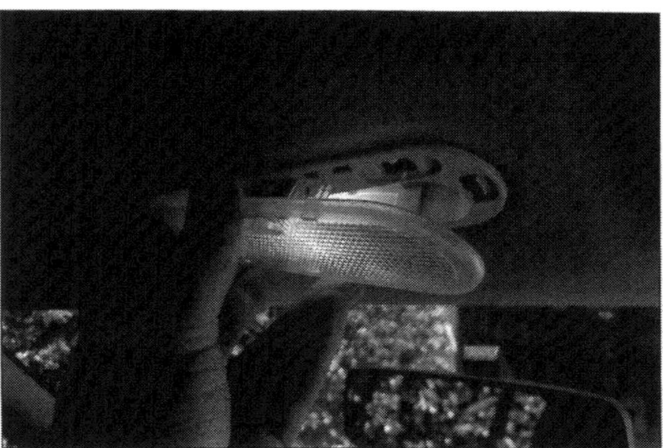

***Mit einem energischen Griff abziehen:*** das Lampenglas der Innenleuchte aus dem Lampenrahmen.

# Handschuhfachleuchte wechseln

**Werkzeug:**

Schlitzschraubendreher

■ Hebeln Sie an der Lasche das Lampengehäuse mit einem flachen Schraubendreher aus dem Handschuhfach und ziehen dann den Stromanschluss ab.

■ Danach drücken Sie die Federzunge ein und heben das Leuchtenglas ab.

■ Drehen Sie die Lampe aus der Fassung und setzen Sie die neue ein.

■ Beenden Sie die Arbeit in umgekehrter Reihenfolge.

# Gepäckraumleuchte wechseln

**Werkzeug:**

Schlitzschraubendreher

■ Drücken Sie mit einem passenden Schlitzschraubendreher die seitlichen Federzungen an der Leuchte zusammen und ziehen dann die Leuchte aus der Schottwand oberhalb des Gepäckraums.

■ Damit Sie die Leuchte bequemer öffnen können, ziehen Sie noch kurzerhand den Kabelstecker von der Steckerzunge.

■ Danach drücken Sie die Federzunge am Lampengehäuse ein, ziehen das Leuchtenglas ab und wechseln die Lampe.

■ Beenden Sie die Arbeit in umgekehrter Reihenfolge.

**(MCV)**
■ Drücken Sie mit einem passenden Schlitzschraubendreher die seitlichen Federzungen an der Leuchte zusammen und ziehen dann die Leuchte aus der linken Hecktürverkleidung.

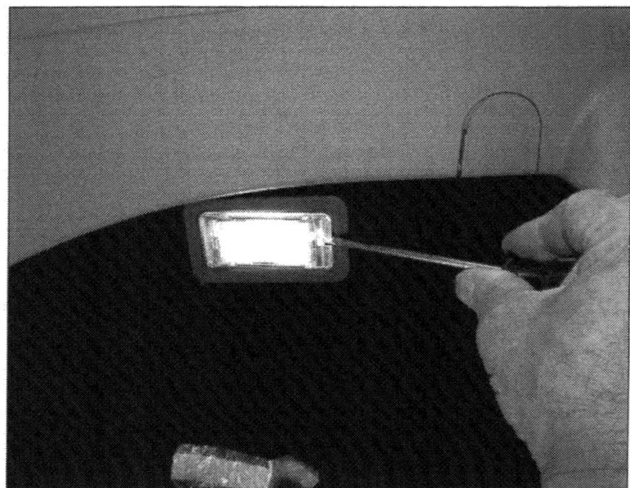

***Zur Demontage eindrücken:*** die Federzunge am Lampengehäuse.

■ Danach drücken Sie die Federzunge am Lampengehäuse ein, ziehen das Leuchtenglas ab und wechseln die Lampe.

■ Beenden Sie die Arbeit in umgekehrter Reihenfolge.

# Lichtschalter aus- / einbauen

Im Logan sind unterschiedliche Schaltertypen verbaut: Rechts und links der Lenksäule reichen die Betätigungshebel des Lenkstockschalters aus der Lenksäulenverkleidung. Das Heizgebläse und die Luftverteilung aktivieren Sie von der Mittelkonsole aus mit Drehschaltern. Druckschalter sind's für die Nebelschlussleuchte sowie die beheizbare Heckscheibe. Mit etwas Geschick wechseln Sie defekte Kipp- und Druckschalter selber aus. Nicht so den Lenkstockschalter, übertragen Sie den Job besser Ihrem Dacia-Händler: Da kommt zwangsläufig der Airbag mit ins Spiel...

# Hauptlichtschalter / Scheibenwischerschalter aus- und einbauen

**Werkzeug:**

Kreuzschlitzschraubendreher,
Torxschraubendreher,
T15 Nuss

■ Schalten Sie die Zündung aus und demontieren beide Hälften der Lenksäulenverkleidung. Dazu lösen Sie beide Schrauben unterhalb der Säule und ...

■ ... ziehen die Verkleidung aus den Haltenasen. Die obere Verkleidung können Sie nun gefühlvoll nach oben liften.

■ Anschließend lösen Sie beide Halteschrauben (Pfeile) vom entsprechenden Schalter und ziehen ihn so weit von der Lenksäule, bis Sie den Anschlussstecker trennen können.

■ Den Einbau erledigen Sie in umgekehrter Reihenfolge. Achten Sie darauf, dass die Lenksäulenverkleidung nach der Montage spannungsfrei sitzt.

***Geübte Do-it-yourselfer erledigen das locker:*** Lenkstockhebel demontieren.

# Türverkleidung ausbauen

Der Aus- und Einbau der Türverkleidung ist eine vielleicht etwas knifflige Aufgabe. Doch wenn Sie zum Beispiel Lautsprecher installieren oder den Fensterheber instand setzen möchten, führt an dem Job kein Weg vorbei.
Bevor Sie loslegen, klemmen Sie die Batterie ab. Gehen Sie sorgsam mit der Türdichtfolie um. Eine eingerissene Folie erneuern Sie besser sofort und betten Sie in einer satten Acrylraupe ein. Vergessen Sie nicht, die Auflageflächen vorher gründlich zu reinigen. Falls Sie gründlich mit oberflächlich verwechseln, schwappt Ihnen später bei jedem Regenguss und jeder Wagenwäsche Wasser in den Fußraum.
**WICHTIG:** Damit das Sicherheitsrückhaltesystem Ihre Absicht nicht als Crash missinterpretiert, klemmen Sie vorab die Batterie ab und warten mindestens 30 Minuten.

**Werkzeug:**

Ratsche,
kurze Verlängerung,
Torxschraubendreher,
T20- und T30-Nuss,
Schlitzschraubendreher

■ Drehen Sie das Seitenfenster bis zum Anschlag herunter und demontieren die Fensterkurbel.

■ Dazu drücken Sie die Arretierhülse (1) gegen die Türverkleidung und ziehen zeitgleich die Fensterkurbel (2) von der Welle ab.

■ Jetzt lösen Sie per Schraubendreher die Türöffnerblende (1).

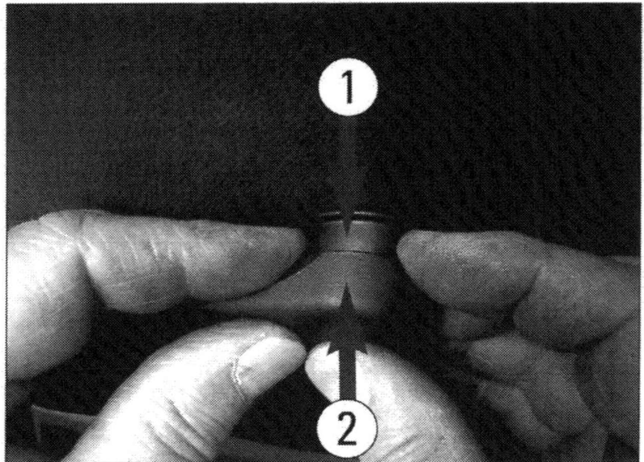


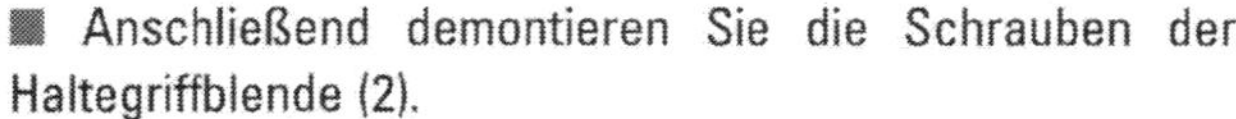
***Drücken und ziehen:*** Die Fensterkurbel ist nur gesteckt.

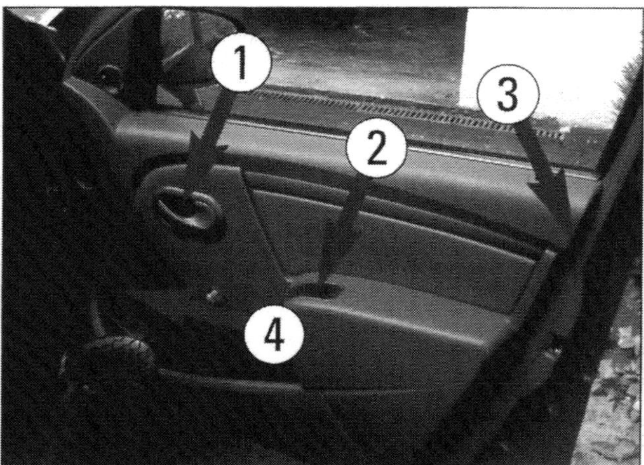


***Nacheinander lösen:*** Sechs Schrauben und einen Clip.

■ Anschließend demontieren Sie die Schrauben der Haltegriffblende (2).

■ Erledigt? Lösen Sie jetzt die Befestigung (3) links oben neben dem Entriegelungsknopf und ...

■ ... clipsen mit einem Schlitzschraubendreher das Lautsprechergitter aus der Verkleidung.

■ Falls montiert, demontieren Sie den Lautsprecher oder eben nur die Türverkleidung an vier Schrauben 4. Ziehen Sie den Lautsprecher zunächst nur so weit aus der Tür, bis Sie das Anschlusskabel vom Chassis abziehen können.

■ Lösen Sie die Türverkleidung (acht Clipse) nun mit einem breiten Holzspatel vom Türrahmen ab. Beginnen Sie unterhalb der Türtasche. Die Verkleidung ist übrigens zusätzlich noch mit der Tür verklebt. Versuchen Sie, die Dichtraube rundum vorsichtig mit einem Teppichmesser zu lösen.

■ Wenn Sie nun am Spiegeleinstellknopf noch den verbleibenen Clip lösen, können Sie die Verkleidung – unter der Fensterdichtung – in Richtung A-Säule herausziehen. Clipsen Sie das Türöffnergestänge vom Griff (Pfeil) ab.

■ Fassen Sie möglichst nicht auf die Kontaktränder bzw. die Klebeflächen, das setzt die spätere Klebe- und Dichtwirkung drastisch herab.

■ Beenden Sie die Arbeit in umgekehrter Reihenfolge. Falls Sie der Dichtfläche misstrauen, tragen Sie besser sofort eine neue Acrylraupe auf.

***Abclipsen:*** Türöffnergestänge vom Griff.

# Lautsprecher aus- und einbauen

Vor der Arbeit schalten Sie grundsätzlich alle Verbraucher aus und ziehen außerdem den Zündschlüssel ab. Unabhängig davon, welchen Lautsprecher Sie nun ausbauen möchten, an der Demontage der jeweiligen Türverkleidung kommen Sie nicht vorbei. Sämtliche Lautsprecherkabel sind mit lösbaren Steckverbindern an die Lautsprecher angeschlossen.

### Werkzeug:

Torxschraubendreher T20,
Schlitzschraubendreher

**Lautsprecher demontieren**
Je nach Ausstattung und Modellvariante hat Ihr Logan Lautsprecher in den Türen.

**Breitbandlautsprecher (Vorder- / Hintertüren)**

■ Stellen Sie das Radio ab und ...

■ ... clipsen das betreffende Lautsprechergitter aus der Türverkleidung.

■ Lösen Sie die Befestigungsschrauben, ziehen den Anschlussstecker vom Lautsprecherchassis und nehmen den Lautsprecher aus der Tür.

■ Originalkabelsätze haben Formstecker. Wenn Sie Zwillingsleitungen in Eigenregie verlegen möchten, markieren Sie vorher die Anschlüsse. Damit vermeiden Sie Verwechslungen der beiden Pole.

■ Beenden Sie die Montage in umgekehrter Reihenfolge.

# Radio in der Basis-Version nachrüsten

Lautsprechermaße: maximaler Lautsprecherdurchmesser 130 mm, Einbautiefe max. 55 mm.

### Werkzeug:

Torxschraubendreher T20,
Schlitzschraubendreher

■ Klemmen Sie den Batteriemassepol ab und demontieren beide vordere Türverkleidungen wie beschrieben.

■ Clipsen Sie die linke und rechte Lasche der Radioschachtabdeckung mit einem Schlitzschraubendreher nach unten und ziehen die Blende aus der Mittelkonsole.

■ Hinter der Abdeckung »parken« zwei ISO-Stecker und ein Antennenkabel. Die Kabelfarben sind wie folgt: Steckplatz 4 Dauerplus (rot), Steckplatz 6 Dimmer Displaybeleuchtung (blau), Steckplatz 8 Masse (schwarz), Steckplatz 7 Zündung (gelb), Steckplatz 13 Lautsprecherplus vorne rechts (orange), Steckplatz 14 Lautsprecherminus vorne rechts (grau), Steckplatz 15 Lautsprecherplus vorne links (rosa), Steckplatz 16 Lautsprecherminus vorne links (grün).

■ Das Lautsprecherkabel des linken Lautsprechers klebt am Kabelbaum zwischen Kupplungspedal und Leuchtweitenregler, ...

***Einfach nach unten aushebeln:*** beide Haltelaschen des Radioschachts im Armaturenträger.

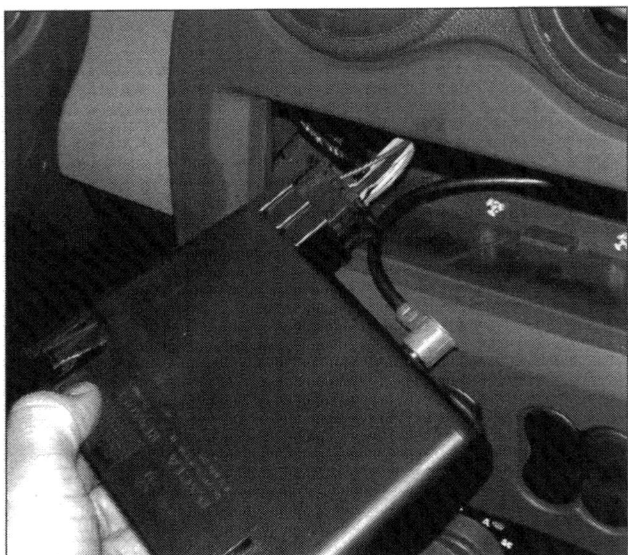

***Ab Werk verlegt:*** ISO-Anschlüsse für die Radiomontage.

■ ... das für den rechten Lautsprecher finden Sie unterhalb der A-Säule im Armaturenbrettbereich.

■ Bevor Sie die Lautsprecherkabel in beiden Türen verlegen, drücken Sie jeweils zwei Gummistopfen aus den Türfalzen und den A-Säulen. In die Stopfen bohren Sie mittig jeweils ein Acht-Millimeter-Loch. Das funktioniert übrigens besser, wenn Sie als Unterlage ein Holzbrettchen benutzen.

■ Stecken Sie dann die Lautsprecherkabel in die Stopfen und verlegen die Kabel zu den Lautsprechern. Vergessen Sie nicht, die Gummistopfen wieder in die ursprünglichen Bohrungen zu quetschen.

■ Sobald Ihnen das gelungen ist, verschrauben Sie die Lautsprecher mit der Tür und sägen die Türverkleidung entsprechend aus.

■ Schließen Sie dann die Lautsprecherkabel Polrichtig an, verkabeln das Radio und schließen die vormontierte Antenne an.

■ Checken Sie die Funktion und beenden die Montage in umgekehrter Reihenfolge.

WISSENSWERTES

## Hecklautsprecher – die Größe muss stimmen

Bevor Sie Ihren Dacia in Eigenregie zu einem rollenden Konzertsaal aufmotzen und ihm vielleicht noch ein paar zusätzliche Hecklautsprecher oder gar Heckboxen spendieren möchten, denken Sie daran, dass üppige Lautsprecher zwar den Sound nachhaltig verbessern, die Automatikgurte im Heck jedoch können unter dem großen Magnetfeld streiken. Auch elektronische Steuergeräte und Sensoren irritieren fremde Magnetfelder. Vor diesem Hintergrund wägen Sie Ihre tatsächlichen Prioritäten bitte ernsthaft ab: Ist der gesteigerte Hörgenuss »fetter« Heckboxen nachhaltiger als eine mögliche Fehlfunktion vorhandener Sicherheitssysteme?

## Pollenfilter nachrüsten

Sollten Sie sich und Ihren Beifahrern den Komfort eines Innenraumpollenfilters nicht vorenthalten wollen, finden Sie im Renault-Ersatzteilsortiment eine passende Lösung: Das Filternetz des Renault Clio III passt dem Logan fasst wie original.

### Werkzeug:

Teppichmesser

■ Der Einbau funktioniert relativ problemlos über den Beifahrerfußraum.

■ Ab Werk ist im Dacia der Einschubrahmen für den Filter natürlich nicht einbaufertig. Der Deckel ist verschlossen.

■ Bevor der Filter also passt, schneiden Sie den Einschubrahmen einfach mit einem Teppichmesser, entlang des nach innen stehenden Kunststoffprofils, vorsichtig aus (roter Bereich).

***Mit einem Teppichmesser ausschneiden:*** das Pollenfilter-Stativ im Einschubrahmen.

■ Die relativ scharfen Schnittkanten entgraten Sie nun soweit mit einer Schlichtfeile, bis der Filter – mit den Clipsen nach unten – bequem in Ihren Dacia passt.

## Immer erreichbar – mobil Telefonieren

Möchten oder müssen Sie im Auto möglichst immer und überall erreichbar sein?
Wir sind zwar keine Schwarzmaler, doch ein Kassandraruf sei uns erlaubt: Mobil telefonieren während der Fahrt lenkt ab und erhöht das Unfallrisiko!
Darum schränkt der Gesetzgeber den Handygebrauch während der Fahrt auch sinnvoll ein: Nutzen Sie im Logan also Ihr Handy niemals ohne Freisprecheinrichtung.
Welche Mobiltelefonlösungen bietet Dacia für den Logan? Kurz und knapp – die Bluetooth Freisprecheinrichtung »Parrot CK 3100«.
Sie möchten mehr Auswahl? Fehlanzeige ab Werk! Doch aus Logan-Internetforen leiten wir ab: An praktikablen Nachrüstlösungen mangelt es nicht.
Fragen Sie dennoch zuerst Ihren Dacia-Händler nach brauchbaren Lösungen. Erfahrungsgemäß bietet der Ihnen dann nicht nur offizielles Dacia-Zubehör, sondern auch andere praktikable Lösungen an. Sollte Ihnen das Angebot nicht zusagen, informieren Sie sich in Handy-Shops nach Do-it-yourself-Möglichkeiten. Oder Sie fahren einen lokalen Stützpunkt der großen Infotainment-Handelsketten an und klären das Thema dort umfassend ab. Egal, wie Sie letztendlich für sich entscheiden, denken Sie daran, dass die elektromagnetische Verträglichkeit nachgerüsteter Komponenten der serienmäßigen Bordelektrik/Elektronik mitunter übel mitspielen kann: Missfunktionen sind da nicht völlig ausgeschlossen…
Sollte Ihr Logan freilich mit »Parrot 3100« bestückt sein, haben Sie nach einem Handy- oder Halterwechsel gute Chancen, mit der Außenwelt zu kommunizieren. Sobald Ihr Handy Bluetooth und Handsfree-Profile (ab Stand 1.5) nutzt, helfen freie Anbieter mit kompatiblen Bluetooth-Adaptern zur Nachrüstung aus. In dem Fall machen Sie nur noch den Adapter mit Ihrem Handy »bekannt« und schon kann's losgehen.
Klingt gut, ist Ihnen jedoch viel zu vage? O. k., dann lassen Sie sich unter www.1ro.de oder www.daciaclub.de unter anderem die deutschsprachige Dacia-Kommunikationswelt mit mannigfaltigen Link-Angeboten im Net ausbreiten. Danach sind die Möglichkeiten der mobilen Kommunikation im Logan wohl weitgehend ausgeschöpft.

Egal, wie Sie sich letztlich entscheiden mögen, sollten Sie schnurlose Telefonate bevorzugen, raten wir Ihnen zu Geräten, die ihren Halt an der Fahrersonnenblende finden und mit ausklappbaren Mikrofonen bestückt sind.
Preislich uninteressant? Dann entscheiden Sie sich eben für ein Headset (Schnur gebunden oder drahtlos) Bei dieser Lösung ist allerdings der Rufannahmeknopf wichtig: Er aktiviert in der Regel auch die Spracheingabe des Handys.
Spätestens an diesem Punkt dürfte Ihnen klar sein: Obwohl Dacia Sie ab Werk nicht gerade verwöhnt, führen, Eigeninitiative vorausgesetzt, diverse Wege aus Ihrem Logan in den Äther: Headsets sind günstig in der Anschaffung, einfach in der Handhabung und bieten zudem eine befriedigende Sprachqualität. Zubehör-Bluetooth-Freisprechanlagen sind preislich auch für anerkannte Wenigtelefonierer noch akzeptabel, zumal Sie damit den Kabelsalat im Innenraum vermeiden. Beide Lösungen frischen allerdings weder den Handyakku auf noch nutzen Sie eine Außenantenne.

## Multimediaanschluss nachrüsten – relativ schnell möglich

Um externe Audioquellen in Ihrem Logan nutzen zu können, bieten Infotainment-Shops, eventuell auch Ihr Dacia-Händler, spezielle Multimediaanschlüsse an. Binnen einer Montagestunde schließen Sie daran Ihren CD-Player, Walkman, MP3-Player oder auch einen iPod an. Die Musikboxen, sie verschwinden in einer Ablage oder unsichtbar im Handschuhfach, nutzen die vorhandenen Lautsprecher in Ihrem Logan.

***Schnell zu installieren:*** Multimediaanschlüsse mit Aux-In-Buchse zu vertretbaren Kosten.

# Stringent konstruiert

Aktuelle Sicherheitsstandards werfen den Logan nicht aus der Spur. Seine auf der B-Plattform des Mutterhauses basierende Bodengruppe genügt relevanten Sicherheitstests nach europäischem Standard. Der Rumäne schluckt unwillkommene Verformungsenergie zu einem Großteil in Computer-strukturierten Lastpfaden. Seine Rohbaukomponenten sind relativ einfach profiliert und größtenteils leicht austauschbar. Das kommt zunächst den Produktionskosten zugute, gleichwohl erleichtert es auch den späteren Austausch deformierter Karosseriestrukturen. Ernsthaftere Auffahrcrashs entschärfen zwei Front- und zwei optionale Seitenairbags, höhenverstellbare Dreipunkt-Automatikgurte sowie zwei Kopfstützen. Auf den Fondplätzen gibt's Dreipunkt-Sicherheitsgurte.

Grundsätzlich basiert der Dacia Logan auf der B-Plattform der Allianzpartner Renault/Nissan. Zu den Pluspunkten des Karosserierohbaus zählt unter anderem eine gleichwohl einfach profilierte wie stabile Grundstruktur inklusive Computer-berechneter Lastenpfade. Kombi-gemäß ist natürlich die Bodengruppe des Logan MCV verstärkt. Mit einem kommoden Platzangebot und praktischer Variabilität rangieren die Logan-Ableger im Mittelfeld ihres Segments.

## Auf durchaus hohem Niveau – der Logan-Vorderwagen mit Computer-berechneten Lastpfaden

Den wohl größten Anteil an der passiven Sicherheit des Logan trägt naturgemäß die schützende Fahrgastzelle, kombiniert mit programmiert verformbaren Karosseriestrukturen an Front und Heck. Bei einem Frontalaufprall nehmen verstärkte Längsträger vorn, der Stirnwand-Querträger und die A-Säulen sowie die Türverstärkungen die hohen Längskräfte auf. Zusätzlichen Schutz bietet der an sechs Punkten mit den Längsträgern verbundene Fahrschemel.
Zudem sind die Aggregate und mechanischen Baugruppen unter der Motorhaube so angeordnet, dass sie bei einer Kollision die programmierte Verformung

WISSENSWERTES

### Die Renault Plattformstrategie

Eine Plattform hat in der Praxis nur untergeordneten Einfluss auf die modellspezifische Karosserieform – eben das optische Erscheinungsbild eines Autos. Automobilkonstrukteure bezeichnen als Plattform eine nahezu identische technische Basis in unterschiedlichen Modellvarianten. Die Vorteile konsequent angewandter Plattformstrategien liegen auf der Hand: Renault und deren rumänische Tochter Dacia beispielsweise nutzen gleiche Plattformen für unterschiedliche Modellvarianten. Der Logan fußt auf der B-Plattform des Mutterhauses, die auch den Renault Modellen Clio und Modus als Basis dient. Die daraus resultierenden Synergieeffekte ergeben, sowohl in der Entwicklungs- als auch in der späteren Produktionsphase, gravierende Kostenvorteile. Die wohl häufigsten Attribute einer gemeinsamen Plattform sind das Fahrwerk und der Antrieb. Baugleiche Autos, die sich beispielsweise nur im Markenlogo unterscheiden, schöpfen die theoretischen Sparpotenziale noch effizienter aus: Die gesamten Sicherheits- und Crashtests beispielsweise laufen für beide Modelle gemeinsam ab.

***Karosse im Rohbau:*** Schweißroboter und Dacia-Werker arbeiten in Pitesti noch Hand in Hand.

der Karosseriestruktur begünstigen, jedoch nicht in den Innenraum eindringen. Somit bleibt der Überlebensraum für die Insassen intakt.
Im Falle eines Seitenaufpralls sorgen stabile B-Säulen und zusätzliche Verstärkungen in den Türen dafür, dass die Seitenwand weniger tief in die Fahrgastzelle eindringt. Bei einem Heckaufprall hindert der rückwärtige Querträger hinter der Rückbank das Ladegut daran, in den Passagierraum katapultiert zu werden.

## Serienmäßig an Bord – Schutzpolster in Türen und am Instrumententräger

Ein weiterer entscheidender Faktor für den vergleichsweise guten Sicherheitsstandard des Dacia Logan sind seine Energie-absorbierenden Schutzpolster für Füße und Beine – so genannte Paddings – in den Türen, an der Unterseite des Instrumententrägers und im Fahrzeugboden. Sie schützen die unteren Extremitäten der Logan-Passagiere. Auch der Instrumententräger, in Wabenstruktur aus einem speziellen Kunststoff gefertigt, frisst einen Teil der in Brusthöhe ansetzenden Aufprallenergie. Und damit die Lenksäule nicht als Lanze in den Innenraum »sticht«, entkoppelt Sie bei einer Kollision vom Lenkgetriebe und taucht nach unten weg.

Dreipunkt-Sicherheitsgurte auf allen fünf Plätzen – mit Gurtkraftbegrenzern vorne – sowie serienmäßige Frontairbags für Fahrer und Beifahrer runden das Sicherheitspaket ab. In den Ausstattungsniveaus Ambiance und Lauréate sind die Gurte für Fahrer und Beifahrer höhenverstellbar. Außerdem sind für den Chauffeur und seinen Co. im Logan Ambiance und Lauréate gegen Aufpreis Seitenairbags erhältlich.

## Qualität und Wirtschaftlichkeit

Hinsichtlich Qualität, Zuverlässigkeit und Robustheit sind alle Zweifler längst Lügen gestraft: Die Logan Klientel wird, hinsichtlich Garantie- und Gewährleistungsanträgen, in Dacia Werkstätten äußerst selten vorstellig. Grund: Ein Großteil der im Logan verbauten Komponenten basiert auf längst eingeführter, also bewährter Renault-Technik. Zudem profitieren Logan Fahrer von ausgedehnten Serviceintervallen (Otto 30.000 Kilometer, Diesel 20.000 Kilometer) mit überschaubaren Wartungsumfängen. Beides sind Voraussetzungen, die laufenden Unterhaltskosten kalkulierbar zu halten. Dazu passt schließlich auch die sechsjährige Garantie gegen Durchrostung bzw. eine zweijährige Lackgarantie. Ein weiteres Pfund: Die dreijährige, respektive 100.000 Kilometer-Neuwagen-

***Just in Time:*** Die Versorgungslinien laufen in Pitesti synchron zur Montagelinie.

***Wasser marsch:*** Bevor der Logan die Endkontrolle als »fertig« verlässt, stürzen rund 500 Liter Wasser über sein Blechkleid.

Herstellergarantie. Dacia formuliert darin sogar über die gesetzlich vorgeschriebene Gewährleistung hinausreichende Versprechen.

## Arbeiten an der Karosserie

Die meisten in diesem Kapitel beschriebenen Reparaturen erledigen Sie mit einer soliden Werkzeuggrundausstattung. Motorhaube, Heckklappe und Türen sind jedoch ziemlich sperrig, dort ist ein Helfer sinnvoll. Noch ein Tipp: Die Montage von Motorhaube, Heckklappe und Türen geht Ihnen leichter von der Hand, wenn Sie vorab die Lage der Scharniere mit einem wasserfesten Filzschreiber anzeichnen.

## Arbeiten an der elektrischen Anlage

Karosseriearbeiten konfrontieren Sie früher oder später zwangsläufig mit elektrischen oder elektronischen Komponenten. Führen Sie Arbeiten in Verbindung mit der Bordelektrik grundsätzlich nur mit abgeklemmter Batterie aus. In dem Zusammenhang weisen wir gerne darauf hin, dass eine abgeklemmte Batterie bereits einen Eingriff ins elektronische Motormanagement darstellt. Davon bekommen Sie mitunter nichts mit: Das Motormanagement regeneriert auf den ersten Kilometern selbstständig, Sie müssen danach lediglich den Diebstahlcode des Radios manuell bestätigen. Nähere Hinweise zum Thema Batterie ab- und anklemmen entnehmen Sie bitte dem Kapitel »Elektrik«.

## Schweißarbeiten an der Karosserie

Ab Werk finden die meisten Karosseriebestandteile per Widerstandspunktschweißen zueinander. Rund 2.300 Schweißpunkte fixieren die einzelnen Komponenten der Rohbaukarosserie zu einem stabilen Ganzen. Diese Präzision ist an der heimischen Werkbank natürlich nicht mehr reproduzierbar: In der Regel erledigen Sie Ihre Karosseriearbeiten unter Schutzgasbedingungen. Das provoziert mitunter gesundheitliche Probleme.

Mit Wachs versiegelte Hohlräume und ein satter Steinschlagschutz auf Bitumenbasis schützen zwar

***Noch von solider Handarbeit geprägt:*** Die Rohbaukarosserie der diversen Nutzfahrzeugvarianten.

***Kennzeichnungspflichtig:*** industrielle Kunststoffteile ab zwei cm².

die Bleche gegen Durchrostung, doch beim Schweißen ist das eher kontraproduktiv. Zudem sind Teilbereiche des Rohbaus verzinkt. Hohe Temperaturen und Zink reagieren negativ aufeinander – im Zusammenwirken entsteht giftiges Zinkoxid.
Zinkoxiddämpfe sind hoch toxisch! Sorgen Sie im Fall der Fälle also für eine gute Belüftung des Arbeitsplatzes und tragen bei Schweißarbeiten auf jeden Fall eine geeignete Atemschutzmaske. Zinkoxid entsteht übrigens auch bei Arbeiten mit dem Winkelschleifer – zumindest dann, wenn Sie verzinkte Oberflächen flexen.

## Es muss nicht gleich ein Neuteil sein – Kunststoffteile instand setzen

Beschädigte Kunststoffteile, wie die Stoßfänger oder Frontmasken, müssen nicht immer gleich Neuteilen weichen. Oftmals reicht's, das Schadteil zu reparieren. Entsprechende Untersuchungen der Automobilhersteller sowohl von Autoversicherern und Prüforganisationen, wie TÜV oder DEKRA bestätigen: Fachgerecht reparierte Kunststoffteile sind in Funktion, Stabilität und Optik teureren Neuteilen gleichzustellen. Inzwischen haben nahezu alle Fahrzeughersteller Reparaturfreigaben für Kunststoffteile erteilt. Gut so, denn ein Großteil der Instandsetzungen macht preislich gerade mal die Hälfte eines Neuteils aus.
Da Sie als gewiefter Do-it-yourselfer die Reparatur, bis auf partielle Lackierarbeiten, wahrscheinlich ohnehin selbst ausführen, schlummert da so mancher Euro. Doch bevor Sie richtig loslegen, machen Sie sich im guten Fachhandel über das erforderliche Reparaturset kundig. Das Angebot ist mittlerweile so umfangreich, dass Sie die Offerten auf den ersten Blick bestimmt nicht überschauen…
Klären Sie zudem die Materialbeschaffenheit des zu reparierenden Kunststoffteils. Wie das? Die meisten Kunststoffe tragen auf der Rückseite eine Materialprägung. Suchen Sie also den Stempel und kaufen dann das zum Material passende Reparaturset. Ist Ihnen zu vage? Dann gehen Sie auf Nummer Sicher und holen, mit dem Reparaturteil unter dem Arm, den Rat eines Fachverkäufers oder, besser noch, eines Karosseriebauers ein.

## Karosseriearbeiten – das sollten Sie vorab beachten

Klemmen Sie vor ALLEN nennenswerten Karosseriearbeiten die Batterie ab und geben den Airbags danach noch mindestens 30 Minuten Zeit, um sich zu entladen. Ansonsten könnten die Sensoren irrtümlich schon leichte Hammerschläge oder Schlagschraubervibrationen als Unfall interpretieren. Folge: Sie zünden grundlos.
Halten Sie sich auch von geklebten Karosseriescheiben fern. Sie sind als konstruktive Karosserieelemente ein typischer Fall für die Werkstatt. Überlassen Sie kleinere Steinschläge nicht ihrem Schicksal, sondern dem Scheibenprofi. Der füllt die Scheibenkrater mit Spezialharz, sodass die alte Scheibe hinsichtlich Stabilität und Transparenz der Neuscheibe wieder ebenbürtig ist. Sollte Ihr Logan kaskoversichert sein, kostet Sie das übrigens keinen Cent.

## Das schaffen Sie locker…

Auf den folgenden Seiten beschreiben wir Ihnen ausschließlich Karosseriearbeiten, die Sie durchaus in Eigenregie erledigen können. Doch bei allem handwerklichen Geschick, verheben Sie sich nicht an altem Blech! Anders gesagt – bürden Sie sich nur das selber auf, was Ihnen auch tatsächlich von der Hand geht. Ansonsten ist Ihr Dacia-Händler die erste Adresse…
Die Reparaturfreundlichkeit nach Kollisionen war übrigens erklärtes Ziel im Lastenheft des Dacia Logan. Do-it-yourselfer werden das preisen und zu schätzen wissen – spätestens nach einer Verkehrsrempelei, wenn ein neuer Stoßfänger, eine Tür, ein Kotflügel, die Motorhaube oder eine neue Heckklappe zum Tausch ansteht.

## Karosseriewartungsarbeiten – ab und an sinnvoll

Sinnvolle Zeit investieren Sie beispielsweise, wenn Sie mindestens zweimal jährlich den Unterboden Ihres Dacia auf Steinschlagschäden in der Schutzschicht oder erste Rostnester an verwinkelten Stellen im Vorder- und Hinterbereich inspizieren. Checken Sie auch die Radhäuser, unterhalb der Radläufe, auf Unversehrtheit – vergessen Sie auch die Holme nicht. Schadhafte Stellen, sofern Sie nicht schon zu groß geworden sind, bessern Sie einfach mit handelsüblichen Produkten aus. Das Angebot an Sprühflaschen ist riesengroß. Achten Sie nur darauf, dass der gekaufte Schutz auch mit dem vorhandenen Material korrespondiert.

Ähnlich akribisch lassen Sie Ihre Augen über den Lack schweifen. Öffnen Sie dazu alle Türen und Hauben. Achten Sie besonders auf die Karosseriefalzen und die Bereiche unterhalb der Tür- bzw. Haubendichtungen. Überall dort, wo zwei Karosseriebleche gegeneinander stoßen, verklebt oder gepunktet sind, hat der Rost besonders leichtes Spiel. Entdecken Sie Handlungsbedarf, handeln Sie unverzüglich: Lackblessuren, die nicht im unmittelbaren Sichtbereich liegen, können Sie relativ einfach mit einem Lackstift oder Reparaturfarbset ausbessern. Wägen Sie nur bei eventuell schon größeren Schadstellen im sichtbaren Karosseriebereich, speziell der Motorhaube, ab, ob ein Lackprofi oder ein Lackdoktor nicht doch die bessere Wahl sind.

***Qualitätssicherung:*** Der frische Lack wird hier kurz nach dem Auftrag inspiziert. Insbesondere verwinkelte Stellen, beispielsweise an scharfen Falzen, müssen satt beschichtet sein.

# Außenspiegel demontieren

**Werkzeug:**

Ratsche, kurze Verlängerung,
Torxschraubendreher T20- + T30-Nuss,
Schlitzschraubendreher,
8 mm Nuss

■ Klemmen Sie zunächst das Batteriemassekabel ab und demontieren dann die Türverkleidung wie beschrieben. Beachten Sie die Sicherheitsvorschriften.

■ In Höhe des Außenspiegels ziehen Sie jetzt den Schaumstoff aus dem Fensterholm und ...

■ ... lösen dann beide Befestigungsschrauben (1) des Spiegelfußes.

■ Danach heben Sie den Außenspiegel leicht an und ziehen ihn vom Türblatt ab.

■ Beenden Sie die Montage in umgekehrter Reihenfolge.

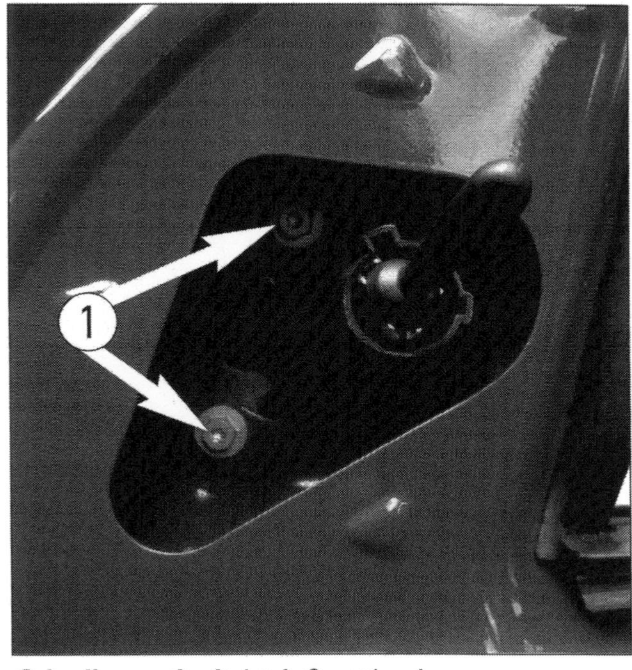


***Schnell gewechselt:*** der Außenspiegel.

# Spiegelglas aus- und einbauen

**Werkzeug:**

Kunststoff- oder Holzkeil,
Handschuhe,
Schutzbrille

**Vorsicht:** Schützen Sie Ihre Hände mit Handschuhen und tragen Sie eine Schutzbrille. Schützen Sie auch das Spiegelgehäuse vor Beschädigungen mit einem Textil-Klebeband.

■ Klappen Sie den Spiegel in Fahrtrichtung nach vorn und ...

■ ... drücken das Glas möglichst an der inneren, oberen Ecke so weit ins Spiegelgehäuse hinein, dass Sie es auf der gegenüberliegenden Seite mit einem Spachtel oder Holzspatel aus der Halterung knippen und aus dem Gehäuse ziehen können.

■ Falls vorhanden, trennen Sie den Anschlussstecker vom defekten Glas.

■ Zur Montage setzen Sie das Glas vorsichtig an und achten darauf, dass es hörbar in die Haltekäfige einrastet. Falls nicht, fällt es Ihnen beim nächstbesten Schlagloch von der Tür ...

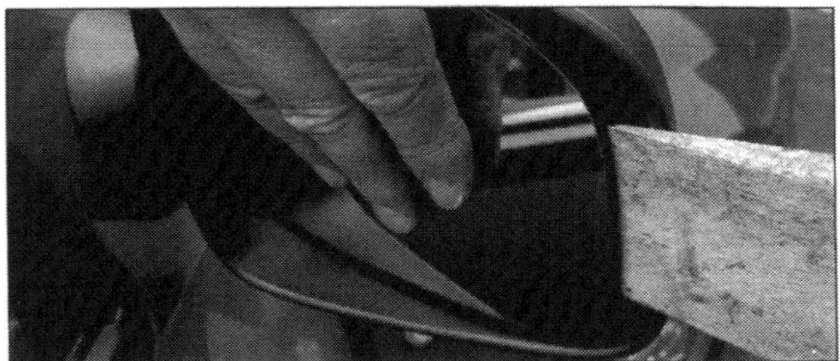

***Mit einem Kunststoff- oder Holzkeil aushebeln:*** das Außenspiegelglas. Gegen eventuelle Glassplitter schützen Sie Ihre Hände mit Handschuhen.

# Motorhaube demontieren

Lassen Sie sich bei der Arbeit von einem Helfer assistieren.

**Werkzeug:**

10 mm Nuss,
Ratsche,
Markierstift

■ Stützen Sie die geöffnete Motorhaube sicher ab und ...

■ ... markieren die Scharnierstellung in den Falzen mit einem Filzstift.

■ Danach lösen Sie die Scharnierschrauben und stellen die Haube beiseite.

■ Komplettieren Sie die neue Motorhaube schon vor der Montage mit den Anbauteilen der alten Haube.

■ Dann legen Sie die neue Haube vorsichtig in die Falze und richten die Scharnierflächen an Ihren Markierungen aus.

■ Passt? Dann ziehen Sie die Scharnierschrauben handfest vor und stellen die Motorhaube ein.

■ Dazu richten Sie die geschlossene Haube so auf dem Vorderwagen aus, dass zu beiden Kotflügeln das Spaltmaß stimmt.

■ Danach justieren Sie die Haubenvorderkante zu beiden Kotflügeln.

■ Im Idealfall stimmt bei geschlossener Haube dann auch schon die Fuge zum Windlauf und die Höhe zu beiden Kotflügeln.

■ Falls nicht, wiederholen Sie den Vorgang so lange, bis Sie mit dem Ergebnis zufrieden sind.

# Motorhaube justieren

■ Richten Sie, mit leicht vorgezogenen Schrauben, die Haube zunächst so aus, dass die Spaltmaße zu beiden Kotflügeln gleich sind und die Vorderkante mit dem Stoßfänger fluchtet.

■ Achten Sie auch auf die Haubenhöhe im Scharnierbereich.

■ Sollte der Verlauf nicht stimmen, ziehen Sie von beiden A-Säulen jeweils die Kunststoffverkleidungen ab und ...

■ ... fluchten die Haube mit entsprechenden Distanzstücken an den Schrauben (Pfeile) ein.

■ Bevor Sie die Haube schließen, drehen Sie beide vorderen Haubenanschlagpuffer (Pfeil) ein. Jetzt lassen Sie die Haube ins Schloss fallen. Falls die Höhe nicht stimmen sollte, korrigieren Sie die Anschlagpuffer entsprechend.

■ Wenn die Haube jetzt aus ca. 20 cm Höhe satt ins Schloss fällt, haben Sie perfekt gearbeitet. Ansonsten muss zumindest der Sicherungshaken einrasten.

***Zunächst die A-Saulenverkleidung abziehen:*** um die Motorhaube in der Höhe zu korrigieren.

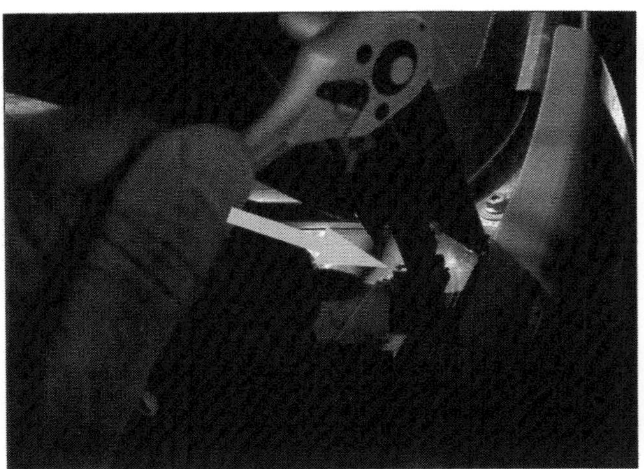

***Eventuell Distanzstücke verwenden:*** damit die Motorhaube in der Höhe fluchtet.

***Vor der Demontage die Lage der Scharniere anzeichnen:*** dann passt die Haube später fast auf Anhieb.

# Haubenzug auswechseln

Im Logan entriegelt ein Seilzug die Motorhaube. Er verläuft vom Haubenschloss über den linken Radlauf durch die Stirnwand ins Wageninnere. Das Widerlager sitzt an der linken Seitenwand im Fußraum.

### Werkzeug:

13er Ringschlüssel,
breiter Schlitz-/Kreuzschraubendreher,
Torxschraubendreher T25

■ Öffnen Sie die Motorhaube und lösen an drei Halteklammern den Haubenzug vom Querträger.

■ Anschließend lösen Sie die Schlossplatte (1) an den Halteschrauben (2).

■ Ziehen Sie hernach die Schlossplatte aus dem Querträger und hängen den Seilzug am Motorhaubenschloss aus.

■ Schaffen Sie nun im linken Fußraum den Bodenteppich von der A-Säule beiseite, lösen die Schraube (3) des Haubenzugwiderlagers und hängen den Zug aus.

■ Falls die alte Zughülle noch o. k. sein sollte, verkuppeln Sie die leicht gefettete Seele des neuen Haubenzugs an der Schlossseite per Bindedraht mit der alten und ziehen den gerissenen Zug in Richtung Innenraum aus der Zughülle. Die neue Seele findet so automatisch ihren Weg zum Widerlager.

■ Komplettieren Sie zunächst das Widerlager, bringen anschließend den Zug am Haubenschloss auf Länge und fixieren Ihn dann mit der Klemmschraube.

***Fixiert mit zwei Schrauben:*** der Motorhaubenzug.

***Sitzt an der A-Säule im vorderen Fußraum:*** das Haubenzugwiderlager.

# Innenkotflügel demontieren

Die Arbeit ist auf beiden Seiten nahezu gleich. Wir beschreiben die linke Seite.

### Werkzeug:

Ratsche,
10er- Nuss,
breiter Schlitzschraubendreher

■ Bocken Sie den Vorderwagen standfest auf, ziehen die Handbremse an, sichern die Hinterräder mit Unterlegkeilen und nehmen das betreffende Vorderrad ab.

■ Demontieren Sie danach den Innenkotflügel. Dazu lösen Sie zwei Schrauben und sechs Spreiznieten (Pfeile).

■ Beenden Sie die Montage in umgekehrter Reihenfolge.

# Kotflügel demontieren

**Vorsicht:** Damit das Sicherheitsrückhaltesystem nicht ungewollt auslöst, klemmen Sie die Batterie mindestens 30 Minuten vor Arbeitsbeginn ab.
Die Arbeit ist auf beiden Seiten nahezu gleich. Wir beschreiben die linke Seite.

### Werkzeug:

Ratsche,
10er-/13er-Nüsse,
breiter Schlitzschraubendreher,
Flachschaber

■ Bocken Sie den Vorderwagen standfest auf, ziehen die Handbremse an, sichern die Hinterräder mit Unterlegkeilen und nehmen das betreffende Vorderrad ab.

■ Demontieren Sie danach den Innenkotflügel, den Stoßfänger, den entsprechenden Scheinwerfer und clipsen die seitliche Blinkleuchte los.

■ Lösen Sie beide Halteschrauben des Windlaufs und bugsieren ihn aus dem Motorraum.

■ Anschließend lösen Sie insgesamt sechs Befestigungsschrauben (1, 2, 3) im Kotflügelfalz und hernach am Türschweller.

■ Wenn Sie die Mutter (4) an der A-Säule gelöst haben, haftet der Kotflügel nur noch an den Befestigungspunkten.

■ Die Kontaktflächen des Kotflügels zum Radlauf trennen Sie mit einem schmalen Spachtel bzw. scharfen Messer. Das Prozedere gelingt Ihnen besser, wenn Sie die Bereiche vorher mit einem Heißluftgebläse temperieren: Der Unterbodenschutz bzw. die Dichtmasse wird dann flexibel und lässt sich leichter trennen.

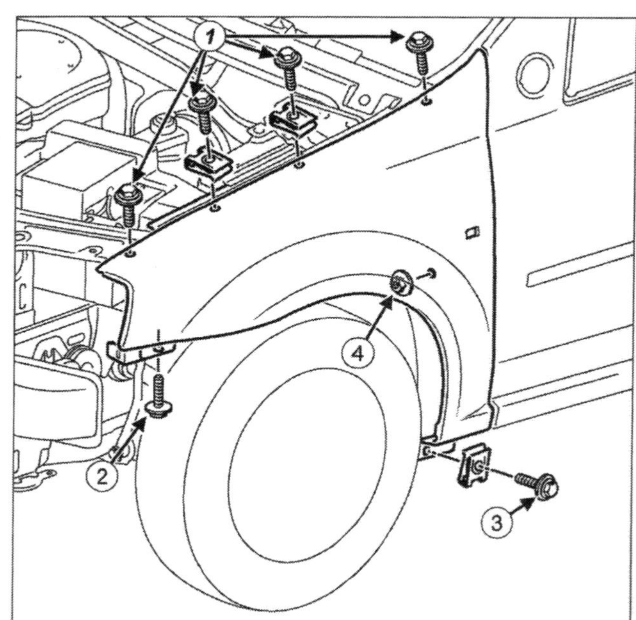

***Mit Schrauben und Muttern befestigt:*** der Kotflügel.

Heben Sie den Kotflügel nun vorsichtig vom Radlauf ab.

■ Einerlei, ob Sie einen neuen oder wieder den alten Kotflügel montieren: Schützen Sie sämtliche Kontaktflächen vor der Montage dauerhaft gegen Rost.

■ Vorab sollten Sie jedoch alle Karosseriekontaktflächen von der alten Dichtmasse befreien. Probieren Sie's mit einem Schaber oder scharfen Messer.

■ Wenn die Lackierung Schaden nimmt, bauen Sie den Lack Schicht für Schicht neu auf.

■ Bevor Sie den vorbereiteten Kotflügel auflegen, schließen Sie die Tür und richten den Flügel entsprechend zum Türfalz aus. Tragen Sie die Klebemasse nicht zu sparsam auf.

■ Sobald der Flügel provisorisch fluchtet, setzen Sie alle Schrauben an und ziehen Sie handfest vor. Checken Sie das Türspaltmaß und korrigieren es eventuell.

■ Im folgenden Schritt ziehen Sie – von der Mitte ausgehend zu den Rändern – die Schrauben an der A-Säule fest. Richten Sie den Kotflügel immer wieder aus.

■ Ähnlich verfahren Sie mit den Schrauben im Kotflügelfalz.

■ Checken Sie nach jeder Schraube jetzt auch das Spaltmaß zur Motorhaube.

■ Prüfen Sie abschließend sämtliche Spaltmaße und ziehen den Flügel dann endgültig fest.

■ Beenden Sie die Montage in umgekehrter Reihenfolge.

# Stoßfänger demontieren (vorne)

**Werkzeug:**

Torxschraubendreher,
Ratsche,
10er-Nuss

■ Bocken Sie den Vorderwagen standfest auf, öffnen die Motorhaube und demontieren den vorderen Teil des Innenkotflügels an jeweils zwei Blechschrauben (Pfeile) vom Stoßfänger. Wiederholen Sie Ihren Einsatz auf der gegenüberliegenden Seite.

■ Jetzt lösen Sie am Stoßfänger insgesamt 13 Schrauben (Pfeile) – vier sitzen oberhalb und neun unterhalb des Stoßfängers.

■ Sollte Ihr Logan auch Nebelscheinwerfer haben, trennen Sie noch schnell die Mehrfachstecker zu den Leuchten und ziehen den Stoßfänger dann mit einem Helfer vorsichtig aus dem Vorderwagen.

■ Beenden Sie die Arbeit in umgekehrter Reihenfolge. Setzen Sie den Stoßfänger zunächst nur provisorisch an, ziehen die Schrauben handfest vor und richten ihn zur Karosserie aus. Vergessen Sie nicht, laufend den passgenauen Sitz zu checken.

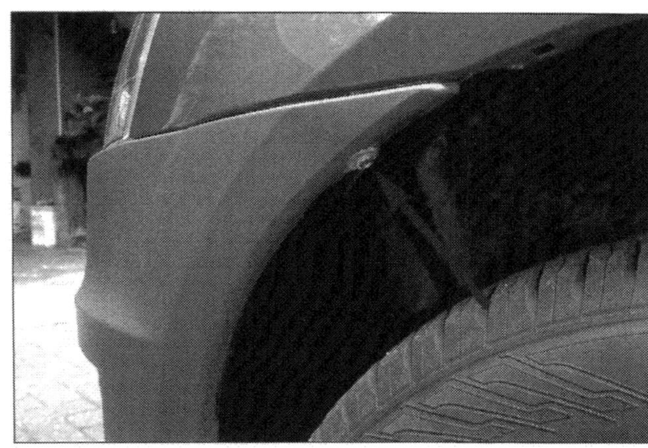

***Die seitlichen Verschraubungen lösen:*** vom Stoßfänger.

***Mit insgesamt 13 Schrauben befestigt:*** der vordere Stoßfänger.

# Stoßfänger demontieren (hinten)

**Werkzeug:**

Torxschraubendreher

■ Öffnen Sie die Heckklappe und lösen die Schrauben in den hinteren Radläufen und dann noch die verbleibenden drei Torxschrauben (Pfeile) oberhalb des Stoßfängers.

■ Jetzt demontieren Sie die Heckverkleidung aus den Führungsschienen. Dazu drücken Sie den Stoßfänger seitlich nach oben und ziehen ihn gleichzeitig von der Karosserie ab.

■ Montieren Sie den neuen Stoßfänger in umgekehrter Reihenfolge. Doch ...

■ ... hängen Sie ihn zunächst nur handfest in die Karosserie ein und richten ihn grob aus. Während der Endmontage gleichen Sie regelmäßig die Flucht und Spaltmaße aus.

***Der Reihe nach lösen:*** die Stoßfängerbefestigungen.

# Kofferraumdeckel demontieren

**Werkzeug:**

Ratsche,
10mm Nuss

■ Damit Ihnen später die Montage leichter fällt, markieren Sie vorab im Falz mit einem Filzstift den Sitz der Scharnierplatten.

■ Danach lösen Sie beidseitig die Scharnierschrauben (Pfeile), nehmen den Kofferraumdeckel mit einem Helfer ab und stellen ihn kippsicher auf eine Unterlage.

■ Beenden Sie die Montage in umgekehrter Reihenfolge. Falls Sie die alte Heckklappe nicht wieder montieren, komplettieren Sie das Neuteil vor der Montage mit den Innereien des ausgemusterten Deckels.

***Mit Assistent kein Problem:*** Kofferraumdeckel demontieren.

**(Hecktür MVC)**
Da beide Türseiten nahezu gleich zu demontieren und zu montieren sind, widmen wir uns dem größeren, dem linken Türblatt.

### Werkzeug:

Torxschraubendreher,
Schlitzschraubendreher,
Ringschlüssel

■ Öffnen Sie die Türen und markieren vorab im Falz den Sitz der entsprechenden Scharnierplatten mit einem Filzstift.

■ Klemmen Sie das Batteriemassekabel ab und demontieren die Innenverkleidung.

■ Dazu lösen Sie die Halteschraube vom Türöffner (1) und ziehen ihn von der Welle ab.

■ Anschließend demontieren Sie innerhalb der Türtasche beide Schrauben (2).

■ Sie können die Türverkleidung mit einem breiten Spachtel oder mit einem Holzspatel vom Türrahmen ablösen, fangen Sie möglichst mit den Clipsen unterhalb der Türtasche an. Vorsicht: Die Verkleidung ist zusätzlich noch mit der Tür verklebt. Damit das Kunststoffteil die Demontage möglichst unbeschadet übersteht, trennen Sie die Klebraupe mit einem Teppichmesser.

■ Jetzt ziehen Sie die Kabelstecker von den Anschlüssen ab und hebeln den Faltenbalg (3) aus der Tür.

■ Lösen Sie die Sicherungsklammer (1) des Türfangbands (2), pressen den Bolzen nach oben aus der Bohrung und klappen das Fangband beiseite.

■ Anschließend demontieren Sie die vier Scharnierschrauben (Pfeile) und ziehen die Hecktür mit einem Helfer aus der Karosserie.

■ Beenden Sie die Montage in umgekehrter Reihenfolge. Falls Sie die alte Hecktürhälfte nicht wieder montieren, komplettieren Sie vor der Montage das Neuteil mit den Innereien der ausgemusterten Türhälfte.

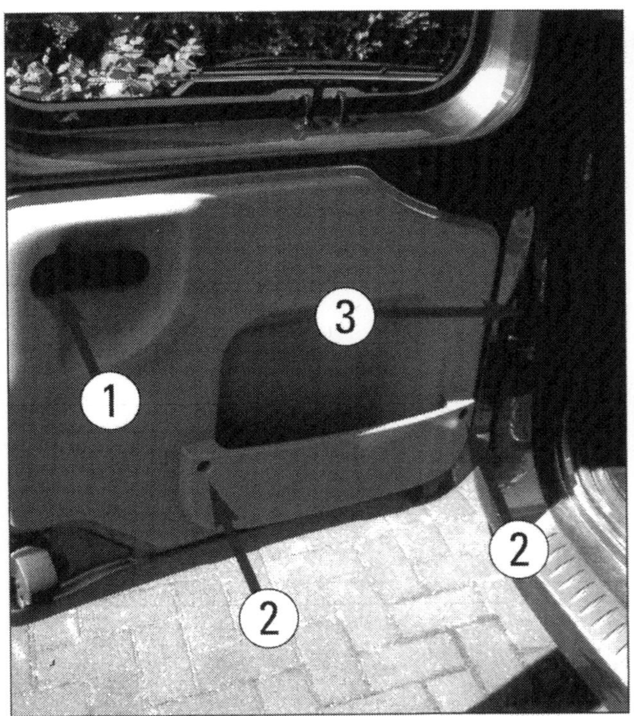

***Vorsichtig lösen:*** die Türverkleidung vom Türrahmen.

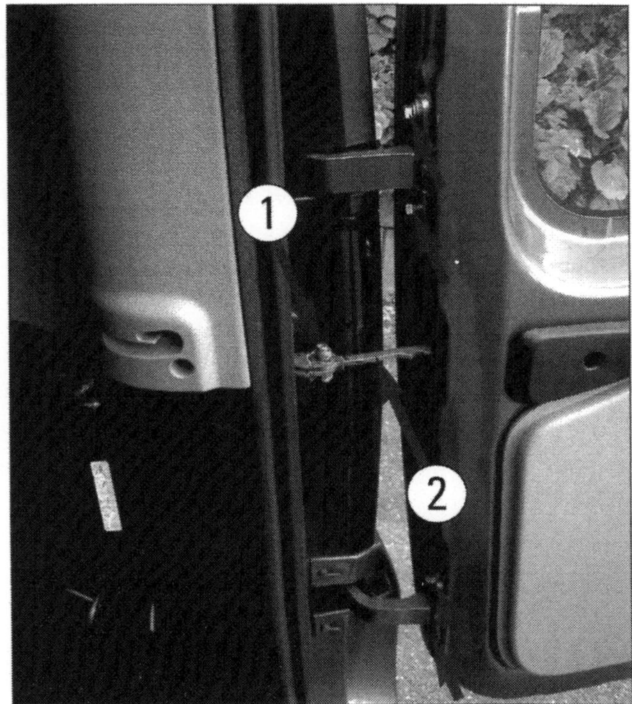

***Stabil aufgehängt:*** Heckklappen des Logan MCV.

## Gummidichtung ersetzen

Wenn Sie dem Kofferdeckel bzw. der Hecktüren am MVC schon Ihre Zeit widmen, prüfen Sie gleich auch die Dichtung: Staub- oder Wasserlaufspuren auf beiden Seiten der Dichtfläche deuten auf undichte Stellen. Ist die Dichtung spröde oder rissig, spendieren Sie Ihrem Logan ein neues Formteil. Ziehen Sie dazu die alte Dichtung vollständig ab und säubern den Falz von alten Dichtmittelresten und Schmutz. Pressen Sie neues Dichtmittel (z. B. Fugendichtmittel, Acryl) sparsam in die Dichtungsnut. Falls Sie keine vorgefertigte Dichtung bekommen sollten, setzen Sie eine entsprechend profilierte Nachrüstdichtung in Schlossmitte an und pressen Sie rundum auf den Falz. Das überstehende Ende kürzen Sie einfach mit einem Seitenschneider passend ein. Geben Sie der Stoßverbindung etwas Vorspannung und schlagen dann die vormontierte Dichtung vorsichtig mit einem Gummihammer auf den Karosseriefalz.

## Heckklappenschloss demontieren

### Werkzeug:

breiter Schlitzschraubendreher,
Wasserpumpenzange

- Klemmen Sie das Batteriemassekabel ab und ...
- ... clipsen in Schlosshöhe die Heckklappenverkleidung los.
- Anschließend hebeln Sie die Sicherungsklammer (1) vom Schlossgestänge ab. Für die spätere Montage ist es wichtig, dass Sie sich die Gewindelänge (2) merken.
- Nun können Sie den Außengriff problemlos an der großen Kunststoffmutter (3) lösen und von der Heckklappe abziehen.
- Beenden Sie die Montage in umgekehrter Reihenfolge.

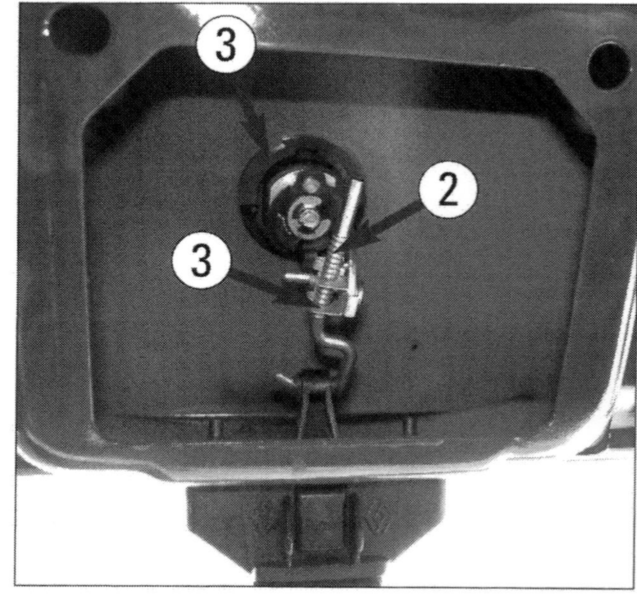

***Mit einer Mutter befestigt:*** das Heckklappenschloss.

# Wartung & Pflege

Welches Auto läuft auf Dauer schon ungeschmiert? Eben. Warum sollte da ausgerechnet Ihr Logan aus der Reihe tanzen? Wenn Sie selber Hand anlegen möchten, gehen Sie nach Wartungsplan vor. Wir haben Ihnen eine Liste mit den sinnvollsten Prüf- und Wartungsarbeiten vorbereitet.

Was Service- und Wartungsintervalle anbetrifft, macht Dacia beim Logan eindeutige Vorgaben: Alle 15.000 Kilometer steht demnach ein Kundendienst bei den Dieselmodellen (1.5 dCi) an. Die drei Ottoversionen bekommen alle 10.000 Kilometer einen Service spendiert.

Damit die Wartung mit möglichst geringem Aufwand verbunden ist, glänzt der Logan immer mal wieder mit wirklich einfacher Technik und praktischen Lösungen. Beispiel die Scheinwerferbirnen: die wechseln Sie minutenschnell in Eigenregie.

### 36 Monate Händlergarantie – wann erlischt das Versprechen?

Doch im Einzelfall überlegen Sie freilich genau, welche Arbeiten Sie selber ausführen möchten bzw. Ihrem Dacia-Händler in Auftrag geben. Zumindest dann, wenn Ihr Wagen noch in die 36-monatige bzw. 100.000 Kilometer-»Händlergarantie« fällt.

Das Garantieversprechen erlischt nämlich, wenn die von Dacia vorgesehenen Inspektionen nicht bzw. nicht zeitgerecht oder nicht nach Herstellervorgaben erledigt wurden.

Dieselfahrer sollten zudem bedenken und wissen, dass der Logan die Alternativkraftstoffe Ethanol E85 oder Biodiesel B30 klaglos verdaut, auf Dauer jedoch kein Rapsöl mag. Sollte Sie der »Preisvorteil« des Speiseöls dennoch in Versuchung führen, fallen etwaige Schäden an den Dichtungen, den Kraftstoffleitungen und den Common-Rail-Injektoren aus der Neuwagengarantie.

Ähnliche Einschränkungen formuliert Dacia für den Einsatz nicht spezifikationsgerechter Betriebsflüssigkeiten. Dazu gehören beispielsweise das Motoröl, die Kühl- und auch die Bremsflüssigkeit.

Es lohnt also durchaus, vor geplanten Modifikationen und Instandsetzungsarbeiten einen Blick in die Händler-Garantiebestimmungen zu werfen – zumindest während der ersten 36 Monate ab Zulassungsdatum – danach sind Sie ohnehin auf Kulanz angewiesen.

Auf die Karosserie gewährt Dacia eine sechsjährige Garantie gegen Durchrostung. Hinzu kommt eine zweijährige Lackgarantie.

## Der Wartungsplan

Im Folgenden haben wir, auf Basis der Dacia-Vorgaben, die für Ihren Logan relevanten Arbeiten zusammengefasst.
Plan hin, Plan her – ignorieren Sie bitte nicht Ihren gesunden Menschverstand und Ihr kritisches Auge: An modernen Autos sind nicht alle tatsächlich sinnvollen Handgriffe und Wartungsarbeiten fest zu umreißen – auch nicht im Zeitalter von Bordcomputer & Co. Ohne das nötige Quäntchen Erfahrung und Weitsicht wird Ihr Logan irgendwann zur Immobilie …

**Serviceplan für Fahrzeuge mit Ottomotor**

| | Service-Inspektion | Wartungs-Inspektion | Service-Inspektion | Wartungs-Inspektion | Service-Inspektion | Große-Inspektion |
|---|---|---|---|---|---|---|
| Jahre | 1 | 2 | 3 | 4 | 5 | 6 |
| Kilometer | 10.000 | 20.000 | 30.000 | 40.000 | 50.000 | 60.000 |

**Serviceplan für Fahrzeuge mit Dieselmotor**

| Service-Inspektion | Wartungs-Inspektion | Service-Inspektion | Wartungs-Inspektion | Service-Inspektion | Große-Inspektion | |
|---|---|---|---|---|---|---|
| Jahre | 1 | 2 | 3 | 4 | 5 | 6 |
| Kilometer | 15.000 | 30.000 | 45.000 | 60.000 | 75.000 | 90.000 |

## Altöl – nur an Sammelstellen als Sondermüll entsorgen

*Es ist zwar eine Binsenweisheit, wir weisen dennoch darauf hin: Altöl gehört nicht in die »Gosse sondern« verantwortungsvoll an entsprechenden Sondermüllsammelstellen der Kommune oder bei speziellen Altölsammelstellen entsorgt!*
Liefern Sie Altöl dort ab, wo Sie Ihr Frischöl gekauft haben: Gegen Vorlage des Kassenbons müssen sämtliche Verkaufsstellen Altöl in der Menge des an Sie verkauften Frischöls entsorgen. Zudem entsorgen Altölsammelstellen Ihrer Gemeinde oder Stadt die schwarze Brühe.
Dort werden Sie auch umweltverträglich den verdreckten Ölfilter und Öl verschmutzte Putzlappen los. Naheliegende Adressen erfahren Sie bei der Gemeindeverwaltung, bei Automobilklubs oder im Internet unter »Altölsammelstellen«.

## Ölverbrauch – wie viel ist NORMAL?

Dacia hat da klare Vorstellungen: Ihr Logan darf maximal einen Liter auf 1000 Kilometer konsumieren. In der Praxis freilich rechnen Sie mit rund einem viertel Liter auf 1000 Kilometer. Das gilt jedoch nur, wenn Sie die Ölwechselintervalle einhalten, den Motor nicht übermäßig belasten und die Ölqualität den Dacia-Spezifikationen entspricht.
Mindestens ebenso besorgniserregend wie ein übermäßig hoher Ölverbrauch ist ein konstanter oder gar steigender Ölpegel: Ihr Logan ist nämlich keine Ölquelle. In dem Fall verdünnt kondensierter Kraftstoff oder Kondenswasser das Motoröl. Darunter leiden die ursprünglichen Schmiereigenschaften dramatisch.
Das Phänomen der »Ölvermehrung« beobachten Sie vornehmlich im Winter oder im Kurzstreckenbetrieb. In dem Fall empfehlen wir Ihnen, das Motoröl auch zwischen den üblichen Intervallen zu wechseln.

## Checkliste – was wann anfällt

| Arbeitspunkte | Service-Inspektion | Wartungs-Inspektion | Große-Inspektion |
|---|---|---|---|
| **Karosserie** | | | |
| Überprüfen des Fahrzeugbodens, der Radkästen, der Türen/Hauben/Klappen … | | X | X |
| **Motor** | | | |
| Füllstände prüfen | | X | X |
| Ölwechsel | | X | X |
| Sichtprüfung Auspuff | | X | X |
| **Kupplung** | | | |
| Überprüfen des Kupplungsspiels | X | X | X |
| **Bremsen** | | | |
| Sichtprüfung der Bremsbeläge | X | X | X |
| Sichtprüfung der Bremsleitungen | | | X |
| Kontrolle Bremsflüssigkeitsstands | X | X | X |
| Kontrolle der Bremsbeläge und Entfernung des Staubs vorne und hinten | | | X |
| **Füllstände und Dichtigkeit der Kreisläufe überprüfen** | | | |
| Servolenkung | X | X | X |
| Scheibenwaschanlage | X | X | X |
| Kühlmittel | X | X | X |
| Hydraulische Kupplung | X | X | X |
| **Lenkung/Vorder- und Hinterachse** | | | |
| Kontrolle Gummimanschetten | | X | X |
| **Reifen und Stoßdämpfer** | | | |
| Kontrolle Reifendruck und Zustand | X | X | X |
| Kontrolle des Vorhandenseins der Ventilkappen | X | X | X |
| Kontrolle Reserverad, Druck und Zustand | X | X | X |
| Sichtprüfung Stoßdämpfer | X | X | X |
| **Ausrüstungselemente** | | | |
| Kontrolle Glühlampen | X | X | X |
| Kontrolle Ladezustand Batterie | | X | X |
| Kontrolle Scheiben und Rückspiegel | X | X | X |
| Kontrolle Wischerblätter | X | X | X |
| Diagnose der Steuergeräte | X | X | X |
| Anbringen der Wartungsaufkleber | | X | X |
| **Prüfung** | | | |
| Funktionsprüfung | | | X |

## Zusätzliche Arbeiten

| Durchzuführende Arbeiten | Ottomotoren | Dieselmotoren |
|---|---|---|
| Luftfilter erneuern | Alle 60.000 km bzw. 2 Jahre | Alle 60.000 km bzw. 4 Jahre |
| Kraftstofffilter erneuern | Wartungsfrei | Alle 40.000 km |
| Steuer-/ Antriebsriemen erneuern (außer 1,6-16V) | Alle 90.000 km bzw. 4 Jahre | Alle 160.000 km bzw. 6 Jahre |
| Steuer-/ Antriebsriemen erneuern (1,6-16V) | Alle 120.000 km bzw. 5 Jahre | – |
| Zündkerzen erneuern | Alle 30.000 km, 60.000 km beim 1,6-16V | – |
| Bremsflüssigkeit erneuern (DOT 4) | Alle 90.000 km bzw. 4 Jahre | Alle 120.000 km bzw. 4 Jahre |
| Kühlflüssigkeit erneuern | Alle 90.000 km bzw. 4 Jahre | Alle 120.000 km bzw. 4 Jahre |
| Kontrolle und Reinigung der Klimaanlage | Alle 3 Jahre | Alle 3 Jahre |

***Ende einer Dienstfahrt:*** Ob die letzte Reise Ihres Logan so spektakulär endet wie die seines Altvorderen, haben Sie weitgehend selbst in der Hand. Regelmäßige Wartung und Pflege verlängert die Zeitreise zwischen Jungfernfahrt und Shredder erheblich.

# Kraftpakete

Ab Werk bietet Dacia den Logan des Modelljahrs 2009 mit sechs verschiedenen Antrieben an: Drei Ottomotoren zwischen 55 kW (75 PS) und 77 kW (105 PS), zwei bivalenten Flüssiggasmotoren (53 kW/72 PS, 62 kW/84 PS) sowie einem aufgeladenen Common-Rail Dieselmotor mit 63 kW (86 PS). Das Otto-Quintett mit 1,4- bzw. 1,6-Liter Hubraum nutzt weitgehend den gleichen Grundaufbau: Vierzylinder Graugussblock, Leichtmetallzylinderkopf, fünffach gelagerte Kurbelwelle, eine obenliegende Nockenwelle, zwei Ventile, (77 kW Motor – vier Ventile) je Zylinder, indirekte Kraftstoffeinspritzung. Dem 1, 5-Liter dCi-Diesel verhilft ein Abgasturbolader auf die Sprünge. Alle Motoren erfüllen die Abgasnorm gemäß Euro 4. Die Darstellung zeigt den 1,6-Liter 16V mit 77 kW/105 PS Dacia Logan MPI LPG mit 84 PS.

Die Modellfamilie des Dacia Logan mobilisieren millionenfach bewährte, quer über der Vorderachse montierte Renault-Vierzylindermotoren. Richtig gelesen: millionenfach bewährte Renault-Motoren. Keine taufrischen Konstruktionen also – dafür in mehreren Modellreihen montiert, ausgereift und gleichwohl auf technisch hohem Niveau: Leichtmetall Zylinderköpfe, oben liegende Nockenwellen, elektrische Motormanagements, kontaktlose 3-D-Kennfeldzündanlagen, sequenzielle Saugrohrgemischaufbereitung – Standard bei den Ottomotoren.

Die Flüssiggasmotoren (**L**iquified **P**etroleum **G**as – LPG) haben den gleichen Stammbaum: ihre Kraftstoff spezifischen Unterschiede sind äußerlicher Natur. So ist die Gemischaufbereitung bivalent, also gleichermaßen auf Flüssiggas und Benzin ausgelegt. Der Futterwechsel funktioniert auf Knopfdruck: ein kurzer Ruck und schon geht's weiter – entweder mit LPG oder Superbenzin.

Der 1, 4-Liter LPG-Motor leistet im Logan 53 kW/72 PS – 62 kW/84 PS mobilisiert der hubraumstärkere 1, 6-Liter LPG-Ableger im Logan MCV. Sensible Fahrer attestieren den Gasmotoren geringfügig weichere Verbrennungsabläufe und etwas weniger Temperament. Im Alltag fällt das Leistungsmanko von 3 PS jedoch kaum ins Gewicht.

Ähnlich wie die Ottomotoren arbeitet auch der 1, 5-Liter dCi Diesel sein Futter elektronisch auf. Anders als die Ottofraktion portioniert der Diesel seine Rationen allerdings direkt in die Brennräume. Die Abgase behandelt der Selbstzünder via Oxydationskatalysator nach.

## Standard bei den Otto-Motoren – sequenzielle Kraftstoffeinspritzung

Obwohl die Ottomotoren den Logan in unterschiedliche Leistungsklassen hieven, erkennen versierte Do-it-yourselfer sofort ihren gemeinsamen Stammbaum – die Handschrift von Renault ist optisch und technisch unübersehbar. Technisch beispielsweise am Motormanagement, das die Gemischaufbereitung, den Zündzeitpunkt, die Abgaswerte sowie weitere Funktionen im und am Logan koordiniert. Alle Motoren, auch die Gasbrenner, werden sequenziell versorgt, ihre Drosselklappen reagieren via Gaszug. Mehrlocheinspritzventile lagern den Kraftstoff der Ottomotoren vor den Einlassventilen an, der dCi ist ein Common-Rail-Direkteinspritzer.

Die Gemischbildung der Ottofraktion sucht und realisiert je Kurbelwellenumdrehung den günstigsten Kompromiss zwischen Leistung, Drehmoment, Lauf-

***Liegt bei den »Ottos« geradezu auf dem Präsentierteller:*** der Ölfilter (Pfeil) an der Vorderseite des Motorblocks.

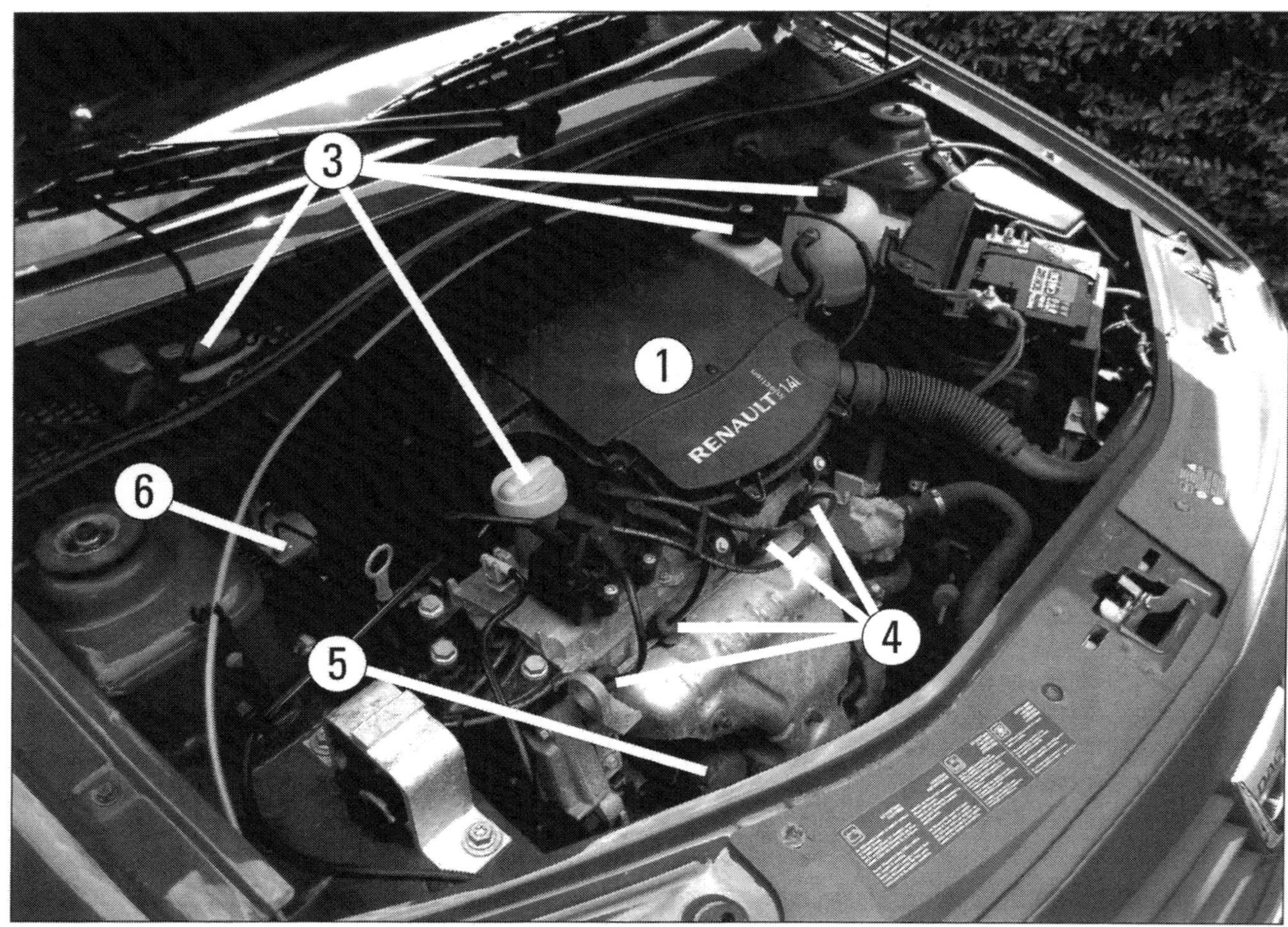


***Da macht Do-it-yourself noch Spaß:*** Unter der Motorhaube des Logan – im Bild der 1,4-Liter – geht's noch überschaubar zu. Luftfilter (1); Batterie (2); Betriebsflüssigkeiten (3); Zündkerzen (4); Ölfilter (5); ABS-Hydraulikmodul (6) – alle Schauplätze sind zu Servicearbeiten relativ leicht erreichbar.

kultur, Verbrauch und Abgasqualität. Und was die Elektronik allein nicht schafft, bringt eine Abgasrückführung, in Kooperation mit einer »gezielten« Frischluftbeimischung, auf den Punkt: Euro 4 für alle Logan-Treibsätze – auch für den Diesel.

## Aus Leichtmetall – die Zylinderköpfe

Typisch frankophil – der Materialmix: Leichtmetallzylinderköpfe deckeln schwingungsarme Graugussmotorblöcke. Jeweils eine oben liegende Nockenwelle initiiert den Ladungswechsel der Achtventiler, im Mehrventiler sind's derer zwei. Ein von der Kurbelwelle angetriebener Zahnriemen versetzt die Nockenwellen in Rotation. Gleichfalls Standard unter der Logan Motorhaube: Der wartungsfreie Ventiltrieb mit hydraulischen Ventilstößeln und wartungsfreundliche Ölfiltermodule. Spätestens nach 30.000 Kilometern (dCi alle 20.000 km), respektive einmal jährlich, steht ein Ölwechsel inklusive Ölfilter an.

## Logan 1.4 MPI (55 kW/75 PS) – Basis mit Zukunftsperspektive

Als hubraumschwächster Antrieb der Logan-Sippe bringt's der 1.4 MPI mit 1.390 $cm^3$ auf 55 kW (75 PS) bei 5.500 $min.^{-1}$. Das maximale Drehmoment von 112 Nm fällt bei 3.000 $min.^{-1}$ an. Damit ist er nicht gerade ein Temperamentsbündel, doch genügend Standhaftigkeit und Steherqualitäten beweist er im Alltag allemal. In den Händen normal ambitionierter Autofahrer geht der leistungsschwächste Motor ausreichend engagiert mit den 1050 Kilogramm des Logan um. Voll beladen ist schon eher Langmut gefragt. Spätestens dann wird klar, die Stärken des kurzhubigen Achtventilers gründen im Wesentlichen auf seiner Anspruchslosigkeit: Er konsumiert im Logan durchschnittlich 7 Liter Superbenzin auf 100 Kilometer und belastet die Umwelt mit 165 Gramm $CO_2$/km. Wenn's sein muss, rennt der Logan 162 km/h und beschleunigt von 0 auf 100 km/h in 13 Sekunden.

Im schwereren Logan MCV tut sich der Basismotor naturgemäß schwerer. Aus diesem Grund gibt's den 1.4 MPI dort auch nur in der fünfsitzigen Variante. In dieser Kombination verbrennt er durchschnittlich 7,6-Liter Superbenzin auf 100 Kilometer, legt in 15, 5 Sekunden von 0 auf 100 km/h zu, stellt bei 155 km/h die Beschleunigung ein und emittiert 179 Gramm $CO_2$/km in die Umwelt.

***Per Knopfdruck von Benzin auf Gas:*** mit dem Betriebsartenumschalter im Logan LPG. Der Schalter sitzt auf der Mittelkonsole, links neben dem Schalthebel.

## Logan 1.6 MPI (64 kW/87 PS) – ein Dutzend Pferde mehr…

Die erste Leistungsstufe des Logan geht mit 1, 6-Liter Hubraum an den Start. Das Leistungsmaximum von 64 kW (87 PS) erreicht der Vierzylinder, wie der kleinere 1.4 MPI, bei 5.500 $min.^{-1}$. Gleichfalls das maximale Drehmoment: 128 Nm bei 3.000 $min.^{-1}$. Für den Sprint von 0 auf 100 km/h vergehen im Logan 1.6 MPI 11,5 Sekunden, seine Höchstgeschwindigkeit beträgt 175 km/h. Der 1.055 Kilogramm schwere Wagen verbrennt im Durchschnitt 7,3 Liter Superbenzin je 100 Kilometer und belastet das Klima mit 172 Gramm $CO_2$ pro Kilometer.

Im Logan MCV lässt es der 1.6 MPI etwas gemächlicher angehen: 13,4 Sekunden aus dem Stand auf 100 km/h (Siebensitzer: 13,7 s), zum Mitschwimmen reicht das allemal, wie übrigens auch die Höchstgeschwindigkeit von 167 km/h. Mit durchschnittlich 7,6 Liter Superbenzin pro 100 Kilometer (Siebensitzer: 7,8 l/100 km) verköstigt sich der Einssechser im MCV durchaus akzeptabel, sein $CO_2$-Ausstoß liegt bei 180 Gramm pro Kilometer (Siebensitzer: 185 g/km).

## Logan 1.4/1.6 MPI-LPG (53 kW/72 PS, 62 kW/84 PS) – mit Gas gasgeben

Bis auf die Tatsache, dass beide LPG-Logan hierzulande die derzeit preisgünstigsten Flüssiggasautos sind, hebt Sie wenig von ihren monovalenten Ottozeitgenossen ab. Das ist durchaus positiv zu verstehen. Denn außer der mit einem 42-Liter-Gastank gefüllten Reserveradmulde und einem Betriebsartenumschalter – links neben dem Schalthebel – hat der Logan keine wesentlichen Unterscheidungsmerkmale zu bieten. Er startet als Benziner, schaltet erst nach Erreichen der Betriebstemperatur automatisch auf LPG um, läuft danach geringfügig weicher, hat mit 53 kW (72 PS) bzw. 62 kW (84 PS) nahezu die gleichen Fahrleistungen wie seine auf Benzin fixierten Brüder und steht dennoch hoch im Kurs.

Grund: LPG-Motoren sind preisgünstiger zu betanken und belasten, trotz höheren Verbrauchs, die Umwelt mit rund zehn Prozent weniger $CO_2$. Sie sind damit zwar nicht so »clean« wie Erdgasmotoren (CNG),

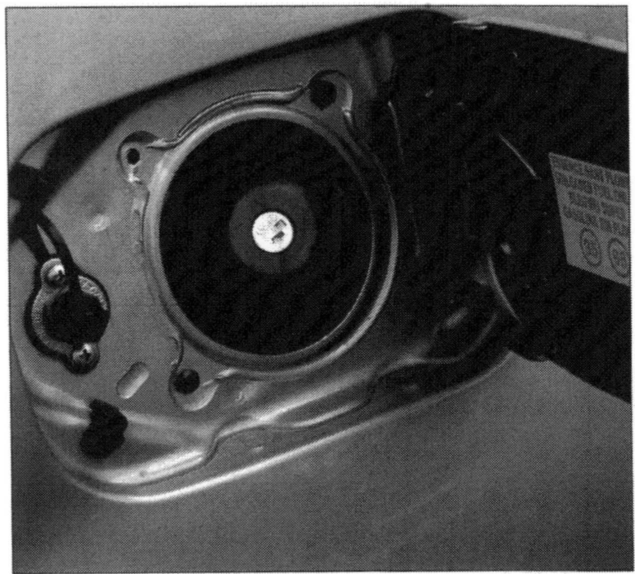

***Hinter der Tankklappe versteckt:*** LPG-Tankadapter. Der Zusatztank fasst etwa 40 Liter Flüssiggas.

dafür jedoch preisgünstiger. Ein weiterer Vorteil zum CNG-Motor fällt gleichfalls ins Gewicht. LPG kommt in flüssiger Form an Bord, der aufwendige CNG-Hochdrucktank entfällt und aufgrund des relativ kompakten LPG-Reservoirs bleibt der vorhandene Benzintank in vollem Umfang erhalten.
Vorteil: Ist der LPG-Anteil aufgebraucht und keine Tankstelle in Reichweite, geht's entspannt mit vollem Benzintank weiter. Ein dickes Pfund für Vielfahrer, denn der LPG-Logan ist unter Seinesgleichen ein absoluter Reichweitenkönig.

## Logan 1.6 MPI (77 kW/105 PS) – macht den Dacia munter

Der stärkste Logan-Treibsatz beatmet seine Zylinder mit zwei obenliegenden Nockenwellen und vier Ventilen je Brennraum. Er ist kein drehzahlgieriger Sportmotor, sondern ein rundum kultivierter Zeitgenosse, der auch in unteren Drehzahlbereichen durchaus nachdrücklich zur Sache kommt. 77 kW (105 PS) stehen bei zivilen 5.750 min.$^{-1}$ auf Abruf, mit seinem maximalen Drehmoment (148 Nm) vermittelt er ab 3.750 min.$^{-1}$ den Eindruck von Gelassenheit. Keine Frage, wenn es um den Sprint von 0 auf 100 km/h geht, distanziert er sich von seine Namensvettern: in der Limousine vergehen 10,2 Sekunden, bei 183 km/h ist dann Schluss mit Vortrieb, die Höchstgeschwindigkeit ist erreicht. Vorausschauend bewegt, benötigt der Mehrventiler im Schnitt 7,1 Liter Superbenzin pro 100 Kilometer, mit 170 Gramm $CO_2$ /Kilometer belastet er die Atmosphäre.
Der schwerere MCV bremst die 105 PS von 0 auf 100 km/h auf 11, 8 Sekunden ein, doch für 174 km/h Topspeed reicht's allemal. Moderat gefahren konsumiert der Top motorisierte MCV durchschnittlich 7, 5-Liter/100 km Superbenzin, der $CO_2$-Ausstoß beträgt 178 Gramm pro Kilometer.

## Logan 1.5 dCi (63kW/86 PS) – da macht sparen Spaß

Die schlechte Nachricht zuerst Der 1.5 dCi ist nur den Modellversionen Lauréate und Ambiance vorbehalten. Und nun die gute Nachricht: Unter deren Motorhaube ist der moderne Common-Rail-Selbstzünder eine Bereicherung: 4,6-Litern Diesel auf 100 Kilometer, 120 Gramm $CO_2$/km. Damit ist der Logan, hinsichtlich der gebotenen Fahrleistungen, nicht nur sparsam, zudem erfüllt er damit schon heute den erst ab 2015 vorgesehenen EU-Grenzwert für Neufahrzeuge.
Der aufgeladene Direkteinspritzer erreicht sein Drehmomentmaximum (200 Nm) bereits ab 1.900 min.$^{-1}$. Er beschleunigt die Limousine in 13 Sekunden von 0 auf 100 km/h (MCV-Fünfsitzer14, 3 s, Siebensitzer 14,6 s). Die Höchstgeschwindigkeit beträgt 167 km/h (MCV

***Durchaus zeitgemäß:*** Der robuste technische Grundaufbau der Logan-Ottomotoren. Die aus dem Renault-Fundus übernommenen Aggregate sind rund um den Globus millionenfach bewährt und mit relativ geringem Aufwand bei Laune zu halten.

***Auf allen Pisten dieser Welt zu Hause:*** Die bewährten Renault Selbstzünder passen dem Logan wie maßgeschneidert. Ihr Temperament reicht allemal, um im Rahmen des hierzulande herrschenden Verkehrsaufkommens von A nach B zu reisen.

161 km/h). Mit durchschnittlich 5,2-Liter kommt der Diesel Logan 100 Kilometer weiter, einerlei ob Limousine oder MCV.
Die »inneren Werte« des 1.5 dCi subsumieren unter dem technischen Begriff Common-Rail. Er arbeitet mit kugelförmigen Druckspeichern, radial angeordneten Einspritzleitungen, Direkteinspritzung und Abgasturbolader.
Unter anderem wegen seiner relativ geringen $CO_2$-Emissionen trägt der Logan 1.5 dCi das Umweltprädikat »Dacia eco2«. Dacia-Modelle schmückt dieses Siegel, wenn sie ...

- ... nicht mehr als 140 Gramm $CO_2$ je Kilometer ausstoßen oder mit Biokraftstoffen zu betreiben (Ethanol E85 oder Biodiesel B30) sind.
- ... in einem Werk produziert werden, das nach der internationalen Norm ISO 14001 zertifiziert ist.
- ... dereinst zu 95 Prozent wieder verwertbar sind.

Zudem müssen in den Modellen mindestens fünf Prozent recycelte Kunststoffbauteile genutzt sein.

## Motor- und Ausstattungsvarianten – so kombinieren Sie Ihren Dacia

**Logan**

| | **1.4 MPI** | **1.6 MPI** | **1.6 16V** | **1.5 dCi** |
|---|---|---|---|---|
| | 55 kW/75 PS | 64 kW/87 PS | 77 kW/105 PS | 63 kW/86 PS |
| Logan | x | - | - | - |
| Ambiance | x | - | - | x |
| Lauréate | x | x | x | x |

**Logan MCV**

| | **1.4 MPI** | **1.6 MPI** | **1.6 MPI LPG** | **1.6 16V** | **1.5 dCi** |
|---|---|---|---|---|---|
| | 55 kW/75 PS | 64 kW/87 PS | 53 kW/72 PS<br>62 kW/84 PS | 77 kW/105 PS | 63 kW/86 PS |
| Logan | x | - | - | - | - |
| Ambiance | x | x | x | - | x |
| Lauréate | - | x | x | x | x |

X = erhältlich, - = nicht erhältlich.

## Werkstatt oder Do-it-yourself – eine Frage der Ausstattung und der eigenen Möglichkeiten

Über die Jahre bleiben zwangsläufig selbst die robustesten Motoren nicht untadelig. Regelmäßige Pflege hält sie zwar länger bei Laune, doch wenn die ersten größeren Wehwehchen den Umfang überschaubarer Wartungsarbeiten sprengen, wägen Sie ernsthaft zwischen Do-it-yourself und professioneller Reparatur ab: Selbst den vergleichsweise übersichtlich konstruierten Logan-Motoren helfen Sie mit einem durchschnittlich gefüllten Werkzeugschrank nicht zwingend wieder auf die Sprünge. Es sei denn, die Ausstattung Ihres Schrauberreichs ist höheren Ansprüchen gewachsen und Ihr persönliches Detail- und Fachwissen steht dem nicht nach. Sollten Sie freilich beides vereinen, behandelt die vorliegende Serviceanleitung die Materie nicht umfassend genug – wir empfehlen Ihnen stattdessen die Reparaturanleitung »Dacia Logan«, Band 1294, des Bucheli Verlags.
Motivierender Zuspruch ist anders – wir widersprechen an dieser Stelle nicht. Uns liegt vielmehr daran, Ihnen ungeschönt die Realität zu skizzieren. Bewahren Sie daher bitte bei allem Do-it-yourselfer-Drang stets Augenmaß, stellen Sie Ihre technischen Fähigkeiten eher unter als über den eigenen Scheffel: Finanziell kommt Sie das ohnehin günstiger als unreflektierte Schrauberlust.
Unser Appell richtet sich lediglich an Ihr Selbstverständnis. Unter dem Strich bietet Ihnen der Logan allemal noch genügend Betätigungsfelder. Denken Sie nur an die Prüf- und Wartungsarbeiten des Service-Hefts, da zahlt sich Eigenregie besonders aus. Wo Do-it-yourself den Geldbeutel außerdem noch schont, lesen Sie auf den folgenden Seiten.

## Motor durchdrehen

Bei einer Reihe von Arbeiten unter der Motorhaube kommt es darauf an, die Kolbenstellung des Motors genau zu fixieren. Ausgehend vom oberen Totpunkt (OT) des ersten Kolbens ergeben sich die Arbeitsstellungen der Übrigen dann automatisch.

**OT-Stellung 1. Zylinder:** Der Kolben des ersten Zylinders (im Logan Fahrtrichtung rechts) steht im oberen Totpunkt, wenn sich die Ventile des vierten Zylinders überschneiden (Auslassventil schließt, Einlassventil beginnt zu öffnen). Die Ventile des ersten Zylinders sind dann geschlossen. Einprägungen an der Nockenwelle und an der Kurbelwellenriemenscheibe stehen dann deckungsgleich mit den Markierungen im Zylinderkopf- und Motorgehäuse.

Zur Kontrolle...

- ... demontieren Sie die Zündkerzen (Einspritzventile beim dCi) und...
- ... legen den größten Gang ein. Schieben Sie dann den Wagen vorsichtig soweit vor, bis der Kolben im ersten Zylinder auf OT steht.
- Ohne fremde Hilfe können Sie den Motor auch mit einer Stecknuss durchdrehen. Die Nuss setzen Sie an der Antriebsriemenscheibe der Lichtmaschine an.
- Der Motor dreht besser wenn Sie den Antriebsriemen etwas in den Riementrieb pressen.
- Achten Sie darauf, die Kurbelwelle immer nur im Uhrzeigersinn zu drehen.

## Fehlerspeicher auslesen

In der Wolle gefärbte do it Yourselfer wird's ärgern: Auch mit dem nötigen Know-how lesen Sie den Fehlerspeicher nicht ohne fremde Hilfe aus. Sie benötigen grundsätzlich einen Laptop, spezielle Software sowie ein Interface Kabel. Das riecht ganz stark nach Dacia-Händler – oder?

## Ihr Logan wird müde – prüfen Sie den Kompressionsdruck

Sollten Sie im Laufe der Zeit den Eindruck gewinnen, Ihrem Logan ginge an Steigungen oder im Anhängerbetrieb langsam aber sicher die Luft aus, muss das nicht unbedingt Einbildung sein: Ihre Vermutung kann durchaus auch mechanische Hintergründe haben. Gehen Sie der Sache mit einem Kompressionsdruckcheck entweder selber auf den Grund, oder beauftragen Sie einen Profi damit.

Im do it Yourself Fall benötigen Sie einen Kompressionsdruckmesser mit gerader Verlängerung und einen Helfer, der den Motor per Anlasser durchdreht. Doch zunächst schrauben Sie alle Zündkerzen aus dem Zylinderkopf.

Beginnen Sie mit dem ersten Zylinder (Fahrtrichtung links) und pressen die Gummitülle des Messgeräts fest auf die Zündkerzenöffnung. Ihr Helfer tritt das Kupplungspedal ganz durch und startet den Motor per Anlasser. Zählen Sie die Kurbelwellenumdrehungen: Nach etwa sechs bis acht Umdrehungen erreicht ein gesunder Motor den Maximaldruck. Mit den übrigen Zylindern verfahren Sie gleich.

**Richtwerte für den Kompressionsdruck**

| Motortyp | Normal | Toleranzgrenze |
|---|---|---|
| 1.4 MPI | 14 – 16 | 12 |
| 1.6 MPI | 14 – 16 | 12 |
| 1.6 16V | 16 – 18 | 14 |
| 1.5 dCi | 26 – 30 | 22 |

### Kompressionsdruck messen

WISSENSWERTES

Es ist zwar eine Binsenweisheit, doch wir erinnern gerne daran: Die Basis für verlässliche Kompressionsdruckwerte sind ein durchzugsstarker Anlasser, eine geladene Batterie und ein betriebswarmer Motor. Denn sollte die Kurbelwelle nur gemächlich rotieren, baut sich der Kompressionsdruck nur widerwillig auf – die Messung macht dann wenig Sinn.

Sobald die einzelnen Zylinder große Abweichungen aufweisen, kreisen Sie den Fehler weiter ein:

- Bei zu geringem Kompressionsdruck dichten Sie den Kolben zur Zylinderwand kurzerhand mit ein paar Tropfen Motoröl ab. Tröpfeln Sie das Öl mit einer Spritzölkanne ins Zündkerzenloch und wiederholen die Messung.

- Stellen Sie danach keinen Unterschied fest, können Sie sicher sein, der Druck entweicht entweder an den Ventilen, den Ventilsitzen, den Ventilführungen, am Zylinderkopf oder an der Zylinderkopfdichtung.

- Sind die Werte jedoch besser, sind entweder die Kolbenringe oder die Zylinderlaufflächen verschlissen.

# Kompressionsdruck messen

Beide Dieselmotoren setzen zur Kompressionsdruckprüfung spezielle Druckprüfer mit passenden Anschlussadaptern sowie Spezialwerkzeug zur Demontage der Injektoren voraus. Der erforderliche Aufwand übersteigt wohl die Möglichkeiten einer normalen Hobbywerkstatt. Beauftragen Sie also besser Ihren Dacia-Händler oder einen Fachbetrieb (z. B. Bosch Car Service) mit der Arbeit. Wir behandeln in unserer Beschreibung die Ottomotoren.

## Werkzeug:

Zündkerzennuss,
Ratsche,
Kompressionsdruckmesser

- Messen Sie die Kompression nur an betriebswarmen Motoren. Alle beweglichen Motorinnereien laufen dann passgenauer und leichter zusammen.
- Ziehen Sie die Handbremse an – der Getriebeschalthebel parkt in Leerlauf.
- Überprüfen Sie, ob Ihr Kompressionsdruckprüfer auch tatsächlich bis zu den Kerzenlochbohrungen reicht. Falls nicht, verlängern Sie den Prüfer mit einem geraden Adapter.
- Sobald der Kompressionsdruckprüfer passt, demontieren Sie die Zündkerzen.
- Vergessen Sie vorab jedoch nicht, die Zündkerzenschächte mit Druckluft zu säubern.
- Danach pressen Sie den Druckprüfer mit seinem Gummikonus auf das Kerzenloch des ersten Zylinders.
- Ihr Helfer tritt derweil das Kupplungspedal und auch das Gaspedal voll durch. Gleichzeitig lässt er die Kurbelwelle per Anlasser etwa 6- bis 8-mal rotieren.
- Notieren Sie das Ergebnis oder …
- … schalten, bei einem Druckprüfer mit Messschreiber, einfach auf den nächsten Zylinder.
- Messen Sie alle Zylinder in gleicher Weise.

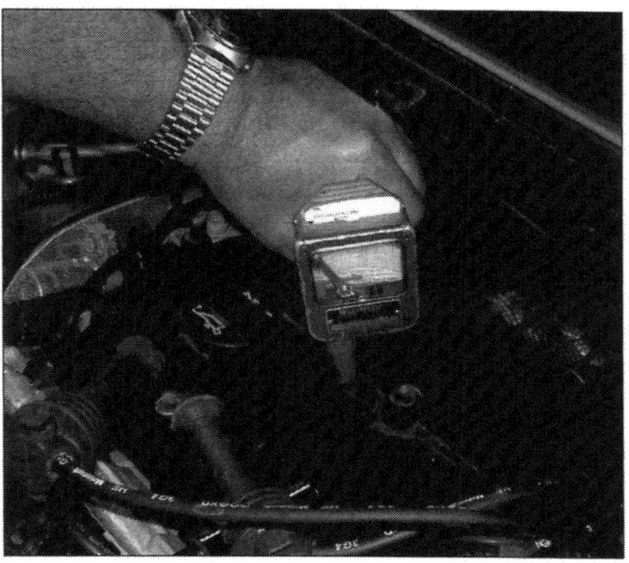

***Luftdicht verschließen:*** Der Gummikonus des Kompressionsdruckprüfers dichtet das Kerzenloch ab.

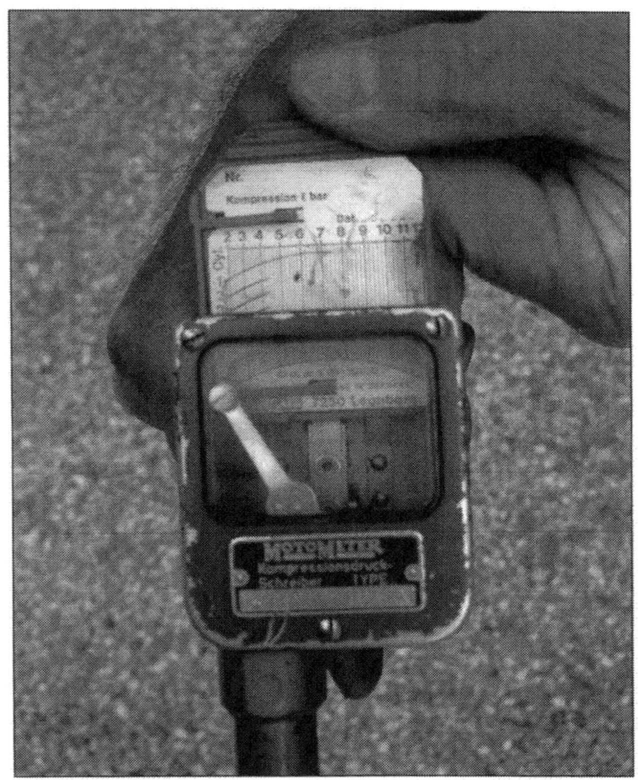

***Gleichmäßigkeitsprüfung:*** Wichtiger als der absolute Spitzendruck sind gleiche Werte in allen Zylindern. Dacia toleriert Differenzen bis maximal 1,5 bar.

## Chemische Chamäleons – moderne Motorenöle

Moderne Motoröle sind aus Erdöl raffinierte Schmierstoffe. Bevor sie freilich ihre Karriere als Motoröl antreten, mischen die Ölhersteller ihnen noch spezielle Additive unter. Das macht am Schluss der Raffinationskette bis zu 20 Prozent des Motoröls aus. Additive schützen das Öl beispielsweise vor Oxidation und verhindern sein Aufschäumen bei hohen Drehzahlen. Eines der wichtigsten Additive sind die VI-Verbesserer (VI = Viskositätsindex). VI-Verbesserer sind lange Molekülketten, die unter Wärmeeinfluss quellen und beim Abkühlen wieder schrumpfen. Additive stellen somit das Motoröl automatisch in einem bestimmten Temperaturfenster auf die vorhandene Motortemperatur ein. Gekonnt gemischt, überspannen Additive gleich mehrere Viskositätsklassen.

Bei hohen Temperaturen büßen VI-Verbesserer jedoch einen Großteil ihrer Wirkung ein – zudem setzen Wasser, Kraftstoff und Verbrennungsrückstände ihrer Lebensdauer natürliche Grenzen. Über einen längeren Zeitraum widersteht ein dünnes Mineralöl den im Motor herrschenden Drücken und Temperaturen nur unzureichend. Regelmäßige Ölwechsel sind daher kein verzichtbarer Luxus, sondern schlichtweg eine technisch/chemische Notwendigkeit.

## Hochpreisig – synthetische Leichtlauföle

Synthetiköle sind im Prinzip nicht künstlicher als mineralische Motoröle – jedoch durchweg teurer. Grund: Bei Synthetikölen wird der Molekülaufbau des natürlichen Rohöls in aufwendigen Verfahren (Cracken) aufgelöst und mit speziellen Additiven neu dosiert vermischt. Als Äquivalent zum hohen Einstandspreis versprechen Synthetikölhersteller einen geringeren Öl- und Kraftstoffverbrauch, eine größere Viskositätsbeständigkeit und längere Standfestigkeit. Sollten Sie sich den Luxus von Synthetikölen in Ihrem Logan gönnen, strecken Sie die über 30.000 Kilometer (Diesel 20.000 km) ohnehin schon gedehnten Ölwechselintervalle nur mit kritischem Augenmaß.

Wenn nach 30.000 Kilometern (Diesel 20.000 km) dann der reguläre Motorölwechsel ansteht, erneuern Sie grundsätzlich auch den Ölfilter. Ansonsten verschenken Sie leichtfertig einen Großteil der positiven Eigenschaften neuen Motoröls.

## Kann auch problematisch sein – erhöhter Öldruck

Um den Ölfilm zuverlässig aufzubauen, zirkuliert das Motoröl in einem filigranen Leitungs-, Kanal- und Bohrungs-Labyrinth. Den geregelten Transport organisiert eine Ölpumpe. Sie saugt Motoröl direkt aus der Ölwanne und fördert es an die jeweiligen Schmierstellen.

Allein die Höhe des Öldrucks ist nicht unbedingt entscheidend für das Wohlbefinden des Motors: Zu hoher Druck, beispielsweise bei kaltem und zähflüssigen Öl, verursacht auf Dauer Motorschäden. Dem wirkt ein Überdruckventil (Bypass) im Ölfilteranschlussflansch entgegen. Der Bypass öffnet im Logan bei etwa 4, 0 bar und leitet das Öl direkt auf die Saugseite der Ölpumpe um. In technisch gesunden Triebwerken gelangt das Öl bei mittleren Motordrehzahlen mit etwa 3 bar (Öltemperatur ca. 80 °C; Mehrbereichsöl SAE 5W-30) an die Schmierstellen. Im Leerlauf reichen dem Logan schon 1, 0 bar bei rund 80 °C. Damit das Motoröl möglichst sauber zirkuliert, passiert es kurz nach der Ölpumpe einen feinporigen Ölfilter.

## Signalisiert nur den Mindestdruck – die Öldruckwarnleuchte

Erwarten Sie von der serienmäßigen Öldruckwarnleuchte in Ihrem Logan bitte keine kontinuierlichen Öldruckangaben. Sie leuchtet lediglich, wenn der Öl-

***Stichwort »Besser machen«:*** Nachgerüstete Öldruckmesser sind ein durchaus sinnvolles Zubehör.

## Begriffe / Normen rund ums Öl

WISSENSWERTES

**Viskosität:** Maß für die Fließfähigkeit des Schmieröls. Im Winter ist dünnflüssiges Motoröl, dass nach dem Kaltstart sofort an alle Schmierstellen im Motor gelangt, erste Wahl. Im Sommer dagegen ist dickflüssigeres Öl gefragt, es hält den Schmierfilm bei höheren Temperaturen stabiler.

**SAE-Klasse (Society of Automotive Engineers):** Bezeichnet die Viskositätsklasse, zum Beispiel SAE 5 W-30. Je kleiner die erste Zahl, umso besser fließt das Öl bei Kälte (W = Winter). Ein Öl mit 0 W schmiert noch bei minus 30 Grad, bei 5 W steigt dieser Wert auf minus 25 Grad, bei 15 W auf minus 15 Grad. Je höher die zweite Zahl, umso temperaturbeständiger ist das Öl bei hohen Temperaturen.

**ACEA (Association des Constructeurs Européen d'-Automobiles):** Die 1996 eingeführte europäische Ölnorm löst die CCMC-Norm ab. Für Ottomotoren gibt's die Gruppen A1 (Kraftstoff sparendes Öl), A2 (gering belastetes Öl), A3 (Hochleistungsöl). Für Dieselmotoren gilt die Einteilung B1, B2 und B3.

**CCMC (Comittée des Constructeurs d'Automobiles du Marché Commun):** Die Spezifikation besteht aus den Buchstaben G (Benzine) und PD (Diesel) sowie einer Zahl. Je höher die Zahl, umso besser ist die Ölqualität.

**API (American Petroleum Institute):** Die Spezifikation besteht aus den Buchstaben S (Ottomotor) und C (Dieselmotor) sowie einem weiteren Buchstaben. Je höher dieser im Alphabet rangiert, je besser die Ölqualität.

druck unter 0, 6 bar fällt und tritt somit erst dann auf den Plan, wenn Motorschäden bereits im Anmarsch sind.

Solange die Kontrollleuchte beim leichten Gasgeben allerdings noch erlischt, ist das Öl erfahrungsgemäß überhitzt bzw. zu dünnflüssig. Lassen Sie es fortan etwas beschaulicher angehen, ein gesunder Motor kühlt während der Fahrt wieder ab.

Exakte Öldruckinformationen liefert Ihnen ein Öldruckmesser. Als Do-it-yourselfer sollten Sie Gebrauch davon machen: Öldruckmesser sind relativ einfach zu montieren und im Zubehörhandel für vergleichsweise kleines Geld zu kaufen.

## Vor dem Ölkauf lesen – das Kleingedruckte auf der Dose

Dem Motor Ihres Logan genügt ein herkömmliches Mehrbereichsöl – wenn es die relevanten Normen erfüllt. Im Zweifelsfall fragen Sie Ihren Händler, denn über die Eignung entscheidet nicht der werbewirksame Auftritt, sondern allein die Ölspezifikation, die richtige Viskositätsklasse und das Kleingedruckte auf der Dose: Dacia empfiehlt für den Logan SAE 0W-30, 0W-40, 5W-30 und 15W-50. Der Schmierstoff soll mindestens der Spezifikation ACEA A3/B4 und ACEA A5/B5 erfüllen. Verwenden Sie andere Öle, müssen Sie mindestens API SH entsprechen.

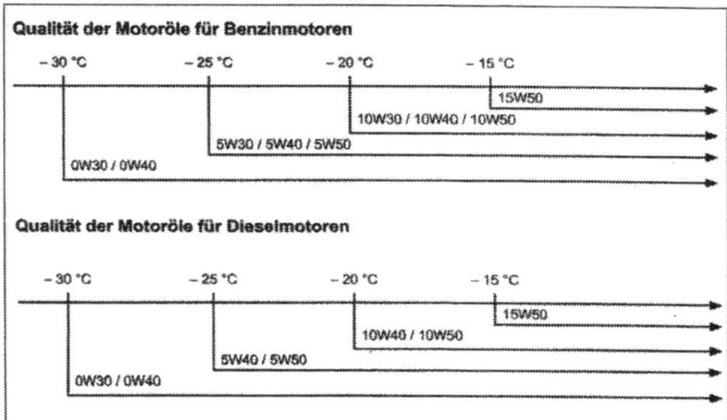


***Immer im grünen Bereich:*** Die empfohlene Ölqualität ist abhängig von der durchschnittlichen Außentemperatur. Auf teures Synthetiköl ist Ihr Logan nicht unbedingt angewiesen. Die meisten Hersteller empfehlen in unseren Breitengraden handelsübliche Öle: Je nach Außentemperatur können Sie die Viskosität entsprechend variieren.

## Völlig normal – geringer Ölverbrauch

Gänzlich ohne Ölverbrauch ist kein Motor: Technisch gesunde Logan-Triebwerke verbrennen innerhalb der vorgeschriebenen Ölwechselintervalle geringe Ölmengen (ca. 0, 25 Liter/1000 km). Das gilt jedoch nur, wenn Sie das Öl regelmäßig wechseln und Ihren Motor nicht übermäßig belasten. Defekte Dichtungen, verhärtete Ventilschaftkäppchen, verschlissene Ölabstreifringe, zu großes Kolbenspiel oder ausgeleierte Ventilführungen: Den normalen Ölverbrauch treiben sie im Laufe der Zeit in die Höhe.

## Regelmäßig den Motorölstand checken

Checken Sie den Motorölstand nach jedem dritten Tankstopp oder nach längeren Autobahnfahrten mit hohen Tempi. Fehlmengen ergänzen Sie frühestens, wenn der Ölpegel etwa mittig zwischen beiden Markierungen des Ölstabs steht. Dem Motor fehlt dann etwa ein halber Liter.

- Vorsicht bei betriebswarmem Motor: Der Ölstab kann sehr heiß sein.
- Benutzen Sie zum Nachfüllen aus größeren Gebinden einen sauberen Trichter.
- Kontrollieren Sie den Ölstand möglichst bei betriebswarmen Motor. Ihr Auto sollte vorab, mit abgestelltem Motor, schon mindestens fünf Minuten möglichst waagerecht geparkt sein.
- Ziehen Sie den Peilstab und wischen ihn mit einem sauberen, flusenfreien Lappen oder Papiertuch trocken. Bugsieren Sie den Stab danach wieder bis zum Anschlag in die Ölwanne, warten kurz und ziehen ihn dann erneut heraus.
- Liegt der Pegel im oberen Viertel zwischen Minimum und Maximum, ist das o. k. Bei rund 50 % ergänzen Sie maximal einen halben Liter. Dümpelt der Ölstand dagegen an der unteren Markierung oder gar darunter, ergänzen Sie die Fehlmenge sofort – Ihrem Logan fehlt rund ein Liter Motoröl.
- Erhöhen Sie den Pegel niemals über die obere Markierung: Zu viel Motoröl sucht sich über Dichtflächen und Radialwellendichtringe einen Weg ins Freie (Kupplung, Riemenscheibe), oder es gelangt über die Kurbelgehäuseentlüftung und den Luftfilter zurück in die Brennräume.

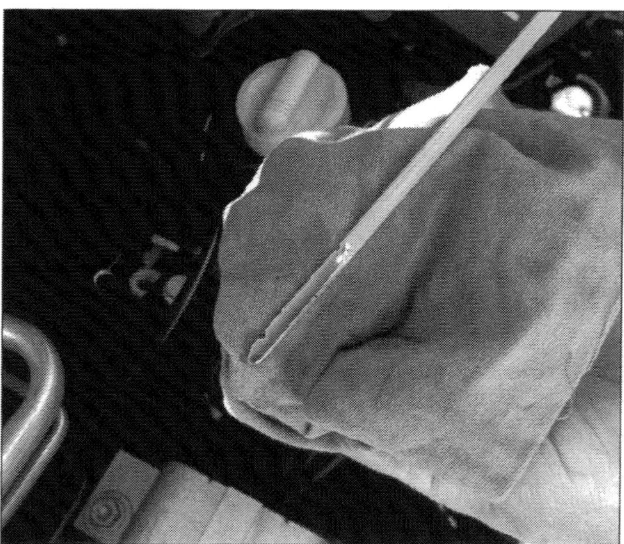

***Es muss nicht immer Maximum sein:*** Lassen Sie den Ölstand ruhig zwischen »min.« und »max.« pendeln. Die Nachfüllmenge zwischen beiden Markierungen beträgt, je nach Motor, zwischen 1, 5 bis zwei Liter.

## IMMER gemeinsam wechseln – Motoröl und Ölfilter

Der Logan bekommt neues Motoröl entweder nach 12 Monaten oder 30.000 Kilometern (Diesel 20.000 km). Halten Sie die Wechselintervalle auch dann ein, wenn Sie überwiegend lange Strecken zurücklegen. Das Öl ist dann zwar weniger beansprucht, doch auch ein gutes Motoröl ist nach 30.000 Kilometern nicht mehr topfit. Wenn Sie Ihre Kilometer gar ausschließlich in der Stadt oder auf Kurzstrecken abspulen, spendieren Sie dem Motor spätestens nach 15.000 Kilometern (Diesel 10.000 km) oder alle sechs Monate einen Ölwechsel.

## Kein Grund zur Sorge – Ölschwitzflecken an der Motorperipherie

Überschaubare Ölschwitzflecken unter der Logan-Motorhaube müssen Sie nicht gleich verunsichern: In überschaubaren Mengen sucht Motoröl sich – erst recht bei starken Temperaturschwankungen – vorbei an Gehäusedichtflächen und durch Dichtungsporen – einen Weg ins Freie. Anders sieht die Sache aus, wenn sich im Motorraum oder unter dem abgestellten Wagen starke Ölspuren breitmachen. Größere Leckagen dichten Sie möglichst schnell ab, ansonsten sind Folgeschäden im Anzug.

## Steht ständig unter Druck – das Kühlsystem

Sobald der Motor läuft, steigt der Druck im Kühlsystem. Das steigert den Siedepunkt der Kühlflüssigkeit: Er steigt von 100 °C auf rund 115 °C. Erst wenn der Systemdruck im Logan 1, 3–1, 5 bar übersteigt, öffnet am Verschlussdeckel des Ausgleichsbehälters ein Überdruckventil und bringt im Kühlkreislauf die Druckverhältnisse wieder auf Normalmaß. Das entstehende Vakuum, gleicht ein zweites so genanntes Vakuumventil im Verschlussdeckel aus.

Speziell bei Stadtfahrten oder im Stop-and-go-Verkehr reicht der kühlende Fahrtwind häufig allein nicht aus, um den Motor vor Überhitzungsschäden zu bewahren. Für diesen Sonderfall besitzt der Logan einen elektrisch angetriebenen Kühlerventilator, der ihm dann die fehlende Kühlluft durch den Wärmetauscher fächelt.

Unter normalen Betriebsbedingungen können Sie das Kühlsystem Ihres Logan weitgehend vernachlässigen.

# Ölwechsel – Do-it-yourself lohnt nicht immer

## Werkzeug:

Ratsche, 8-mm-Vierkantnuss,
Auffangschüssel (mind. 6 Liter Fassungsvermögen), universeller Ölfilterschlüssel

Do-it-yourself lohnt dann, wenn Sie ein preiswertes Öl mit den vorgeschriebenen Spezifikationen aus dem Zubehörhandel, Warenhaus, Internet oder von der Tankstelle nutzen. Zu einem konventionellen Ölwechsel (Öl aus der Wanne ablassen, Filtereinsatz wechseln, Öl an Sammelstelle entsorgen) müssen Sie Ihren Logan aufbocken. Schneller und sauberer erledigen Sie den Ölwechsel an einer SB-Station – dort saugen Sie in der Regel den alten Saft mit einem Ölheber aus der Ölwanne.
Die Methode ist zwar bequem, jedoch nicht ohne Nachteile: Ein Großteil des Ölschlamms verbleibt nämlich in der Ölwanne – und belastet unnötig das neue Öl. Am bequemsten sind Ölwechsel immer noch in der Fachwerkstatt. Natürlich arbeitet Ihr Dacia-Händler nicht für Gotteslohn: Er verwendet in der Regel nur teure Ölsorten und berechnet Ihnen zudem die Entsorgung des Altöls und Ölfilters.
Dennoch kann sich pekuniär der Gang in die Werkstatt lohnen. Zumal immer mehr Werkstätten saisonal befristete Ölwechselaktionen inklusive Motoröl und Ölfilter anbieten. Fragen Sie also Ihren Händler und kalkulieren im Vorfeld: Werkstätten erledigen die Arbeit mitunter auch dann, wenn Sie Öl und Filter selbst anliefern.

Wenn Sie den Ölwechsel selbst vornehmen, ...

- ... fahren Sie vorher das Motoröl warm: Erst dann sind die Schmutzpartikel in der Schwebe.
- Benutzen Sie zum Nachfüllen aus größeren Gebinden einen sauberen Trichter.
- Bocken Sie Ihren Logan auf ebener Fläche waagerecht auf ...
- ... und stellen eine flache Wanne, Schüssel oder einen aufgeschnittenen Plastikölkanister mit ausreichendem Fassungsvermögen (ca. 5 Liter) unter die Ölwanne.
- Vorsicht: Beim Herausdrehen der Ablassschraube schwappt heißes Öl aus der Ölwanne in den Auffangbehälter. Sie wären nicht der Erste, der sich kräftig verbrüht!
- Lösen Sie die Ölablassschraube mit einer Stecknuss und lassen das alte Motoröl aus der Wanne ab.
- Montieren Sie die Ölablassschraube nur mit neuem Dichtring.
- Entleeren Sie die Auffangwanne und stellen Sie unterhalb des Ölfilters ab.
- Lösen Sie den alten Ölfilter mit einem universellen Spannbandschlüssel.

***Die herkömmliche Methode:*** Das alte Motoröl läuft direkt aus der Ölwanne.

***Schnell zu wechseln:*** der Ölfilter anlässlich der Ölwechselintervalle.

- Bevor Sie das neue Filterelement am Flansch ansetzen ölen Sie den neuen Dichtring leicht ein. Ziehen Sie den Filter handfest an – das reicht allemal.

- Befüllen Sie den Motor mit der vorgegebenen Ölmenge (siehe Tabelle) und lassen ihn kurz im Stand anlaufen. Die Öldruckwarnleuchte erlischt, sobald das Ölfiltergehäuse gefüllt ist.

- Vergessen Sie nicht, den Ölfilter und die Ablassschraube auf Dichtheit zu prüfen.

- Stellen Sie den Wagen dann wieder auf die Räder.

WISSENSWERTES

### Umweltgerecht entsorgen

Altes Motoröl liefern Sie bei Ihrem Frischölverkäufer ab. Sämtliche Verkaufsstellen müssen Altöl in der Menge entsorgen, wie sie frisches Öl verkaufen.
Zudem können Sie Altöl, zusammen mit dem Ölfilter und ölverschmutzten Putzlappen, auch an einer Altölsammelstelle Ihrer Gemeinde oder Stadt entsorgen. Adressen »googeln« Sie im Internet, bei der Gemeindeverwaltung oder bei Automobilclubs.

### Soviel Öl passt in den Logan

| Motortyp | Motoröl mit Filter* (l) |
|---|---|
| 1.4 MPI | 3, 4 |
| 1.6 MPI | 3, 4 |
| 1.6 16V | 5, 8 |
| 1.5 dCi | 4, 6 |

*Der Ölfilter ist auf den Motor abgestimmt. Verwenden Sie darum nur Originalfilter und verzichten auf dubiose Wühltischangebote.

Es reicht, gelegentlich den Füllstand des Ausgleichbehälters sowie die Elastizität und Dichtheit Kühlflüssigkeitsschläuche zu checken. Wenn Sie dort keine Unregelmäßigkeiten erkennen, wird's Ihrem Logan auf jeden Fall nicht zu heiß.

## Temperaturabhängig – der Kühlmittelkreislauf

Das vom Thermostaten koordinierte Zusammenspiel der Elemente Luft und Wasser bewahrt den Motor gleichermaßen vor einem Kälteschock und Hitzekollaps: Nach jedem Kaltstart pulsiert das Kühlmittel zunächst im kleinen Kühlkreislauf. Der kleine Kreislauf beschreibt den Wassermantel des Motors und den Heizungskühler. In dieser Phase verschließt der Thermostat den Durchfluss zum Kühler. Erst wenn die Kühlflüssigkeit rund 89 °C. erreicht, öffnet der Thermostat.
Mit steigender Motortemperatur wird der Durchfluss stetig größer. Bei etwa 101 °C. ist der Thermostat ganz geöffnet – die Kühlflüssigkeit durchströmt jetzt ungebremst den Kühler von oben nach unten. Währenddessen umspült der Fahrtwind die heiße Kühlflüssigkeit und entzieht ihr einen Großteil der Wärme. Wenn das allein nicht mehr ausreicht, kommt bei rund 110 °C. ein elektrisch angetriebener Kühlerlüfter solange mit ins Spiel, bis die normale Betriebstemperatur wieder erreicht ist.
Bei betriebswarmem Motor strömt die Kühlflüssigkeit aus dem in Fahrtrichtung linken Kühlwasserkasten in den rechten Wasserkasten und von dort zur Wasserpumpe. Nach der Wasserpumpe gelangt sie in den Motorblock und Zylinderkopf: Die überwiegende

WISSENSWERTES

### Das Kühlmittel

Die Kühlflüssigkeit (Kühlmittel) besteht im Logan aus einer Mischung von Frost- und Korrosionsschutzmitteln sowie Wasser. Dacia stellt werksseitig die Kühlflüssigkeit mit rund 50 % Kühlkonzentrat (Glacoel RX, Typ D) und 50 % Wasser ein. Das reicht allemal für einen zuverlässigen Schutz bis rund -30 °C. Erst bei etwa –38 °C. beginnt die Flüssigkeit zu gelieren (Stockpunkt) – ein Wert, der in unseren Breitengraden meistens nur theoretische Bedeutung hat. Die Werksbefüllung mit silikatfreiem Kühlerfrostschutz sollte alle 60.000 km erneuert werden. Das werksseitige Kühlmittel mischen Sie bitte nicht mit x-beliebigen Frostschutzmitteln. Füllen Sie grundsätzlich nur von Dacia freigegebene Flüssigkeiten, auf jeden Fall jedoch Mixturen mit entsprechenden Spezifikationen nach.

## Die Kühlkomponenten

WISSENSWERTES

**Wasserpumpe.** In allen Logan-Motoren beschleunigt eine auf der rechten Seite des Motorblocks montierte Kreiselpumpe die Kühlflüssigkeit im Kühlsystem. Bei den Ottomotoren treibt die Pumpe ein Steuerzahnriemen und bei den Dieselmotoren ein Poly-Antriebsriemen an.
**Kühler:** Besteht aus zwei Kunststoffwasserkästen, die eine Vielzahl dünnwandiger Leichtmetallröhrchen miteinander verbindet. Um die Leistungsfähigkeit des Kühlers zu steigern, vergrößern zwischen den Röhrchen leporelloartig gefaltete Aluminiumstreifen die Kühloberfläche. Sie leiten die Überschusswärme direkt an die Oberfläche ab.
**Thermostat:** Regelt die Kühlflüssigkeitstemperatur im Motor. Der Thermostat öffnet bei 89 °C., bei 101 °C. ist er dann komplett geöffnet. Bei gebrauchten Thermostaten ist eine Toleranz von ± 3 °C. zulässig. Thermostate bestehen aus einem verschlossenen, mit Spezialwachs gefülltem Thermoelement (Zylinder), einer Druckfeder und einem Ventilteller. In dem Maße, wie sich die Kühlflüssigkeit im Motor erwärmt, dehnt sich das Wachs im Thermoelement aus und hebt den Ventilteller gegen den Widerstand einer Druckfeder von seinem Sitz. Erst bei Betriebstemperatur ist das Ventil ganz geöffnet. Kühlt das Wasser ab, drückt die Feder gegen den Ventilteller und sperrt den Durchfluss entsprechend.
**Ausgleichsbehälter:** Ergänzt im Kühlsystem automatisch die umlaufende Kühlflüssigkeitsmenge. Der Systemüberdruck entweicht aus einem Überdruckventil im Behälterverschlussdeckel, ein zweites Ventil im Verschlussdeckel gleicht entstehendes Vakuum aus. Der transparente Kunststoffbehälter sitzt im Motorraum in Fahrtrichtung links neben dem Bremskraftverstärker vor der Spritzwand.
**Kühlerventilator:** Alle Logan Motoren kühlt ab etwa 110 °C. zusätzlich ein elektrisch angetriebenen Kühlerventilator. Der Ventilator wird häufig auch als Kühlerlüfter bezeichnet.

***Kühlsystem am Beispiel des 1,4-Liter Motors:*** (1) Zylinderblock, (2) Wasserpumpe, (3) Thermostatgehäuse, (4) Entlüftungsschraube, (5) Heizungswärmetauscher, (6) Motorkühler, (7) Ausgleichsbehälter.

Menge läuft über den geöffneten Thermostaten zurück in den linken Kühlwasserkasten, der Rest durchfließt den Heizungswärmetauscher. Die im Kühler von oben nach unten abfließende Flüssigkeit ändert auf ihrem Weg durch die Kühlerlamellen ihr spezifisches Gewicht. Mit abnehmender Temperatur wird Sie dichter (schwerer) und fällt dementsprechend in den Wärmetauscher, um unten im rechten Wasserkasten wieder Richtung Wasserpumpe auszutreten. Der Kühlkreislauf ist damit geschlossen.

## Auf Dichtheit prüfen – das Kühlsystem

■ Undichte Wasserschläuche erkennen Sie leicht rund ums Leck an hellgrauen Ablagerungen.

■ Checken Sie alle Wasserschläuche an Motor, Kühler und Heizungskühler von Zeit zu Zeit mit einem kritischen Blick oder, besser noch, mit Knetbewegungen an den Schläuchen.
Harte, spröde oder rissige Schläuche tauschen Sie besser sofort aus.

■ Kontrollieren Sie, ob die Schlauchenden weit genug auf den Anschlussstutzen sitzen …

■ … und ob die Entlüftungsschraube fest angezogen ist.

■ Prüfen Sie gleichfalls noch, ob alle Schlauchschellen fest sitzen: lockere Schellen sind ein potenzieller Gefahrenherd.

■ Wechseln Sie auch korrodierte Schlauchschellen umgehend aus.

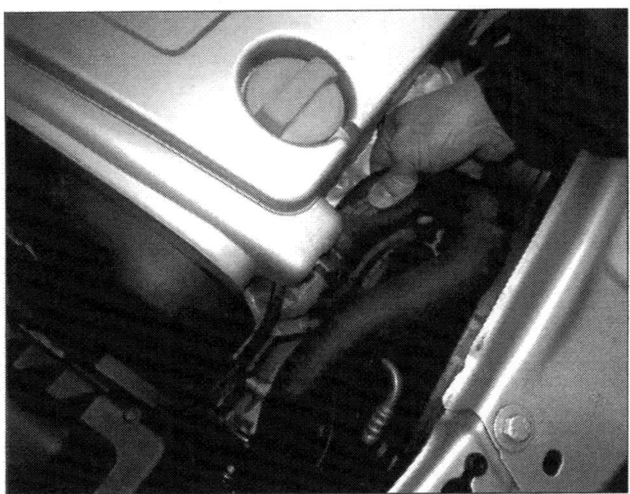

***Kräftig zusammendrücken:*** Walken Sie die betriebswarmen Schläuche kräftig durch. Nur so entdecken Sie eventuelle Risse oder andere Beschädigungen.

## Kühlflüssigkeit prüfen und nachfüllen

Checken Sie bei kaltem Motor den realistischen Kühlflüssigkeitspegel im Ausgleichsbehälter. Das Kühlsystem ist dann fast drucklos und die Kühlflüssigkeit hat ihr normales Volumen erreicht.

■ Bei kaltem Motor muss der Pegel mindestens die untere Behältermarkierung erreichen.

■ **Vorsicht:** Bei warmem Motor dehnt sich das Kühlmittel automatisch aus. Im Behälter muss dann noch genügend Platz für überschüssige Flüssigkeit sein. Lassen Sie sich also nicht von dem höheren Stand blenden.

***Nachschub aus der Flasche:*** Sollte der Flüssigkeitsstand im Ausgleichsbehälter die »MIN-Markierung« unterschreiten, ergänzen Sie das Reservoir mit vorgemischter Flüssigkeit. Achten Sie beim Öffnen des Behälters auf Blasenbildung und Ölschlamm – daran erkennen Sie eine defekte Zylinderkopfdichtung.

■ Öffnen Sie zum Nachfüllen vorsichtig den Verschlussdeckel. Bei heißem Motor steht der Behälter unter Druck. Legen Sie darum vorher einen dicken Lappen über den Deckel. Sollten Sie den Deckel vorschnell öffnen, besteht Verbrühungsgefahr – die Kühlflüssigkeit sprudelt siedend heiß aus dem Behälter.

■ Befüllen Sie den Ausgleichsbehälter nicht über die obere Markierung hinaus. Das Kühlmittel dehnt sich bei Erwärmung aus und entweicht aus dem System.

■ Kleinere Fehlmengen ergänzen Sie getrost bei warmem Motor.

## Alterungsbeständig – die Originalkühlflüssigkeit

Solange Sie die silikatfreie Originalflüssigkeit (Glacoel RX, Typ D) verwenden, reicht ein Wechsel nach 60.000 Kilometern. Übrigens: Gebrauchte Kühlflüssigkeiten greifen neue Aluminiumbauteile (z. B. Thermostatgehäuse) an. Sollten Sie Ihrem Logan also irgendwann ein neues Aluminiumteil im Kühlkreislauf montieren müssen, steht – unabhängig vom Alter oder der Laufleistung – ein Kühlflüssigkeitswechsel an. Verfahren Sie folgendermaßen:

■ Öffnen Sie mit Bedacht zunächst den Verschlussdeckel des Ausgleichsbehälters und lassen vorsichtig den Überdruck aus dem Kühlsystem entweichen. Die Betonung liegt auf »Bedacht« und »Vorsicht«: Bei heißem Motor besteht nämlich akute Verbrühungsgefahr!

■ Nachdem das System drucklos ist, schrauben Sie den Verschlussdeckel ganz ab.

■ Lösen Sie die Entlüftungsschraube. An den 16V-Motoren sowie am Diesel-Motor sitzt die Schraube unmittelbar am Thermostatgehäuse. Bei den 8V-Motoren finden Sie die Schraube am Zulaufschlauch des Heizungskühlers.

■ Danach stellen Sie ein Auffanggefäß unter den Kühler, demontieren den unteren Kühlerschlauch und ...

■ ... lassen die Kühlflüssigkeit ganz ablaufen.

■ Befüllen Sie das System über den Ausgleichsbehälter mit dem neuen Konzentrat. Ergänzen Sie die Restmenge so lange mit möglichst kalkarmem Leitungswasser (bis etwa zwei Millimeter unterhalb der oberen Markierung), bis keine Luftblasen mehr entweichen.

■ Danach schließen Sie die Entlüftungsschraube und starten den Motor.

■ Lassen Sie ihn bei mittlerer Drehzahl (etwa 2500 U/min) laufen, bis der Thermostat geöffnet hat. Ergänzen Sie dann im Ausgleichsbehälter die evtl. Fehlmenge mit kalkarmem Wasser. Das Kühlsystem ist erst dann befüllt, wenn bei betriebswarmem Motor der Flüssigkeitspegel im Ausgleichsbehälter konstant bleibt.

■ Erst dann setzen Sie den Verschlussdeckel auf und lassen auf einer Probefahrt (rund 10 Kilometer) das Konzentrat mit dem destillierten Wasser vermengen. Außerdem haben die noch verbliebenen Luftbläschen dann Gelegenheit, restlos zu entweichen.

■ Nach der Probefahrt öffnen Sie den Ausgleichsbehälter und lassen den Motor bei mittlerer Drehzahl laufen, der Kühlerventilator muss sich einschalten.

■ Falls erforderlich, ergänzen Sie mit kalkarmem Leitungswasser den Kühlflüssigkeitsstand bis zur oberen Markierung. Vergessen Sie nicht, den Deckel wieder fest zu verschrauben.

## Damit trotzen Sie dem Winter – Frostschutz bis -30 °C

In unseren Breitengraden reicht allemal ein Frostschutz bis -30 °C. Das entspricht, auf Basis des Dacia Konzentrats, etwa einer 50%igen Mischung. Haben Sie zwischenzeitlich jedoch den Flüssigkeitsstand ab und an mit destilliertem Wasser ergänzt, reicht mitunter die Konzentration für kältere Tage nicht mehr aus. Prüfen Sie darum die Mischung bereits im Herbst mit einer Frostschutzspindel und lassen die Kühlflüssigkeit im Zweifelsfall von Ihrem Dacia Händler neu einstellen. Als Faustregel gilt: Etwa ¾ Liter Kühlkonzentrat erhöht den Kälteschutz um ca. 10 °C.

**Vorsicht:** Mischen Sie niemals die Originalkühlflüssigkeit mit anonymen Produkten: Der Korrosionsschutz und die Metallverträglichkeit könnten Schaden nehmen. Wenn Sie also ergänzen müssen und die Spezifikation des neuen Mittels nicht der Dacia-Freigabe entspricht, lassen Sie die Finger von dem »Wässerchen«.

## Gesamtfüllmenge – Mischungsverhältnis (bis -30 °C)

| Typ | Kühlkonzentrat | Wasser | Ges.-Füllmenge |
|---|---|---|---|
| 1.4 MPI | ca. 2, 8 l | 2, 7 l | 5, 5 l |
| 1.6 MPI | ca. 2, 8 l | 2, 7 l | 5, 5 l |
| 1.6 16V | ca. 3, 1 l | 3, 1 l | 6, 2 l |
| 1.5 dCI | ca. 3, 9 l | 3, 8 l | 7, 7 l |

### Motor verliert Kühlflüssigkeit

WISSENSWERTES

Sollte Ihr Motor während der Fahrt größere Mengen an Kühlflüssigkeit verlieren, ergänzen Sie den Flüssigkeitsstand auf keinen Fall mit kaltem Wasser: Der heiße Motor bekommt dann einen Kälteschock. Im Extremfall reißt der Motorblock oder der Zylinderkopf verzieht auf der Dichtfläche. Im ersten Fall wandert der Motorblock vorzeitig auf den Schrott.

Die zweite Möglichkeit endet mit einer undichten Zylinderkopfdichtung: Das Kühlmittel tritt sichtbar aus oder es vermengt mit dem Motoröl zu einer verschleißfördernden Emulsion. Sollten Sie also kein heißes Wasser parat haben, warten Sie genügend lang mit dem Nachschub. Lassen Sie im Anschluss einen Fachmann dem Kühlmittelverlust auf den Grund gehen.

■ **Vorsicht bei heißem Motor:** Verbrühungsgefahr!

■ Schrauben Sie zunächst den Verschlussdeckel des Ausgleichsbehälters vorsichtig auf und lassen den Überdruck aus dem Kühlsystem entweichen. Nachdem das System drucklos ist, schrauben Sie den Verschlussdeckel ganz ab.

■ Stellen Sie dann ein Auffanggefäß unter den Kühler und demontieren den unterern Kühlerschlauch. Lassen Sie rund 1–2 Liter Kühlmittel ab.

■ Danach schrauben Sie die Ablassschraube mit einem neuen Dichtring fest, …

■ … befüllen den Ausgleichsbehälter mit der benötigten Kühlkonzentratmenge und ergänzen die Fehlmenge mit alter Kühlflüssigkeit.

## Der Luftfilter (Ansauggeräuschdämpfer)

Um die Ansaugluft möglichst effizient zu säubern, durchströmt sie, vor Eintritt in das Ansaugsystem den Luftfilter (Ansauggeräuschdämpfer). Im Logan sitzt der Filter relativ zentral über dem Motor. Das Filtergehäuse ist nicht etwa ein zufällig passender Kasten, sondern ein exakt berechnetes Konstruktionsteil. Es modelliert die Ansaugluft zu einer beruhigten Gassäule und minimiert zudem die Ansauggeräusche. Im Logan besteht der Ansauggeräuschdämpfer aus einem Kunststoffgehäuse mit einem feinporigen, harmonikaartig gefalteten Papierfiltereinsatz.

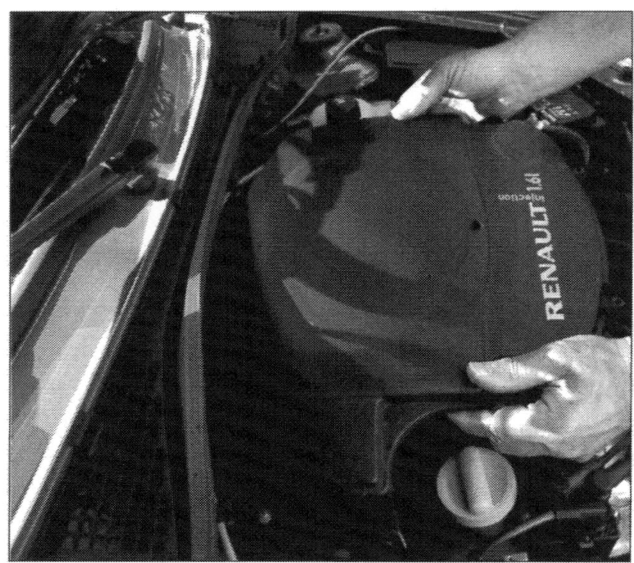


***Sitzt beim Logan zentral über dem Motor:*** der Ansauggeräuschdämpfer.

***Halten ein Motorleben lang:*** High-FLow-Luftfilter aus Baumwollflies.

## Nach spätestens 30.000 Kilometern tauschen – den Luftfiltereinsatz

Die Frischluft durchströmt das Luftfiltergehäuse von außen nach innen. Den Filtereinsatz (Filterelement) dichten zwei flexible Kunststoffringe gegen ungewollte Nebenluft ab. Dementsprechend passiert die gesamte Frischluftmenge auf ihrem Weg in die Brennräume den Filtereinsatz. Verschleißfördernde Schmutzpartikel verfangen sich zwangsläufig im Filterpapier. Größere Fremdkörper, zum Beispiel Insekten oder von der Straße aufgewirbelte Sandkörnchen, fallen ins Filtergehäuse. Luftfilter und Filterelement erfüllen ihre Aufgabe freilich nur bei regelmäßiger Wartung und Pflege.

Unter normalen Fahrbedingungen schreibt Dacia alle 30.000 km einen Filterwechsel vor. Wenn Sie Ihren Logan freilich überwiegend über verstaubte Pisten treiben, wechseln bzw. reinigen Sie das Element frühzeitiger. Denn ein verschmutzter Filtereinsatz schnürt dem Motor die Ansaugluft ab. Folge: Das Kraftstoff-/Luftgemisch gerät aus dem Gleichgewicht, die Motorleistung sinkt und der Kraftstoffverbrauch steigt.

**Stichwort »Besser machen«:** Wenn Sie sich regelmäßige Wechselintervalle ersparen möchten, empfehlen wir Ihnen den Kauf eines Sportluftfilters auf Basis eines Baumwolle geflockten Trägernetzes, wie es beispielsweise der Hersteller K&N (www.knfilters.com) anbietet. Unser Tipp fußt weniger auf Leistungssteigerung denn auf Langlebigkeit und Filterwirkung: Entsprechende Filternetze sind auswaschbar, sie gewähren zudem höhere Luftdurchsätze bei besserer Filterwirkung und passen in das original Filtergehäuse. Der eine oder andere Chat-Teilnehmer attestiert seinem Logan nach der Montage aggressivere Ansauggeräusche und geringfügig bessere Fahrleistungen. Hier die Bestellnummern:

- 1.5 dCi ab 3/05, 68 PS, K&N-Nummer: 33-2864
- 1.6i mit Plattenfilter ab 9/04, 87 PS, K&N-Nummer: 33-2673
- 1.6i ab 3/05, 105 PS, K&N-Nummer: 33-2194

## Standard beim Logan – elektronisch geregelte Kraftstoffeinspritzanlagen

Unter den Motorhauben des Logan repräsentieren elektronisch geregelte Siemens- oder Sagem-Kraftstoffeinspritzanlagen den technischen Standard der Ottomotoren. Beide Diesel arbeiten nach dem Common-Rail-Verfahren mit Hochdruckpumpen und elektronischer Steuerung von Delphi. Die »Ottos« entgiften Dreiwege-Katalysatoren, überwacht von jeweils zwei Lambdasonden. Bei den Selbstzündern sind Oxidationskatalysatoren erste Wahl. Verteilerlose 3-D-Kennfeldzündanlagen leiten im Rhythmus 1 – 3 – 4 – 2 die Verbrennung bei den Benzinern ein. Die Anlagen stehen, wie alle Akteure des elektronischen Motormanagements, unter der Regie eines Bordrechners.

# Luftfiltereinsatz reinigen und auswechseln

Unabhängig von der zurückgelegten Fahrstrecke blasen Sie den Serienfilter mindestens einmal jährlich aus und erneuern ihn nach spätestens zwei Jahren. Neue Filtereinsätze bekommen Sie beim Dacia Vertragshändler, im Zubehörhandel oder per Internet. Es muss übrigens nicht generell ein Originalersatzteil sein – doch achten Sie unbedingt auf Qualitätsware und meiden vermeintlich billige Plagiate: Auf Wühltischen wechseln mitunter minderwertige Filter obskurer Produktpiraten den Besitzer. Im Moment sparen Sie vielleicht ein paar Cent, doch auf Dauer verübelt Ihnen der Motor den Kauf – er verschleißt zeitiger. »Billig ist nicht automatisch preisgünstig…«

## Werkzeug:

Kreuzschlitzschraubendreher

■ Lösen Sie den Filtergehäusedeckel an fünf Schrauben und vier Klammern.

■ Liften Sie den Deckel, bis Sie das Filterelement herausziehen können.

■ Reinigen Sie das Filtergehäuse mitsamt Deckel. Verwenden Sie dazu einen fusselfreien Lappen oder – besser noch – blasen Sie das Gehäuse mit Druckluft aus. Achten Sie zur Montage darauf, dass der neue Filtereinsatz plan auf dem Gehäuseunterteil aufliegt.

## Luftfilterelement reinigen

■ Reinigen Sie Papierfiltereinsätze niemals in Flüssigkeiten. Der Filter ist danach Schrott!

■ Klopfen Sie das Filterelement stattdessen vorsichtig auf einer harten Unterlage aus. Die verdreckte Seite halten Sie derweil nach unten. Größere Verschmutzungen und Insektenkadaver fallen dann bereits ab.

■ Danach blasen Sie den Filter von der Unterseite nach oben mit Druckluft aus – sollten Sie die Blasrichtung verwechseln, gelangen die feinen Staubpartikel nur noch tiefer in die Filterporen.

■ Achten Sie zur Montage immer darauf, dass beide Dichtflächen sauber gegen die Gehäuseteile abdichten.

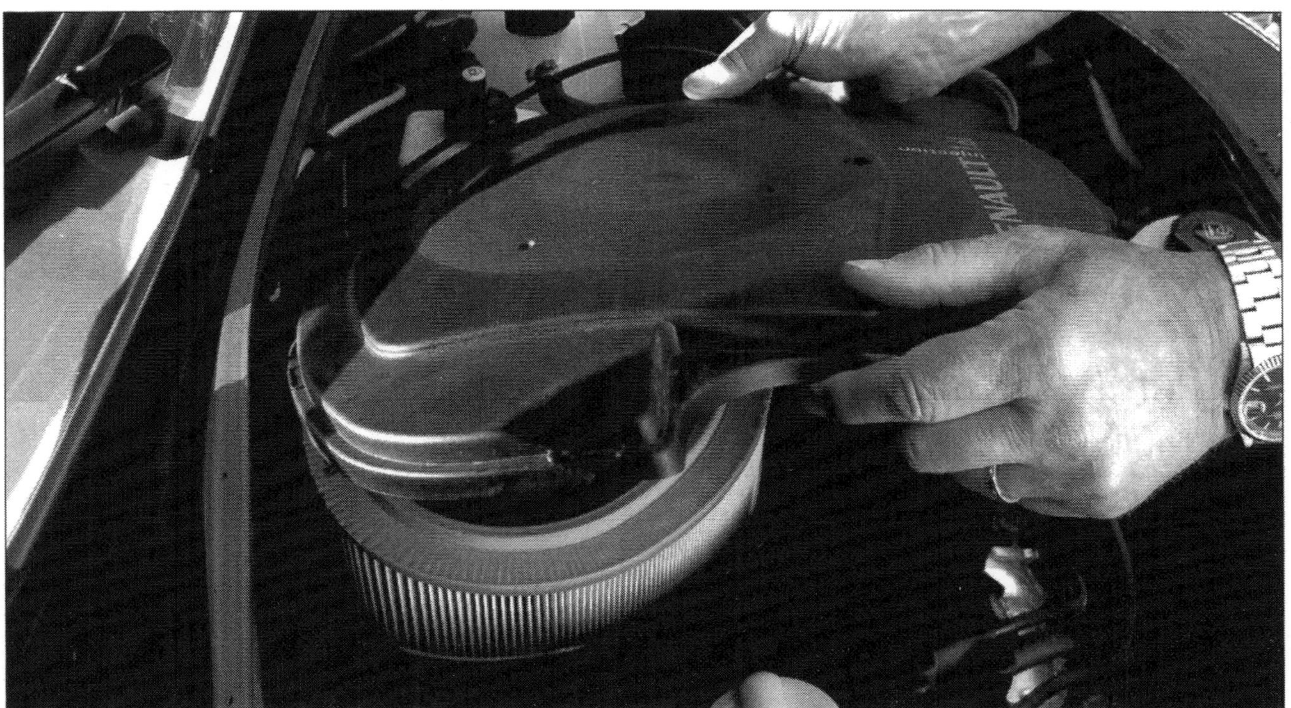

***Schnell zu wechseln:*** das Filterelement bei den Dacia Motoren direkt oberhalb des Ventildeckels.

Bei den Selbstzündern ist der Zündimpuls keine Frage von externer Elektronik. Er ist gegen Ende des Verdichtungstakts das Resultat von zündwilligem Dieselöl im Zusammenspiel mit hoch komprimierter Frischluft.
Das Dacia-Motormanagement arbeitet weitgehend wartungsfrei. Erfahrungsgemäß lassen sich etwaige Fehlfunktionen nur mit einem gerüttelt Maß an Praxiserfahrungen, umfangreichen Fachkenntnissen und speziellem elektronischen Messequipment lokalisieren: Selbst hochbegabte Do-it-yourselfer stehen ohne spezielles Testequipment auf verlorenem Posten. Vertrauen Sie Ihren Wagen bei Missfunktionen des Motormanagements darum besser einem Dacia-Händler oder einem ausgewiesenen Spezialisten an.
Damit Sie außer Haus freilich nicht gleich »die Katze im Sack kaufen müssen«, ist es empfehlenswert und vorteilhaft, die theoretischen Grundzüge des Dacia-Motormanagements zumindest ansatzweise zu kennen. Und sei's nur, um dem Werkstattprofi auftretende Unregelmäßigkeiten präziser beschreiben zu können: Je eindeutiger Sie die Wehwehchen Ihres Logan benennen, umso überschaubarer fällt die spätere Rechnung aus.

## Auf einen Blick – die Motormanagements der Ottomotoren (Sagem/Siemens)

**Kraftstoffsystem**
– Sequenzielle Kraftstoffeinspritzung
– elektromagnetische Mehrlocheinspritzinjektoren mit Doppelstrahl
– Tankentlüftungssystem

**Luftansaugsystem**
– Saugrohrdruckfühler (piezoelektrischer Sensor)
– Ansauglufttemperatursensor (negativer Temperaturkoeffizient)
– elektronisches Drosselklappenmodul

**Zündsystem**
– Digitales integriertes, elektronisches Zündsystem
– Zündspannungsüberwachung

**Sicherheitssystem**
mechanischer Sicherheitsschalter. Er unterbricht bei einem Unfall oder plötzlichen Druckabfall in der Förderleitung die Stromversorgung zur Kraftstoffpumpe.

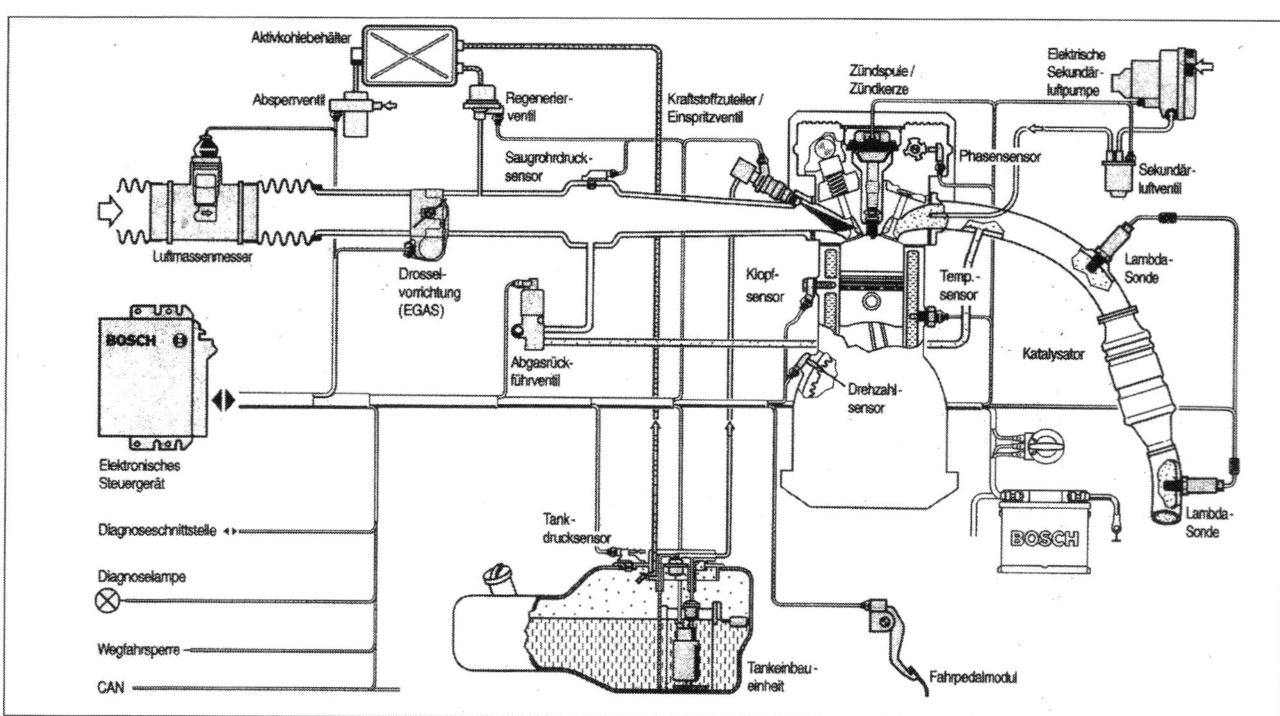


***Ziehen alle an einem Strang:*** Die Managementmodule des elektronischen Motormanagements. Fällt in einem sekundären Regelkreis ein Modul oder ein Sensor aus, halten Notlaufprogramme den Motor weiter bei Laune. Doch Störungen in einem primären Regelkreis, beispielsweise »Motordrehzahl«, sind so entscheidend, dass der Motor sofort abstirbt oder erst gar nicht startet.

***Elektronische Tankstelle im Handschuhfach:*** Relevante Serviceinformationen liefert der Diagnosestecker.

**Abgasregelung**
- Dreiwege-Katalysator.
- zwei Lambdasonden – jeweils eine vor und nach dem Katalysator.
- Abgasrückführungsventil
- Kraftstoffverdunstungssystem

**Sensoren**
- Nockenwellensensor
- Kurbelwellensensor
- Kühlmitteltemperatursensor
- Ansauglufttemperatursensor
- Drosselklappenstellungssensor

**Diagnosemöglichkeiten**
- zentraler Diagnosestecker im Handschuhfach.

## Im Detail — das Management der Einspritzanlage

Motorsteuergerät (ECM): Die »Regiezentrale« des elektronischen Motormanagements sitzt unterhalb des Armaturenbretts. Sie verwertet aktuelle Daten aus den unterschiedlichsten Motorkennfeldern (Drehzahl, Saugrohrdruck, Ansaugluft-, Kühlflüssigkeitstemperatur, etc.) und vergleicht sie mit einem fest installierten Datenpool. Nach dem Abgleich ermittelt und berechnet das Steuergerät unter anderem die Öffnungsdauer der elektromagnetisch betätigten Einspritzventile, die Kraftstoffmenge und das Kraftstoff-Luft-Gemisch. Das Motorsteuergerät ist ohne großen Aufwand neu einzulesen bzw. zu aktualisieren. Zum Beispiel dann, wenn alte Software modifizierte Programme abgelöst haben. Das überholte Wissen des EEPROM frischt Ihr Dacia-Händler kurzerhand mit einem mobilen Diagnosegerät und der neuesten Software auf. Das entsprechende Servicemodul hat Ihr Auto bereits an Bord. Es kann also durchaus Sinn machen, Ihren Logan-Händler im Laufe der Jahre auf eventuell geänderte Software anzusprechen.
Kraftstoff-Verdampfungskontrollsystem: Das System minimiert die im Tank entstehenden Kohlenwasserstoffe. Zum System gehören ein Aktivkohlefilter, ein Verdampfungskontrollventil sowie ein Kraftstoffdampfabscheider. Der Aktivkohlefilter korrespondiert über diverse Kunststoff- und Gummileitungen mit dem Kraftstofftank, dem Verdampfungskontrollventil und dem Ansaugkrümmer: Solange das Verdampfungskontrollventil verschlossen ist, bindet vorübergehend der Aktivkohlefilter die im Tank vorhandenen Dämpfe. Sobald der Motor anläuft, öffnet das Verdampfungskontrollventil um die im Aktivkohlefilter gebundenen Kraftstoffdämpfe in den Ansaugkrümmer zu entlassen. Dort vermischen sich die separierten Kohlenwasserstoffe mit den Frischgasen und verbrennt mit ihnen im Motor.

## Drosselklappenmodul: Die Drosselklappe wird per Gaszug betätigt

**Drosselklappenstellungssensor:** Der Sensor sitzt direkt am Drosselklappengehäuse, er arbeitet nach dem Potenziometerprinzip. Im Logan betätigt die Drosselklappenwelle den Sensor, dass PCM »füttert« ihn mit der erforderlichen Referenzspannung. Je nach Winkelstellung der Drosselklappe »schiebt« ein Schleifer über eine Widerstandsbahn und variiert die Ausgangsspannung des Sensors. Die Werte verarbeitet das PCM zu digitalen Daten und ordnet ihnen eine entsprechende Drosselklappenstellung zu.
**Nockenwellenstellungssensor:** Der Nockenwellenstellungssensor observiert die Nockenwellen und leitet aus ihrer Nockenstellung die zur sequenziellen Einspritzung und Klopfregelung notwendige Zylindererkennung ab. Der Sensor besteht aus zwei Hall-Elementen. Mit eingeschalteter Zündung lokalisiert er bereits bei stehendem Motor die Position der Nockenwellen. Das Motormanagement nutzt die Informationen und bedient daraufhin jeden einzelnen Zylinder mit der adäquaten Kraftstoffmenge und einem zeitgerechten Zündfunken.
**Kurbelwellenimpulssensor:** Sitzt am Motorblock in Nähe des Getriebeflanschs. Induktiv erfasst der Sen-

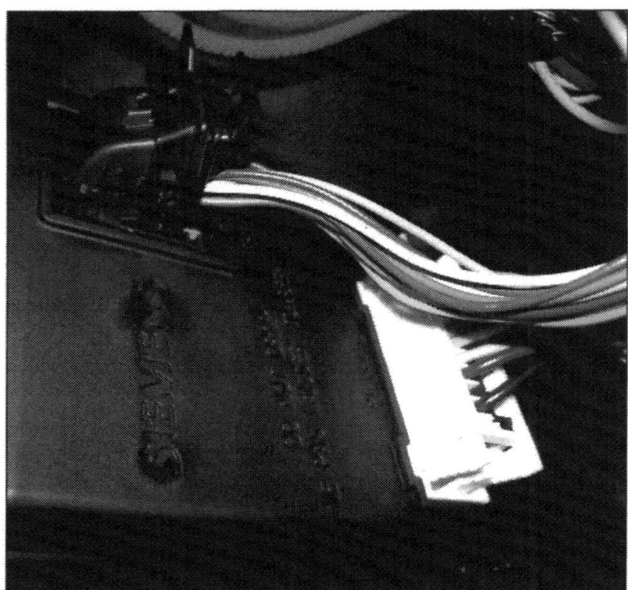

***Elektronische Regiezentrale:*** Das Motorsteuergerät sitzt auf der Fahrerseite im Innenraum unterhalb des Armaturenbretts.

***Zentral im Auspuffkrümmer platziert:*** Die erste Lambdasonde (Pfeil) – Sonde zwei schnüffelt unter dem Wagen direkt hinter dem Katalysator.

sor winkelgenau die Position der Kurbelwelle sowie die momentane Motordrehzahl.

**Kühlmitteltemperatursensor:** Den Kühlmitteltemperatursensor speist das Motorsteuergerät. Er ist ein temperaturabhängiger Widerstand mit einem negativen Temperaturkoeffizienten, d. h. der Widerstandswert variiert umgekehrt proportional zur eigentlichen Kühlmitteltemperatur. Je nach Spannungslage vergleicht der Bordrechner die angelieferten Daten mit einer Referenzspannung und leitet aus der Differenz die tatsächliche Kühlmitteltemperatur ab.

**Ansauglufttemperatursensor:** Der Sensor arbeitet mit einem negativen Temperaturkoeffizienten als temperaturabhängiger Widerstand – sein Widerstandswert variiert umgekehrt proportional zur Umgebungstemperatur. Den Ansauglufttemperatursensor versorgt das Motorsteuergerät mit einer Referenzspannung: Ändert sich die Ansauglufttemperatur, variieren Widerstandswert und Ausgangsspannung in einem vorgegebenen Verhältnis. Der Bordrechner ordnet die Ausgangsspannung der jeweiligen Ansauglufttemperatur zu.

**Lambdasonde (Sauerstoffsensor):** Die Dacia-Ottomotoren haben derer zwei im Auspuff. Sie messen jeweils vor und nach dem Katalysator den Sauerstoffgehalt der Abgase. Die Ergebnisse verarbeitet der Zentralrechner und beeinflusst damit die Kraftstoffeinspritzung und das Kraftstoffverdunstungssystem. Beide Lambdasonden haben starken Einfluss auf die Funktion und Lebensdauer des Katalysators. Um im Sinne von Lambda 1 einwandfrei zu arbeiten, sind Sie auf den ständigen Wechsel von leicht angefettetem und abgemagertem Gemisch angewiesen.

**Saugrohrdrucksensor:** Um das im Ansaugkrümmer vorhandene Vakuum möglichst verlässlich zu ermitteln, sitzt der Saugrohrdrucksensor im Ansaugkrümmer. Seine Signale nutzt das Motorsteuergerät als Regelgrößen für die Kraftstoffmenge und den Zündzeitpunkt.

**Zündspannungsüberwachung:** Wacht über die Motordrehzahl und setzt bei Zündaussetzern, etwa bei Schäden an den Zündspulen oder Kerzensteckern, den entsprechenden Zylinder auf Nulldiät. Der Eingriff rettet die Katalysatoren, sie können fortan nicht mehr überfetten bzw. überhitzen. Als aufmerksamem Logan-Lenker fällt Ihnen in dem Fall sofort die Warnleuchte im Armaturenbrett ins Auge.

**Sicherheitsschalter Kraftstoffeinspritzanlage:** Der Schalter unterbricht bei undichtem Kraftstoffsystem, etwa nach einem Unfall, bei starken Erschütterungen oder plötzlichem Druckabfall in der Förderleitung die Kraftstoffzufuhr im Kraftstoffsystem.

**Einspritzventile:** Im Ansaugrohr sitzt vor jedem Zylinder ein Einspritzventil (sequenzielle Einspritzung). Die Ventile reagieren auf elektrische Impulse. Ihre Reaktionszeit beträgt etwa 1 bis 1,5 Millisekunden. Um die

Gemischbildung schneller und homogener zu unterstützen, spritzen die Ventile einen geteilten Kraftstoffstrahl vor die Einlassventile. Jeder Einspritzvorgang hebt die Ventilnadel nur etwa 0,1 Millimeter von ihrem Sitz.

**Abgasrückführungsventil (AGR):** Das elektronisch gesteuerte AGR-Ventil macht einer exakt dosierten Abgasmenge den Weg ins Ansaugsystem frei. Hier vermengen sich die Abgase mit frischer Ansaugluft. Die jeweilige Abgasmenge errechnet das Motorsteuergerät anhand der Kurbelwellendrehzahl, dem Lastzustand und der momentanen Motortemperatur. Die Giftspritze aus dem Auspuff senkt die Verbrennungstemperaturen, was wiederum den NOx-Ausstoß positiv beeinflusst.

## Eingeschränkt möglich – Selbsthilfe an der Einspritzanlage

Mit Ihrem jetzigen Wissensstand über das Einspritzmanagement verstehen Sie unserer anfängliche Empfehlung »Arbeiten an der Einspritzanlage besser einem Profi zu überlassen«. Zumindest jedoch dann, wenn tiefergehende Korrekturen anstehen. Denn nur spezielle, in einer ganz bestimmten Reihenfolge ablaufende Tests offenbaren zuverlässig mögliche Defekte im elektronischen Motormanagement. Normales Heimwerkerwissen und »Hobbywerkzeuge« reichen auch unter der Motorhaube des Logan nicht mehr aus – Experten mit entsprechendem Testequipment sind hier eindeutig erste Wahl. Doch seien Sie ganz beruhigt: Ernsthafte Störungen am Motormanagement treten in der Praxis höchst selten auf.

***Fehlerteufel im Detail:*** Steuergeräte werden gern getauscht, dabei rechnet sich meistens eine Reparatur. Übergeben Sie die Platine einem Speziallisten zur Revision.

WISSENSWERTES

### Steuergerät reparieren

Defekte am Motormanagement sind äußerst selten – umso ärgerlicher sind Störungen, wenn ausgerechnet Ihr Logan zickt. Zumal Werkstätten in dem Fall schnell mit neuen Geräten bei der Hand sind, denn der Diagnoseaufwand übersteigt mitunter den Gegenwert eines Neuteils. Doch fabrikneue Rechner sind nicht grundsätzlich erste Wahl. Mitunter schießt nämlich nur eine schadhafte Lötstelle oder ein defektes Elektronikbauteil im Rechner quer. Solcherart Schäden sind relativ schnell behoben. Das Steuergerät funktioniert danach wieder wie am ersten Tag – für einen Bruchteil des Neuwerts. Auf der heimischen Werkbank erkennen Sie das freilich, wenn überhaupt, nur zufällig. Macht nichts, mittlerweile befassen sich Spezialisten mit der professionellen Reanimation defekter Blackboxes. Schauen Sie bei Bedarf einfach ins Internet oder machen Sie Ihr Problem in den einschlägigen Logan-Foren offenkundig. Erfahrungsgemäß tischen Ihnen dort nicht irgendwelche Elektronikhexer blumige Versprechen auf, sondern Logan Fahrer liefern reelle Erfahrungsberichte frei Haus.

## Trauen Sie sich – Sichtprüfung an der Einspritzanlage

Bei allem berechtigten Respekt vor dem Logan-Motormanagement, betrachten Sie das technische Umfeld der Einspritzanlage nicht grundsätzlich als Parc fermé – wägen Sie im Einzelfall nur möglichst realistisch Ihre Erfolgsaussichten ab. Regelmäßigen Sichtprüfungen steht ohnehin NICHTS im Wege: Checken Sie ab und an die Kraftstoff- und Luftschläuche sowie deren Anschlussstellen auf korrekten Sitz und Ermüdungsrisse. Allen voran …

- … den Unterdruckschlauch zum Bremskraftverstärker, …
- … die Schläuche der Motorbe- und Entlüftung (sind sie verstopft, verschmutzt oder aufgequollen?), …
- … die Kraftstoffschläuche und Kraftstoffleitungen (erkennen Sie Scheuerstellen, Altersrisse oder Schwitzspuren?), …
- … die Druckregleranschlüsse (sie müssen staubtrocken sein).
- Halten Sie gleichfalls die Kabelstecker im Auge: Falls Sie irgendwann einen Zentralstecker unter der Motorhaube trennen mussten, kann das schon die Erklärung für ärgerliche Kontaktschwächen sein.

■ In dem Fall versuchen Sie die Stecker zunächst mit Kontaktspray zu reanimieren.
■ Biegen Sie Kontaktzungen lediglich im Notfall mit viel Gefühl nach.

## Verunsichert den Bordrechner – Nebenluft

Undichte Stellen im Ansaugsystem lassen Nebenluft unkontrolliert passieren. Das verunsichert den Bordrechner: Nebenluft provoziert ihn zu unrealistischen Steuerimpulsen. So könnten beispielsweise die Module der Gemischaufbereitung den Motor mit der falschen Kraftstoffmenge abspeisen: Das Gemisch würde unkontrolliert abmagern oder überfetten. Das Endergebnis wären in beiden Fällen gravierende Motorschäden. Fehlfunktionen des Gemischaufbereitungssystems verrät Ihnen übrigens auch ein ungleichmäßiger (sägender) Leerlauf. Seien Sie also schon beim geringsten Anzeichen hellwach und kreisen den Fehler dann systematisch ein:
■ Prüfen Sie die Unterdruckschläuche auf Risse und festen Sitz. Checken Sie an der Einspritzanlage oder am Ansaugkrümmer sämtliche Schläuche (Saugrohrdrucksensor, Bremskraftverstärker, Kraftstoff-Verdunstungsanlage, etc.).
■ Fahren Sie den Wagen etwa zehn Kilometer warm, und lassen ihn anschließend im Leerlauf brummeln. Öffnen Sie die Motorhaube und ziehen den Stecker der ersten Lambdasonde (unmittelbar am Abgaskrümmer) ab – vergessen Sie nicht, Ihre Finger mit hitzeresistenten Handschuhen zu schützen. Bei abgezogenem Stecker variiert die Leerlaufdrehzahl. Falls nicht, lesen Sie den Fehlerspeicher, wie beschrieben, aus.
■ Besprühen Sie mit einem handelsüblichen Kaltstartspray nacheinander auch sämtliche Schlauchverbindungen und Flanschdichtungen der Einspritzanlage: Achten Sie aufmerksam darauf, wann die Motordrehzahl schwankt – an der Stelle zieht der Motor Nebenluft.

## Leerlaufdrehzahl prüfen

Die Leerlaufdrehzahl justiert, je nach eingeschaltetem Verbraucher (z. B. Scheinwerfer, beheizbare Heckscheibe, Frischluftgebläse), das Steuergerät über den Leerlaufstellmotor. Logan-Ottomotoren drehen im Stand mit etwa 800 ± 100 $min^{-1}$. Zur Drehzahlkontrolle ist ein Drehzahlmesser erforderlich. Drehzahldifferenzen können Sie am Logan nicht isoliert justieren: Vielmehr gehören dann die Fehlfunktionen im gesamten Motormanagement eingekreist. Es sei denn, die Batterie war abgeklemmt: Danach regeneriert der Bordrechner auf den ersten Kilometern. Währenddessen kann es beispielsweise auch zu erhöhten Leerlaufschwankungen kommen.

## Systematisch einkreisen – Leerlaufschwankungen

Falls Sie die Batterie abgeklemmt hatten, lassen Sie dem Bordrechner rund zehn Kilometer Zeit, um das verstimmte Motormanagement erneut auf Kurs zu bringen. Falls das wider Erwarten nicht klappt, gehen Sie folgendermaßen vor:
■ Kontrollieren Sie den Zustand der Luftschläuche.
■ Prüfen Sie, ob alle elektrischen Anschlüsse einwandfrei sitzen. Sie dürfen nicht korrodiert sein. Für weitere Kontrollen verwendet die Werkstatt einen speziell auf das Steuergerät abgestimmten Motortester.
■ Zu geringer Kraftstoffvordruck verursacht gleichfalls Leerlaufdrehzahlschwankungen. Lassen Sie Ihre Werkstatt dann einen Drucktest durchführen.

## Einspritzventile checken

Defekte Einspritzventile entlarven Sie unter Umständen schon durch bloßes Handauflegen: Im Gegensatz zu funktionierenden Düsen vibrieren Defekte nicht im Takt.
Vermeiden Sie Brandblasen an den Fingerkuppen und machen den Test möglichst nicht am knisternd heißen Motor.
■ Ziehen Sie zur Spannungskontrolle den Stecker eines Einspritzventils ab, und legen dann einen LED-Spannungsprüfer (keine Prüflampe) an den Stecker an. Der Motor ist währenddessen aus.
■ Starten Sie nun den Motor: Die Leuchtdioden im Spannungsprüfer müssen flackern, ansonsten fließen keine Steuerströme. Das muss nicht unbedingt an der Zuleitung liegen, eventuell hat auch das Steuergerät einen Defekt. In diesem Fall ist die Werkstatt Ihre erste Adresse.
■ Zur Widerstandsmessung ziehen Sie den Versorgungsstecker des betreffenden Einspritzventils ab und verbinden am Ventil beide Kontaktzungen mit einem Multimeter. Bei 20°C. muss der Messwert bei etwa 12 ± 1 Ohm liegen.
■ Falls die Abweichungen zu groß sind, lassen Sie zweckmäßigerweise gleich alle Ventile erneuern.

# Die Zündanlage

Vor dem Siegeszug des elektronischen Motormanagements funkten in Ottomotoren herkömmliche Spulenzündsysteme. Sie kappten das theoretische Leistungsvermögen der Zündfunken auf ein Minimum heutiger Standards. Im Logan inszenieren elektronische Komponenten im Zündrhythmus 1 – 3 – 4 – 2 flexible und für jeden Zylinder ganz individuelle Zündfunken.

## Immer auf der Lauer – die Zündspannungsüberwachung (OBD)

Anders gesagt: An den Logan-Zündkerzen springt kein Funke über, den die Motorsteuerung nicht vorher auf den Kurbelwinkel genau berechnet hat. Der Bordrechner wertet dazu die Signale des Kurbelwellen- und Nockenwellensensors aus. Der Nockenwellensensor analysiert den Betriebszustand eines jeden Zylinders und der Kurbelwellensensor misst permanent die Drehgeschwindigkeit der Kurbelwelle.

Richtig gelesen: Die Drehgeschwindigkeit der Kurbelwelle. Etwaige Fehlzündungen quittiert die Kurbelwelle nämlich bis zur nächsten Zündung mit einem kurzen Drehzahlabfall. Dem Kurbelwellensensor reicht die Zeit, um der Blackbox den Verzug zu signalisieren. Das Steuergerät vergleicht sodann die Blitzinfo mit vorhanden Solldaten: Bei mehr als neun Prozent Fehlzündungen tritt dann die OBD-Kontrollleuchte (**O**n **B**ord **D**iagnosis) im Armaturenbrett auf den Plan. Meistens sogar, bevor Sie überhaupt irgendeine Fehlfunktion bemerkt haben.

Soweit die Optik, das eigentliche OBD-Management findet hinter den Kulissen statt. Dort nämlich setzt es die Kraftstoffversorgung des betreffenden Zylinders auf Nulldiät: Ganz im Sinne der Umwelt und des Katalysators. Denn unverbrannte Kohlenwasserstoffe (HC), wie sie bei Fehlzündungen entstehen, sind damit eliminiert. Der Kat überfettet und überhitzt demzufolge nicht. Das System arbeitet praxisbezogen, es ignoriert folgende Betriebszustände:

- die ersten fünf Sekunden nach dem Start
- Drehzahlen über 6000 $min^{-1}$

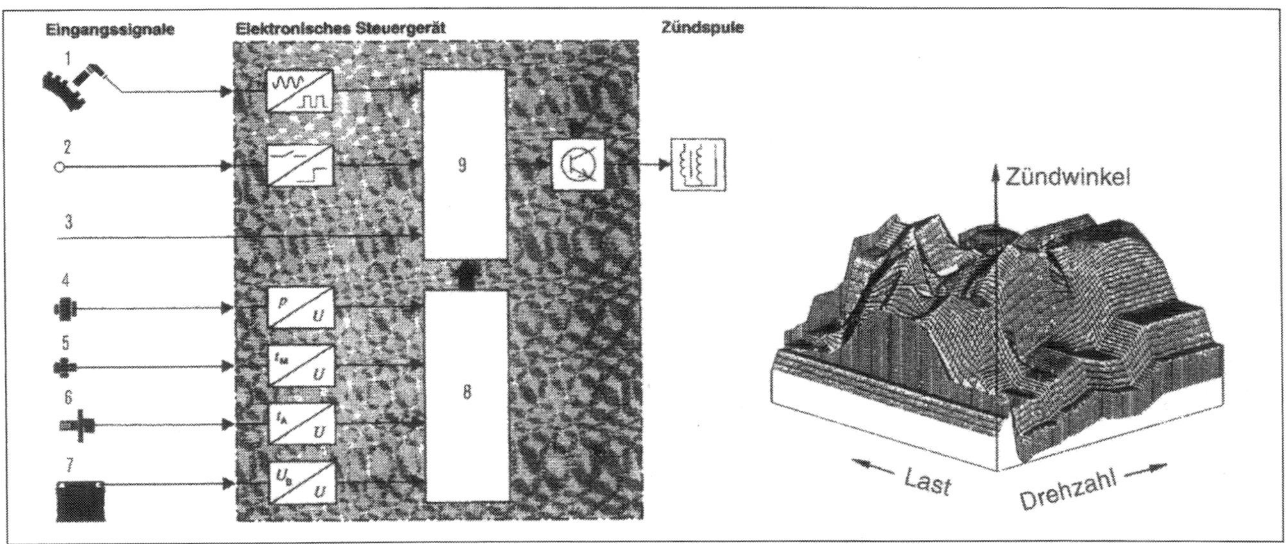


***Hightech Zündfunken:*** Grundaufbau einer modernen Zündanlage. Bevor der Zündfunke an der Kerze überspringt, tunt der Logan-Bordrechner den Blitz detailgerecht für jede Zündkerze. Der Mikrocomputer (9) des Steuergeräts (linke Darstellung) nutzt dazu unterschiedlichste Eingangssignale, so zum Beispiel die Motordrehzahl (1), diverse Schaltersignale (2), den Saugrohrdruck (4), die Motortemperatur (5), die Ansauglufttemperatur (6) oder die Batteriespannung (7). Damit der Bordrechner die Datenflut auch differenziert werten kann, liefert ein Datenbus den Großteil der analogen Sensorsignale einem Analog-/Digitalwandler (8) zur Wandlung ab. Die digitalisierten Signale gelangen dann aus der Zündendstufe an die Zündspule. Doch vorab bekommt jeder Zündfunke hinsichtlich Kraftstoffverbrauch, Drehmoment, Abgas, Abstand zur Motorklopfgrenze Motortemperatur, Fahrbarkeit usw. seine ganz spezifische Prägung. Je nach Motorenbauerphilosophie bekommt der eine oder andere Gesichtspunkt eine unterschiedliche Gewichtung. Die spezielle Handschrift ist dann im Zündwinkelkennfeld (rechte Darstellung), einem dreidimensionalen Berg- und Talgebilde, mit bis zu 4000 einzeln abrufbaren Zündwinkeln abgelegt. Die Regie über diese Kraterlandschaft führt das Motorsteuergerät.

- Kraftstoffvorrat weniger als 20 Prozent
- extrem schlechte Straßenbeläge
- Batteriespannung unter 9 Volt

## Gleichbehandlung – eigenes Zündmodul für jeden Zylinder beim 16V-Motor

Im Logan 16V produzieren vier einzelne Zündmodule den Zündfunken oberhalb jeder Zündkerze. Konstruktionsbedingt stecken die separaten Module unterhalb einer Kunststoffverblendung direkt auf den Zündkerzen. Zündkabel und Kerzenstecker sind demzufolge im 16V überflüssig: Die Zündspannung gelangt auf kürzestem Dienstweg an die Kerzenelektroden. Anders bei den 8-V-Motoren, dort sitzt ein Zündmodul auf dem Zylinderkopf und verteilt seine Stromstöße via Zündkabel an die Zündkerzen. Damit Kondens- und Schwitzwasser sowie Kriechströme den Zündrhythmus nicht stören, ist das Innenleben beider Zündsysteme weitgehend luft- und wasserdicht vergossen. Die jeweils anvulkanisierten Kerzenstecker stehen dem kaum nach, sie dichten ihre Öffnungen mit einer soliden Kunststofflippe ab.

## Liefert die Zündfunken-Grunddaten – der Kurbelwellen- / Nockenwellensensor

Die Logan-Zündanlage nutzt Signale des Kurbelwellen-/Nockenwellensensors lediglich als eine von vielen Berechnungsgrundlagen. Beide Sensoren steuern, nachdem vorab das Motorsteuergerät die Informationen digitalisiert hat, die Zündmodule oberhalb der Zündkerzen an und geben jedem Zündfunken seinen ganz individuellen Touch.

***Damit's beim 8-V-Motor kräftig funkt:*** das Zündmodul (Pfeil) verteilt die Zündspannung via kurzer Zündkerzenkabel an die einzelnen Zylinder.

## Gibt dem Zündfunken grünes Licht – Motorsteuergerät mit diversen Kennfeldern

Das Motorsteuergerät koordiniert jeden Zündfunken. In seinem Speicher sind unter anderem theoretische Grunddaten (Zündwinkelkennfelder) unterschiedlicher Zündzeitpunkte abgelegt. Um die statische Theorie bestmöglich an die Praxis zu adaptieren, benötigt das Steuergerät aktuelle Informationen der Motorperipherie, so auch die Signale des Klopfsensors. Diese fortlaufenden Informationen vergleicht das Steuergerät – während jeder Kurbelwellenumdrehung – mit den auf der Festplatte abgelegten Datensätzen. Die Blackbox wiederum kommuniziert vor jedem einzelnen Gaswechsel mit der Einspritzanlage, der Lambdasonde vor dem KAT, mit dem Drehzahlsensor sowie mit diversen Temperatursensoren und dem Luftmengenmesser unter der Logan-Motorhaube.

## Belastungsabhängig – der optimale Zündzeitpunkt

Der Zündfunke kommt immer dann zeitgerecht, wenn er das Frischgas im Moment der höchsten Verdichtung entflammt. Beim Viertaktmotor ist das präzise der Augenblick, in dem der Kolben von der Aufwärtsbewegung des Kompressionshubs in die Abwärtsbewegung des Arbeitstakts übergeht. Soweit die Theorie: In der Praxis verbrennt das Frischgas, je nach Belastungszustand (Leerlauf, Teillast, Volllast) und Ansaugluftqualität, mit unterschiedlichen Geschwindigkeiten in den Brennräumen.
Um die Kraftstoffenergie dennoch bestmöglich zu nutzen, variiert die Logan Blackbox den Zündzeitpunkt entsprechend des Belastungszustands für jeden Zylinder.

## Zeitlich versetzt – Zündung und Verbrennung

Allerdings harmoniert der Zündzeitpunkt nicht exakt mit dem oberen Totpunkt (OT). Denn bis das Frischgas in Flammen steht, vergeht rund eine dreitausendstel Sekunde. Demzufolge bekommt der Zündfunken noch während der Aufwärtsbewegung des Kolbens grünes Licht. Da die Brennphase des Kraftstoff/Luftgemischs

## Unsichtbare Helfer

WISSENSWERTES

**Druckgeber:** Der Druckgeber liefert dem Steuergerät Informationen über den Unterdruck im Saugrohr. Der Sensor ist ein druckempfindlicher Kristallchip, er variiert seinen elektrischen Widerstand anhand des jeweiligen Unterdrucks. Aus diesen Differenzen sowie den Informationen über die jeweilige Drehzahl erkennt das Steuergerät den aktuellen Betriebszustand.

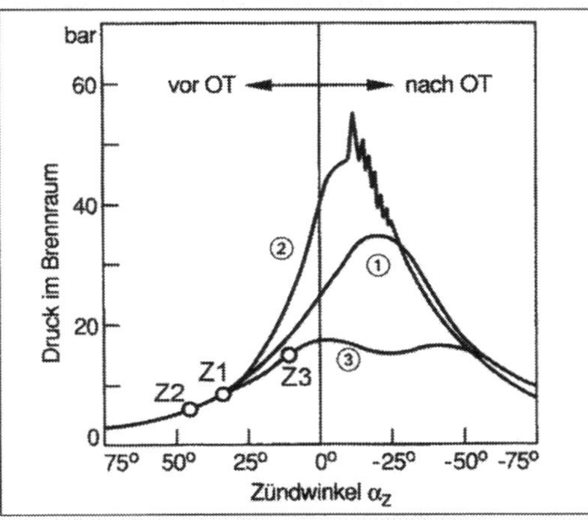


***Drucksache:*** Bei falsch eingestelltem Zündzeitpunkt oder schlechter Kraftstoffqualität variiert der Verbrennungsdruck in den Zylindern. 1 korrekt eingestellter Zündzeitpunkt; 2 Frühzündung (klopfende Verbrennung); 3 Spätzündung.

**Drehzahlgeber:** Der Logan arbeitet mit einem Drehzahlgeber auf Induktionsbasis: Magnet und Spule sind im Geber integriert. Die Steuerung übernehmen spezielle Impulsstege an der Motorschwungscheibe: Immer, wenn ein Steg den Geber passiert, ändert sich das Magnetfeld im Dauermagneten – die Spule erzeugt dann Spannung. Um die Stellung der Kurbelwelle als plausibles OT-Signal zu erfassen, sind – an der Schwungscheibe für den ersten

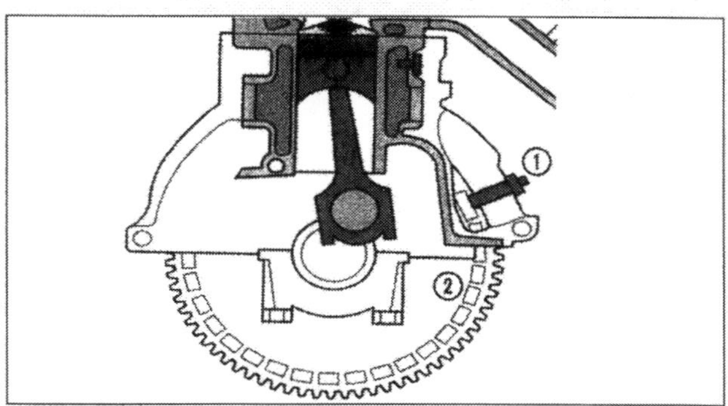

***Arbeitet auf den Winkelgrad exakt:*** der Kurbelwellenpositionssensor in Höhe der Schwungscheibe. (1) Sensor, (2) Sektionsfelder.

und letzten Zylinder – zwei Impulsstege als Orientierungshilfen ausgespart. Das Steuergerät interpretiert die Lücken – jeweils vor OT – als Informationsquelle zur Motordrehzahl.

nahezu gleich ist, wandert der Zündzeitpunkt mit steigender Motordrehzahl weiter vor OT. Der höchste Verbrennungsdruck setzt dann erst kurz nach OT ein.

## Hochtemperaturbeständig – die Zündkerzen

Während des Verbrennungsvorgangs verkraften Zündkerzen Temperaturen von rund 2500 °C. und Drücke bis zur 60 bar. Um diesen Belastungen dauerhaft und zuverlässig standhalten zu können, umgibt den Kerzenanschlussbolzen ein keramischer Isolator. Mittelelektrode und Anschlussbolzen stecken außerdem in einer elektrisch leitenden Glasschmelze, der gleichermaßen die Verankerung und Abdichtung gegenüber dem Brennraum obliegt.

Sobald am Ende der Mittelektrode die erforderliche Zündspannung ansteht, entlädt sie als Funken von der Mittel- zur Masseelektrode. Der kurze Blitz reicht aus, um die Frischgase zu zünden.

## Variabel – der Zündkerzenwärmewert

Um zuverlässig zu funktionieren, müssen Zündkerzen ihre Selbstreinigungstemperatur von etwa 400 °C möglichst schnell erreichen. Falls nicht, backen am Isolatorfuß früher oder später Verbrennungsrückstände fest. Bei Volllast allerdings darf die Temperatur nicht ins Uferlose steigen – die gesunde Arbeitstemperatur einer Zündkerze liegt bei rund 800 °C. Nicht alle Motoren bieten den Zündkerzen auch die gleichen Arbeitsbedingungen: Somit entscheidet erst der Wärmewert (auf der Zündkerze eingeprägt), ob Funkenspender und Motor auch tatsächlich zueinander passen. Nehmen Sie zum Beispiel Kerzen mit zu geringen Wärmewert, wird sich der Isolatorfuß stark erhitzen. Unkontrollierte Zündungen wären die unmittelbare Folge, Motorschäden das Ergebnis. Wählen Sie dagegen Zündkerzen mit zu hohem Wärmewert, bleibt die Selbstreinigungstemperatur auf der Strecke – der Isolatorfuß verschmutzt und blockiert alsbald den Zündfunken.

***Optimal auf die Motoren abgestimmt:*** Gleitfunkenzündkerzen mit vier Masseelektroden. Die Kerzen garantieren mit ihrer hochwärmeleitfähigen Kupferkernmittelelektrode und Luftgleitfunkentechnik ein sicheres Zündverhalten sowie eine lange Lebensdauer. (1) Zündsteckeranschluss, (2) Keramikisolator, (3) Zündkerzenkörper, (4) Dichtring, (5) Masseelektrode, (6) Isolatorfuß, (7) Mittelelektrode.

WISSENSWERTES

## Was das Kerzengesicht verrät

Zündkerzen sind die Kronzeugen der Verbrennung. Ein Fachmann liest am Kerzengesicht den Zustand des Motors und seine Arbeitsbedingungen ab. Achten Sie bei ausgebauten Zündkerzen darum auf folgende Punkte:

- Isolatorfuß hellgrau, graugelb bis rehbraun gefärbt: Gut eingestelltes Kraftstoff-/Luftgemisch – der Motor läuft wirtschaftlich.

- Isolatorfuß weißlich gefärbt: Zu mageres Kraftstoff-/Luftgemisch – CO-Gehalt prüfen; eventuell falscher Zündzeitpunkt; Steuergerät defekt.

- Isolatorfuß, Elektroden, Zündkerzengehäuse mit samtartigem, stumpfschwarzem Ruß bedeckt: Zündkerze erreicht nicht ihre Selbstreinigungstemperatur (häufiger Kurzstreckenverkehr), falscher Wärmewert, Kraftstoff-/Luftgemisch zu fett, CO-Gehalt zu hoch.

- Isolatorfuß, Elektroden, Zündkerzengehäuse mit Öl-glänzendem Ruß oder Ölkohle bedeckt: Kolbenringe, Ventilführungen oder Abdichtungen der Ventilschäfte schadhaft. Möglicherweise haben Sie auch Motoröl oder Kraftstoff mit Zusätzen verwendet. Tauschen Sie die Zündkerzen aus, wechseln Sie Öl und Kraftstoffmarke und prüfen dann erneut den Zustand der Kerzen.

## Diese Zündkerzen funken im Logan

| Motortyp | Zündkerzen-Spezifikation | Zündkerzenintervall | Elektrodenabstand |
|---|---|---|---|
| 1.4 MPI | Champion RC 87YCL oder Sagem RFN 58 LZ | 30.000 km | 0,95 mm |
| 1.6 MPI | Champion RC 87YCL oder Sagem RFN 58 LZ | 30.000 km | 0,95 mm |
| 1.6 16V | Champion RC 87YCL oder Sagem RFN 58 LZ | 60.000 km | 0,95 mm |

***Abgebrannt:*** Kerzen mit dieser Optik entsorgen Sie besser sofort.

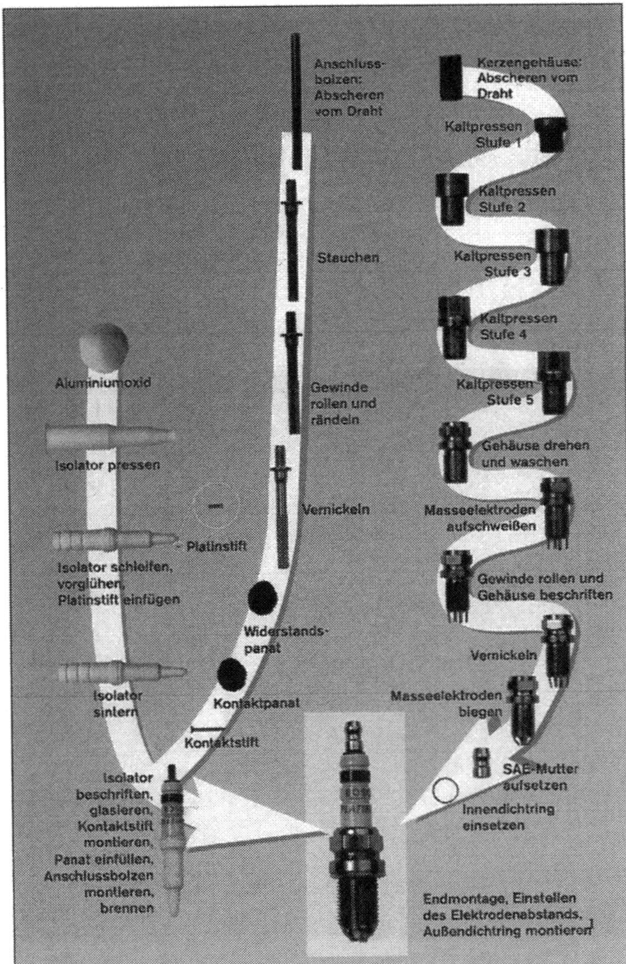


***So werden sie gemacht:*** Arbeitsschritte der Zündkerzen-Fertigung bei Bosch in Bamberg.

## Vergrößert sich automatisch – der Elektrodenabstand

Neben dem richtigen Wärmewert (siehe Tabelle) müssen Zündkerzen auch den richtigen Elektrodenabstand aufweisen. Neue Logan Kerzen haben etwa 1 Millimeter, mit zunehmender Laufzeit vergrößert sich der Abstand jedoch. Denn bei jedem Funken (Überschlagsspannung) lösen sich kleine Metallpartikel von den Elektroden. Größere Elektrodenabstände erfordern eine höhere Zündspannung. Folge: Es kann zu Zündaussetzern kommen, eventuell springt der Motor dann nicht mehr zuverlässig an.

### ⚠ Vorsicht ist angebracht

GEFAHRHINWEISE

Völlig zu Recht stuft der Gesetzgeber elektronische Zündanlagen als gefährliche Bauteile ein. Beachten Sie darum vor und während aller Arbeiten an der Zündung besondere Sicherheitsvorkehrungen. Herzschrittmacher können im Kontakt mit elektronischen Zündanlagen zum Beispiel aus dem Takt geraten. Um sicher zu gehen, dass Sie sich keiner Gefahr aussetzen, überlassen Sie tiefgreifende Arbeiten darum besser Ihrer Werkstatt. Erledigen Sie auch turnusmäßige Wartungsarbeiten mit der nötigen Vorsicht.

- Berühren Sie bei eingeschalteter Zündung auf keinen Fall spannungsführende Teile des Primär- und Sekundärstromkreises – Lebensgefahr!

- Schalten Sie zu allen Servicearbeiten stets die Zündung aus. Das gilt gleichermaßen für den Zündkerzenwechsel wie für das An- bzw. Abklemmen elektrischer Leitungen oder den Anschluss von Prüfgeräten.

- Um an elektronischen Zündanlagen den Hochspannungsimpuls auszulösen, genügt – bei eingeschalteter Zündung – schon eine Erschütterung. Bei Arbeiten im Motorraum besteht dann Lebensgefahr, zudem können auch elementare Bauteile der Zündanlage zerstören.

- Wenn Sie Schweißarbeiten (Schutzgas, E-Schweißen) an Ihrem Logan erledigen, klemmen Sie grundsätzlich vorher die Batterie ab.

# Zündmodule demontieren

### Werkzeug:

Ratsche, Verlängerung,
T27 Torxschraubendreher

**(1.4 MPI, 1.6 MPI)**

■ Ziehen Sie zunächst die Zündkerzenkabel vom Zündmodul ab und...

■ ... lösen hernach die drei Schrauben des Zündmoduls auf dem Ventildeckel.

■ Zur Montage setzen Sie das Zündmodul zunächst in die Passstifte ein und ziehen dann die Befestigungsschrauben mit 15 Nm an.

■ Strecken Sie jetzt die Zündkerzenkabel in die jeweils richtige Spule und beenden die Montage in umgekehrter Reihenfolge. Achten Sie darauf, dass die Kabelstecker jeweils hörbar einrasten.

**(1.6 16V)**

■ Entfernen Sie die Motorabdeckung,...

■ ... ziehen danach den Mehrfachstecker seitlich aus dem Zündmodul und...

■ ... lösen die Befestigungsschrauben oberhalb der vergossenen Zündmodule.

■ Ziehen Sie die Zündmodule nun in Gänze von den Zündkerzen ab.

■ Zur Montage setzen Sie die (neue) Modulleiste vorsichtig auf allen Zündkerzen an und pressen sie dann gleichmäßig in alle Kerzenschächte.

■ Die Schrauben ziehen Sie mit 15 Nm an.

■ Beenden Sie die Montage in umgekehrter Reihenfolge und prüfen alle Anschlüsse auf festen Sitz.

# Teamwork – Zündstrom prüfen

■ Demontieren Sie das Zündmodul jeweils wie beschrieben und ...

■ ... schrauben die Zündkerzen aus dem Zylinderkopf.

■ Die demontierten Zündkerzen stecken Sie zurück ins Zündmodul und legen beides so ab, dass ein guter Massekontakt besteht.

■ Lassen Sie dann Ihren Helfer den Anlasser betätigen. Sie beobachten währenddessen den Funkenüberschlag an jeder Zündkerze: Der Funke muss mit kräftig blauer Färbung an den Elektroden überspringen. Falls nicht, reicht die Überschlagspannung nicht aus oder die Kerze ist verschlissen.

■ Bleiben die beschriebenen Funken gänzlich aus, nehmen Sie zunächst die Zündanlage in Augenschein. Fällt Ihnen dabei nichts auf, prüfen Sie die Spannungsversorgung.

***Mit Massekontakt ablegen:*** Die Zündkerze zum Funkencheck. Am besten können Sie den Zündfunken in dunkler Umgebung erkennen – Vorsicht! Hochspannung!

# Zündkerzen wechseln – spätestens nach 60.000 Kilometern

Dacia empfiehlt dem Logan alle 60.000 Kilometer neue Zündkerzen. Normalerweise halten moderne Zündkerzen tatsächlich so lange. Die Betonung liegt auf »normalerweise«: Es kann durchaus auch passieren, dass Ihr Auto mit jüngeren Kerzen nur unwillig anspringt, oder nach dem Start bzw. beim Beschleunigen ruckelt. Die Störenfriede sind häufig frühzeitig verschlissene Zündkerzenelektroden oder unsichtbare Haarrisse im Keramikisolator. Die Risse nehmen bei Kaltstarts oder feuchter Witterung gerne kondensierenden Kraftstoff oder Wasser aus der Umgebungsluft auf. Und weil jeder Zündfunke grundsätzlich den Weg des geringsten Widerstands geht, führt der auf dem schnellsten Weg an Masse. Sollten Sie alten Zündkerzen misstrauen, fackeln Sie nicht lange, sondern spendieren Ihrem Logan gleich vier neue. Wechseln Sie die Kerzen allerdings nur bei kaltem Motor und mit einem Zündkerzenschlüssel oder, bequemer noch, mit einer speziellen Kerzennuss.

■ Ziehen Sie die Zündkerzenkabel von den Kerzen (8V-Motoren) oder demontieren die Zündmodulleiste (16V), wie beschrieben.

■ Dann lösen Sie alle Zündkerzen zunächst um etwa drei Umdrehungen. Nicht weiter, denn erfahrungsgemäß sind die Kerzenschächte nicht sauber.

■ Blasen Sie die Schächte also vorher gründlich mit Druckluft aus. Ansonsten fällt Ihnen der Dreck geradewegs in die Brennräume ...

■ Sobald die Kerzenschächte sauber sind, schrauben Sie die Zündkerzen ganz heraus. Spezielle Kerzennüsse oder Kerzenschlüssel fixieren die Kerzen in ihrem Schaft.

■ Legen Sie die demontierten Kerzen außerhalb des Motorraums in der Reihenfolge der Zylinder ab. Prüfen Sie jedes Kerzengesicht, vergleichen Sie die Kerzen auch untereinander. Alle sollten möglichst gleich hellbraun mit dunkelgrauem Rand aussehen. Falls die Zündkerzen unterschiedlich aussehen, liegt eine Fehlfunktion vor. Ergründen Sie dann die Ursache.

■ Zur Montage setzen Sie die Kerzen unbedingt gerade in den Gewindebohrungen an. Doch vorab bestreichen Sie die Kerzengewinde leicht mit hitzebeständiger Kupferpaste. Erst dann drehen Sie alle Kerzen handfest in die Kerzenlöcher und ziehen Sie mit dem Zündkerzenschlüssel noch eine Viertelumdrehung (90 Grad) weiter an. Dies entspricht dann etwa dem vorgeschriebenen Anzugsdrehmoment.

■ Montieren Sie gebrauchte Zündkerzen, reinigen Sie das Kerzengewinde vor der Montage gründlich mit einer Messingbürste und fetten es dann leicht mit Kupferpaste ein. Zur Montage verfahren Sie wie bei neuen Zündkerzen. Den Kerzenschlüssel drehen Sie allerdings nur um rund 15 Grad weiter (der Dichtring an gebrauchten Kerzen ist ja bereits gepresst).

■ Beenden Sie die Montage in umgekehrter Reihenfolge.

**WISSENSWERTES**

### Zündkerze sitzt fest

Bei festgebackenen Zündkerzen wenden Sie auf keinen Fall Gewalt an. Ihre Kraft könnte ansonsten dem Kerzengewinde im Zylinderkopf den Garaus machen.

Fahren Sie in diesem Fall den Motor warm und versuchen dann, die Kerze zu lösen. Vorsicht – am heißen Motor können Sie sich schnell die Hände verbrennen.

Warten Sie mit der Montage der neuen Kerzen, bis der Motor abgekühlt ist. Unsere Empfehlung hat auch einen technischen Hintergrund – die Materialien der Zündkerze und des Zylinderkopfs dehnen sich unterschiedlich aus: Kalte Zündkerzen, in einen heißen Motor implantiert, sitzen später bombensicher bombenfest ...

Tragen Sie beim Eindrehen der neuen Kerzen einen dünnen Film Kupferpaste auf die Gewindegänge auf, dieser verhindert meist ein »Festbacken« der Kerzen.

### Zündmodul und Kabel – das sollten Sie im Auge halten

*Sobald Sie den Motor mit abgezogenen Zündsteckern starten, kann das dem zentralen Steuergerät den Garaus machen. Klemmen Sie vorab also unbedingt die Zündung ab. Es reicht, wenn Sie den Mehrfachstecker vom Zündmodul ziehen.*

- Haben die Kabelanschlüsse und Mehrfachstecker festen Kontakt zum Steuergerät?
- Ein lose aufgestecktes Zündmodul leitet den Zündstrom in die Irre, es kann Kriechströme und unkontrollierte Funkenüberschläge provozieren. Der Motor stottert …
- Vagabundierende Zündfunken hinterlassen auf ihrem Weg meistens Brandspuren.
- Checken Sie die Kerzenstecker mitsamt Zündmodul entsprechend penibel.
- Inspizieren Sie ebenso die Anschlussklemmen. Haben Sie satten Kontakt zu den Steckern – sind Sie oxidiert?
- Reinigen Sie – vornehmlich im Winter – die Anschlusskabel von Streusalz- oder Kalkablagerungen.

# Die Kraftstoffversorgung

Der Logan-Kraftstofftank liegt im hinteren Bereich der Bodengruppe unterhalb der Fondbank. Es ist ein tiefgezogener Kunststoffbehälter mit 50 Liter Fassungsvermögen. Die Ottoversionen des Logan befördern ihren Lebenssaft mit einer elektrischen Intank-Kraftstoffpumpe bis unter die Motorhaube. Der Diesel saugt seinen Lebenssaft mit einer integrierten Förderpumpe in die Hochdruckpumpe. In beiden Fällen hat der Logan-Tank keine Ablassschraube. Sollten Sie irgendwann also den Tank demontieren oder seine Innereien näher in Augenschein nehmen müssen, entleeren Sie vorab das Reservoir über den Einfüllstutzen.

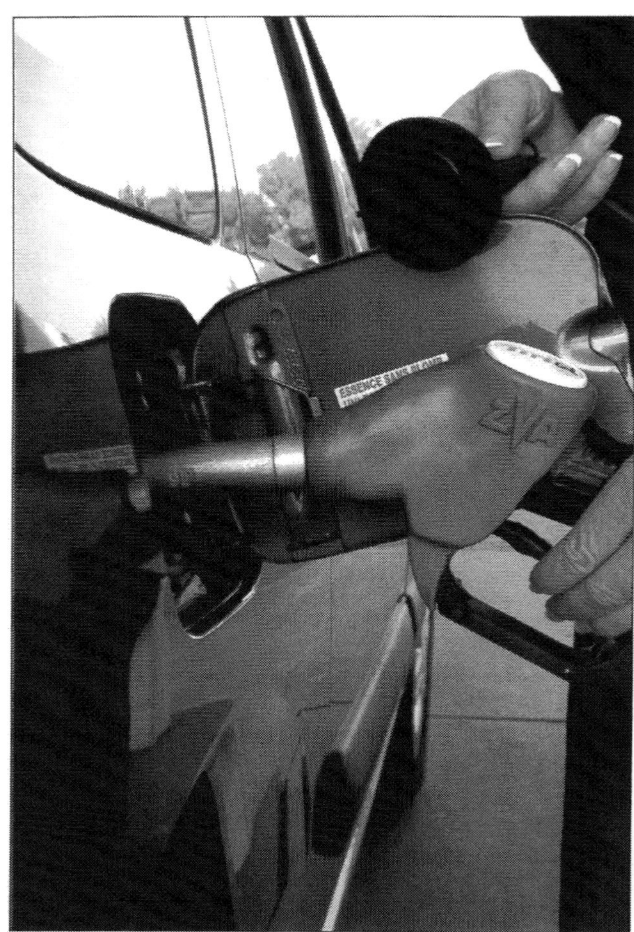

***Fasst maximal 50 Liter:*** der Kunststofftank im Logan.

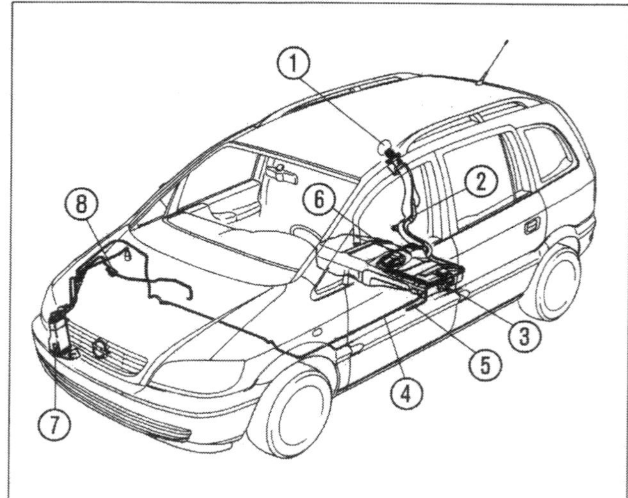


***Werden bei laufendem Motor eingespeist:*** Kraftstoffdämpfe aus dem Tank. (1) Tankeinfüllstutzen; (2) Einfüllstutzenbe- und -entlüftung; (3) Kraftstofffilter; (4) Kraftstoffförderleitung; (5) Tankentlüftungsleitung; (6) Intank-Kraftstoffpumpe; (7) Aktivkohlefilter; (8) Tankentlüftungsventil.

### Ausgeklügelt – das Tankbelüftungssystem

Die Kraftstoffpumpe der Ottomotoren ist kombiniert mit dem Kraftstoffvorratsanzeiger (Tankgeber). Um Verunreinigungen und Kondensate zu binden, sitzt

## Kraftstoff – Begriffe und Normen

WISSENSWERTES

**Normal-/Superbenzin:** Fast identische Reinheitsgrade, Verdampfungsverhalten (wichtig für Entzündbarkeit) und Energiebilanzen (Heizwert je Kilogramm Kraftstoff). Entscheidender Unterschied: Super hat eine höhere Klopffestigkeit als Normalbenzin.

**Diesel:** Ein Kraftstoff, der die physikalischen Eigenschaften des Selbstzünders perfekt bedient. Durch die hohe Zündwilligkeit des Dieselkraftstoffs und das extrem hohe Verdichtungsverhältnis in Dieselmotoren läuft die Verbrennung kontrolliert in Sekundenbruchteilen ab. Für Ottomotoren wäre Dieselöl freilich pures Gift – binnen weniger Sekunden würde der Motor absterben und die Zündkerzen verölen, bzw. gnadenlos verrußen.

**Sommer-/Winterdiesel:** Sommerdiesel, nach DIN 51 601, paraffiniert schon bei geringen Minustemperaturen. Er kommt zwischen Frühjahr und Herbst ohne Fließverbesserer an die Zapfsäule. Danach ist Winterdiesel mit einem geringen Anteil an Fließverbesserern angesagt. Winterdiesel bleibt bis etwa -10 °C filtergängig und behält seine Fließfähigkeit laut DIN-Norm bis -12 °C. Erfahrungsgemäß können Sie handelsüblichem Winterdiesel jedoch Minustemperaturen bis etwa -22 °C zutrauen.

**Autogas »LPG« (Liquified Petroleum Gas):** LPG fällt als Abfallprodukt bei der Benzinherstellung aus Erdöl an. Autogas (DIN EN 589) ist ein Gemisch aus Propan (C3H8) und Butan (C4H10). Das wird bei geringem Druck (10 bar) flüssig. Daher sind LPG-Tanks und -Leitungen nur für niedrigen Druck ausgelegt. Der wesentlich höhere Arbeitsdruck einer Erdgastankstelle beispielsweise würde den LPG-Tank unweigerlich zum Bersten bringen.

**Erdgas »CNG« (Compressed Natural Gas):** CNG kommt in fossilen Lagerstätten vor. Es besteht hauptsächlich nach DIN-51624 aus Methan (CH4). Komprimiertes CNG wird unter hohem Druck (200–240 bar) gasförmig. Erdgastanks und -Leitungen müssen im Auto dementsprechend ausgelegt sein. Erdgasmotoren sind nicht für LPG geeignet.

Ähnlich wie Ottokraftstoff kommt CNG in unterschiedlichen Güteklassen in den Handel: H-CNG, L-CNG sind die Bezeichnungen.
H-CNG (High caloric-Gas) hat einen Methananteil zwischen 87 und 99,1 Volumenprozent (Vol.-%). L-CNG (Low caloric-Gas) erreicht einen Methanolanteil zwischen 79,8 und 87 Vol.-% liegt. Das Methanol-dichtere und leistungsfähigere H-CNG hat zudem einen geringeren Stickstoff- (N2) und Kohlendioxidanteil ($CO_2$).

**Klopffestigkeit:** Je höher der Kompressionsdruck umso besser der thermische Motorwirkungsgrad. Doch wenn der Kraftstoff in Ottomotoren zur Selbstentzündung neigt, kommt es zu unkontrollierten Verbrennungen – der Motor klingelt. Superkraftstoff verkraftet höhere Verbrennungsdrücke als Normalbenzin, er neigt weniger zur Selbstentzündung.
Haben Sie Ihren Logan aus Versehen mit Normalbenzin betankt, wird er Ihnen, wenn Sie aus niedrigen Drehzahlen heraus voll beschleunigen, den Lapsus mit lauten Klingelgeräuschen quittieren. Um ernsthafte Schäden zu umgehen, sind die ECOTEC-Motoren daher mit einem Klopfsensor bestückt. Sobald der Sensor ungewohnte Schwingungen am Motorblock bemerkt, passt er den Zündzeitpunkt sukzessive dem schlechteren Kraftstoff an. Gehen Sie dann etwas sensibler und ruhiger mit dem Gaspedal um und verlangen dem Motor bis zum nächsten Tanken allenfalls mittlere Drehzahlen ab.

**Oktanzahl:** Steht für die Klopffestigkeit des Kraftstoffs. An der Zapfsäule finden Sie in der Regel die Bezeichnung »ROZ« (Research-Oktanzahl), seltener die Spezifikation »MOZ« (Motoroktanzahl). Die Oktanzahlwerte für die Mindestanforderungen an bleifreien Kraftstoff beschreibt heutzutage die grenzenübergreifende Euro-Norm EN 228.

**Cetanzahl:** Eine reine, im Labor ermittelte Verhältniszahl. Steht für die Zündwilligkeit eines Kraftstoffs. Dem sehr zündwilligen Cetan wird die Zahl 100 zugeordnet, dem extrem zündunwilligen Vergleichskraftstoff Methylnaphthalin dagegen eine 0. Die Cetanzahl gibt an, wieviel Volumenprozent Cetan ein Gemisch mit Methylnaphthalin enthalten müsste, um die gleiche Zündwilligkeit wie der zu messende Kraftstoff zu haben. Beim Diesel soll sie 45 betragen.

ein Kraftstofffilter im Pumpenmodul. Die Kraftstoffvor- und -rücklaufleitung kommen zusammen mit dem Tankgeber aus dem Tank. Ihre Anschlüsse sind als leicht lösbare Schnellverschlüsse konstruiert. Ein Sicherheitsventil regelt die Be- und Entlüftung. Die im Tank oberhalb des Kraftstoffspiegels entstehenden Gase sammelt ein Aktivkohlefilter und speist sie bei laufendem Motor in das Luftfiltergehäuse und somit in den Ansaugtrakt ein.

## Der Kraftstoff

Unisono verbrennen die Logan Ottomotoren Super (ROZ 95), bzw. LPG. Sie können sie jedoch auch mit Super Plus (ROZ 98) füttern. Das macht ab und an durchaus Sinn: Zum Beispiel, wenn Ihr Logan im Gespannbetrieb oder bei hohen Außentemperaturen ständig Höchstleistungen abliefert. Mitunter sinkt der Kraftstoffverbrauch mit Super Plus sogar geringfügig. Doch wenn's ums Sparen geht, haben Ihr eigener Gasfuß und der richtige Umgang mit dem Schalthebel unvergleichlich mehr Einfluss auf den Appetit ihres Autos als hochoktaniger Super-Plus-Saft.

***Gleichgeschaltet:*** die Preise für Super oder Normalbenzin. Bei Diesel oder Gas sind erhebliche Preisunterschiede an der Tagesordnung.

### GEFAHRENHINWEISE – Vorsicht ist angebracht

Kraftstoffdämpfe in konzentrierter Form sind giftig und greifen Ihre Atmungsorgane an. Im Umgang mit Kraftstoffen ist Vorsicht das höchste Gebot. Nehmen Sie Wartungsarbeiten und Reparaturen an der Kraftstoffanlage niemals auf die leichte Schulter. Gehen Sie vor allem beim Entleeren des Kraftstoffbehälters umsichtig zu Werke und treffen folgende Sicherheitsvorkehrungen:

- Halten Sie einen $CO_2$-Pulver- oder Schaumlöscher der Brandklasse B griffbereit.
- Entleeren Sie Kraftstoffbehälter **niemals** über einer Grube: Die entweichenden Gase sind schwerer als Luft und könnten unter Ihrem Wagen über mehrere Stunden ein hochexplosives Gemisch bilden.
- Entleeren Sie Tanks entweder im Freien oder in exzellent durchlüfteten Räumen. Dazu benötigen Sie eine kraftstoffresistente Handpumpe (z.B. Balgen-Schlauchpumpe). Versuchen Sie auf keinen Fall, den Kraftstoff aus der oberen Tanköffnung auszugießen oder mit einem Schlauch per Mund abzusaugen – Vergiftungsgefahr!
- Klemmen Sie **vorher** die Batterie an beiden Polen ab.
- Stellen Sie sicher, dass während der Arbeit mit Kraftstoff keine eingeschalteten elektrischen Geräte, offenen Flammen, Wärme- und Funkenquellen im Raum sind.
- Füllen Sie Kraftstoff nur in verschließbare, klar beschriftete und resistente Gefäße um. Dazu gibt's spezielle Behälter mit Flammschutz und Druckausgleichsverschluss.
- Leere Kraftstofftanks sind über längere Zeit wie explosive Gasometer. Halten Sie sich in ihrer Nähe also mit offenen Flammen zurück – es besteht latente Explosionsgefahr.

***Kraftstoff:*** Entzündlich, giftig, umweltschädigend

## Mit gebotener Vorsicht kein Problem – Kraftstoffleitungen und Schläuche demontieren (allgemein)

**Vorsicht:** Das Kraftstoffsystem steht bei Einspritzanlagen auch dann noch unter Druck, wenn der Zündschlüssel bereits längere Zeit abgezogen war. Bandagieren Sie die Montagestellen deshalb grundsätzlich mit einem Putzlappen und tragen eine Schutzbrille.

■ Lösen Sie die Schnellkupplungen bzw. Schraubanschlüsse.

■ Bei Quetschklemmen »fahren« Sie mit einem feinen Schraubendreher unter die Schelle und lockern sie, indem Sie den Schraubendreher seitlich hin- und herhebeln.

■ Ziehen Sie den Schlauch mit Drehbewegungen ab. Gelingt Ihnen das nicht, setzen Sie hinter das Schlauchende einen kleinen Gabelschlüssel an und pressen den Schlauch mit dem »Schlüsselmaul« ab.

■ Montieren Sie die Schläuche nicht mit Quetsch- sondern mit Schraubschellen.

■ Dichten Sie Schraubflansche grundsätzlich mit neuen Dichtungen ab.

## Kraftstofffilter wechseln

### Werkzeug:

Ratsche, Verlängerung,
Zündkerzennuss,
T27 Torxschraubendreher

■ Klemmen Sie das Batteriemassekabel ab und »ziehen« im Sicherungskasten die Kraftstoffpumpensicherung.

■ Starten Sie hernach den Motor und lassen ihn so lange laufen, bis ihm der »Saft« ausgeht.

■ Stecken Sie nun die Kraftstoffpumpensicherung wieder ein, bocken die Hinterachse Ihres Logan standsicher auf und …

■ … stellen einen Auffangbehälter unter den Kraftstofffilter (links neben dem Tank).

■ Ziehen Sie die Kraftstoffleitungen vom Filtergehäuse ab – Dacia-Schrauber nutzen das Spezialwerkzeug MOT-1265.

■ Öffnen Sie hernach die Klemmschelle und ziehen den Filter heraus.

■ Den neuen Filter montieren Sie in umgekehrter Reihenfolge. Achten Sie auf die richtige Durchflussrichtung (Richtungspfeil am Gehäuse).

■ Starten Sie nun den Motor, lassen ihn kurz durchlaufen und checken derweil sämtliche Schlauchschellen auf Dichtheit.

■ Entsorgen Sie den alten Filter als Sondermüll.

***Abschreckendes Beispiel:*** Dieser Filterwechsel ist längst überfällig. Achten Sie zum Wechsel auf den Gehäusepfeil (Pfeile), er verweist auf die Durchflussrichtung im Gehäuse.

# Das Abgassystem

*Im Neuzustand einteilig:* die Auspuffanlage im Logan. Im Bild der Endschalldämpfer im Detail.

Den Ersatzbedarf deckt Dacia mit Serviceanlagen ab. Zur Montage des Serviceparts teilen Sie jeweils die Produktionsanlage an den entsprechenden Stellen und setzen dann das Neuteil mit neuem Montagematerial dazwischen. Außer einer festen Halterung fixieren den Auspuff an exponierten Stellen mehrere Weichgummihalterungen. Sie halten die Anlage nahezu vibrations- und spannungsfrei in der Waage und auf erforderliche Distanz zum Unterboden.

## Erfahrungssache – so bearbeiten Profis den Auspuff

Der Reparaturerfolg an einer rostigen Abgasanlage ist meist nur von kurzer Dauer: Stark oxydierte Bleche sind nicht mehr dauerhaft zu schweißen. Auch Auspuffkitt und Bandagen halten Rost nur vorübergehend beieinander, direkt neben der Reparaturstelle blüht es dann schnell weiter. Abgasanlagen mit mehr als einem Schalldämpfer haben die unangenehme Eigenschaft, dass, nur wenige Monate nach dem Austausch des ersten, auch der zweite Schalldämpfer perforiert ist. Werkstätten wechseln Abgasanlagen deshalb gerne komplett.

**Unser Tipp:** Bevor Sie Hand anlegen, nehmen Sie den Auspuff Ihres Logan genau in Augenschein und entscheiden erst danach, ob Sie Einzelteile oder besser doch die komplette Anlage erneuern möchten.

- Bocken Sie Ihren Logan standfest auf.
- Falls Sie festgerostete Verschraubungen nicht mehr lösen können, versuchen Sie's anders herum – meistens reißen überzogene Schrauben nämlich ab.
- Verwenden Sie zur Montage grundsätzlich neue Schrauben, Federringe, Muttern und Dichtungen.
- Erneuern Sie gleichfalls alle Haltegummis. Der neue Auspuff hängt dann rüttelsicher in der Waage und verspannt nicht so leicht.
- Schützen Sie Ihre Hände, die Augen und das Umfeld der Arbeitsstelle mit robusten Arbeitshandschuhen, einer Arbeitsbrille bzw. einer feuerfesten Zwischenlage.
- Haben Sie den Auspuff bereits früher teilweise erneuert, trennen Sie die Steckverbindungen der Rohrenden am besten in erhitztem Zustand. Werkstätten nutzen dazu einen Schweißbrenner – ein guter Propangasbrenner tut's in der Regel auch.

**Praxistipp:** Bevor Sie den Brenner anfeuern, versuchen Sie es zunächst mit Rostlösemitteln. Sobald offenes Feuer mit ins Spiel kommt, stellen Sie zudem einen Feuerlöscher griffbereit.

- Trennen Sie Rohre und Flanschen mit kräftigen Drehbewegungen. Evtl. erleichtern Ihnen gezielte Hammerschläge auf das Außenrohr die Arbeit.
- Bleiben Sie damit erfolglos, flexen oder sägen Sie Steckverbindungen knapp 10 Zentimeter hinter der Verbindungsstelle ab. Den Rest des Rohrs schlitzen Sie dann bis zur Trennstelle in Längsrichtung auf und schälen es hernach mit einem kräftigen Schraubendreher ab.
- Auspuffschrauben lassen sich später leichter lösen, wenn Sie vor der Montage hitzebeständige Kupferfettpaste auf die Gewinde verstreichen. Gleiches gilt erst recht für Steckverbindungen.
- Checken Sie alte Gummistegschlaufen auf Brüchigkeit, Einrisse oder sonstige Beschädigungen. Zur Kontrolle rütteln Sie den Auspuff am Endrohr kräftig hin und her.

### Die Auspuffaufhängung

WISSENSWERTES

Motorseitig ist das Auspuffsystem an einem Zwei- bzw. Dreipunktflansch fest mit dem Auspuffkrümmer verschraubt. Unter dem Fahrzeugboden hängt es allerdings frei schwingend in Gummistegschlaufen. Wenn der Auspuff erst dröhnt und knallt oder gar an den Unterboden anschlägt, trauen Sie keiner Schweißnaht, keinem Schalldämpfer und erst recht keiner alten Aufhängungsschlaufe mehr. Inspizieren Sie den rostigen Rest penibel, schrecken Sie dabei auch vor Hammerschlägen nicht zurück.

■ Überprüfen Sie am Krümmerflansch sämtliche Verschraubungen auf festen Sitz.

■ Starten Sie den Motor und verstopfen das Auspuffendrohr mit einem Lappen. Schon nach kurzer Zeit muss der Motor absterben. Falls nicht, ist die Anlage undicht. Achten Sie auf zischelnde Geräusche unter dem Logan.

■ Laute Verbrennungsgeräusche und helles Petschen im Schiebebetrieb verraten untrüglich einen defekten Auspuff.

■ Klopfen Sie gründlich alle Schalldämpfer und Rohre mit Hammerschlägen ab.

■ Vergessen Sie auch die Schalldämpferstirnseiten nicht. Hämmern Sie übrigens nicht zu zaghaft, ein gesunder Auspuff verträgt das. Auf gesundem Blech klingen Ihre Schläge trocken und hell, morsches Blech erkennen Sie an dumpfen Klopfgeräuschen.

***Besser gleich komplett erneuern:*** Gummistegschlaufen.

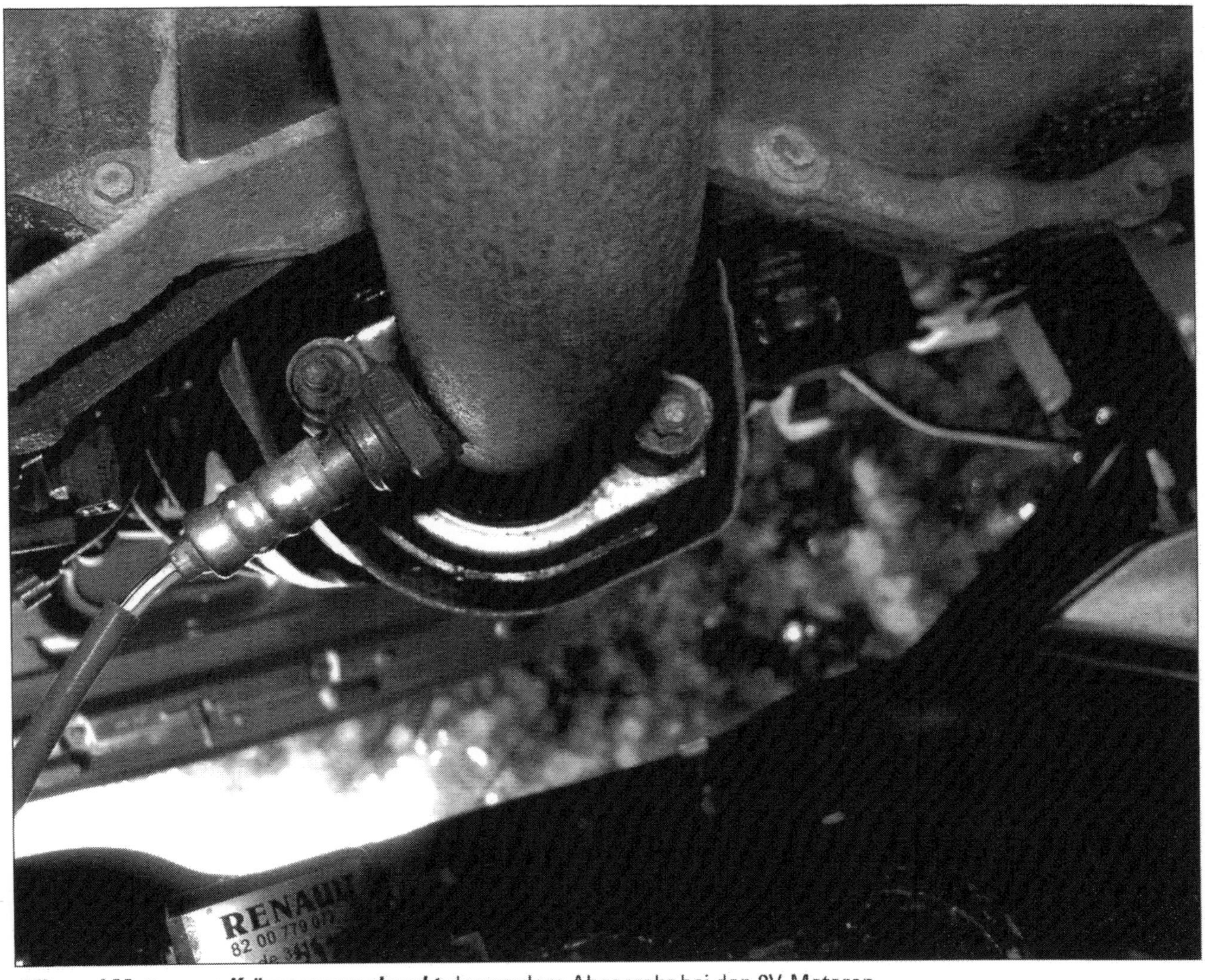

***Mit zwei Muttern am Krümmer verschraubt:*** das vordere Abgasrohr bei den 8V-Motoren.

# Hier entscheidet Ihr Portemonnaie – Auspuffkomplett- oder -teilreparatur

Aufgrund der Zulassungszahlen beschreiben wir Ihnen die Demontage bei den 8V-Ottomotoren. Der grundsätzliche Aufwand an den beiden Selbstzündern sowie am 16V ist vergleichbar. Für den Fall, dass Sie nur Einzelteile erneuern möchten, berücksichtigen Sie eben nur den entsprechenden Reparaturabschnitt. Denken Sie beim Ersatzteilkauf daran, dass Sie generell alle Schrauben, Muttern, Dichtungen, Dichtringe und spröden Haltegummis erneuern.

## Werkzeug:

Ratsche, Verlängerung, 13er-Stecknuss,
Schlitzschraubendreher,
Rohrschneider

■ Lassen Sie sich bei dieser Arbeit assistieren.

■ Klemmen Sie das Batteriemassekabel ab und ...

■ ... bocken den Wagen standfest auf.

■ Um die gesamte Anlage demontieren zu können, entfernen Sie, je nach Modell, die untere Motorraumverkleidung.

■ Danach lösen Sie das vordere Auspuffrohr am Befestigungsflansch, hängen alle Aufhängungsgummis aus und...

■ ... senken den Auspuff vorsichtig ab.

■ Vor der Montage bestreichen Sie die Schiebestücke und neuen Dichtungen beidseitig mit zähem Fett. Die gefettete Krümmerflanschdichtung pappen Sie zunächst einfach an den Flansch und hängen dann den neuen Auspuff locker mit zwei Schrauben davor.

■ Achten Sie vorab darauf, dass die Dichtung exakt vor den Schraublöchern sitzt.

■ Jetzt komplettieren Sie den Auspuff Schritt für Schritt nach hinten und hängen die Anlage mit neuen Gummischlaufen auf. Vergessen Sie nicht, die Schlaufen vorher einzufetten.

■ Sobald die Anlage in Reih und Glied hängt, richten Sie die Rohre unter dem Wagenboden aus. Dazu ...

■ ... rütteln Sie den Auspuff am Endrohr kräftig hin und her. Falls er nicht mit dem Bodenblech kollidiert, ziehen Sie den vorderen Schraubflansch mit 20 Nm und, im Falle einer Reparaturlösung, die Rohrschellen mit 45 Nm fest.

■ Starten Sie den Motor und halten danach das Auspuffendrohr zu. Falls der Motor keine Anstalten macht abzusterben, ist die Anlage irgendwo undicht. In dem Fall ziehen Sie sämtliche Schraubverbindungen nach und checken die Dichtflächen – danach geben Sie dem Motor und Ihrer Arbeit dann eine zweite Chance...

### So wird der Auspuff dicht

WISSENSWERTES

Verwenden Sie zu jeder Auspuffreparatur generell neue Dichtungen und Schrauben: Unbenutzte Dichtungen sind noch nachgiebig und passen sich daher den Flanschen besser an. Neue Schrauben sind einfach schneller zu handhaben. Vergessen Sie auch nicht, sämtliche Dichtflächen vor der Montage zu planen sowie die Stehbolzen und Schrauben mit hitzefester Kupferpaste einzustreichen. Die Chancen, dass Ihr Auspuff dann auf Anhieb dicht wird, sind so wesentlich größer. Undichte Anlagen klingen übrigens nicht nur nach Hinterhof, sondern sie wirken sich zudem negativ auf die Motorleistung und das Abgasverhalten aus.

***Vom Rost gefressen:*** Irgendwann landet jeder Auspuff auf dem Schrott. Investieren Sie keine Reparaturzeit in marode Schalldämpfer und Rohre.

## Umgang mit dem Kat

WISSENSWERTES

– Wenn eine leere Batterie Ihren Logan nicht anspringen lässt, schleppen oder schieben Sie den Wagen nicht allzu lange an. Währenddessen könnte unverbrannter Kraftstoff den Katalysator ertränken.
– Zündaussetzer oder Fehlzündungen verraten Unregelmäßigkeiten an der Zündanlage. Gehen Sie schnellstens den Symptomen nach bzw. beordern einen Fachmann mit Messequipment an Ihren Logan.
– Bevor Sie frischen Unterbodenschutz auftragen, packen Sie vorab den Katalysator gut ein, ansonsten könnte es danach unter dem Logan-Bauch zündeln.
– Kontrollieren Sie gelegentlich auch den Hitzeschutz über dem Katalysator auf Beschädigungen.
– Ein undichter Auspuff (verbrannte Dichtung, Hitzerisse, Rostschäden, etc.) vor der Lambdasonde verfälscht die Messwerte (erhöhter Sauerstoffanteil). Folglich reichert das elektronische Motormanagement das Gemisch an.
Sie sponsern in dem Fall den Irrtum der Elektronik mit überhöhtem Kraftstoffverbrauch und vorzeitig alterndem Katalysator.

## Sportauspuff nachrüsten

WISSENSWERTES

Wenn Ihnen die Optik der Serien-Auspuffanlage zu fad erscheinen sollte oder Ihnen das Serienrohr nicht sonor genug tönt, kommt eventuell ein so genannter Sportauspuff des freien Handels in die engere Wahl. Der Endtopf des Logan ist relativ einfach gegen ein sportliches Exemplar zu wechseln. Spürbar mehr Leistung sollten Sie von dem Neuen allerdings nicht unbedingt erwarten – ein solcher Sportauspuff dient in erster Linie der Optik. Wir raten Ihnen allerdings von Anlagen mit getrennten Endrohren ab. Denn die Doppelrohrversion bedingt erfahrungsgemäß eine modifizierte Heckschürze. Wenn dann nach Jahren der verrostete Dämpfer nicht mehr verfügbar ist, stehen Sie mit dem angepassten Abschlussblech allein im Regen. Informieren Sie sich per Internet in Logan-Foren und entscheiden sich auf keinen Fall für eine Anlage ohne EWG-Betriebserlaubnis.

# Die Kraftübertragung

Wie viele Kilowatt Ihr Logan tatsächlich an den Antriebsrädern abliefert, bestimmt allein Ihr Gasfuß. Sobald das theoretische Leistungsangebot allerdings nicht mehr zur Motordrehzahl bzw. zur Momentangeschwindigkeit passt, liegen all die Kilowatt wie gelähmt an der Kette. Grund: Jeder Verbrennungsmotor ist nur in einem ganz begrenzten Drehzahlfenster leistungswillig. Den Zusammenhang zwischen Drehzahl, Leistung und Geschwindigkeit erhellen Ihnen Leistungsdiagramme, deren Drehmomentlinien das Verhältnis von Motorleistung und Drehzahl ins Verhältnis setzen.

## Theorie und Praxis – sparen mit Hintergrund

Theoretisches Wissen allein bringt Ihren Logan freilich nicht in Schwung: Sie müssen Ihre Erkenntnisse schon beherzt in die Praxis umsetzen. Denn sobald Motordrehzahl und Geschwindigkeit mit dem richtigen Gang korrespondieren, rollt Ihr Auto weder lustlos dahin, noch hängt es nervös am Gaspedal. Falls Sie das Wissen um die Zusammenhänge zwischen Drehzahl und Drehmoment womöglich auf Ihre Fahrpraxis übertragen möchten, begreifen Sie Ihren Fahrstil fortan nicht als nervendes Korsett, sondern als Herausforderung, Ihren Wagen mit möglichst geringer Motordrehzahl verbrauchsgünstig in einem möglichst hohen Drehmomentbereich zu fahren.
Dacia verkuppelt die Logan-Motoren via Fünfgang-Schaltgetriebe mit den Vorderrädern. Die Getriebe sind alte Bekannte aus dem Renault-Fundus, sie halten auch die Renault-Modelle Mégane, Laguna und Modus mobil. Hier wie dort zeichnet Sie eine Zweiwellen-Architektur und Doppelkonus Synchronisation aus. Die Gänge schalten per Seilzug, ein Garant für relativ kurze Schaltwege und leichte Gangwechsel.
Die drei kurz abgestimmten unteren Gänge erlauben Ihnen kraftvolle Beschleunigungsvorgänge – auch mit voller Zuladung an Bord. In beiden oberen Fahrstufen geht es dann weniger um Geschwindigkeitsaufnahme denn um sparsames, geräuscharmes Fahren mit niedriger Motordrehzahl.

## Mit wenig Gas »dahin rollen« – das senkt die Spritkosten

Beschleunigen Sie daher stets zügig (Gaspedal schnell etwa 2/3 durchtreten) und schalten möglichst früh in den nächst höheren Gang. Sobald Sie Ihre Wunschgeschwindigkeit erreichen, lassen Sie den Wagen möglichst im größten Gang und mit wenig Gas dahinrollen. Drehen Sie den Motor lediglich beim Überholen oder Einspuren in den fließenden Verkehr höher auf. Außerdem sollten Sie den Motor auch während kurzer Stopps, beispielsweise vor Eisenbahnschranken, Baustellenampeln oder im Stau, abstellen: Das rechnet sich bereits nach 5 bis 7 Sekunden – und die Umwelt profitiert auch davon. Unsere Tipps konsequent umgesetzt, senken automatisch Ihre Tankrechnungen: Bis zu 20 Prozent Minderverbräuche sind keine Seltenheit – und zwar ohne zu trödeln, bei Überholvorgängen zu verhungern oder die Tachonadel ständig in den Keller zu schicken.
Damit Drehmoment und Geschwindigkeit möglichst effizient harmonieren, bekommt der Logan ab Werk ein Fünfganggetriebe mit auf den Weg. Die Getriebe der Ottoversionen sind identisch, die Schaltboxen der beiden Dieselmodelle sind dagegen unterschiedlich ausgelegt.

## Manuelle Schaltgetriebe – so wechseln die Gänge

Damit Ihr Logan leichtfüßig aus dem Stand beschleunigt, sind seine Antriebsräder auf ein möglichst großes Drehmoment angewiesen. Wie allerdings die Leistungskurven der Benziner belegen, unterhalb eintausend Umdrehungen halten sich die Newtonmeter noch dezent im Hintergrund. Darum erleichtert der erste Gang, mit einer Übersetzung ins Langsame, den Motoren relativ schnel,l Drehzahl anzunehmen. Ab dem fünften Gang (Diesel, 4-/5-Gang) verhält es sich genau umgekehrt: Hier wird eine Übersetzung ins Schnelle wirksam.
Die Motorleistung gelangt via Kupplung auf die Getriebeantriebswelle (Eingangswelle) mit ihren schräg verzahnten Gangrädern. Die passenden Pendants dazu sitzen allesamt auf der Abtriebswelle. Als Pärchen stehen zwar alle Gangräder in ständigem Kontakt zueinander, fest verkuppelt ist jedoch immer nur das gerade genutzte Gangradpaar.
Bis die Gangräder der Hauptwelle festen Kontakt zu ihren Konterparts auf der Vorgelegewelle aufnehmen, rotieren sie frei ineinander. Erst wenn ein Gang eingelegt wird, ist das betreffende Zahnradpaar kraftschlüssig verbunden. Der Schalthebel wirkt auf eine Schaltgabel, die über eine Schiebemuffe den Kraftschluss der Gangräder ermöglicht. Damit die Zahnräder während des Schaltvorgangs geräuschlos und schnell zueinander finden, bringen Synchronringe die Getriebewellen auf gleiche Drehzahl: Dazu bremsen sie die schnellere Welle in einem Anlaufkonus so lange ab, bis die Schiebemuffe das neue Gangradpärchen geräuschlos miteinander verkuppelt.

## Erst mit drei Zahnrädern komplett – der Rückwärtsgang

In allen Vorwärtsgängen sind grundsätzlich zwei Zahnräder im Spiel. Lediglich der Rückwärtsgang bemüht ein Zahnradtrio. Das dritte Zahnrad, auch Zwischenrad genannt, läuft unbelastet auf einer eigenen Welle. Es wird immer dann kraftschlüssig, wenn es gilt, zur Rückwärtsfahrt eine Drehrichtungsänderung der Abtriebswelle zu bewirken.

## Trennt Motor und Getriebe vor jedem Gangwechsel – die Kupplung

In Autos mit manuellem Schaltgetriebe unterbricht die Kupplung während jedes Anfahr- oder Schaltvorgangs den Kraftfluss zwischen Motor und Getriebe. Ihre Existenz ermöglicht weiche Anfahrvorgänge und ruckfreie Gangwechsel.

***Teamarbeit:*** Eine funktionsfähige Trockenkupplung besteht grundsätzlich aus der Kupplungsscheibe (Mitnehmerscheibe) (1), der Kupplungsdruckplatte (Automat) (2) und dem Ausrücklager (3). Im Logan wird die Membranfeder der Kupplungsdruckplatte mechanisch über Seilzug betätigt. Das Kupplungsspiel wird automatisch korrigiert.

## Letzte Instanz vor den Antriebsrädern – der Achsantrieb

Als letzte Instanz auf dem Weg zu den Antriebsrädern passiert das Motordrehmoment den Achsantrieb. Die vom Getriebe angelieferten Drehzahlen variiert der Achsantrieb ins Langsame, demzufolge steigt das Drehmoment an den Antriebsrädern.

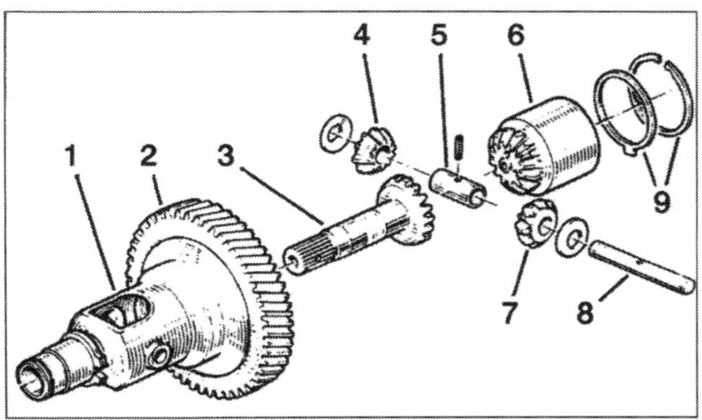


***Im Getriebegehäuse montiert:*** Der Achsantrieb. (1) Differenzialgehäuse, (2) Tellerrad, (3) Getriebeausgangswelle, (4, 7) Satelliten-Kegelräder, (5) Distanzhülse, (6) Planetenrad, (8) Satellitenachse, (9) Distanz- / Sicherungsring.

## Die Kupplung

In Ihrem Logan arbeitet eine Einscheiben-Trockenkupplung – eine gleichermaßen einfache und zweckmäßige Konstruktion. Für Do-it-yourselfer hat die Trockenkupplung freilich den Nachteil, dass ihre Verschleißteile (Mitnehmerscheibe, Kupplungsdruckplatte) sowie das Ausrücklager nicht ohne weiteres zugänglich sind. Um die Kupplung komplett erneuern zu können, muss zunächst das Getriebe vom Motor getrennt werden: Eine Arbeit, die solides Know-how und Spezialwerkzeuge – beispielsweise einen Kupplungsscheiben-Zentrierdorn – erfordert. Falls Sie da für sich und auf Ihrer Werkbank Defizite erkennen, überlassen Sie den Job besser einer Fachwerkstatt.

## Das Kupplungsspiel

So lange das Kupplungspedal unbelastet ist, steht das Ausrücklager nur in »lockerem« Kontakt zur Tellerfeder der Kupplungsdruckplatte. Mit zunehmender Laufleistung wird der Kontakt, analog zum Verschleiß an der Kupplungsscheibe, jedoch enger: Die Tellerfeder der Druckplatte nähert sich dem Ausrücklager. Sobald das Lager dann ohne Spieltoleranz fest an der Tellerfeder anliegt, entlastet es die Druckplatte: Der Anpressdruck der Mitnehmerscheibe gegen die Anlageflächen von Schwungscheibe und Druckplatte wird geringer. Wird das Spiel nicht mehr korrigiert, rutscht die Kupplung durch – das Drehmoment kommt nicht mehr schlupffrei im Getriebe an. Checken Sie in Ihrem Logan daher regelmäßig zu den Inspektionen das Kupplungsspiel und justieren es, falls erforderlich, an der Einstellschraube des Kupplungszugs so weit, bis der Ausrückhebel etwa 1, 5 – 2, 5 Millimeter Spiel vor dem Ausrücklager hat.
Nur in Ausnahmefällen ist einer der beiden Radialwellendichtringe (Kurbelwelle, Getriebeeingangswelle) undicht und verölt die Kupplungsscheibe. Um die Leckage mitsamt Folgen zu beseitigen, müssen Sie das Getriebe demontieren, sinnvollerweise gleich beide Dichtringe erneuern, die Schwungscheibe samt Druckplatte zumindest entfetten (Waschbenzin, Bremsenreiniger) und die Kupplungsscheibe erneuern

# Kupplungsspiel einstellen

### Arbeitsschritte:

- Stellen Sie den Motor ab, ziehen die Handbremse an, öffnen die Motorhaube und überprüfen das Kupplungsspiel »X1 und X2« am Ausrückhebel.

- Falls der Hebelweg außerhalb des Toleranzbereichs liegt, verstellen Sie die Einstellmutter (1) so lange, bis der Hebelweg stimmt.

- Überprüfen Sie nun Ihre Arbeit bei laufendem Motor. Sollten die Gangwechsel dann kratzen oder die Kupplung schleifen, korrigieren Sie die Einstellung entsprechend.

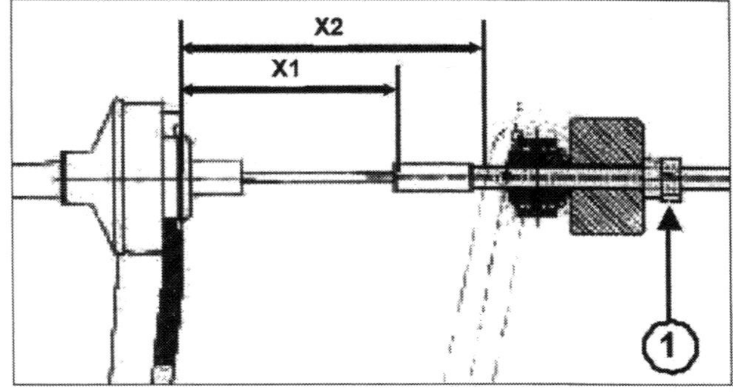


***Am Ausrückhebel präzise messen:*** das Kupplungsspiel.

STÖRUNGSBEISTAND

## Kupplung

| Störung | Was kann das sein? | Was muss ich tun? |
|---|---|---|
| **A Kupplung rutscht im Behälter zu niedrig** | **1** Spiel zu gering. | Grundeinstellung checken. |
| | **2** Kupplungsbeläge verschlissen. | Mitnehmerscheibe erneuern lassen. |
| | **3** Anpressdruck der Kupplung zu gering. | Kupplungsdruckplatte erneuern lassen. Mitnehmer scheibe gleich mit erneuern lassen. |
| | **4** Kupplungsbelag verölt. | Radialwellendichtring an Kurbel- oder Getriebeeingangswelle undicht. Verschlissenen Dichtring erneuern lassen. |
| | **5** Kupplung überhitzt. | Motorschwungscheibe prüfen, ggf. planschleifen, Kupplung komplett erneuern. |
| **B Kupplung trennt nicht** | **1** Siehe A1 | Dichtungen ersetzen, Verschraubungen nachziehen. |
| | **2** Mitnehmerscheibe klemmt auf Getriebewelle. | Kerbverzahnung gründlich reinigen und leicht einfetten. |
| | **3** Mitnehmerscheibe hat Schlag. | Mitnehmerscheibe ersetzen lassen. |
| | **4** Mitnehmerscheibe verzogen oder Belag gebrochen. | Mitnehmerscheibe ersetzen lassen. |
| | **5** Belag nach langer Standzeit an Schwungscheibe festgerostet. | Anfahren, wie unter »Fahren ohne zu kuppeln« beschrieben. Kupplungspedal dauernd durchgetreten halten. Gaspedal ruckartig durchtreten und loslassen, um die Kupplung loszubrechen. Andernfalls schadhafte Teile wechseln lassen. |
| **C Kupplung trennt nicht und rutscht gleichzeitig durch** | Kupplungsautomat defekt. | Auswechseln lassen. |

## Kupplung

| Störung | Was kann das sein? | Was kann ich tun? |
|---|---|---|
| **D Kupplung rupft.** | **1** Siehe A3 | |
| | **2** Motor- oder Getriebeaufhängung locker oder defekt. | Motor- oder Getriebeaufhängung festziehen bzw. ersetzen. |
| | **3** Unebenheiten auf Schwungscheibe oder Druckplatte. | Defektes Teil ersetzen lassen. |
| | **4** Falsche Beläge. Torsionsdämpfer verschlissen. | Mitnehmerscheibe erneuern lassen. |
| **E Kupplungsgeräusche.** | **1** Unwucht der Kupplungsdruckplatte bzw. Mitnehmerscheibe. | Defektes Teil ersetzen lassen. |
| | **2** Torsionsdämpferfeder defekt. | Mitnehmerscheibe ersetzen lassen. |
| | **3** Ausrücklager defekt. | Ausrücklager ersetzen lassen. |
| | **4** Verbindungselemente im Kupplungsautomaten verschlissen. | Kupplungsautomat erneuern. |

## Getriebeölstand checken

Hochlegierte Getriebeöle halten ein Getriebeleben lang – so auch im Logan. Solange das Gehäuse also nicht nässt, ignorieren Sie unseren Wartungshinweis getrost. Übrigens: Im Umfeld der Getriebeentlüftung muss Sie leichter Ölnebel nicht beunruhigen – völlig normal. Seien Sie bei staubtrockener Entlüftung eher misstrauisch, meistens hängen dann bereits Tropfen an den Schaltmanschetten. In diesem Fall reinigen Sie die Entlüftung mit Druckluft. Checken Sie anschließend den Ölpegel im Getriebe und ergänzen die Fehlmenge.

## Wichtig für Funktion und Lebensdauer – das richtige Getriebeöl

Im Logan hält ein Mehrbereichsöl (Tranself TRJ 75 W 80 W) die Getriebeinnereien bei Laune. Für den Fall, dass Sie, beispielsweise nach dem Austausch einer Antriebswelle, den Ölstand ergänzen müssen, bleiben Sie unbedingt der gleichen Ölqualität treu. Ihr Logan-Händler hält den Saft auf Vorrat und da das gleiche Öl ebenfalls von Renault empfohlen wird, natürlich auch der nächstgelegene Renault-Händler. Allerdings zum Einfüllen des zähflüssigen Getriebeöls müssen Sie – ohne professionelles Equipment – viel Geduld aufbringen: Werkstätten heben mit speziellen Saugdruckpumpen den Schmiersaft aus 50-Liter-Fässchen direkt ins Getriebe.

Kleinere Fehlmengen können Sie durchaus effizient mit einer Spritzölkanne und aufgestecktem Verlängerungsschlauch ergänzen. Der Ölpegel sollte etwa 0 – 5 Millimeter unterhalb der Einfüllöffnung stehen.

- Bocken Sie den Vorderwagen standfest auf.
- Zur Ölkontrolle öffnen Sie die Schraube. Wenn das Getriebeöl bis zur Unterkante der Bohrung steht, ist alles o. k. Positionieren Sie aber vorab eine Schüssel

***Nur zur Kontrolle öffnen:*** Die Kontrollschraube am Getriebe.

unter die Öffnung, gegebenenfalls läuft etwas Öl aus dem Getriebe.

■ Falls nicht, ergänzen so lange frisches Öl, bis es über die Kontrollbohrung wieder ausläuft und ziehen die Kontrollschraube mit 25 Nm fest.

## Nicht zu überhören – wenn Antriebswellen Geräusche machen

Die Lebensdauer von Antriebswellen hängt natürlich von Ihrer Fahrweise ab. Vermeiden Sie Sprintstarts mit durchdrehenden Antriebsrädern und erst recht mit eingeschlagenen Vorderrädern. Geräusche, die einen Defekt signalisieren, treten erfahrungsgemäß von jetzt auf gleich auf. Lassen Sie sich nicht täuschen – auch wenn die Geräusche für eine geraume Zeit wieder verschwinden. Inspizieren Sie die Wellen dann auf jeden Fall akribisch.

■ Rhythmische Schlag- oder Knack-Geräusche, die während der Beschleunigung oder im Schiebebetrieb auftreten (können sich beim Lenkeinschlag verändern), entlarven ein defektes Gelenk an der Radseite.

■ Sollte Ihnen – während der Kurvenfahrt – Ihr Lenkrad kräftig in die Hand schlagen, gehen Sie gleichfalls von einem defekten äußeren Antriebswellengelenk aus.

■ Beim Anfahren mit eingeschlagenen Vorderrädern verraten Knackgeräusche auch defekte Antriebswellen.

## Verschlissene Radlager zeigen häufig die gleichen Symptome.

Zum Check Ihrer Antriebswellenmanschetten…

■ … bocken Sie den Vorderwagen standfest auf und …

■ … kurbeln das Lenkrad von Anschlag zu Anschlag. Das jeweils kurvenäußere Rad drehen Sie mit der Hand und inspizieren dabei die äußeren Manschetten auf feine Risse und glänzende Stellen. Wenn sich erst Schmutz und Feuchtigkeit einnisten, dauert es nicht mehr lange, bis das Gelenk schrottreif ist. Zur Kontrolle der inneren Manschetten legen Sie sich unter den Vorderwagen. Ein Assistent dreht dann langsam an den Rädern.

■ Checken Sie gleich auch die Spannbänder mit. Sitzen Sie fest in Ihrer Gumminut, sind sie evtl. schon korrodiert?

■ Fettspuren an den Manschetten sind ein untrügliches Verschleißindiz: Gehen Sie ihnen auf den Grund und dichten die Manschette(n) schnellstmöglich wieder ab. Andernfalls haben Sie es bald mit einem zerstörten Antriebsgelenk zu tun. Die Gelenke sind ab Werk mit rund 110 cm³ Gramm Spezialfett befüllt – zu einem Manschettentausch reichen ca. 70 Gramm MOBIL CVJ 825 Black Star oder MOBIL EXF 57 C.

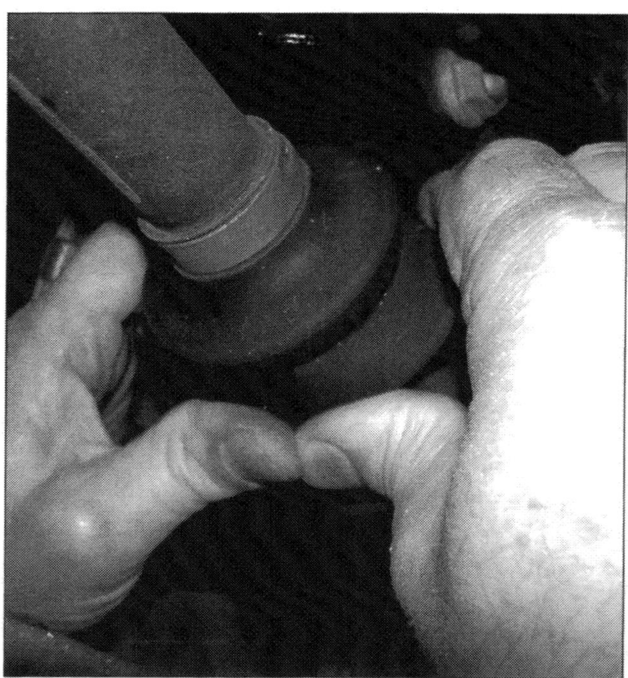

***Schauen Sie genau hin:*** Überprüfen Sie beim Check der Antriebswellenschutzmanschette auch den Sitz des äußeren und inneren Schlauchbinders. Gelockerte Lochbandklemmen spannen Sie mit einem Seitenschneider am Verschluss. Biegen Sie dazu in das Spannband eine Ausbuchtung – in Form einer Delle – und drücken dann mit dem Seitenschneider gerade einmal so fest zu, dass die Antriebsmanschette nicht abgequetscht wird. Am Manschettensitz muss die Antriebswelle peinlich sauber sein.

# Bleibt stur auf Kurs ...

... das Dacia Logan-Fahrwerk nutzt bekannte Komponenten aus dem Renault Clio. An den Vorderrädern sind Federbeine mit koaxialen Stoßdämpfern, Scheibenbremsen und ein Querstabilisator Stand der Technik. Die Hinterhand ist mit Längslenkern, Schraubenfedern, fast senkrecht arbeitenden Stoßdämpfern und Trommelbremsen eine zwar nicht mehr ganz taufrische, doch allemal bewährte Interpretation der seit Jahren millionenfach montierten Koppellenkerachse.

Um dem Fahrwerk des Dacia Logan möglichst gutmütige Eigenschaften mit auf die Straße zu geben, bedienten sich Dacia-Ingenieure der mannigfaltig gefüllten Ersatzteilregale von Mutter Renault. Pate stand in diesem Fall der Renault Clio des ersten Modellzyklus. Die Kombination aus McPherson-Vorderachse und Koppellenker-Hinterachse gewährleistet ein ausgewogenes Fahrverhalten. Zusammen mit einem Radstand von 2.900 Millimeter und einer Spurweite von 1.480 Millimeter an der Vorder- und 1.470 Millimeter an der Hinterachse soll der Logan ein zeitgemäßes Fahrverhalten an den Tag legen. Gegenüber der Logan-Limousine operiert der MCV noch mit verlängerten Federwegen und fünf Millimeter (160 mm) mehr Bodenfreiheit. Der Kombi trägt damit den häufig schlechten Straßenverhältnissen in seinen Hauptmärkten Rechnung.
Soviel zur Theorie: Gut ausgelegte Fahrwerke liegen freilich nicht auf Vorrat im Ersatzteilfundus, auch zaubert sie kein Computer selbstständig unter den Autobauch. So fand die Transplantation der Clio-Komponenten an den neuen Arbeitsplatz natürlich nicht im Maßstab 1:1 statt. In der Praxis war, während zigtausender Erprobungskilometer über Stock und Stein, bei glühender Hitze, in Eis und Schnee, vielmehr die Suche nach dem elegantesten Kompromiss gefragt. Jenem Kompromiss also, der dem theoretischen Ideal möglichst nahe kommt. Mitunter artete das in eine Sisyphusarbeit aus, die auch den Logan-Vätern nicht gänzlich erspart blieb.
Denn koordiniertes Teamwork wurde das unter dem Logan-Bauch erst, als sämtliche Fahrwerkskomponenten aufeinander abgestimmt und letztlich auch zu der im Renault-Fundus weitgehend neuen Bodengruppe passten: Der Logan baut auf der gemeinsam mit Allianzpartner Nissan entwickelten B-Plattform auf.

## Bewährt und haltbar – die Fahrwerkauslegung des Logan

Leichter gesagt als getan – überquert Ihr Logan zum Beispiel eine Bodenwelle oder er durcheilt soeben eine Kurve, beeinflusst das seine Radgeometrie anders als ehedem im Clio. Verlöre der Logan deshalb auch nur kurzfristig den Fahrbahnkontakt, folgte er, der Fliehkraft gehorchend, auf dem kürzesten Weg ins Abseits. Um das gekonnt zu unterbinden, stützen sich die Räder, im Zusammenspiel mit Stoßdämpfern und Federn, im neuen Umfeld fein justiert gegen die Karosserie ab. Übrigens dämpfen Stoßdämpfer keine Stöße, Sie schwächen lediglich Eigenschwingungen von Federn und Reifen ab. Folgerichtig müssten Stoßdämpfer technisch eigentlich Schwingungsdämpfer heißen.

### GEFAHRENHINWEISE – Lenkung und Fahrwerk

Arbeiten an Fahrwerk und Lenkung setzen Erfahrung, häufig auch Spezialwerkzeuge sowie optische oder elektronische Messgeräte voraus. Wenn Sie darin für sich oder Ihre eigene Werkbank Nachholbedarf erkennen, suchen Sie besser eine Fachwerkstatt auf. Seien Sie sich stets bewusst: Unzulänglich ausgeführte Reparaturen gefährden nicht nur Sie und Ihre Mitfahrer, andere Verkehrsteilnehmer gefährden sie gleichfalls. Erliegen Sie unter keinen Umständen der Versuchung, beschädigte Radaufhängungen zu richten oder zu schweißen. Verbogene, vom Rost zernagte oder gerissene Formteile müssen grundsätzlich Neu- oder brauchbaren Secondhandteilen weichen. Und weil wir gerade den Zeigefinger ausfahren, gleich noch ein Rat: Überlassen Sie die Feineinstellung der Logan-Räder nach tiefer gehenden Fahrwerksreparaturen grundsätzlich einer Fachwerkstatt mit optischem Achsmessstand. Ein vorschriftsmäßig vermessenes und justiertes Fahrwerk hat maßgeblichen Einfluss auf das Fahrverhalten und den Reifenverschleiß. Bereits ein deftiger Bordsteinschubser bringt die Achsgeometrie empfindlich aus dem Lot. Ausgeschlagene Achsgelenke, Spurstangenköpfe oder Gummilager beeinflussen das Fahrverhalten gleichfalls negativ.

## Zusammengehörig – Lenkung und Fahrsicherheit

Fahrverhalten und Fahrsicherheit profitieren unter anderem auch davon, dass die Vorderräder der McPherson-Achse mit unteren Dreiecksquerlenkern eindeutig auf Kurs bleiben. Folglich ist das Ansprechverhalten der Lenkung exakt auf die Vorderachskinematik, das Fahrzeuggewicht, die Lenkgeometrie und die Lenkelastizität der Räder abgestimmt. Der zusätzlich verbaute Querstabilisator reduziert lediglich die Seitenneigung in Kurven. Im Logan dirigiert die Vorderräder, je nach Ausstattung übrigens, eine mechanische Zahnstangenlenkung bzw. eine hydraulische Servolenkung (Serie im Lauréate).

## Grundbegriffe der Lenkgeometrie

WISSENSWERTES

**Vorspur:** Die Vorderräder stehen vorne enger zusammen als hinten – sie rollen aufeinander zu. Diese Eigenart minimiert den Reibkoeffizienten zwischen Radaufstands- und Straßenoberfläche: Demnach drängte das linke Rad nach links und das Rechte nach rechts. Zur Unterstützung der Lenkbewegung und der Lenkkräfte schwenkt bei Kurvenfahrt das kurveninnere Rad stärker ein als das kurvenäußere (Spurdifferenzwinkel) – die Vorspur geht in Nachspur über (die Räder stehen hinten enger zusammen als vorn).

**Sturz:** Der Sturz beschreibt die Radneigung zu einer Senkrechten. Er vermindert Fahrbahnstöße in die Lenkung, reduziert die Lenkkräfte und Reibung der Räder auf der Straße. Die Logan-Vorderräder haben leicht negativen Sturz – Sie stehen oben im Radkasten geringfügig enger beieinander als unten am Boden.

**Spreizung:** Neigung der Lenkungsdrehachse zu einer Senkrechten. Denkt man sich eine Linie dieser Achse zum Boden und misst den Abstand zur Mittellinie durch das Rad (Mittelpunkt der Reifenaufstandsfläche), ergibt das den Lenkrollradius. Um die Störkräfte in der Lenkung zu verringern, soll der Lenkrollradius möglichst gering sein. Zusammen mit dem Nachlauf bewirkt die Spreizung außerdem, dass sich das Auto bei eingeschlagenen Rädern etwas anhebt. Lässt man das Lenkrad los, stellen sich die Räder selbst in die Mittelstellung zurück (Rückstellmoment).

**Nachlauf:** Abstand (in Fahrtrichtung) zwischen der gedachten Verlängerungslinie der Lenkdrehachse zum Boden und dem Mittelpunkt der Reifenaufstandsfläche. Durch den Nachlauf werden die Räder gezogen (nicht geschoben). Vorteil: Gezogene Räder neigen dazu, sich selbständig zu stabilisieren (Teewageneffekt) und die Geradeauslaufstellung beizubehalten.

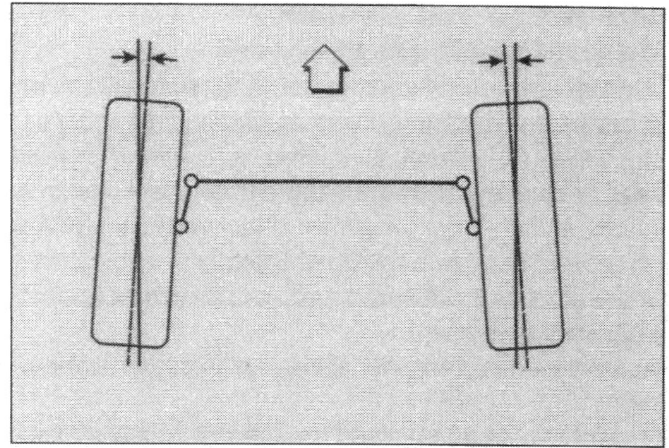

***Vorspur:*** Die an Vorder- und Hinterachse gegeneinander eingeschlagenen Räder verbessern den Geradeauslauf.

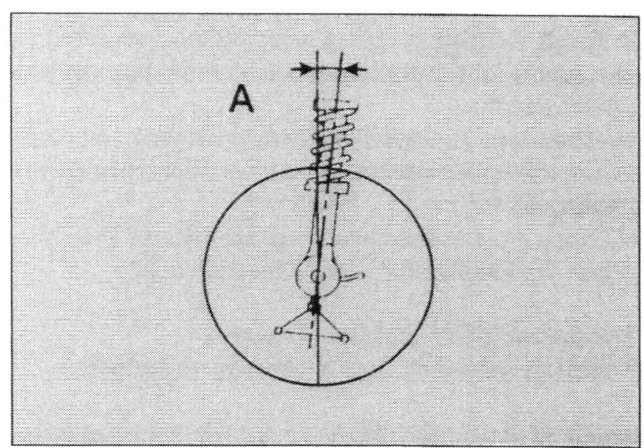


***Teewageneffekt:*** Durch den Nachlauf an der Vorderachse zentriert sich das Rad in seiner Mittelachse selbst.

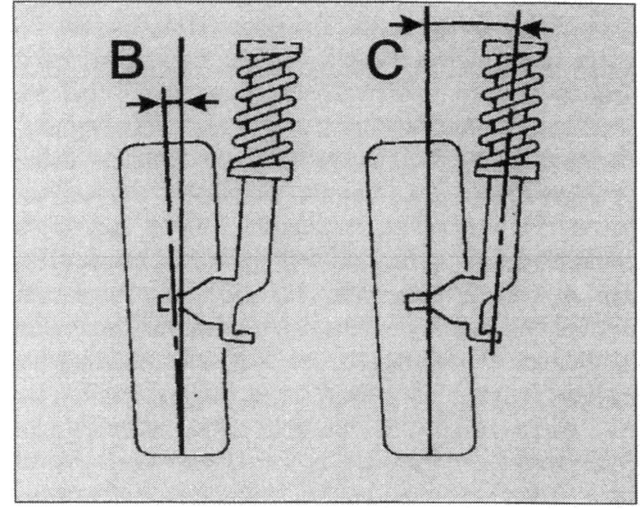


***Die Radeinstellungen:*** Der Radsturz (B) beträgt ca. 2° an der Hinterachse und sorgt für ein besseres Kurvenverhalten. Die Spreizung (C) dient der Radzentrierung.

## Von Fall zu Fall sinnvoll – Do-it-yourself am Fahrwerk

Als aufmerksamer Fahrer kommen Sie verstellten Vorderrädern auch ohne Achsmessstand auf die Schliche: Ihr Logan legt damit in Kurven, auf ebener Strecke oder langen Autobahngeraden ein nervöses Fahrverhalten an den Tag. Zumindest dann, wenn beide Vorderreifen den gleichen Reifenbäcker hatten, eine noch vergleichbare Profilierung und den vorgeschriebenen Luftdruck aufweisen.

Achten Sie während der Fahrt auf folgende Symptome:

- Ein bei Geradeausfahrt urplötzlich schief stehendes Lenkrad ist untrügliches Indiz für verstellte Vorderräder. Bei vorschriftsmäßig eingestellten Vorderrädern steht das Lenkrad grundsätzlich geradeaus.
- Läuft Ihr Wagen auf ebener Straße von allein in der Spur? Oder drängt er an den linken oder rechten Straßenrand?
- Kommt das Lenkrad am Kurvenausgang von allein in die Geradeausstellung zurück? Oder müssen Sie nachhelfen?
- Nutzen die Vorderreifen gleichmäßig ab? Oder waschen die Profilkanten unterschiedlich aus?

## Stoßdämpfer prüfen – ohne Prüfequipment nur bedingt möglich

Damit Stoßdämpfer möglichst wenig Fahrgeräusche in den Innenraum übertragen, sind Sie elastisch mit der Karosserie und dem Fahrwerk verbunden. Nach etwa zwei verschlissenen Reifensätzen arbeiten die Dämpfer noch mit etwa 50 Prozent ihres ursprünglichen Leistungsvermögens. Da die Dämpferwirkung jedoch langsam und nicht abrupt nachlässt, fällt der Verlust dann meistens erst in Extremsituationen auf: Sie haben nämlich unbewusst, wie übrigens die meisten Autofahrer, Ihren Fahrstil längst dem verschlechterten Fahrverhalten angepasst. Lassen Sie Stoßdämpfer darum einmal jährlich auf dem Prüfstand eines Automobilklubs, vom TÜV oder Dekra checken. Die Schaukelmethode, bei der Sie Ihren Wagen an den Kotflügeln aufschaukeln, um sein Nachschwingverhalten zu testen, ist kein ernst zu nehmender Check. Sie entlarven damit allenfalls total verschlissene Stoßdämpfer. Als sicherheitsbewusster Fahrer achten Sie während der Fahrt besser auf folgende Symptome:

- Flattert die Lenkung? In diesem Fall tanzen die Räder unkoordiniert auf der Straße oder sie sind falsch ausgewuchtet.
- Wie verhält sich Ihr Auto in Kurven? Wirkt es schwammig oder wankt gar jeder Straßenunebenheit hinterher?
- Schwingt Ihr Auto nach Bodenwellen kräftig nach?
- Nutzen die Reifen ungleichmäßig ab (partiell ausgewaschene Lauffläche)?
- Sind die Stoßdämpfer dicht? Geringe Schwitzspuren am Gehäuse sind durchaus normal.

## Lenkmanschetten checken – Sichtprüfung reicht

Auf beiden Seiten schützt die aus dem Lenkgetriebegehäuse austretende Zahnstange je eine Gummimanschette. Beide Manschetten müssen staubtrocken sein. Ersetzen Sie feuchte Manschetten unmittelbar: Eindringender Schmutz oder Feuchtigkeit verwandeln das Fett im Lenkgetriebe in kürzester Zeit zu einer Schleifpaste, die der Lenkung den Garaus macht.

- Leuchten Sie mit einer Taschenlampe die Faltenbälge ab.
- Schlagen Sie die Lenkung voll nach rechts und links ein und ziehen dann den Faltenbalg Stück um Stück auseinander. Sind Risse zu erkennen?
- Spannbänder müssen auf beiden Manschetten fest sitzen.

***Relativ gut gegen Beschädigungen geschützt:*** die Lenkmanschetten oberhalb des Achsträgers.

## Regelmäßig checken – das Lenkungsspiel

Das Lenkungsspiel Ihres Logan ist eine feste Größe. Sollten Sie der Meinung sein, seine Vorderräder entwickeln zu viel Eigenleben, machen Sie die Probe aufs Exempel.
Dazu parken Sie Ihr Auto zunächst auf einer ebenen Stein- oder Asphaltfläche. Dann stellen …

- … Sie die Räder geradeaus, stellen sich neben den Wagen und …
- … drehen durchs geöffnete Seitenfenster das Lenkrad ruckartig hin und her.
- Achten Sie währenddessen aufs linke Vorderrad, besser noch auf sein Felgenhorn: es muss die Bewegungen rhythmisch übertragen. Falls nicht, sind entweder das Lenkgetriebe oder ein bzw. gleich mehrere Spurstangenköpfe ausgeschlagen. Der elastische Reifen bremst die Bewegungen geringfügig ab.
- Bemerken Sie um die Geradeausstellung kein Spiel, bei stärkerem Lenkeinschlag jedoch ein Klemmen, ist die Zahnstange verschlissen. Sehen Sie von einer Do-it-yourself-Reparatur ab und übergeben den Wagen einem Fachmann.

## Von Zeit zu Zeit prüfen – die Querlenkerlager

Beide Lager und das Kugelgelenk der vorderen Querlenker sind wartungsfrei. Das äußere Kugelgelenk sitzt in einer Kunststoffschale mit Fettdauerfüllung. Dennoch inspizieren Sie die Querlenker regelmäßig. Dazu drücken Sie das Spiel mit einem Montierhebel ab. Den Hebel setzen Sie außen zwischen Achsschenkel und Querlenker an. Bei zu viel Spiel, suchen Sie eine Fachwerkstatt auf.

Zum Check …

- … schlagen Sie die Lenkung mehrmals ruckartig nach links und rechts ein.
- Inspizieren Sie beide Kugelgelenke auf Beschädigungen.
- Setzen Sie jetzt einen Montierhebel an die Querlenker an und wippen die Gelenke mit Gefühl hin und her. Beachten Sie allerdings, dass die Lager von Haus aus eine gewisse Elastizität haben (müssen). Sobald sich der Montierhebel jedoch widerstandslos schwenken lässt, sind die Lager verschlissen.

Versierte Do-it-yourselfer werden jetzt zur Selbsthilfe greifen wollen. Wir raten Ihnen eindeutig davon ab,

***Gut gedämpft:*** die Vorderachsquerlenker beim Logan.

denn die Arbeit ist nicht allein mit dem Tausch eines Lagers oder Kugelgelenks beendet: Stattdessen müssen Sie den kompletten Querlenker demontieren und die Vorderachse nach beendeter Reparatur, optisch neu vermessen lassen. In der Fachwerkstatt sind Sie damit von vornherein besser aufgehoben.

## Spurstangenköpfe und Manschetten prüfen

Die Spurstangenköpfe sind jeweils links und rechts mit den Spurstangenenden verschraubt. Bei defekten Spurstangenköpfen reicht's darum, nur den verschlissenen Kopf und nicht etwa die gesamte Spurstange zu erneuern. Die stählernen Spurstangenköpfe sitzen in einer selbstschmierenden Kunststoffschale – eine mit Spezialfett gefüllte Manschette schützt sie vor Schmutz und Feuchtigkeit. Und so kommen Sie verschlissenen Köpfen auf die Spur:

- Checken Sie die Kunststoffmanschetten der Spurstangenköpfe auf äußere Beschädigungen (z. B. Haarrisse).
- Vergessen Sie bei der Gelegenheit auch nicht das Spiel innerhalb der Gelenke zu prüfen. Sinnvollerweise machen Sie das über einer Grube oder auf einer Vierstempel-Hebebühne – die Räder müssen dazu nämlich Bodenkontakt haben.
- Lassen Sie von einem Helfer das Lenkrad ruckartig hin und her bewegen. Währenddessen fassen Sie die Gelenkpfannen an. Verschlissene Gelenke spüren sie

***Staubtrocken und ohne Spiel:*** So sehen unversehrte Spurstangenköpfe (Pfeil) aus.

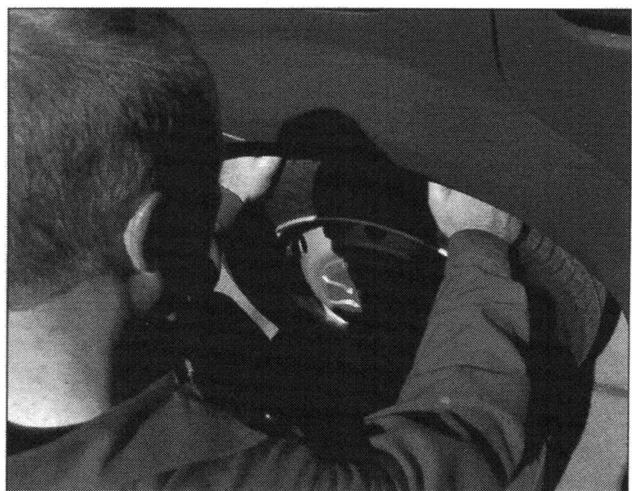

***Oben mit beiden Händen ans Rad greifen und kräftig rütteln:*** zur Kontrolle des Radlagerspiels.

ganz deutlich in Ihren Fingerkuppen – intakte Gelenke gleiten geräuschlos und spielfrei in den Kunststoffschalen.

■ Sollten Sie in Ihren Fingerkuppen leichte Stöße verspüren, tauschen Sie das betreffende Gelenk schnellstens aus.

## Schnell gemacht – das Radlagerspiel prüfen

Die Räder drehen sich um wartungsfreie Doppelkugellager. An der Hinterachse halten moderne Radlager heutzutage gut und gerne rund 150.000 Kilometer. Ihre Pendants an der Vorderachse sind naturgemäß stärker belastet, Sie überleben häufig nicht ganz so lange. Radlager, wie Dacia sie montiert, sind bereits mit der Montage eingestellt. Bei Schäden bleibt Ihnen übrigens nur der komplette Radnabentausch übrig. Aufmerksamen Ohren kündigt sich die anstehende Reparatur rechtzeitig an: Verschlissene Radlager nerven mit lauten Geräuschen. Mahlgeräusche in Rechtskurven signalisieren Verschleiß am linken Lager, ähnliche Geräusche in Linkskurven disqualifizieren das rechte Radlager. Bevor Sie nun Hand anlegen, machen Sie noch folgenden Test:

■ Stellen Sie den Wagen auf einer Stein- oder Asphaltfläche ab. Greifen Sie das Rad im oberen Radlauf und kippen es rhythmisch im Radlauf kräftig hin und her. Einwandfreie Lager verkraften das lautlos und ohne Spiel.

■ Sollten Sie an den vorderen Radlagern zu viel Spiel feststellen, lassen Sie einen Helfer die Bremse treten – Sie ruckeln derweil am betreffenden Rad. Bleibt das Spiel unverändert, haben Sie auf diese Art und Weise ein defektes Achsgelenk entdeckt – erneuern Sie es umgehend und checken die andere Seite gleich mit.

# Lenkgetriebemanschetten auswechseln – das schaffen Sie

**Werkzeug:**

Seitenschneider,
Wasserpumpenzange

■ Demontieren Sie zunächst das Spurstangenendstück wie beschrieben. Vergessen Sie auf keinen Fall die sichtbaren Gewindegänge vorher exakt zu zählen (siehe Spurstangenköpfe erneuern).

■ Falls an Ihrem Logan verbaut, demontieren Sie die untere Motorabdeckung, ...

■ ... säubern die Spurstange und lösen die Kontermutter des Spurstangenendstücks.

■ Danach lösen Sie die Klemmschellen (1, 2) von der Lenkmanschette und ...

■ ... ziehen die Manschette von der Spurstange ab.

■ Bevor Sie die neue Manschette montieren, fetten Sie die Öffnungen gut ein und schieben die Manschette vorsichtig auf die Spurstange. Achten Sie darauf, die Manschette nicht zu verdrehen.

■ Richten Sie die Manschette in den Spurstangen- sowie den Lenkgehäusenuten spannungsfrei aus. Falls Sie das nur lässig erledigen, wird die Manschette verspannen und früher oder später reißen.

■ Sichern Sie die Manschette mit einem neuen Halteband/ Klemmschelle und ...

■ ... lassen in einer Fachwerkstatt die Vorderachsgeometrie neu vermessen.

***Spannungsfrei montieren:*** den Faltenbalg am Lenkgetriebe, ansonsten gibt's Spannungsrisse.

## Spurstangenköpfe erneuern – zählen Sie die Gewindegänge

Die Spurstangenköpfe sind jeweils links und rechts mit den Spurstangen verschraubt. Vorteil: Bei defekten Spurstangenköpfen reicht's, den verschlissenen Kopf und nicht die komplette Spurstange auszutauschen. Wechseln Sie Spurstangenköpfe möglichst nur paarweise und achten auf die richtige Spezifikation für Ihren Logan.

### Werkzeug:

Wagenheber, Unterstellbock,
Ratsche, 17er-Nuss,
17er-Maulschlüssel,
Spurstangenabzieher

■ Bocken Sie den Wagen standfest auf und bauen die Vorderräder ab.

■ Lösen Sie am Lenkhebel des Lenkschwenklagers die selbstsichernde Mutter des Spurstangenkopfs zunächst nur um einige Umdrehungen und …

■ … pressen den Spurstangenkopf mit einem Klauen- oder Kugelgelenkabzieher aus dem Lenkhebel. Schrauben Sie die Mutter dann ganz ab und ziehen den Spurstangenkopf ganz aus dem Konus.

■ Lösen Sie jetzt die Klemmmutter am Spurstangenkopf und schrauben das Endstück von der Spurstange ab.

■ Nicht jedoch, ohne vorab die »freien« Gewindegänge außerhalb der Spurstange exakt zu zählen. Den neuen Kopf montieren Sie dann mit gleicher Einbaulänge. Wenn Sie das präzise hinbekommen, können Sie eventuell auf eine Spurkorrektur verzichten.

***Ohne Abzieher gibt's Probleme:*** Der Spurstangenkopf sitzt nämlich bombenfest im Konus.

# Federbein demontieren und montieren – mit Helfer arbeiten

Wechseln Sie die Federbeine immer nur paarweise und achten auf die richtige Spezifikation für Ihren Logan. Arbeiten Sie immer nur an einer Achsseite – niemals gleichzeitig an beiden. Da die Arbeiten für beide Seiten nahezu gleich sind, beschreiben wir die Arbeit am rechten Federbein.

## Werkzeug:

Ratsche, 18er Nuss,
21er Ringschlüssel,
Wasserpumpenzange,
Schlitzschraubendreher,
6 mm Inbusschlüssel

### Demontage

■ Bocken Sie den Vorderwagen rüttelsicher auf und demontieren das betreffende Vorderrad.

■ Öffnen Sie die Motorhaube und lösen die Dämpferrohrmutter. Kontern Sie das Dämpferrohr währenddessen von oben mit einem sechs Millimeter Inbusschlüssel.

■ Vom Stoßdämpfer demontieren Sie nun zunächst den Halter des ABS-Kabelsatzes (1), ...

■ ... lösen dann beide Befestigungsmuttern (2) und ...

***Zunächst am Federbeindom lösen:*** die Dämpferstange.

■ ... bugsieren das komplette Federbein (3) letztlich aus dem Radhaus.

### Montage

■ Stellen Sie das vormontierte Federbein zentrisch im Federbeindom auf und beenden die Montage in umgekehrter Reihenfolge. Verwenden Sie nur neue Schrauben und Muttern. Beide Schraubverbindungen am Achsschenkel ziehen Sie zunächst mit 80 Nm vor und steigern das Anzugsmoment dann auf 105 Nm. Der oberen Mutter reichen 60 Nm.

■ Kontrollieren Sie nach einer besonnenen Probefahrt sämtliche Schraubverbindungen. Vergessen Sie auch nicht, die Vorderachsgeometrie auf einem optischen Achsmessstand checken bzw. neu einstellen zu lassen.

***Mit zwei Schrauben am Achsschenkel befestigt:*** das Federbein.

# Stoßdämpfer hinten erneuern – grundsätzlich nur paarweise

Wechseln Sie die Stoßdämpfer grundsätzlich nur paarweise und achten zudem auf die richtige Spezifikation für Ihr Auto. Arbeiten Sie beide Seiten unbedingt nacheinander ab. Da die Handgriffe nahezu identisch sind, beschreiben wir die Arbeit am linken Dämpfer.

**Werkzeug:**

Ratsche, diverse Nüsse,
16er Ringschlüssel,
7er-Maulschlüssel,
hydraulischer Wagenheber

■ Sichern Sie die Vorderräder mit einem Unterlegkeil, bocken den Hinterwagen rüttelsicher auf und ...

■ ... demontieren die Hinterräder.

■ Öffnen Sie die Heckklappe und lösen die Verkleidungskappe der oberen Stoßdämpferbefestigung.

■ Jetzt platzieren Sie einen Rangierwagenheber unter den Hinterachskörper und heben die Achse so weit an, dass die entlasteten Stoßdämpferverschraubungen (Pfeile) gut zu lösen sind.

■ Anschließend ziehen Sie den Stoßdämpfer nach unten aus der Halterung.

■ Beenden Sie die Arbeit in umgekehrter Reihenfolge. Erst nachdem Ihr Logan wieder auf den Rädern steht, ziehen Sie die unteren Muttern endgültig fest. Die obere Mutter bekommt 15 Nm und die untere ist mit 105 Nm fest.

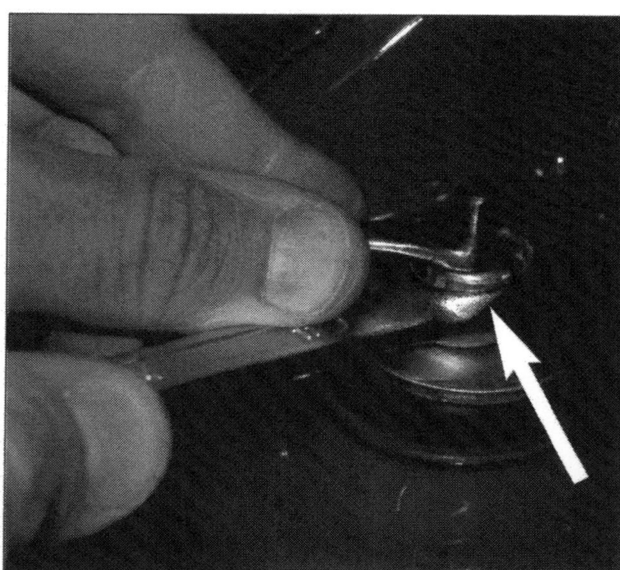

***Zur Demontage lösen:*** die oberen und unteren Befestigungen der hinteren Stoßdämpfer.

# Räder und Reifen

Auf einer – je Rad – etwa Postkarten großen Aufstandsfläche tragen die Pneus Ihren Logan über Stock und Stein, schlucken die unterschiedlichsten Fahrbahnen und übertragen sämtliche Antriebs-, Brems- und Fliehkräfte. Sie merken schon, Reifen leisten einen wichtigen Beitrag zum guten Fahrverhalten und damit auch zur aktiven Sicherheit.
Die Karkasse, die Gummimischung, der Silicatanteil und das Computer-berechnete Reifenprofil machen heutige Radialreifen zu Hightech-Produkten. Bei durchschnittlicher Belastung müssen Sie Ihr Auto etwa alle 30.000–40.000 Kilometer auf der Vorder- und nach rund 50.000–60.000 Kilometern auf der Hinterachse neu bereifen.

## Unabhängig von der Laufleistung – Reifen grundsätzlich nach acht bis zehn Jahren erneuern

Wenn Sie überwiegend auf Kurzstrecken unterwegs sind, sollten Sie die Reifen – unabhängig von der Laufleistung und Restprofiltiefe – nach acht bis zehn Jahren erneuern. Winterreifen geben Sie am besten schon nach fünf Wintern den Laufpass. Das verbliebene Restprofil fahren Sie ins Frühjahr hinein ab.
Warum die generelle Empfehlung? In den angegebenen Zeiträumen setzen Straßendreck, chemische Umwelteinflüsse, interne Alterungsprozesse und nicht zuletzt die Sonne den Pneus dermaßen zu, dass Sie verhärten und spröde werden.
Trauen Sie übrigens auch keinem alten, wie neu aussehenden Ersatzrad: Die neuwertige Optik ist mitunter nämlich nur Fassade – darunter sieht's häufig gefährlich brüchig aus. Reifen altern nämlich auch im Kofferraum, dunklen Kellern oder in der Garage. Ein Großteil ihrer Ingredienzien diffundiert an die Oberfläche – der Pneu härtet dann künstlich von innen nach außen aus.

## Das sollten Sie kennen – die Reifenbezeichnungen auf der Flanke

Auf den Reifenflanken sind eine Reihe von Ziffern und Buchstaben eingeprägt, die Fachleuten als verschlüsselte Visitenkarte dient. Die meisten Autofahrer interessiert ohnehin nur das Reifenformat. 185/65 R 15 bedeutet zum Beispiel, dass der Reifenbreite 185 Millimeter beträgt. Die zweite Zahl bestimmt das Verhältnis von Höhe und Breite des Reifens. Im Beispiel beträgt es 65 Prozent. Je kleiner dieses Verhältnis, umso flacher ist der Reifen. Der Buchstabe »R« steht für Radialbauweise (Gürtelreifen) und die Zahl hinter der Kombination (15) beschreibt den Felgendurchmesser in Zoll.

## Synonym für die Höchstgeschwindigkeit – der Großbuchstabe hinter der letzten Ziffer

Der Großbuchstabe hinter der letzten Ziffer auf der Reifenflanke verrät die zulässige Höchstgeschwindigkeit des Reifens. Ein 185/65 R16 Reifen mit dem Kennbuchstaben »S« ist für ein Topspeed bis 180 km/h, mit »T« bis 190 km/h zugelassen. Maximal 210 km/h vertragen Reifen mit dem Kennbuchstaben »H«, »V« steht für 240 km/h, »W« reicht bis 270 km/h und »Y« bis 300 km/h.
Herkömmliche M+S-Reifen mit dem Kürzel »Q« sind bis 160 km/h freigegeben.

### Ultra-Light-Weight-Reifen (ULW-R)

WISSENSWERTES

In der Rennszene sind **U**ltra-**L**ight-**W**eight-**R**eifen (ULW-R) längst ein alter Hut. Auch unter normalen Straßenautos werden die Superleichtgewichte schon seit geraumer Zeit immer aktueller – und das aus gutem Grund: Gegenüber einem herkömmlichen Stahlgürtelreifen bringen ULW-Reifen etwa drei Kilogramm weniger Gewicht auf die Waage. Wie das? Anstelle von Stahlcord-Gürteleinlagen fesseln ULW-Karkassen ultraleichte Aramidfasern. Die Hightech-Kunststofffaser wiegt etwa sechsmal weniger als Stahl, übertrifft seine Zugfestigkeit jedoch um das Zehnfache. Das erfreut landauf landab nicht nur Reifenbäcker, sondern gleichermaßen auch Bremsenkonstrukteure. Denn mit geringeren rotierenden Radmassen sind höhere ABS-Regelfrequenzen möglich. Im Klartext: Ultra-Light-Weight-Reifen können schneller stoppen – auch auf rutschigen Pisten. Und weil Aramidfasern zudem weniger verletzlich als Stahlfäden sind – sie oxidieren beispielsweise nicht nach Reifenpannen – haben sie auch gute Chancen, als Runderneuerte ein zweites Leben zu erleben. Darüber hinaus spielen die Pneus über die Zeit den Aufpreis beim Kauf wieder ein: Ultra-Light-Weight-Reifen senken die Kraftstoffkosten.

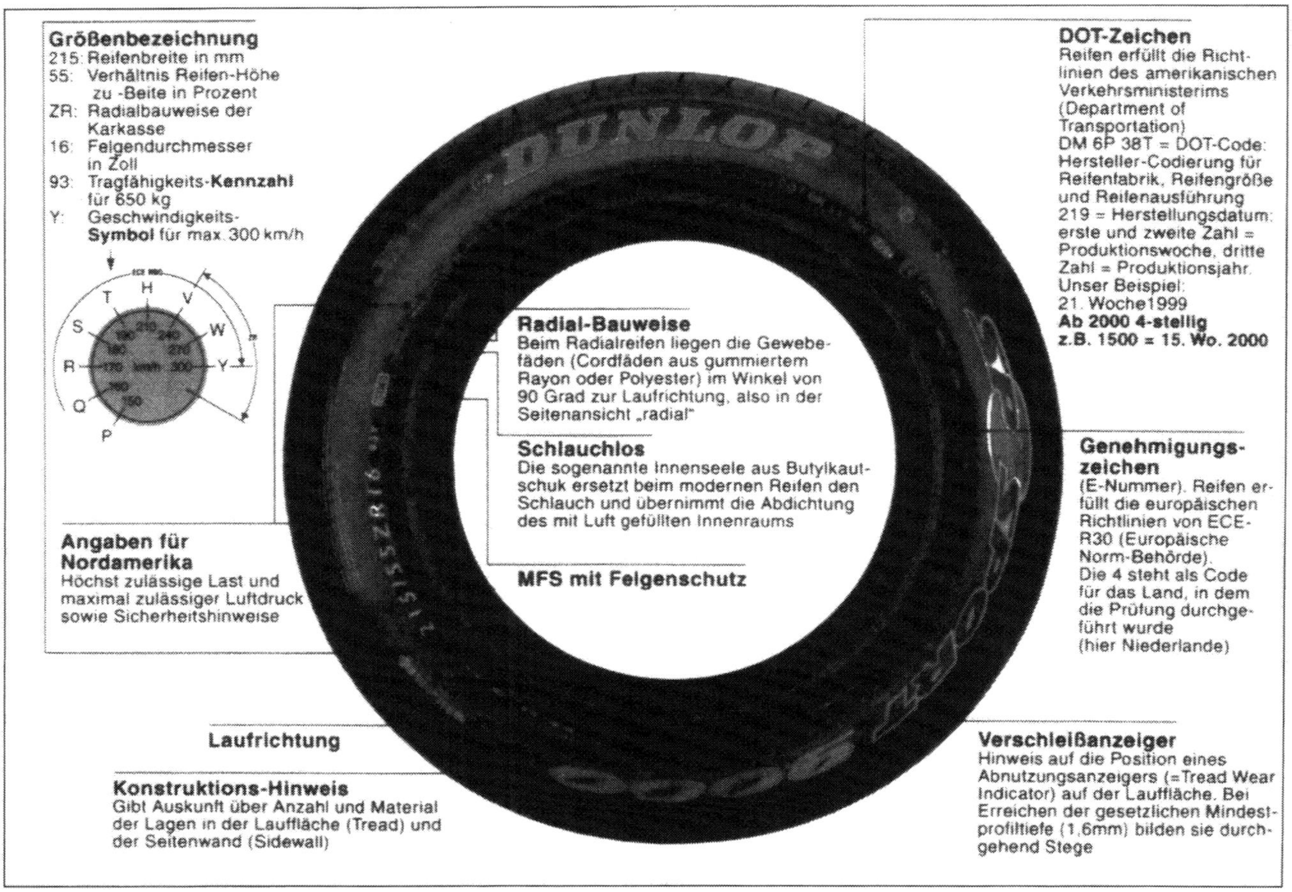

**Größenbezeichnung**
215: Reifenbreite in mm
55: Verhältnis Reifen-Höhe zu -Beite in Prozent
ZR: Radialbauweise der Karkasse
16: Felgendurchmesser in Zoll
93: Tragfähigkeits-**Kennzahl** für 650 kg
Y: Geschwindigkeits-**Symbol** für max. 300 km/h

**DOT-Zeichen**
Reifen erfüllt die Richtlinien des amerikanischen Verkehrsministerims (Department of Transportation)
DM 6P 38T = DOT-Code: Hersteller-Codierung für Reifenfabrik, Reifengröße und Reifenausführung
219 = Herstellungsdatum: erste und zweite Zahl = Produktionswoche, dritte Zahl = Produktionsjahr. Unser Beispiel: 21. Woche1999
**Ab 2000 4-stellig z.B. 1500 = 15. Wo. 2000**

**Radial-Bauweise**
Beim Radialreifen liegen die Gewebefäden (Cordfäden aus gummiertem Rayon oder Polyester) im Winkel von 90 Grad zur Laufrichtung, also in der Seitenansicht „radial"

**Schlauchlos**
Die sogenannte Innenseele aus Butylkautschuk ersetzt beim modernen Reifen den Schlauch und übernimmt die Abdichtung des mit Luft gefüllten Innenraums

**MFS mit Felgenschutz**

**Genehmigungszeichen**
(E-Nummer). Reifen erfüllt die europäischen Richtlinien von ECE-R30 (Europäische Norm-Behörde). Die 4 steht als Code für das Land, in dem die Prüfung durchgeführt wurde (hier Niederlande)

**Angaben für Nordamerika**
Höchst zulässige Last und maximal zulässiger Luftdruck sowie Sicherheitshinweise

**Laufrichtung**

**Konstruktions-Hinweis**
Gibt Auskunft über Anzahl und Material der Lagen in der Lauffläche (Tread) und der Seitenwand (Sidewall)

**Verschleißanzeiger**
Hinweis auf die Position eines Abnutzungsanzeigers (=Tread Wear Indicator) auf der Lauffläche. Bei Erreichen der gesetzlichen Mindestprofiltiefe (1,6mm) bilden sie durchgehend Stege

***Bringen Transparenz:*** Reifendaten auf der Flanke. Achten Sie beim Kauf auf die Spezifikationen, damit der neue Reifen wirklich auf Ihr Auto passt.

## Reifengeburtstermin – die DOT-Nummer

Das tatsächliche Herstellungsdatum verrät Ihnen die vierstellige »DOT-Nummer« (DOT – Department of Transportation, amerikanisches Verkehrsministerium) auf der Reifenflanke: Die beiden ersten Ziffern nennen die Produktionskalenderwoche, die folgenden beiden Zahlen das Produktionsjahr. Lautet die DOT-Nummer beispielsweise 0609, wurde der Pneu in der sechsten Woche des Jahres 2009 produziert. Neureifen, die nach dem 01. Oktober 1998 gebacken wurden, tragen eine ECE-Prüfnummer auf der Reifenflanke. Die Prüfnummer garantiert ein typgeprüftes Bauteil, entsprechend dem Qualitätsstandard der Economic Commission of Europe (ECE-R 30). Sollten Sie Ihren Wagen mit Neureifen ohne ECE-Prüfnummer fahren, erlischt die Allgemeine Betriebserlaubnis.

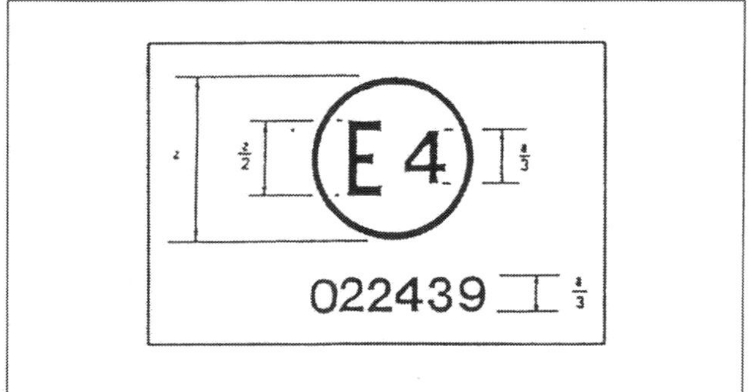


***Am großen »E« erkennbar:*** Die ECE-Prüfnummer mit der Kennzahl für den Ländercode. Die »4« steht im Beispiel für die Niederlande, »1« stünde für Deutschland.

## Winterreifen – Profis bei Wind und Wetter

Winterreifen, besser beschrieben als »Schlechtwetterreifen«, sind bereits auf herbstlichen Straßen unangefochten erste Wahl. Bei Eis und Schnee sind Sie ohnehin unschlagbar.
Warum eigentlich? Die Laufflächen moderner Winter-

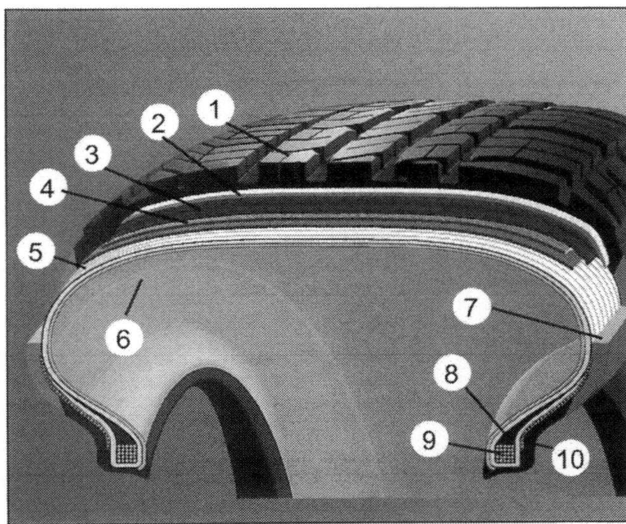


***Lage für Lage:*** Das vielschichtige Innenleben eines Pkw-Reifens. (1) Laufstreifen: Profil und Gummimischung beeinflussen die Eigenschaften, (2) Base: senkt den Rollwiderstand, (3) Nylon-Spulbandagen: erhöhen die Hochgeschwindigkeitstauglichkeit, (4) Stahlcord-Gürtellagen: steigern die Fahrstabilität, (5) Karkasse: Form- und Festigkeitsträger des Reifens, (6) Innenseele: gasdichte Innenschicht ersetzt den Schlauch, (7) Seitenteil: schütz die Karkasse vor Beschädigungen, (8) Kernprofil: unterstützt Lenk- und Fahrpräzision, (9) Kern: sorgt für festen Sitz auf der Felge, (10) Wulstverstärker: für präzises Lenkverhalten und hohe Fahrstabilität.

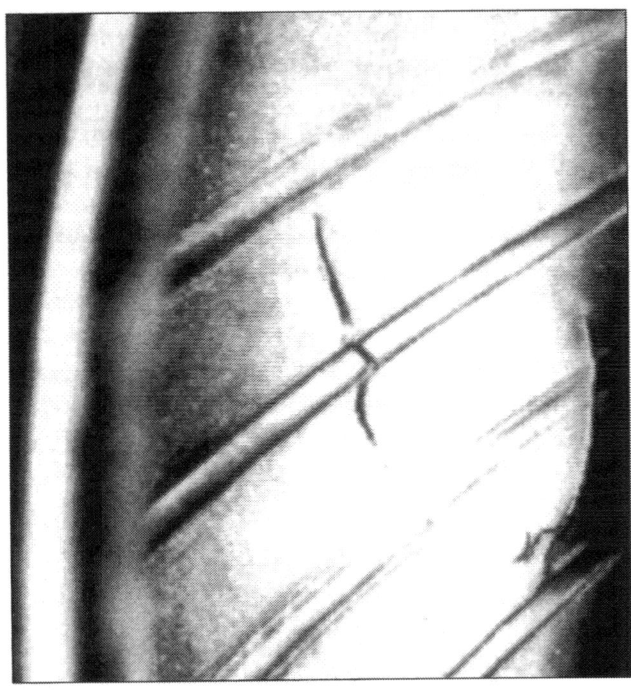

***Karkassenbruch:*** Häufig nur im Reifeninneren erkennbar.

***Profilmitte verschlissen:*** Nach häufigen Fahrten im Hochgeschwindigkeitsbereich oder bei viel zu hohem Reifendruck.

***Einseitig abgefahren:*** Folgeschaden von falsch eingestellter Achsgeometrie.

reifen bestehen aus einer speziellen Gummirezeptur. Naturkautschuk und Silikat sind hier in besonderer Konzentration miteinander vermischt und extrem filigran profiliert. Diese besondere Kombination baut auf feuchten, glitschigen Straßen und bei Temperaturen unter 7 °C eine bessere Haftfähigkeit als herkömmliche Sommerreifen auf.

Grundvoraussetzung dafür, dass Schlechtwetterreifen die Antriebs- und Bremskräfte sicher auf die Straße übertragen, ist jedoch eine Mindestprofiltiefe von vier Millimetern – weniger Profil disqualifiziert den Pneu als Winterprofi. Bestücken Sie in jedem Fall alle vier Räder mit gleichwertigen Reifen – eine Kombination aus Sommer- und Winterpneus provoziert in Gefahrensituationen ein schlechtes Fahrverhalten. Da die Entwicklungsfortschritte bei Winterreifen immens sind, achten Sie bitte darauf, dass die Reifen möglichst dem gleichen Produktionsjahr entstammen –

zumindest jedoch als gleichaltriges Pärchen auf einer Achse laufen.

## Besser auf eigene Felgen montieren – Winterreifen

Winterreifen müssen nicht unbedingt breit sein: Das kleinste freigegebene Reifenformat reicht, um Ihren Logan auf winterlichen Straßen mobil zu halten. Außerdem – Standardpneus sind allemal preisgünstiger als üppige Breitreifen. Die gesparten Euro investieren Sie sinnvoller in einen zweiten Felgensatz, der im Laufe der Jahre die anfänglichen Mehrkosten mehr als einspart: das alljährliche Montieren und Auswuchten der Räder entfällt damit.
Erhöhen Sie bei Winterreifen den für Sommerreifen empfohlenen Luftdruck um 0,2 bar. Liegt die zulässige Höchstgeschwindigkeit Ihrer Winterpneus unter dem Speedlimit des Autos, ist hierzulande ein Warnaufkleber im Sichtbereich des Armaturenbretts vorgeschrieben. Ihr Reifenhändler hat entsprechende Aufkleber vorrätig. Übrigens, servicefreundliche Reifenhändler oder Fachwerkstätten lagern Ihre Reifen bis zum nächsten Wechsel auch gegen eine geringe Gebühr fachgerecht ein.

***Untauglich für den kommenden Winter:*** Winterreifen mit weniger als vier Millimetern Reifenprofil. Machen Sie nach jeder Saison den Euro-Test – sobald Sie den Goldrand an der Profiloberkante erkennen, fahren Sie das Restprofil getrost im Frühjahr ab.

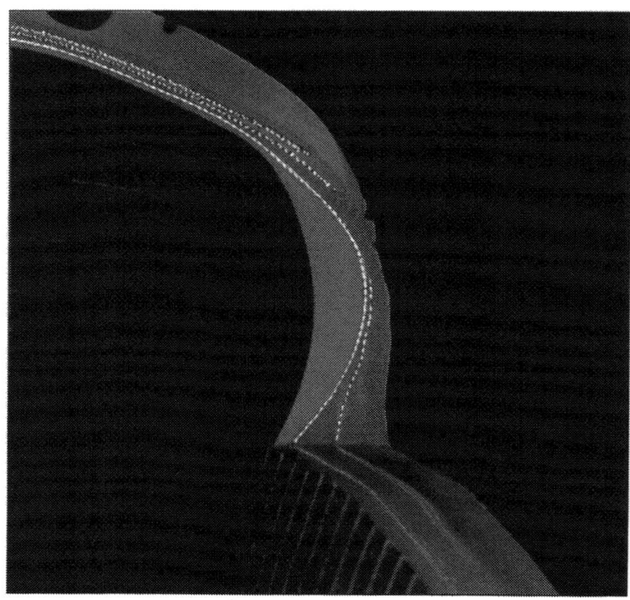

***In 85 Prozent aller Pannenmöglichkeiten »unkaputtbar«:*** die selbst heilende Schutzschicht des ContiSeal.

### Notlaufreifen

WISSENSWERTES

Nach dem ersten verschlissenen Reifensatz können Sie den Logan alternativ mit Notlaufreifen (RunFlat Tyres) bestücken. RFTs haben verstärkte, selbst tragende Reifenflanken, die den Pneu auch luftleer eingeschränkt fahrbar halten. Notlaufreifen tragen auf der Flanke entsprechende Bezeichnungen: Goodyear stempelt seine Notlaufreifen auf der Flanke mit »ROF« (**R**un**O**n**F**lat), Continental tituliert sie »SSR« (**S**elf **S**upporting **R**unflat) und nennt den Pneu ContiSeal. Er ignoriert etwa 85 Prozent aller auftretenden Reifenschäden: Seiner Laufflächeninnenseite haftet eine selbst heilende Schutzschicht an, die eindringenden Fremdkörpern bis etwa fünf Millimeter standhält. Der Reifen benötigt zudem keine Spezialfelge, wie die meisten anderen RunFlat Tyres.
RFTs sind im Pannenfall nicht mit herkömmlichen Reifenreparatursets, wie etwa dem ContiComfort-Kit, instand zu setzen.

GEFAHRENHINWEISE

## Reifendruck regelmäßig prüfen

Den vorschriftsmäßigen Druck lesen Sie auf der Innenseite der Fahrertür ab. Ein Druckverlust von 1,5 Prozent im Monat ist übrigens völlig normal. Messen Sie den Druck an möglichst kühlen Reifen. Sollten Ihre Pneus dagegen mehr Luft verlieren, gehen Sie der Sache akribisch auf den Grund: Oftmals gärt es dann schon unter der Oberfläche.

Nach dem Luftcheck vergessen Sie bitte nicht die Schutzkappen auf den Reifenventilen. Falls doch, hat's bald mit der relativen Dichtheit ein Ende. Denn wenn erst einmal Schmutz ins Ventil gelangt, verliert der Reifen ständig Luft. Sie potenzieren damit die Gefahr eines Reifenplatzers. Ein höherer Luftdruck (etwa 0,2–0,3 bar) kann dagegen durchaus vorteilhaft sein: Die Lenkung arbeitet feinfühliger, die Reifen halten länger und der Kraftstoffverbrauch sinkt geringfügig. Nachteil: Der Wagen rollt etwas straffer ab.

***Häufigster Grund für Reifenplatzer:*** Zu geringer Luftdruck. Unter hoher Belastung wird die Karkasse zu heiß und stößt die Reifenlauffläche abrupt ab.

***Reifenwechsel:*** Mit Spezialmaschinen bei Ihrem Reifenhändler ist das eine Sache von Minuten. Es empfiehlt sich, vor allem bei Jahreszeitenwechsel, einen Termin abzusprechen – oft sind in Stoßzeiten die Lager geräumt.

# Rad wechseln – sichern Sie den Arbeitsplatz

Auf öffentlichen Straßen schalten Sie den Warnblinker ein, ziehen eine Signalweste über und stellen ein Warndreieck in gebührendem Abstand hinter der »Baustelle« auf. Ansonsten verstoßen Sie gegen die StVZO. Das Reserverad führt der Logan unter dem Bodenblech mit. Achten Sie nach der Montage auf den richtigen Luftdruck, ansonsten könnte Ihr Reservereifen recht bald nach der Montage unvermittelt die Segel streichen.
Wenn Sie ganz selbstbewusst auf das Reserverad verzichten, statten Sie ihren Logan auf jeden Fall mit einem ordentlichen Reifenreparaturset aus. Die Betonung liegt auf »ordentlich«, was wir den meisten Pannensprays in Sprühflaschen nicht unbedingt attestieren. Wir empfehlen Ihnen Reifenreparatursets bestehend aus Dichtschaum inklusive Kompressor, so zum Beispiel das Conti-Pannenset. Es ist durchaus geeignet, kleinere Reifenschäden direkt vor Ort zu kurieren. Schadstellen größer als vier Millimeter oder eine beschädigte Reifenflanke überfordern das Set allerdings maßlos.

## Werkzeug:

Wagenheber,
Radkreuzschlüssel,
eventuell Schlitzschraubendreher

■ Ziehen Sie die Handbremse an und legen sicherheitshalber noch den ersten oder den Rückwärtsgang ein.

■ Rollt Ihr Auto auf Stahlfelgen, ziehen Sie jetzt die Radzierblende mit der Klammer oder einem Schraubendreher aus dem Bordpannenset ab. Den Schraubendreher setzen Sie als Hebel zwischen Felge und Blende an, die Klammer stecken Sie in die Aussparungen am äußeren Blendenwulst.

■ Sobald das erledigt ist, lösen Sie die Radschrauben zunächst nur um eine Umdrehung und ...

■ ... heben dann den Wagen an. Den Wagenheber setzen Sie bitte nur waagerecht in Höhe der Aufnahmepunkte an. Der richtige Platz ist an der Presskante des Seitenschwellers ausgespart. Um Zeit zu sparen, drehen Sie den Heber zunächst per Hand auf die richtige Grundhöhe, setzen den Adapter dann möglichst senkrecht unter den Ansatzpunkt des Seitenschwellers und heben den Wagen an. Achten Sie darauf, dass auch der Wagenheberfuß senkrecht unter dem Schweller und satt auf dem Untergrund steht.

■ Erst wenn der Wagen stabil auf drei Rädern steht, drehen Sie die Radschrauben ganz aus, ...

■ ... ziehen das zu wechselnde Rad von der Nabe und setzen das neue zunächst nur provisorisch an.

■ Richten Sie es so an der Nabe aus, dass die Bolzenöffnungen der Felge mit den Gewindebohrungen in der Radnabe fluchten.

■ Dann drehen Sie die Radbolzen ein und ziehen sie handfest vor.

■ Lassen Sie den Wagen ab und ziehen die Radbolzen fest. Spätestens jetzt drängt sich ein Radkreuzschlüssel auf, damit können Sie nämlich die Bolzen gefühlvoller anziehen. Das Anzugsdrehmoment soll 110 Nm nicht übersteigen. Anders gesagt: ziehen Sie die Radbolzen gefühlvoll an und »knallen« sie nicht etwa mit einem verlängerten Radschlüssel bombenfest.

■ Wenn Sie die Radabdeckung (Stahlfelge) ansetzen, achten Sie darauf, dass die Ventilöffnung dem Ventil Platz lässt.

■ Nach etwa zehn gefahrenen Kilometern ziehen Sie die Radbolzen noch einmal kurz nach.

***Möglichst senkrecht im Ansatzpunkt ansetzen:*** den Wagenheber unter dem Seitenschweller.

WISSENSWERTES

### So lagern Sie Reifen richtig

- Nehmen Sie die Räder ab, reinigen Sie mit Wasser und einem guten »Schuss« Geschirrspülmittel. Trocknen Sie die nassen Reifen gut ab und vergessen auch nicht, sämtliche Fremdkörper aus den Profilrillen zu entfernen.
- Nach der Wäsche zeichnen Sie die Position der Reifen mit Ölkreide auf der Reifenlauffläche (VR = vorne rechts, HR = hinten rechts, usw.).
- Pausierende Pneus lagern am besten in einem dunklen, kühlen und trockenen Raum. Halten Sie Benzin, Öl, Fett und andere Chemikalien von den Reifen fern – ansonsten greift das die Gummimischung an.
- Komplette Räder stapeln Sie liegend übereinander – am besten auf einer Holzpalette.
- Reifen ohne Felgen stellen Sie einfach nebeneinander auf. Drehen Sie die Pneus von Zeit zu Zeit.

## Breitreifen/Felgen – Dacia bietet offiziell nur Eintopf

Ab Werk rollt der Logan auf Stahlfelgen mit 165/80 R 14" Reifen (MCV 185/70 R 14) durch die Lande. Alternativ dazu gibt's 185765 R 15" Pneus für die Limousine, respektive 185/65 R 15" am Logan MCV.
Da Dacia den MCV nicht nur als schicken Kombi, sondern durchaus auch als ernsthaften Lastesel sieht, können MCV-Eigner die Nutzlast der Reifen entsprechend variieren. Zur Auswahl stehen Pneus mit dem Tragfähigkeitsindex 88T, bzw. 92T.

Entsprechend übersichtlich ist auch das Felgenangebot der Renault-Tochter: Stahlfelgen oder Leichtmetallfelgen sind vorgesehen – entweder im Format 5,5 J x 14" oder 6J x 15".
Mehr geht nicht ab Werk. Es sei denn Ihr Dacia-Händler hat ein offenes Ohr für Ihre individuellen Wünsche. Falls nicht, informieren Sie sich bitte über das mögliche oder unmögliche »Schuhwerk« Ihres Dacia im Internet: Unter www.1ro.de/dacia/forum/ stehen Sie beispielsweise in direktem Kontakt mit anderen Logan-Fahrern.
Wir beschränken uns in der Tabelle auf das Angebot ab Werk.

### Checkliste – Reifen/Luftdruck

| Typ | Reifengröße + Tragfähigkeit | Reifenluftdruck (bar) für Belastung bis 3 Personen | | Reifenluftdruck (bar) für Belastung bis 3 Personen unsere Empfehlung* | | Felgengröße |
|---|---|---|---|---|---|---|
| | | vorn | hinten | vorn | hinten | |
| Logan | 165/80 R 14 | 2,0 | 2,0 | 2,5 | 2,5 | 5,5 J 14 |
| | 185/65 R 15 | 2,0 | 2,2 | 2,5 | 2,6 | 6 J 15 |
| MCV | 185/70 R14 88T | 2,4 | 2,6 | 2,8 | 3,0 | 5,5 J 14 |
| | 185/65 R15 88T | 2,4 | 2,6 | 2,8 | 3,0 | 6 J 15 |
| | 185/65 R15 92T | 2,4 | 3,2 | 2,8 | 3,2 | 6 J 15 |

# Bis die Funken fliegen ...

... streng physikalisch betrachtet wandelt jeder Bremsvorgang kinetische Energie in Wärme. In der Praxis geht's mitunter genauso heiß zur Sache wie bei dem gezeigten Prüfstandslauf. Beispielsweise mit Caravan am Haken, bei zügigen Bergabfahrten oder Vollbremsungen aus hohen Geschwindigkeiten laufen die vorderen Bremsscheiben feuerrot an. Ein Großteil der Überschusswärme heizt auch die Bremszangen und Radbremszylinder mitsamt der Bremshydraulik auf. So besteht immerhin die Wahrscheinlichkeit, dass selbst neue Bremsflüssigkeit währenddessen ihren Siedepunkt – jenseits von 200 °C – überschreitet. An der Vorderachse Ihres Dacia Logan arbeiten Faustsättel und innen belüftete Bremsscheiben. Die Hinterräder verzögern Bremstrommeln inklusive je einem Simplex-Radbremszylinder mitsamt schwimmend gelagerten, selbstnachstellenden Bremsbacken. Nahezu selbstnachstellend ist auch die Feststellbremse. Sie wirkt mit Seilzügen auf die Hinterräder und wird lediglich, nach der Montage neuer Bremsbacken, mitsamt der Betätigungszüge, grundjustiert.

Die Straßenverkehrs-Zulassungsordnung (StVZO) schreibt zwei unabhängig voneinander wirkende Bremssysteme (Fuß- und Feststellbremse) vor. Die Betriebsbremse Ihres Logan ist übrigens nicht nur zwei- sondern zudem diagonal geteilt: ein Bremskreis wirkt jeweils auf ein Vorder- und das gegenüberliegende Hinterrad. Bei Ausfall eines Kreises bleiben somit das Vorder- und Hinterrad des anderen Kreises weiterhin bremsfähig – natürlich nur mit halbierter Bremsleistung. Sei's drum – die Chancen, den Wagen doch noch rechtzeitig vor einem Hindernis abzubremsen, stehen nicht schlecht. Besser zumindest, als wenn die Bremskreise einfach nur zwischen der Vorder- und Hinterachse unterschieden. Den Ausfall eines Kreises bemerken Sie übrigens nicht nur am längeren Bremsweg, sondern auch am etwa doppelt so langen Bremspedalweg. Zudem signalisiert Ihnen im Instrumententräger die brennende Bremskontrollleuchte – Gefahr in Verzug!

## Bremsencheck – beim geringsten Selbstzweifel ein Fall für die Werkstatt

Grundsätzlich sind Wartungsarbeiten an der Bremsanlage kein Hexenwerk. Dennoch legen Sie bitte nur dann »Hand an die Bremse«, wenn Sie die erforderliche Reparatur aus dem Effeff beherrschen: Ansonsten bedienen Sie sich des aktuellen Know-hows einer Fachwerkstatt. Schließlich entscheiden die Bremsen ja auf jedem Meter über Ihre und die Sicherheit anderer Verkehrsteilnehmer.

## Die Besonderheiten der Betriebsbremse – ABS, EBV und BAS

Dacia hat im Logan die Bremse nicht gänzlich neu erfunden, doch das Gesamtsystem ist durchaus noch zeitgemäß: Jeder Logan stoppt zum Beispiel mit **An**tiblockierbrems**s**ystem (ABS) und verteilt seine Bremskraft elektronisch zwischen Vorder- und Hinterachse (EBV). ABS steigert die aktive Fahrsicherheit, EBV (**E**lektronische **B**remskraft **V**erteilung) ersetzt den mechanischen Bremskraftregler an der Hinterachse und BAS (**B**rems**as**sistent) verkürzt den Bremsweg in Notsituationen.

Aktive Raddrehzahlsensoren steuern die ABS-Funktion im Logan schon ab 0,2 km/h. Sie sichern, praktisch aus dem Stand heraus, die volle Lenkfähigkeit auch bei Vollbremsungen. Die EBV-Sensoren variieren – unter Mithilfe der vorhandenen ABS-Sensorik – den maximalen Bremsdruck an der Hinterachse. EBV »mutet« den Hinterrädern also immer nur so viel Bremsdruck zu, dass sie hart an der Blockiergrenze verzögern. Das System berücksichtigt automatisch die Beschaffenheit der aktuellen Straßenoberfläche und den jeweiligen Beladungszustand.

## Wertet die Raddrehzahlsignale aus – ABS-Steuergerät

Das ABS-Steuergerät überwacht alle elektronischen Komponenten und speichert Fehlerdaten. Bei eingeschalteter Zündung initiiert es vor jedem Fahrtbeginn

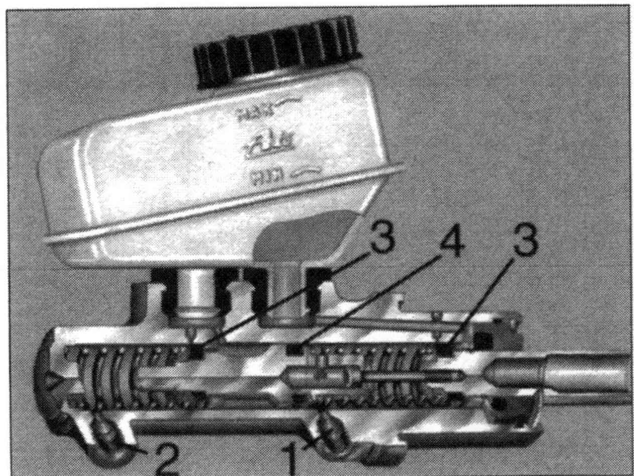


***Jobsharing:*** In einem Tandem-HBZ wirken zwei Bremskolben. (1) Druckstangenbremskreis, (2) »schwimmender« Hauptbremskreis, (3) Primärmanschetten, (4) Trennmanschette.

***Kompakt und leistungsstark:*** Das 4-Kanal ABS-Steuergerät im Logan. Es verteilt unter anderem auch die Bremskraft zwischen Vorder- und Hinterachse (EBD). Außerdem nimmt das Gerät vor jedem Neustart einen Selbstcheck vor.

einen Systemselbsttest. Auch während des Fahrbetriebs stehen die ABS-Komponenten kontinuierlich unter Aufsicht des Steuergeräts. Das funktioniert mit Polaritätenchecks sowie Durchgangsprüfungen der einzelnen Stromkreise.
Gleichfalls unterliegen sämtliche Magnetventile einer regelmäßigen Funktionskontrolle: Das Steuergerät gibt hierzu einen Prüfimpuls ab. Eventuelle Störungen liest Ihr Dacia-Händler per Systemtester schnell und zielgenau aus. Der Diagnoseanschluss ist im Handschuhfach angeordnet.

## Begrenzt den Hinterradschlupf – EBV

EBV ersetzt im Logan den ehedem erforderlichen Bremskraftregler. Seine Sensorik begrenzt, Millisekunden vor dem Hauptsystem, den Hinterradschlupf. Das System vergleicht ständig den Schlupf an den Vorder- und Hinterrädern und dosiert bzw. verteilt die Bremskraft entsprechend. Die EBV-Funktion ist gewöhnlich nicht wahrnehmbar, die Technik realisiert – unabhängig vom Beladungszustand – kürzeste Bremswege.

## Verkürzt den Bremsweg – BAS

Jeder Dacia Logan hat einen automatischen Bremsassistenten an Bord. Der elektronisch gesteuerte Assistent erkennt anhand der Trittgeschwindigkeit aufs Bremspedal die aktuelle Gefahrensituation vor dem Auto und leitet notfalls in Sekundenruchteilen eine Vollbremsung ein. Der Bremsweg wird dadurch im

***Serienmäßig in jedem Logan:*** pneumatischer Bremskraftverstärker vor dem Tandemhauptbremszylinder an der Spritzwand (Pfeil) im Motorraum.

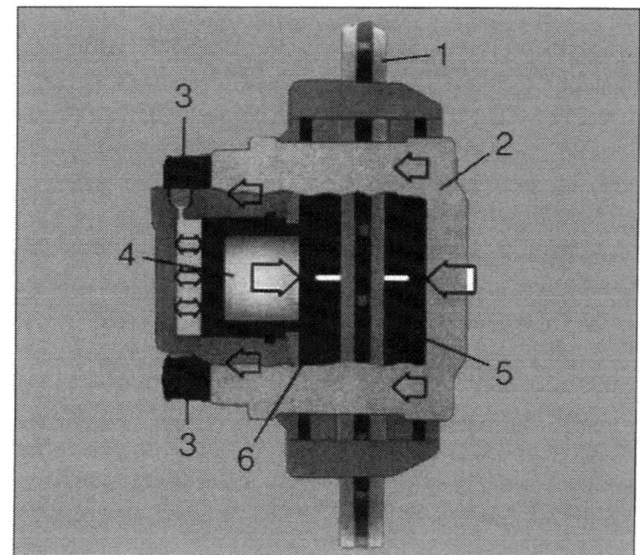


***Umkrallt die Bremsscheibe*** (1)***:*** der Faustbremssattel (2) im Schnitt. Der Sattel schwimmt auf den Gleitstiften (3) und presst bei jedem Bremsvorgang mit nur einem Bremskolben (4) das äußerere Bremssegment (5) automatisch gegen die Scheibe. Faustsättel gleichen den Bremsbelagverschleiß automatisch aus.

Ernstfall, ohne Zutun des Fahrers, um die alles entscheidenden letzten Zentimeter verkürzt.

## Mit genügend Sicherheitsreserven – die Logan Bremse

Der Logan verzögert ab Werk mit einer gemischten Betriebsbremse: vorne zwei Bremsscheiben, hinten zwei Bremstrommeln. Jeden Bremsvorgang unterstützt zudem ein pneumatischer Bremskraftverstärker.
Die vorderen Bremsscheiben sind 12 Millimeter stark (MCV 1.5 dCi innen belüftet, 25 mm dick) und im Durchmesser 259 Millimeter groß. Jeweils ein Faustbremssattel nimmt sie in die Zange.
An der Hinterachse rotieren 203 Millimeter große Bremstrommeln, in denen halbkreisförmige Bremsbacken wirken. Die Belagstärke der vorderen Backen (Auflaufbremsbacke) ist größer als die der hinteren (Ablaufbremsbacke). Die Bremsbacken presst jeweils ein Simplex-Radbremszylinder mit zwei freigängigen Kolben gegen die Bremstrommeln. Die Backen stabilisieren sich derweil an einem gemeinsamen Stützlager auf der dem Radbremszylinder gegenüberliegenden Seite. Das Lager ist fest mit der Bremsankerplatte vernietet.

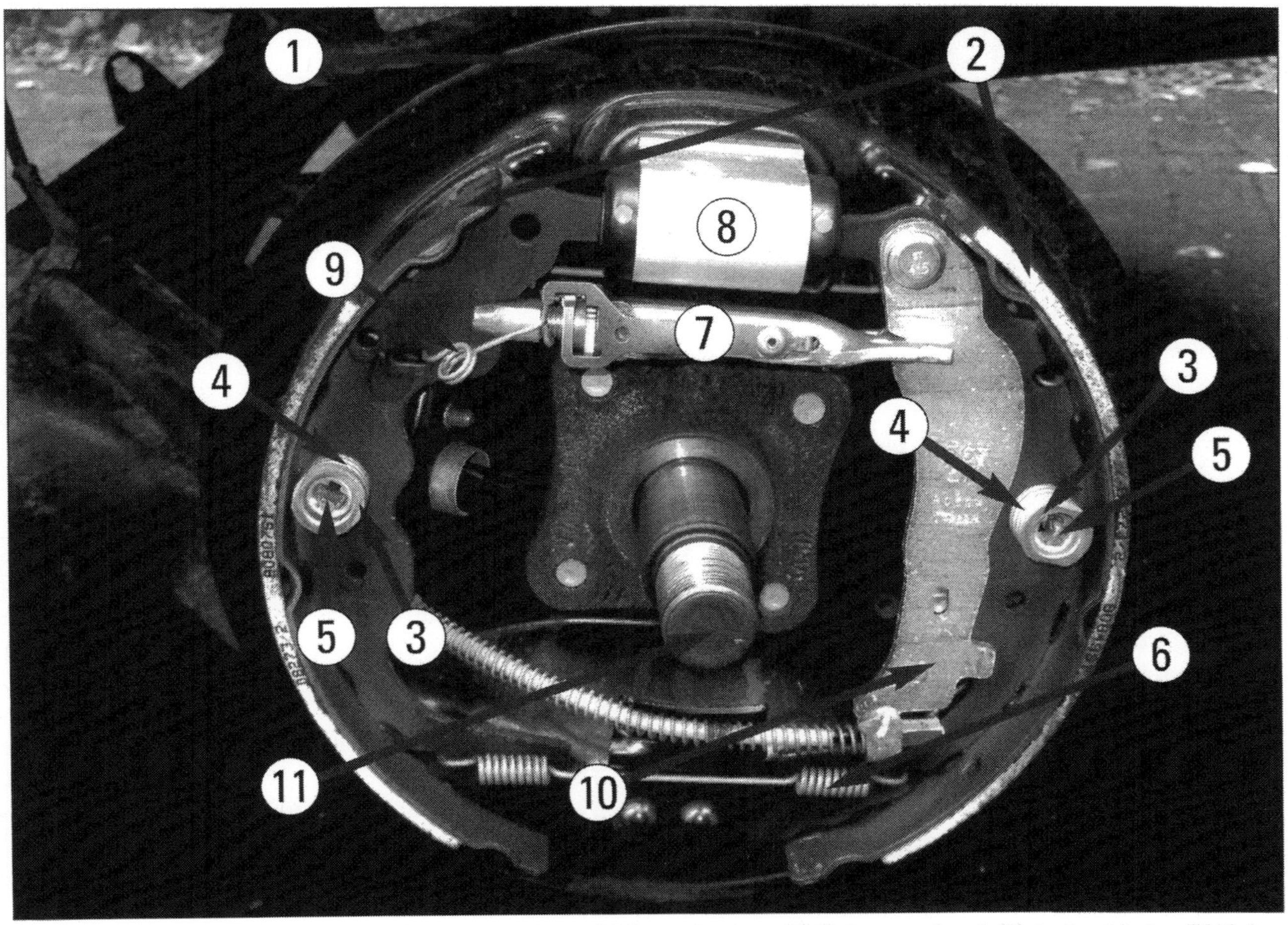

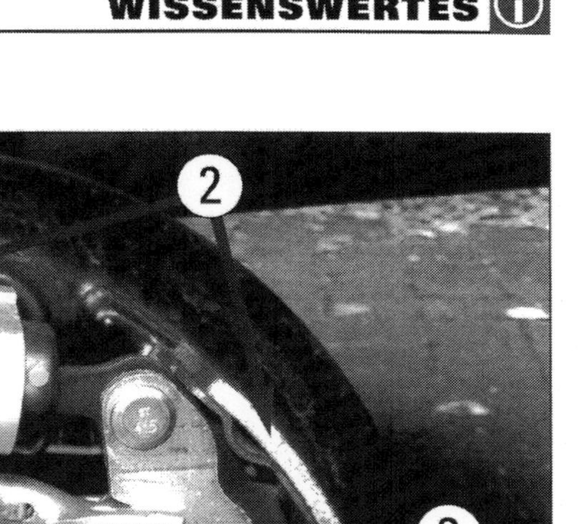

***Logan Trommelbremse im Detail:*** (1) Bremsankerplatte; (2) Bremsbacken; (3) Sicherungsbund; (4) Andruckfeder; (5) Haltestift; (6) Haltefeder; (7) Spreizhebel; (8) Radbremszylinder; (9) Sicherungsfeder; (10) Bremshebel; (11) Achsspindel.

Im Logan halten die Bremsbacken automatisch die richtige Distanz zu den Bremstrommeln. Die Handbremse müssen Sie dagegen, nachdem die Bremsbacken demontiert oder erneuert wurden, neu justieren: Den Hebelweg korrigieren Sie unterhalb der Bodengruppe am zentralen Seileinsteller.

## Signalisiert Störungen am ABS-Bremssystem – Kontrollleuchte im Cockpit

Bei eingeschalteter Zündung leuchtet die Kontrollleuchte des ABS-Bremssystems während des automatischen Systemchecks auf. Sie verlischt bei laufendem Motor spätestens nach zwei Sekunden. Leuchtet sie auch während der Fahrt, liegt eine Systemstörung vor. Meistens können Sie dennoch weiterfahren – allerdings ohne elektronische Bremsassistenten. Zur Diagnose und Reparatur suchen Sie schnellstmöglich eine Dacia Werkstatt auf. Denn als ABS-Laie ohne Prüf-

***Leuchtet nach jedem Neustart:*** Die ABS-Kontrollleuchte (Pfeil) leuchtet während des Selbstchecks für etwa zwei Sekunden.

equipment können Sie allenfalls den korrekten Sitz der Steckverbindungen zum Steuergerät, zu den Relais, den Radsensoren und zur Hydraulikeinheit prüfen.

## Bremsflüssigkeitsstand prüfen – von Zeit zu Zeit angemessen

Ihr Logan checkt automatisch den Stand der Bremsflüssigkeit. Dennoch schauen Sie ab und an besser selbst unter die Motorhaube – und dort auch nach dem Bremsflüssigkeitsstand. Der Bremse sind insgesamt drei Kontrollleuchten zugehörig. Normalerweise bleiben Sie während der Fahrt dunkel. Andernfalls liegt ein Systemfehler vor. Im harmlosesten Fall haben Sie den Handbremshebel nicht vollständig gelöst.
Haben Sie doch! In dem Fall checken Sie zunächst den Bremsflüssigkeitsstand im Vorratsbehälter.

- Der Bremsflüssigkeitsvorratsbehälter sitzt in Höhe der Spritzwand in Fahrtrichtung links.
- Selbst bei intakter Bremsanlage sinkt der Flüssigkeitspegel. Grund: Analog zum Verschleiß der Bremsbeläge/-backen wandern die Bremskolben weiter aus den Bremszangen/-zylindern. Das hinter den Kolben entstehende größere Zylindervolumen gleicht nachfließende Bremsflüssigkeit aus.
- Solange die Bremsflüssigkeit im Vorratsbehälter zwischen »min.« und »max.« pendelt, ist die Funktion beider Bremskreise gewährleistet.

Flackert die gleiche Kontrollleuchte ab und an während der Fahrt, gehen Sie davon aus, dass Bremsflüssigkeit fehlt und ein Bremskreis bereits streikt. Der zweite Kreis ist dann in der Regel noch funktionstüchtig, so dass Sie mit defensiver Fahrweise die nächste Werkstatt erreichen können.

***Thront über dem HBZ:*** Der Bremsflüssigkeitsvorratsbehälter im Logan.

***Warnt vor einem ausgefallen Bremskreis:*** die Bremskontrollleuchte (Pfeil) im Kombiinstrument.

## Bremsanlage prüfen – schauen Sie mit wachen Augen

- Damit Sie eventuelle Leckagen eindeutig lokalisieren können, muss Ihr Auto von unten trocken sein. Inspizieren Sie die Bremsen also nicht unbedingt nach einer Regenfahrt.
- Prüfen Sie sämtliche Schlauchanschlüsse und Verbindungsleitungen sowie die Bremssättel. Dunkle Flecken und feuchte Stellen sind ein sicheres Indiz für Undichtigkeiten.
- Inspizieren Sie die Bremsschläuche auch auf Scheuerstellen, sie dürfen weder feucht noch gequollen sein. Falls doch: Tauschen Sie die Schläuche aus.
- Aus Korrosionsschutzgründen tragen die Bremsleitungen im Logan eine Kunststoffschicht. Reinigen Sie die Leitungen von außen nur mit einem Pinsel, Kaltreiniger oder Waschbenzin: Kratzen Sie niemals mit einem Schraubendreher, Schmirgelleinen oder einer Drahtbürste an den Leitungen. Sollte die Schutzschicht bereits leicht beschädigt sein, retten Sie den Bereich mit einer Rostschutzgrundierung. Sobald sich allerdings schon Rostnarben, Verformungen oder

Steinschlagspuren eingenistet haben, ersetzen Sie die angefressenen Leitungen umgehend.

■ Sind auf den Entlüftungsventilen noch Staubschutzkappen vorhanden? Falls nicht, sorgen Sie für Ersatz.

■ Machen Sie regelmäßig eine (provisorische) Bremsdruckprobe. Dazu treten Sie das Bremspedal wie zur Vollbremsung, also mit voller Beinkraft, etwa eine Minute lang durch. Das Pedal darf dabei nicht in Richtung Bodenblech wandern. Falls doch, sind die Manschetten im Hauptbremszylinder oder in den Bremszangen verschlissen. Schauen Sie dann auch auf feuchte Stellen. Exakt funktioniert eine Bremsdruckprobe freilich nur mit einem Druckstandsanzeiger – ein typischer Fall für die Werkstatt.

## Bremskraftverstärker prüfen – so wird's gemacht

■ Treten Sie bei abgestelltem Motor das Bremspedal mehrmals durch und halten es dann in der tiefsten Stellung fest.

■ Jetzt starten Sie den Motor. Das Pedal muss dann noch ein paar Millimeter weiter nachgeben. Falls nicht, hat das folgende Ursachen:

■ Unterdruckschlauch vom Ansaugrohr zum Bremskraftverstärker undicht: In diesem Fall ersetzen Sie unbedingt den Schlauch und prüfen die Anschlussflansche.

■ Rückschlagventil im Unterdruckschlauch defekt: Nehmen Sie zur Ventilkontrolle den Unterdruckschlauch am Bremskraftverstärker ab und lassen den Motor mit Leerlaufdrehzahl laufen. Falls Sie keine rhythmischen Ansauggeräusche hören, verschließen Sie das freie Schlauchende mit einer Fingerkuppe. Wird im Schlauch kein Vakuum wirksam, ist das Ventil defekt.

■ Gummidichtung zwischen Hauptbremszylinder und Bremskraftverstärker porös: Zum Austausch Hauptbremszylinder vom Bremskraftverstärker demontieren und Dichtring erneuern.

■ Luftfilter am Druckstößel des Bremskraftverstärkers verdreckt: Den Filter mit einem Drahthaken von der Druckstange abziehen. Neuen Filter bis zum Mittelpunkt aufschneiden und um den Druckstößel in seinen Sitz drücken. Achten Sie darauf, dass der Filter um den Stößel geschlossen ist, ansonsten gelangt ungefilterte Luft in den Bremskraftverstärker.

■ Verstärkermembrane defekt: Eine Reparatur ist nicht möglich. Sie müssen sich mit einem komplett neuen Bremskraftverstärker anfreunden.

## Bremsscheibenverschleiß – mit dem Messschieber messen

Bocken Sie die Vorderachse auf einer ebenen Fläche standfest auf und nehmen die Räder ab. Bei der Gelegenheit checken Sie natürlich auch die Bremssegmente. Übrigens, leicht bläulich angelaufene Bremsscheiben sind völlig normal. Sollte die Scheibenstärke dagegen um rund drei Millimeter (gemessen am Neuzustand, siehe Technische Daten) abgenommen haben, ist die Verschleißgrenze erreicht. Erneuern Sie die Bremsscheiben dann grundsätzlich paarweise. Und so messen Sie richtig:

■ Achten Sie auf tiefe Riefen in den Scheiben. Sie verraten verklemmte Fremdkörper in den Bremsbelägen, groben Straßenschmutz, verhärtete oder verschlissene Beläge. Bis zu drei Millimeter tiefe Riefen müssen Sie noch nicht beunruhigen. Demontieren Sie jedoch auf jeden Fall die Beläge und reinigen die Reibflächen mit Schmirgelleinen (80er Körnung).

■ Die Scheibenstärke messen Sie am besten mit einem Messschieber und zwei Ein-Euro-Münzen. Legen Sie auf jeder Scheibenseite jeweils eine Münze zwischen Messschieber und Bremsscheibe. Vom Messwert müssen Sie natürlich die Stärke beider Münzen (rund vier Millimeter) abziehen.

■ Unter Mindestmaß abgeschrubbte Scheiben sind Schrott. Riefige Scheiben können Sie durchaus Plan schleifen (lassen). Erneuern und planen Sie Bremsscheiben stets paarweise.

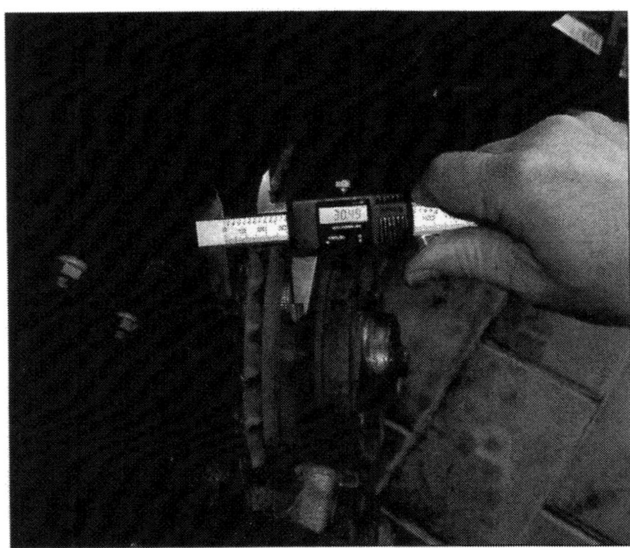

***Ablesen und subtrahieren:*** Um die tatsächliche Scheibenstärke zu ermitteln, ziehen Sie nach der Messung noch die Stärke beider Münzen vom Messwert ab.

# Bremsanlage entlüften – ein Assistent muss her

Wie kommt Luft ins Bremssystem? Zum Beispiel nach allen Arbeiten, bei denen Sie die Bremsschläuche abnehmen oder Bremsleitungen öffnen mussten. Außerdem wenn ein Bremsschlauch porös ist oder ein von der Straße aufgewirbelter Fremdkörper eine Bremsleitung verletzt.

In der Praxis reicht es häufig, nur den Bremskreis zu entlüften, an dem Sie gearbeitet haben. Ganz auf Nummer SICHER gehen Sie natürlich, wenn Sie beide Bremskreise entlüften. Verwenden Sie IMMER nur neue Bremsflüssigkeit (Spezifikation DOT4 – SAE J 1703), ein sauberes Glas und einen transparenten Kunststoffschlauch. Außerdem sollte Ihnen ein Helfer assistieren.

Ihren Logan liften Sie auf einer ebenen Fläche und bocken ihn standfest auf. Während des gesamten Entlüftungsvorgangs halten Sie den Bremsflüssigkeitsvorratsbehälter stets gut gefüllt. Der Bremsflüssigkeitspegel darf auf keinen Fall unter »min.« abfallen. Falls doch, gelangt über die Nachfüllbohrungen wieder neue Luft ins System.

Achten Sie darauf, dass keine Bremsflüssigkeit auf die Lackoberfläche kommt. Andernfalls spülen Sie die Flächen umgehend mit klarem Wasser ab. Ansonsten wird der Lack stumpf oder löst sich auf.

## Werkzeug:

Radkreuz,
Wagenheber, Unterstellböcke,
8 mm Ringschlüssel,
sauberes Glas, transparenter Kunststoffschlauch

## Material:

1 Liter Bremsflüssigkeit
(Spezifikation DOT4 – SAE J 1703)

■ Lösen Sie den Verschlussdeckel des Bremsflüssigkeitsbehälters und ...

■ ... halten die Arbeitsreihenfolge ein. Entlüften Sie zunächst den Radbremszylinder hinten rechts, hinten links, dann die rechte Bremszange und danach die linke.

■ Dazu ziehen Sie zunächst die Staubschutzkappen von den Entlüftungsventilen und reinigen die Ventilnippel.

***Darauf müssen Sie achten:*** Platzieren Sie den Auffangbehälter etwa 30 Zentimeter oberhalb des Entlüfternippels.

■ Schieben Sie den Kunststoffschlauch auf den jeweiligen Nippel und tauchen das freie Schlauchende in ein knapp mit Bremsflüssigkeit gefülltes Glas.

■ Dann lösen Sie den Entlüfternippel etwa eine Umdrehung. Ihr Helfer tritt das Bremspedal langsam durch und zieht den Fuß dann schnell beiseite.

■ Danach wartet er etwa drei Sekunden – der HBZ füllt sich währenddessen mit neuer Bremsflüssigkeit.

■ Wiederholen Sie den Vorgang an allen Entlüfternippeln so lange, bis im Auffangglas keine Luftbläschen mehr aufsteigen und reine Bremsflüssigkeit austritt.

■ In dem Fall hält der Assistent das Bremspedal am Boden, Sie schließen den Entlüftungsnippel, ziehen den Schlauch ab ...

■ ... und wenden sich dem nächsten Rad zu.

■ Erledigt? Dann ergänzen Sie die Flüssigkeit im Ausgleichbehälter bis »max.« und drehen dann die Verschlusskappe fest.

■ Vergessen Sie anschließend bitte nicht, die Bremsfunktion auf einer vorsichtigen Probefahrt zu überprüfen.

### WISSENSWERTES: Die Bremsflüssigkeit

Hauptbestandteile der Bremsflüssigkeit sind Glykol und Polyglykolether: Bremsflüssigkeit bleibt im Neuzustand bis ca. -40 °C dünnflüssig und siedet erst bei etwa 270 °C.
Die Betonung liegt auf Neuzustand: Der Saft ist nämlich hygroskopisch. Das heißt, Bremsflüssigkeit nimmt aus der Luft begierig Wasser auf. Jährlich so etwa zwei Prozent – und das auch im dichten Bremssystem.
Das hat negative Auswirkungen auf den Siedepunkt. Bei einem Wassergehalt von rund 2,5 Prozent sinkt er schon auf rund 150 °C. Die Betriebssicherheit ist dann bei stark beanspruchten Bremsen, etwa im Gebirge, bei Vollbremsungen oder mit Hänger am Haken nicht mehr unbedingt gegeben. Sobald Bremsflüssigkeit siedet, bildet sie Blasen im System.
Der Bremspunkt wandert dann aufs Bodenblech: Die Flüssigkeit kann sieden und Dampfblasen im System bilden. Mit verheerenden Auswirkungen – das Bremspedal lässt sich bis auf die Bodenplatte durchtreten. Ihre Bremse hat dann allenfalls noch die Wirkung einer Luftpumpe.
Wechseln Sie daher die Bremsflüssigkeit konsequent im Zwei-Jahres-Rhythmus.

### WISSENSWERTES: Alte Bremsflüssigkeit entsorgen

Bremsflüssigkeit ist giftig: Vermeiden Sie direkte Kontakte mit der Haut und offenen Wunden. Die Flüssigkeit greift zwar keine Metall- und Gummiteile an, wirkt jedoch aggressiv auf Autolacke. Einmal gewechselte Bremsflüssigkeit ist unbrauchbar. Trauen Sie auch keiner Bremsflüssigkeit, die längere Zeit in einem offenen oder angebrochenen Behälter gestanden hat. Der Siedepunkt ist dann undefinierbar. Behandeln Sie gebrauchte Bremsflüssigkeit konsequent als Sondermüll und entsorgen Sie entsprechend.

***Regelmäßig wechseln:*** Bei alter Bremsflüssigkeit (links im Bild) hilft auch die beste Bremsanlage nichts

## Bremsflüssigkeit wechseln – verfahren Sie ähnlich wie beim Entlüften

Wechseln Sie Bremsflüssigkeit etwa alle zwei Jahre. Fachwerkstätten erledigen das mit einem speziellen Bremsenfüllgerät. Sie können sich aber auch selbst ans Werk machen – die Arbeit ist die gleiche wie beim Entlüften. Für das gesamte System benötigen Sie rund einen Liter Bremsflüssigkeit (achten Sie auf die richtige Spezifikation).

■ Lösen Sie den Verschlussdeckel des Bremsflüssigkeitsbehälters und …

■ … entfernen mit einer Pipette oder einer sauberen Injektionsspritze die Bremsflüssigkeit aus dem Vorratsbehälter.

■ Die dann folgenden Arbeitsschritte sind ansonsten die gleichen wie unter Bremsanlage entlüften beschrieben.

■ Ältere Bremsflüssigkeit ändert ihr Aussehen: Sie wird milchiger. Spülen Sie also jeden Radzylinder so lange durch, bis tatsächlich klare Flüssigkeit austritt.

# Scheibenbremssegmente erneuern – das können Sie

Tauschen Sie Bremsbeläge grundsätzlich nur paarweise auf beiden Achsseiten. Ansonsten entstehen an den Bremsscheiben unterschiedliche Reibkoeffizienten, die Ihren Logan auch mit ABS und spätestens bei Vollbremsungen in Verlegenheit bringen.
Thermisch bedingt ändern neue Bremsbeläge während der ersten 500 Kilometer ihre Materialstruktur: Vermeiden Sie währenddessen also häufige Vollbremsungen. Ansonsten könnten die Beläge schnell verhärten (verglasen) und niemals zufriedenstellend funktionieren. Achten Sie zudem peinlich genau darauf, dass Bremsenersatzteile eine Herstellerfreigabe für Ihren Logan und eine gültige ABE haben müssen. Ignorieren Sie im Zweifelsfall dubiose Wühltischschnäppchen, obskure Sportbremsbeläge oder Sportbremsscheiben ohne Prüfnummer. Lassen Sie sich beim Kauf auch nicht auf No-Name Bremsschläuche und Bremsleitungen ein. Auf der sicheren Seite sind Sie dann, wenn Ihren Logan Originalersatzteile abbremsen.

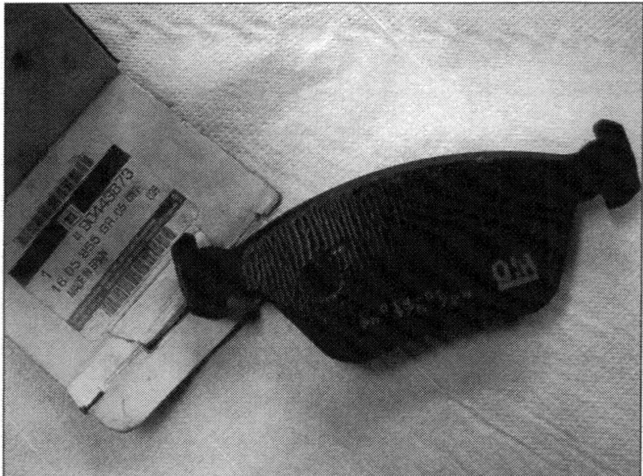

***Damit sind Sie generell auf der sicheren Seite:*** Bremsersatz- oder Austauschteile von Markenherstellern und mit gültiger Prüfnummer.

### Werkzeug:

Wagenheber, Unterstellbock,
Radschlüssel,
Ratsche, 7-mm-Inbusnuss,
Schlitzschraubendreher,
Wasserpumpenzange

**Vorderachse**

■ Bocken Sie den Vorderwagen standfest auf und demontieren beide Räder.

■ Um die Bremszangen bequemer zu erreichen, schlagen Sie die Lenkung jeweils zu einer Seite ein.

■ Danach hebeln Sie die Haltefeder mit einem Schraubendreher am Bremssattel aus.

■ Jetzt quetschen Sie auf der inneren Zangenseite beide Staubkappen von den Führungsbolzen, lösen die Bolzen

***Einfach am Bremssattel aushebeln:*** Die Spannfeder.

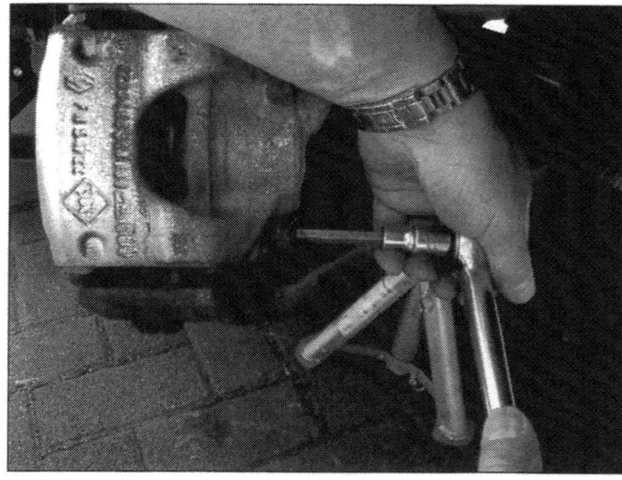

***Damit der Bremssattel frei wird:*** zunächst beide Führungsbolzen auf der Innenseite lösen.

und ziehen den Bremssattel einfach nach vorne vom Bremsträger ab.

■ Sollte das so einfach nicht klappen, bringen Sie einen stabilen Schraubendreher zwischen Bremsscheibe und Bremsbelag in Position und drücken den Gleitkolben ein wenig zurück. Das schafft mehr Freiraum und erleichtert die Demontage – vornehmlich bei bereits stark riefigen Bremsscheiben.

■ Sobald Sie den Sattel abgezogen haben, schieben Sie die alten Bremssegmente aus dem Sattelrahmen.

■ Vor der Montage setzen Sie den Bremskolben mit einem stabilen Schraubendreher oder Hammerstiel vollständig in den Zylinder zurück. Achten Sie darauf, dass weder der Kolben noch die Staubmanschette bei dieser Aktion Schaden nehmen.

■ **Vorsicht:** Beim Zurücksetzen des Gleitkolbens kann Bremsflüssigkeit aus dem Vorratsbehälter austreten. Checken Sie das und spülen die Flüssigkeit sofort gründlich mit klarem Wasser ab.

■ Entfernen Sie auf den Bremsbelagführungen (Pfeile) den alten Belagabrieb mit Bremsenreiniger, Alkohol oder Brennspiritus. Nutzen Sie dazu einen Flaschenreiniger oder eine harte Zahnbürste. Festgebackene Staubkrusten kratzen Sie vorab schon mal vorsichtig mit einem flachen Schraubendreher ab – doch beschädigen Sie nicht die Staubmanschette des Gleitkolbens.

■ Werfen Sie auch einen Blick auf die Bremsscheiben – haben sich Fett, Straßenschmutz oder tiefe Riefen eingenistet? Prüfen Sie im gleichen Aufwasch auch die Scheibenstärke (Verschleißgrenze).

■ Die Kontaktflächen der Bremsbeläge reiben Sie vor der Montage sparsam mit wärmebeständigem Gleitmittel (Kupferpaste) ein. Die Paste darf auf keinen Fall auf die Bremsflächen gelangen.

■ Die vorbereiteten Bremssegmente schieben Sie jetzt in das Sattelstativ …

■ … setzen dann den Bremssattel auf und schrauben ihn inklusive einem neuen Führungsbolzen mit rund 35 Nm fest.

■ Montieren Sie noch die Haltefeder an den Bremssattel und …

■ … vergessen dann auf keinen Fall, das Bremspedal so lange durchzutreten, bis Widerstand ins Bremspedal kommt. Erst dann liegen die Beläge bremsbereit an der Scheibe an.

■ Checken Sie noch schnell den Bremsflüssigkeitsstand im Vorratsbehälter. Überschüssige Flüssigkeit saugen Sie mit einer Pipette bis »max.« ab, fehlende Flüssigkeit ergänzen Sie bis »max.«.

■ Montieren Sie die Räder und lassen das Auto ab.

■ Bremsen Sie nun auf einer Nebenstraße die neuen Beläge vorsichtig ein. Verzögern Sie einige Male ganz piano von etwa 100 km/h auf 50 km/h. Zwischendurch lassen Sie die Bremsbeläge immer wieder gut auskühlen.

***Vor dem Belagwechsel gründlich säubern:*** das gesamte Bremssattelstativ.

# Bremsscheibe demontieren – mit Erfahrung durchaus machbar

Erneuern Sie Bremsscheiben grundsätzlich immer nur paarweise. Falls nicht, arbeiten die Scheiben mit einem unterschiedlichen Reibkoeffizienten – die Bremse funktioniert so nicht optimal.

### Werkzeug:

Wagenheber, Unterstellbock,
Radschlüssel,
Ratsche, 17er-Sechskantnuss, 7-mm-Inbusnuss,
Torx-T40-Nuss,
Schlitzschraubendreher,
Wasserpumpenzange

■ Die beiden Bremssättel mitsamt Bremssegmenten demontieren Sie wie beschrieben.

■ Fixieren Sie die losen Sättel mit Bindedraht an den Federbeinen.

■ Danach lösen Sie beidseitig am Lenkschwenklager die Befestigungsschrauben (1) des Bremsträgers (2) und legen ihn beiseite.

■ Lösen Sie beide Arretierschrauben an den Scheiben ...

■ ... und treiben Sie mit einem Gummihammer gefühlvoll von den Radnaben. Vergessen Sie nicht, die Scheiben währenddessen zu drehen.

■ Vor der Montage säubern Sie die Anlageflächen der Radnaben sowie der Bremsscheiben gründlich mit einer Drahtbürste und ...

■ ... setzen die Scheiben erst dann wieder auf die Radnaben auf. Wenn Sie die Anlageflächen gut gesäubert haben, ist die Chance groß, dass beide Scheiben ohne Taumelschlag auf Anhieb rundlaufen. Andernfalls pulsiert das Bremspedal bei jedem Bremsvorgang.

■ Beenden Sie die Montage in umgekehrter Reihenfolge und ziehen die Halterahmen mit rund 110 Nm gegen die Lenkschwenklager.

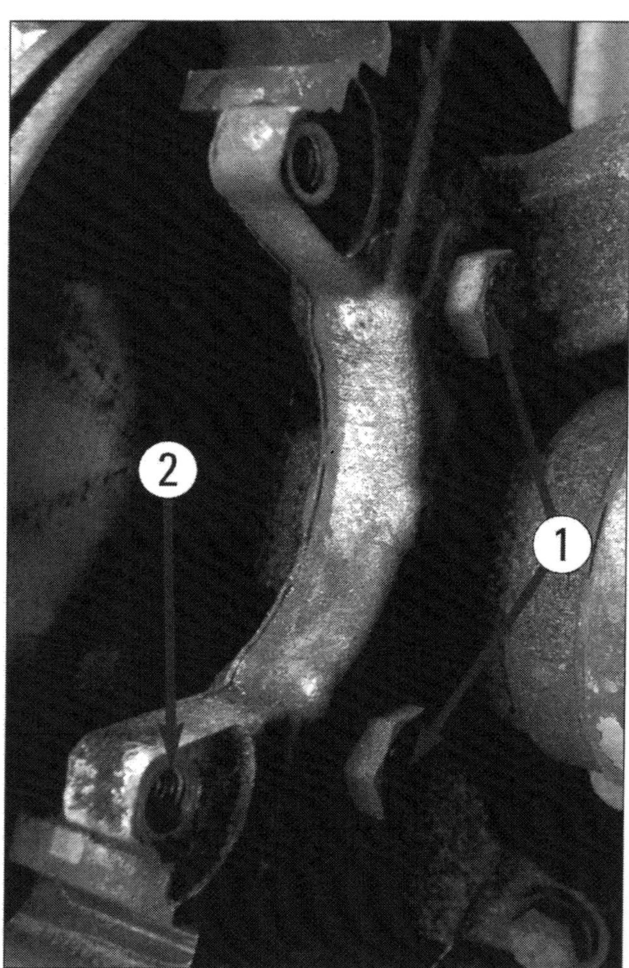


***Zweimal mit dem Lenkschwenklager verschraubt:*** Der Bremsträger.

***Meistens mit zwei Schrauben fixiert:*** die Bremsscheiben an der Vorderachse.

# Bremssattel und Bremskolben gängig machen

Bei porösen oder mechanisch beschädigten Staubmanschetten dringen Schmutz und Feuchtigkeit in den Bremszylinder ein. In der Folgezeit korrodiert der Gleitkolben langsam aber sicher. Folge: Hoher Bremsbelag- und Scheibenverschleiß, ungleichmäßig ansprechende Bremse. Wenn Ihr Logan die Symptome zeigt, gehen Sie folgendermaßen vor.

■ Demontieren Sie die Bremsbeläge wie beschrieben und ...

■ ... überprüfen zuerst den Belagfreigang in den Belagschächten.

■ Wenn nötig, reinigen Sie die Schächte mit einer harten Zahnbürste oder einem passenden Schlitzschraubendreher. Zerstören Sie dabei nicht die Staubmanschetten oder lösen sie aus ihrem Sitz.

■ Bevor Sie die Bremsbeläge wieder einsetzen, bestreichen Sie alle Kontaktflächen mit hitzefester Kupferpaste.

■ Selbstverständlich müssen auch die Bremssättel freigängig sein. Falls Sie dort Arbeitsbedarf entdecken, reinigen und bestreichen Sie die Gleitflächen leicht mit hitzebeständiger Kupferpaste.

# Bremskolben auf Freigang prüfen – mit Montierhebel möglich

■ Demontieren Sie den inneren Belag der betreffenden Bremszange.

■ Bevor Sie den Bremskolben prüfen, fixieren Sie mit einer Schraubzwinge oder Feststellzange ein etwa sechs Millimeter starkes Distanzstück (evtl. Holzbrettchen) als Endanschlag zwischen Bremskolben und Bremsscheibe. Die Maßnahme begrenzt den Kolbenweg und schützt den Bremskolben mitsamt Dichtring vor Beschädigungen.

■ Selbstverständlich muss der gegenüberliegende Bremssattel noch komplett montiert sein.

■ Schieben Sie jetzt einen Montierhebel zwischen Kolben und provisorischem Endanschlag. Ein Helfer tritt derweil vorsichtig das Bremspedal durch.

■ Falls der Kolben klemmt, steigt er so lange aufs Bremspedal, bis der Kolben dem Druck weicht und nach außen wandert. Sobald er den Montierhebel erreicht, pressen Sie den Kolben per Hebel in den Zylinder zurück. Wiederholen Sie die Prozedur so lange, bis der widerborstige Bremskolben leichtgängig im Zylinder gleitet.

■ **Achtung:** Bleiben Sie damit erfolglos, lassen Sie den Sattel in einer Fachwerkstatt überholen oder tauschen das verschlissene Teil besser gegen ein Neuteil aus.

***Schnell machbar:*** Bremskolben mit Schraubzwinge zurücksetzen.

## Staubmanschette erneuern – Sie benötigen einen Schweißdraht

■ Pressen Sie mit einem Montierhebel oder Schraubendreher zunächst den Bremskolben bis kurz vor Anschlag in den Zylinder zurück. Das äußere Bremssegment bleibt montiert.

■ Heben Sie die zu erneuernde Staubmanschette vorsichtig mit einem gebogenen Schweißdraht oder kleinen Winkelschraubendreher vom Bremssattel und Gleitkolben ab. Achten Sie gut auf den Gleitkolben, seine Oberfläche darf nicht verkratzen. Sobald Sie die Staubmanschette abgezogen haben, inspizieren Sie ihr Inneres, die Manschette muss Pulvertrocken sein. Andernfalls lassen Sie den Sattel besser in einer Fachwerkstatt überholen oder Sie montieren einen Austauschbremssattel.

■ Bevor Sie die neue Manschette montieren, reinigen Sie die angedrehten Montageflächen oberhalb des Zylinders und Kolbens mit Brennspiritus oder sauberer Bremsflüssigkeit. Anschließend konservieren Sie die Flächen mit Bremsmontagepaste (Ate).

■ Drücken Sie die neue Staubmanschette vorsichtig auf die Sitzflächen. Achten Sie darauf, dass die Manschettenkragen satt und spannungsfrei sitzen, erst dann ...

■ ... pressen Sie mit einem Montierhebel den Kolben bis zum Anschlag in den Zylinder zurück.

■ Montieren Sie hernach den inneren Bremsbelag. Vergessen Sie auch nicht, die Bremsflüssigkeit im Vorratsbehälter zu checken.

■ Bevor Sie den Wagen wieder absenken, bringen Sie die Bremse auf Druck. Checken Sie auch den instand gesetzten Sattel auf Dichtheit.

■ Erst danach beenden Sie die Montage in umgekehrter Reihenfolge und inspizieren die Bremsen während einer kurzen Probefahrt auf einer wenig frequentierten Straße.

■ Jetzt ziehen Sie vorsichtig die Radnabenkappe ab. Falls

## Bremstrommel aus- und einbauen

### Werkzeug:

Wagenheber, Unterstellbock, Radschlüssel,
Ratsche, Sechskantnuss,
Schlitzschraubendreher,
Wasserpumpenzange,
Seitenschneider

### Arbeitsschritte:

■ Bocken Sie den Hinterwagen rüttelsicher auf einer ebenen Fläche auf und nehmen beide Hinterräder ab.

■ Lösen Sie die Einstellmutter des Handbremsseils so weit, dass seine Seele spannungsfrei »durchhängt«.

■ Bei stark eingelaufenen Bremstrommeln hebeln Sie nunmehr mit einem Schraubendreher die Bremsbacken durch das Schauloch (Pfeil) der Bremsankerplatten zurück.

***»Vorspiel«:*** Handbremsseil entspannen und Bremsbacken durchs Schauloch zurücksetzen.

sie klemmen sollte, setzen Sie zwischen Radnabe und Kappe einen »stumpfen« Meißel an und schlagen die Kappe mit einem Hammer nach außen ab. Sollte dabei der Außenwulst der Kappe stark verbiegen, erneuern Sie die Kappe. Ansonsten könnte ihre Vorspannung nachlassen um dann eines nicht fernen Tages von der Radnabe »fliegen«. In diesem Fall dringt Straßendreck ins Radlager ein und zerstört es im Nu.

■ Lösen Sie die Radnabenmutter und legen sie beiseite.

■ Danach ziehen Sie die Bremstrommel komplett mit der Radnabe vom Achszapfen. Falls die Nabe klemmt, die Handbremse jedoch gelöst und die Bremsbacken nicht mehr an der Trommel anliegen, »brechen« Sie die Bremstrommel ggf. mit einem Kunststoffhammer an ihrem Außenrand los. Vergessen Sie nicht, die Trommel währenddessen auf dem Radzapfen zu drehen. Dacia-Werkstätten nutzen einen speziellen Abzieher.

■ Checken Sie die Bremstrommel auf Verschleißspuren (Riefen, Härterisse).

■ Vor der Montage reinigen Sie die Bremstrommel gründlich mit Schmirgelpapier. Die Bremsankerplatte waschen Sie mit einem sauberen Pinsel und Spiritus ab. Denken Sie daran, Bremsstaub ist atemgängig, schützen Sie sich also mit einer Atemmaske und entfernen den losen Abrieb mit einem handelsüblichen Bremsenreiniger.

■ Beenden Sie die Montage in umgekehrter Reihenfolge und ziehen die neue Radzapfenmutter mit 175 Nm an fest.

## Bremstrommeln ausdrehen

Neue Bremstrommeln haben einen Innendurchmesser von 180,25 mm oder 203,2 Millimeter. Stellen Sie auf der Bremsfläche starke Riefen fest, können Sie die Trommel ausdrehen lassen. Allerdings immer nur paarweise und nicht über die Verschleißgrenze hinaus: In diesem Fall müssen Sie beide Trommeln ersetzen – gleichmäßig ziehende Bremsen setzen Trommeln mit gleichem Durchmesser voraus.

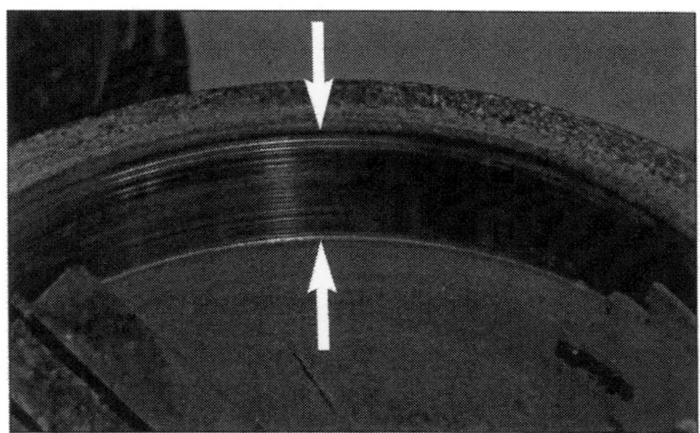

***Riefig und rostig:*** Ein typischer Fall für die Trommeldrehbank. Geben Sie die Arbeit einem Bremsendienst in Auftrag.

# Bremsbacken wechseln

Bremsbacken sollten Sie grundsätzlich nur paarweise und auf beiden Achsseiten wechseln. Ansonsten zieht die Bremse nach der Reparatur einseitig. Fahren Sie neue Bremsbacken erst vorsichtig ein und vermeiden während der ersten 500 Kilometer Vollbremsungen (siehe Scheibenbremsbeläge). Ersatz ist zum Beispiel dann angesagt, wenn die alten Backen abgenutzt, verölt oder verbrannt (Handbremse schleift) sind. Achten Sie peinlich genau darauf, dass die neuen Bremsbacken eine Herstellerfreigabe und gleichfalls eine gültige ABE für Ihren Wagen haben. Decken Sie sich nicht mit Wühltischqualitäten ein, sondern bedienen sich bei Ihrem Fachhändler.

## Arbeitsschritte:

### Demontage

■ Demontieren Sie beide Bremstrommeln – wie beschrieben – und ...

■ ... hängen die Feder (1, 2) an den Bremsbacken aus.

■ Drehen Sie beide Bremsbackenhaltestifte (3) mit einer Zange aus und jonglieren die Bremsbacken aus dem Widerlager (4). Dazu müssen Sie das Handbremsseil aushängen und die Nachstelleinheit von der Bremsbacke »fädeln«.

### Montage

■ Reinigen Sie gründlich die Trägerplatte und Lagerpunkte. Vor der Montage checken Sie noch sämtliche Lagerstellen und fetten sie leicht mit Kupferpaste ein.

■ Beenden Sie die Montage in umgekehrter Reihenfolge.

■ Treten Sie das Bremspedal so lange bis etwa zur Hälfte durch, bis die Backen anliegen – Sie bemerken das am Widerstand des Bremspedals. Die neu montierten Bremsbacken schmiegen sich der Trommeln an, währenddessen justiert die automatische Bremsnachstelleinrichtung die Bremseinstellung.

■ Montieren Sie die Räder und lassen den Wagen ab.

■ Justieren Sie die Handbremse.

■ Bei der abschließenden Probefahrt bremsen Sie zunächst vorsichtig – checken Sie derweil auch die Handbremswirkung.

***Gut zugänglich und übersichtlich:*** die Innereien der Trommelbremse an der Logan Hinterachse.

## Tipps zum Bremsbackentausch

■ Markieren Sie die Montagerichtung und den Sitz der einzelnen Teile vor der Demontage – das gilt vor allem für die Zugfedern. Sie erleichtern sich damit den Einbau und vermeiden spätere Funktionsstörungen.

■ Sollten Sie gleichzeitig an beiden Achsseiten arbeiten, achten Sie darauf, dass Sie die Teile unter keinen Umständen seitenverkehrt montieren.

■ Treten Sie bei demontierten Bremsbacken niemals aufs Bremspedal: Sie drücken sonst automatisch die Kolben aus den Radbremszylindern. Sichern Sie die Kolben am besten mit einer Schraubzwinge oder einem strammen Gummiband (Ring vom Fahrradschlauch abschneiden).

■ Bei abgenommenen Bremsbacken sollten Sie stets auch die Radbremszylinder auf Dichtheit checken. Klappen Sie dazu vorsichtig die Staubmanschetten zurück: Erkennen Sie Feuchtigkeit darunter, lassen Sie den Zylinder bei Ihrem Fachhändler überholen oder tauschen ihn gegen ein Neuteil aus. Erfahrungsgemäß sollten Sie die andere Achsseite dann gleich miterledigen.

## Radbremszylinder demontieren

Wenn Sie einen Radbremszylinder demontieren, läuft in der Regel die Bremsflüssigkeit aus der Anlage. Verhindern Sie das, indem Sie vorab den Entlüftungsnippel des betreffenden Zylinders lösen und einen Entlüftungsschlauch aufstecken. Das freie Schlauchende »hängen« Sie einfach in ein möglichst kleines, sauberes Gefäß und treten einige Male das Bremspedal voll durch. Sobald das Schlauchende von Bremsflüssigkeit umspült ist, fixieren Sie das Bremspedal (Holzlatte oder Ziegelstein) am Bodenblech. Die Zulaufbohrungen im HBZ bleiben dann verschlossen und versperren der Bremsflüssigkeit den Weg ins Freie.

### Arbeitsschritte:

■ Demontieren Sie die betreffende Bremstrommel mitsamt der Bremsbacken.

■ Schrauben Sie hernach die Bremsleitung (2) von der Bremsankerplatte. Die Öffnung verschließen Sie wie beschrieben gegen Schmutz und auslaufende Bremsflüssigkeit.

■ Lösen Sie die Befestigungsschrauben (1) und nehmen den Zylinder von der Ankerplatte ab.

■ Beenden Sie die Arbeit in umgekehrter Reihenfolge. Vergessen Sie nicht die Probefahrt.

■ Nach der Montage entlüften Sie die Anlage, unternehmen eine »vorsichtige« Probefahrt und kontrollieren danach die Bremse auf Dichtheit.

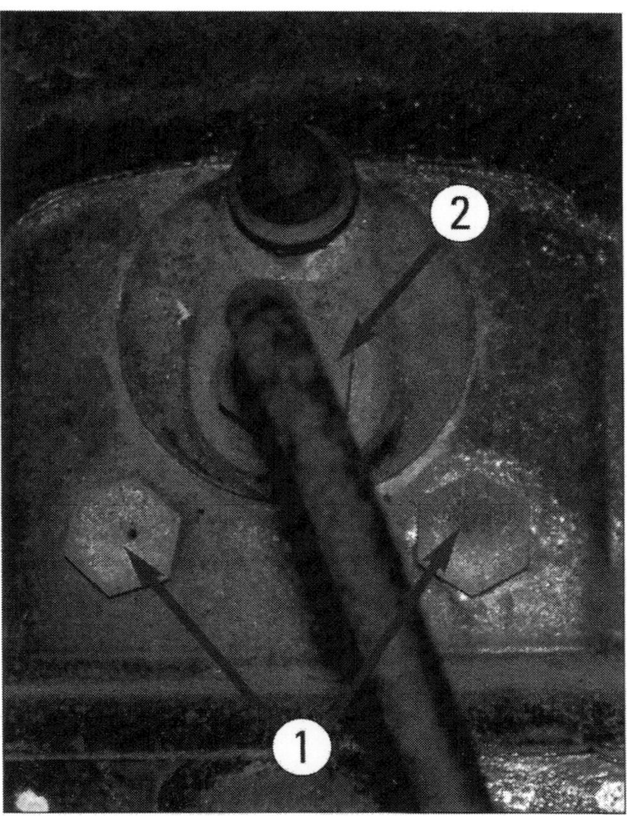


***Schnell erledigt:*** Radbremszylinder demontieren.

# Die Handbremse

Die Handbremse (Feststellbremse) sichert Ihren parkenden Logan gegen unwillkommene Rollversuche (bitte grundsätzlich den ersten Gang zusätzlich einlegen). Sie wirkt mit Seilzügen über den Handbremshebel mechanisch auf die Hinterräder. Der angezogene Handbremshebel löst unter dem Logan eine Kettenreaktion aus: Er strafft die Seilzüge, presst die Bremsbacken an die Bremstrommeln an. Um den Bremsbelagverschleiß automatisch auszugleichen, arbeitet in den hinteren Bremstrommeln eine automatische Nachstellvorrichtung (Pfeil). Sobald der Hebelweg zu groß wird, ziehen Sie den Handbremshebel einige Male kräftig bis zum Anschlag an – wenn das nicht fruchtet, lassen Sie die Handbremse in der Werkstatt justieren.

***Korrigiert den Bremsbelagverschleiß:*** automatische Nachstellvorrichtung in der Bremstrommel.

## STÖRUNGSBEISTAND – Bremse

| Störung | Was kann das sein? | Was kann ich tun? |
|---|---|---|
| **A Bremse quietscht.** | **1** Ressonanzgeräusche zwischen Bremsscheibe. | Beläge wechseln, ggf. Bremsbelagträgerplatte auf der Rückseite mit Anti-Quietschpaste einstreichen. |
| | **2** Beläge verschlissen bzw. verhärtet. | Erneuern. |
| | **3** Bremsflächen der Scheiben stark verschmutzt, verschmiert oder abgenutzt. | Scheiben reinigen. Ggf. austauschen. |
| | **4** Belagführung am Bremssattel verschmutzt oder verrostet. | Säubern bzw. blank schleifen. |
| | **5** Festsitzender Kolben im Bremssattel. | Gängig machen oder Bremssattel überholen lassen. |
| | **6** Festsitzender Kolben im Radbremszylinder. | Gängig machen bzw. Bremszylinder austauschen (lassen). |
| | **7** Neue Bremsbeläge tragen noch nicht vollflächig. | Außenkanten mit Schruppfeile brechen, evtl. Beläge egalisieren. |

## Bremse

| Störung | Was kann das sein? | Was kann ich tun? |
|---|---|---|
| **B Bremswirkung lässt nach (Fading).** | **1** Pedalweg normal:<br>a) Beläge verölt, verbrannt oder verhärtet.<br>b) Siehe A3 und 7. | Bremskraftverstärker bzw. Unterdruckleitung auf Knicke prüfen; Unterdruckventil verstopft; prüfen und evtl. ersetzen (lassen). |
| | **2** Pedalweg kurz:<br>Bremskraftverstärker arbeitet nicht oder kein Unterdruck am Verstärker. | Kontrollieren, schadhafte Teile auswechseln lassen. |
| | **3** Pedalweg lang:<br>a) Siehe A5<br>b) ein Bremskreis ausgefallen. | Bremsbeläge tauschen (lassen).<br><br>Bremsanlage prüfen (lassen). |
| | **4** Falscher Belag. | Bremsbeläge tauschen (lassen). |
| | **5** Hinterradbremse(n) defekt. | Scheibe und Beläge prüfen und evtl. ersetzen lassen. |
| **C Schwache Bremsleistung bei hohem Bremspedaldruck.** | **1** Siehe A 2 bis 7. | |
| | **2** Siehe B 1 bis 4 | |
| **D Bremspedalweg schwammig.** | **1** Luft in der Anlage. | Bremsanlage prüfen, entlüften (lassen). |
| | **2** Bei überbeanspruchter Bremse (Gebirgsfahrt, Anhängerbetrieb) Dampfblasenbildung (Bremsfading). | Anhalten, Bremse abkühlen lassen. Verhalten fahren und bremsen, häufiger einen Gang herunterschalten (Motorbremse). |
| | **3** Hauptbremszylinder nicht richtig befestigt. | Befestigung prüfen. |
| **E Bremspedal lässt sich ganz durchtreten, keine Bremswirkung.** | **1** Hauptzylinder ausgefallen. | Austauschen. |
| | **2** Bremsschlauch oder Leitung gerissen, Dichtung leck. | Ersetzen. |

## Bremse

| Störung | Was kann das sein? | Was kann ich tun? |
|---|---|---|
| **F Pedalweg zu lang.** | **1** Scheiben unrund. | Scheiben erneuern oder planen lassen. |
| | **2** Falsch eingestellt. | Einstellen (lassen). |
| | **3** Bremsflüssigkeit läuft aus. | Hydrauliksystem auf Dichtheit prüfen; Mangel beheben lassen. |
| **G Bremsflüssigkeitsstand zu gering** | **1** Bremsscheiben oder Beläge verschlissen. | Bremsscheiben bzw. Beläge prüfen, ersetzen (lassen). |
| | **2** Leck in der Hydraulik. | Hydraulik auf Leck prüfen und Mangel beheben lassen. |
| **H Bremsen ziehen einseitig** | **1** Bremsscheiben defekt oder unterschiedliche Beläge montiert. | Prüfen, evtl. ersetzen (lassen). |
| | **2** Siehe A 2 und 7. | |
| | **3** Lenkung defekt. | Prüfen lassen. |
| | **4** Stoßdämpfer verschlissen. | Prüfen, evtl. ersetzen (lassen). |
| **I Beläge stark oder ungleichmäßig verschlissen.** | **1** Bremsscheiben sind korrodiert oder weisen Riefen auf. | Prüfen, evtl. ersetzen (lassen). |
| | **2** Siehe A 5. | |
| **I Handbremse zieht nicht** | **1** Bremsbeläge hinten abgenutzt oder verglast. | Bremsbeläge tauschen und dabei die Bremsanlage genau inspizieren. |
| | **2** Handbremsseile verstellt. | Prüfen, evtl. einstellen. |

# Spannungsgeladen

In Subsystemen wie dem Motormanagement, der Kraftstoffeinspritzung oder der Beleuchtung geht ohne Strom nichts zusammen. Ihr Logan ist nämlich schon im Stand, erst recht jedoch während der Fahrt auf elektrische Energie angewiesen: Fehlten ihm der Generator oder die Batterie, wäre er allenfalls eine viertürige Immobilie. Bei Störungen im Bordnetz sind Sie ohne aktuelle Schalt- bzw. Stromlaufpläne mit Ihrem Latein erfahrungsgemäß schnell am Ende. Bevor Sie also tiefergehende Reparaturen an der Bordelektrik angehen, rüsten Sie sich besser damit aus. Ihr Dacia Händler oder auch Bosch-Car-Service-Dienste helfen Ihnen

Schon der erste Benz-Patenmotorwagen wäre anno 1886 ohne elektrische Energie selbstständig nie in Fahrt gekommen. Ihrem Logan erginge es heute nicht anders: Batterie, Anlasser, Generator und rund ein Kilometer Kupferkabel machen ihn erst zum Automobil. Mit leerer Batterie streikt der Anlasser, ohne Anlasser bleibt der Motor stumm und ohne Motor fehlte dem Generator der Antrieb – das fein aufeinander abgestimmte Miteinander sämtlicher Bord-Subsysteme gerät dann völlig aus dem Takt.
Da ist es nicht verwunderlich, dass viele Autofahrer unangenehme Erinnerungen mit dem Trio Batterie, Anlasser und Generator verbinden. Die Ursache dafür lag und liegt überwiegend unter der Motorhaube, also dem Arbeitsplatz und der Peripherie der drei Akteure. Zu ihrer Entlastung sei allerdings gesagt, die dort vorherrschenden Arbeitsbedingungen sind nicht gerade ideal: Mal ist es zu kalt, mal zu warm, vielfach feucht und mitunter gar triefend nass. Viele Stromverbraucher sitzen zudem an exponierten Plätzen – Störungen in der Bordelektrik sind da geradezu vorprogrammiert. Zudem kapitulieren Batterien bisweilen vor klirrender Kälte und großer Hitze.

## Einfach zu beheben – kleine Störungen im Bordnetz

Nach der Lektüre dieses Kapitels sollte Ihnen freilich kein triftiges Argument mehr einfallen, um vor einem toten Schalter oder einer dunklen Lampe zu kapitulieren. Oft schießt dahinter nämlich nur ein ein lose baumelnder Kabelstecker oder ein korrodierter Kontakt quer.
Viele kleine Unpässlichkeiten an der Bordelektrik können Sie durchaus selber kurieren. Doch lassen Sie Ihren Werkzeugwagen konsequent dann verschlossen, wenn es um substanzielle Fehlersuche geht: Die Logan-Bordelektrik ist kein Tummelplatz für Do-it-yourselfer ohne aktuelles Fachwissen.
Selbst ausgewiesene Experten wären, ohne Funktions- und Schaltpläne sowie einem speziellen Diagnoseequipment, mit der Fehlersuche am Logan überfordert. Darum vergeben Sie tiefgreifendere Arbeiten an der Bordelektrik besser sofort an Ihren Dacia-Händler oder an einen ausgewiesenen Fachbetrieb Ihrer eigenen Wahl.
Dort sind Sie mit Ihrem Elektrikproblem längerfristig auf jeden Fall besser aufgehoben als als bei einem vermeintlichen Elektrik-Tausendsassa, dessen Hilfe letztendlich auf dem Faktor Glück basiert.

### Die Grundbegriffe der Elektrik

WISSENSWERTES

**Elektrische Spannung** (Strom) fließt nur in geschlossenen Stromkreisen. Stromkreise bestehen aus Erzeuger (z. B. Batterie, Generator), Verbraucher (z. B. Glühlampe, Leuchtdiode, Anlasser, Elektromotor) und den Kabelsträngen mit ihren einzelnen Leitungen. Stromkabel sind gewissermaßen die Nervenstränge zwischen Erzeuger und Verbraucher.
Das folgende Beispiel veranschaulicht Ihnen die Grundfunktion eines elektrischen Stromkreises. Stellen Sie sich bitte eine Wasserleitung vor, in der unter bestimmtem Druck eine definierte Menge Wasser von A (Erzeuger) nach B (Verbraucher) fließt. Nichts anders passiert in den Stromkreisen Ihres Autos. Zum Beispiel dann, wenn beim Öffnen der Tür automatisch ein Licht angeht.

**Spannung:** Entspricht dem Druck in der Wasserleitung. Die Maßeinheit für Spannung ist Volt (V).
**Strom:** Entspricht der Wassermenge, die in einer definierten Zeit die Leitung passiert. Die Maßeinheit für Strom ist Ampere (A).
**Leistung:** Entspricht dem Produkt aus Spannung und Strom. Die Maßeinheit für Leistung ist Watt (W).
**Widerstand:** Entspricht in unserem Beispiel einem Wasserhahn. Ist der Hahn voll geöffnet, strömt ungehindert Wasser in die Leitung (Widerstand 0). Ein verschlossener Hahn erhöht den Widerstand kontinuierlich, bis schließlich kein Wasser mehr fließt (Widerstand $\infty$). Die Maßeinheit für Widerstand ist Ohm ($\Omega$).
**Kabel:** Entspricht der Wasserleitung. Die erforderliche Stärke der Leitung (Querschnitt) bestimmt der Verbraucher: Ein Kontrolllämpchen kommt mit einer Kabelstärke von 0,5 $mm^2$ aus. Der Anlasser verlangt dagegen ein starkes 16-$mm^2$-Kabel: In unserem Beispiel der Wasserleitung entspräche das dem Hauptwasseranschluss vor der Wasseruhr.

## Energielieferant für alle elektrischen und elektronischen Systeme – die Batterie

Sechs in Reihe geschaltete Zellen sind das Herz einer 12-Volt-Starterbatterie. Eine Zelle besteht aus einer Kombination positiver und negativer Platten, die in einer Art chemischen Teamworks jeweils etwa zwei

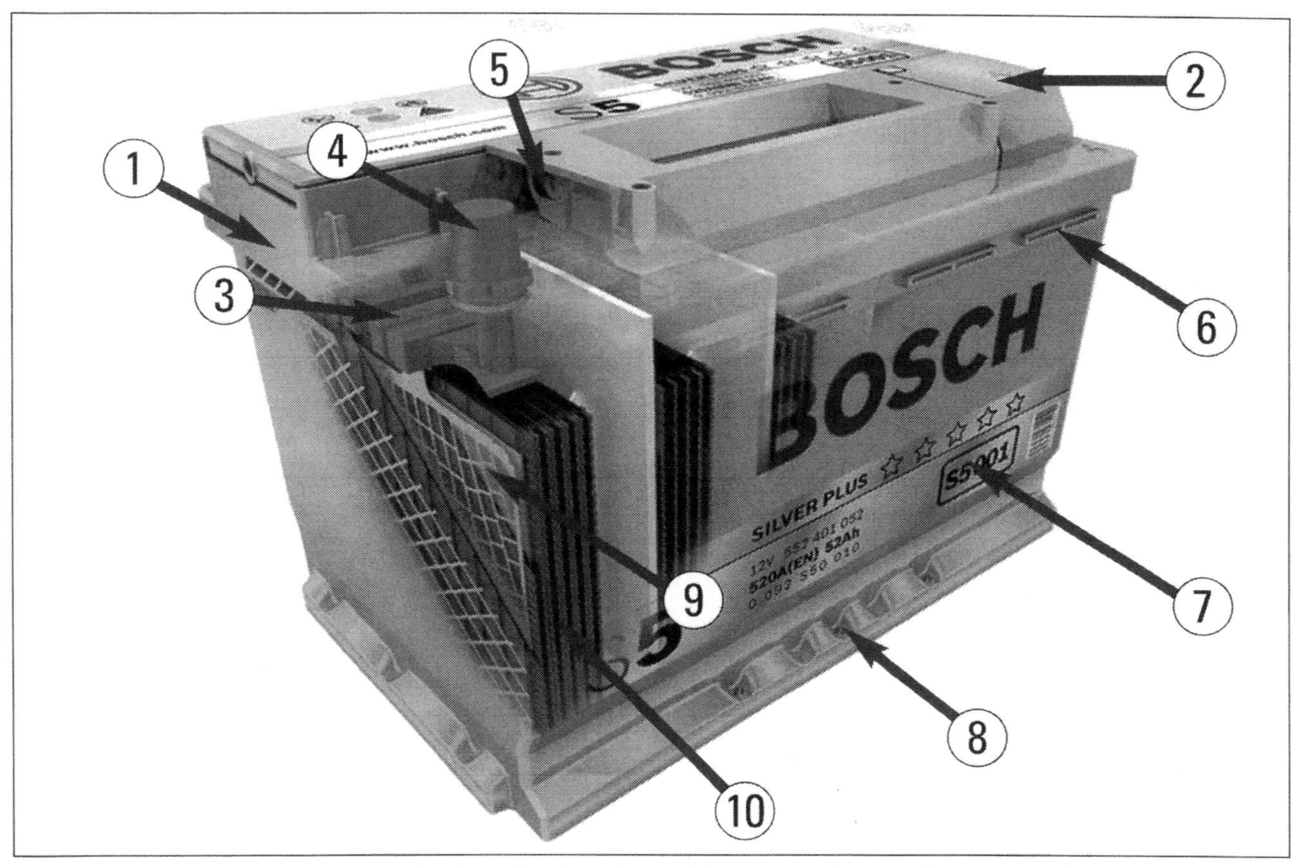


***Kompaktes Kraftpaket:*** wartungsfreie Batterie. (1) Blockdeckel, (2) Polabdeckkappe, (3) Minuspol, (4) Haltegriff, (5) Batteriegehäuse, (6) Bodenleiste, (7) in Folienseparatoren »eingetaschte« Plusplatten, (8) Minusplatten.

Volt Spannung produzieren. Die Platten bestehen aus Hartbleigittern, die mit einer aktiven Masse gefüllt sind. Auf der positiven Plattenseite ist das Bleidioxid, reines Blei dagegen auf der negativen Platte. Zwischen beiden Platten sitzt ein Separator – er lässt die Batterieflüssigkeit (Elektrolyt) durch mikroskopisch feine Poren zirkulieren. Elektrolyt ist eine leitfähige Flüssigkeit, die zu etwa 37 Prozent aus konzentrierter Schwefelsäure und 63 Prozent destilliertem Wasser besteht.

## Speichert elektrische Energie – die Batterie

Im abgeschotteten Batterieinneren laufen energetische Prozesse ab – Batterien wandeln chemische in elektrische Energie. Der hungrigste Abnehmer dafür ist der Anlasser. Seine Durchzugskraft ist abhängig von dem Energiepolster, das die Batterie zum Startzeitpunkt angesammelt hat: Je nach Motor und Anlassertyp fordert der Starter während eines Kaltstarts kurzzeitig bis zu 2000 Watt – dafür muss die Batterie in Höchstform sein.

## Mit Sodawasser oder »Neutralon« reinigen – oxidierte Batteriepole

Ab Werk versteckt Ihr Logan seine Batterie unterhalb der Motorhaube in Fahrtrichtung links. Dacia bestückt die Logan-Derivate mit wartungsfreien und herkömmlichen Batterien mit offenen Zellen. Checken Sie deshalb zunächst an Ihrem Logan das Batteriesystem. Sollte der Speicher noch offene Zellen haben, hängt seine Lebensdauer stark vom Flüssigkeitspegel oberhalb der Zellen ab. Trockene Zellen verglasen und sind damit unbrauchbar – unabhängig von ihrem Alter.

Kontrollieren Sie deshalb etwa alle sechs Monate den »Wasserstand« oberhalb der Zellen. Öffnen Sie dazu die Zellverschlüsse und ergänzen eventuell verdunstete Batterieflüssigkeit mit destilliertem Wasser. Kalkhaltiges Leitungswasser würde die Batteriezellen

schon kurzfristig aus dem Verkehr ziehen. Die Batterie ist korrekt befüllt, wenn der Flüssigkeitsspiegel bis etwa 1, 5 Zentimeter oberhalb der Batterieplatten reicht. Generell beeinflussen den Lebenszyklus einer Batterie natürlich auch deren Einsatzbedingungen: Jeder Kaltstart, überwiegende Kurzstrecken mit vielen Ampelstopps, jeder zusätzliche Bordverbraucher (beheizbare Heckscheibe, Innenraumgebläse, Fahrlicht, etc.) stressen den Stromspeicher mehr als regelmäßiger Langstreckenbetrieb. Dennoch – sechs bis acht Jahre sollten einer modernen Batterie vergönnt sein.
Während langer Stillstandszeiten entlädt sich die Batterie automatisch. Dabei vergast der Wasseranteil in der Batterieflüssigkeit – übrigens ähnlich wie bei Überbeanspruchungen von externen Stromverbrauchern (z. B. Kühlbox, Kleinkompressoren, etc.). Sollte in Ihrem Logan eine wartungsfreie Batterie montiert sein, kondensiert das vergaste Wasser oberhalb der Batteriezellen und tropft von dort wieder in die Zellen zurück – der Kreislauf ist nahezu unendlich. Fall eine Batterie mit offener Zellstruktur montiert ist, checken Sie nach etwa sechs Monaten den Flüssigkeitsstand oberhalb der Zellen und ergänzen den Pegel bis etwa 1, 5 Zentimeter oberhalb der Bleiplatten mit destilliertem Wasser.
Einerlei ob wartungsfrei oder nicht, achten Sie generell auf die Polanschlüsse – sie korrodieren gerne. Falls Sie dort weiße oder milchiggrüne Kristalle entdecken, reinigen Sie die Kontaktflächen.

■ Dazu waschen Sie an den Batterieklemmen die Oxidkristalle mit warmem Sodawasser ab. Noch gründlicher reinigen Sie die Pole mit einem speziellen Reiniger, zum Beispiel »Neutralon«.

***Visuell im Bilde:*** Die Farbe des magischen Auges (Pfeil) signalisiert den Batterieladezustand.

■ Danach fetten Sie die Batteriepole und Kabelklemmen leicht mit Säureschutzfett (Bosch) ein – normales Fett ist dafür denkbar ungeeignet. Vorsicht: Verteilen Sie kein Fett zwischen die Polkontaktflächen.

## Batteriespannung messen – mit Multimeter schnell erledigt

Macht die Batterie, einen schlappen Eindruck, prüfen Sie die Ruhespannung der Zellen mit einem Multimeter. Sollte vor dem Check der letzte Ladevorgang mehr als sechs Stunden zurückliegen, schalten Sie vorab für etwa 30 Sekunden das Abblendlicht ein: Das weckt die Batterie aus dem Momentanschlaf und nivelliert etwaige Spannungsspitzen.

***Einfach zu checken:*** die Batterieruhespannung mit dem Multimeter. Unter 12, 3 Volt laden Sie die Batterie schnellstens nach.

| Spannung (V) | 12,66 (und mehr) | 12,48 | 12,3 |
|---|---|---|---|
| Zustand der Batterie | 100 % geladen | 75 % geladen | 50 % entladen |

Nach weiteren vier bis fünf Minuten Wartezeit prüfen Sie die Batteriespannung. Schalten Sie zur Messung alle Stromverbraucher aus.
Besser noch, Sie klemmen dazu den Minuspol an Ihrer Bordbatterie kurzentschlossen ab (siehe Batteriedemontage).

■ Stellen Sie das Multimeter auf Volt (V) und klemmen es an die Batteriepole an.

■ Die rote Klemme verbinden Sie mit dem Pluspol …

■ … und die schwarze kurzerhand mit dem Minuspol der Batterie.

■ Lesen Sie die Ruhespannung ab und entscheiden Ihre nächsten Schritte.

# Batterie demontieren – nicht ohne vorab diverse Bedienungscodes zu notieren

Bevor Sie die Batterie abklemmen, notieren Sie besser sämtliche Bedienungscodes. Sollten Sie das vergessen, ist hernach die Überraschung groß: Das Radio zum Beispiel bleibt dann stumm. Ärgerlicher noch, das Motormanagement vergisst einen Großteil seiner Informationen und schaltet nach dem ersten Neustart zunächst für einige Kilometer ins Notprogramm. Danach brummt der Motor wieder reibungslos. Falls nicht, lassen Sie das Programm bei Ihrem Dacia Händler neu einlesen. Schon nach wenigen Minuten ist der Bordrechner wieder auf Kurs. Mit etwas Fortune sogar besser als vorher – Ihr Händler hat nämlich stets die aktuellen Datensätze parat.

***»Dieser Hinweis gilt grundsätzlich immer dann, wenn die Batterie abgeklemmt oder tief entladen war.«***

## Werkzeug:

Ratsche, 10er-Nuss, Verlängerung

■ Falls vorhanden, demontieren Sie die Batterieabdeckung und klemmen zuerst den Minuspol (1) ab. Sie verhindern damit ungewollten Funkenüberschlag.

■ Jetzt schrauben Sie die Plusklemme (2) vom Batteriepol ab.

■ Lockern Sie nun den Klemmschuh (3) am Batterieboden und heben die Batterie aus dem Motorraum.

■ Achten Sie zur Montage darauf, dass die Batterie satt auf der Konsole steht. Mit zu viel Bewegungsspielraum, zerbröseln nämlich die Batterieplatten während der Fahrt.

■ Zur Montage schließen Sie zuerst das Pluskabel und erst dann das Minuskabel an. Die Kabelklemmen können Sie nicht vertauschen, da Batteriepole und Kabelfarben unterschiedlich sind.

■ Streichen Sie die Polschuhe leicht mit Säureschutzfett (z. B. Bosch) oder Vaseline ein. Sie wirken damit einem vorzeitigen Sulfatieren entgegen.

■ Geben Sie nun die Funktionscodes neu ein und lassen den Motor etwa drei Minuten mit etwa 1.500 $min.^{-1}$ brummen. Derweil regeneriert das Motormanagement schon einen Großteil seiner Daten, das Feintuning erfolgt dann in den meisten Fällen auf den ersten Fahrkilometern nach der Montage.

***Zur Demontage nacheinander lösen:*** Minuspol, Pluspol und Befestigungsbügel am Batterieboden.

# Mit dem Multimeter zu entdecken – stille Bordverbraucher

Macht eine völlig intakte Batterie plötzlich schlapp, ist der Anlass meistens ein stiller Verbraucher. Messen Sie sämtlich Stromkreise mit einem Multimeter durch. Dazu stellen Sie das Multimeter auf Strom (A). Checken Sie zunächst die größeren Verbraucher (ab etwa 15 Ampere) – vielleicht entdecken Sie da bereits den ungebetenen Verbraucher. Falls nicht, gehen Sie planvoll ans Werk.

■ Nehmen Sie das Batteriemassekabel ab und klemmen ein Multimeter zwischen Minuspol und Massekabel. Signalisiert Ihr Multimeter jetzt einen Stromfluss größer als 50 mA, verköstigt das Bordnetz einen stillen Verbraucher.

■ In dem Fall schließen Sie das Massekabel wieder an, öffnen den Sicherungskasten und ziehen die erste Sicherung. Klemmen Sie das Multimeter zwischen die freien Kontakte. Bleibt der Zeiger auf Null, ist der betreffende Stromkreis o. k. Ganz geringe Ströme (etwa 25 mA) sind übrigens noch kein Alarmsignal: Der Bordcomputer, die Zeituhr, das Radio oder auch die Alarmanlagen, hängen ständig an der Batterie. Ihr Stromverbrauch ist freilich viel geringer als der eines defekten Verbrauchers.

■ Wiederholen Sie die Messung, bis Sie fündig sind. Jetzt heißt's nur noch die Sicherungstabelle zu studieren und die dem Stromkreis anhängigen Verbraucher zu inspizieren.

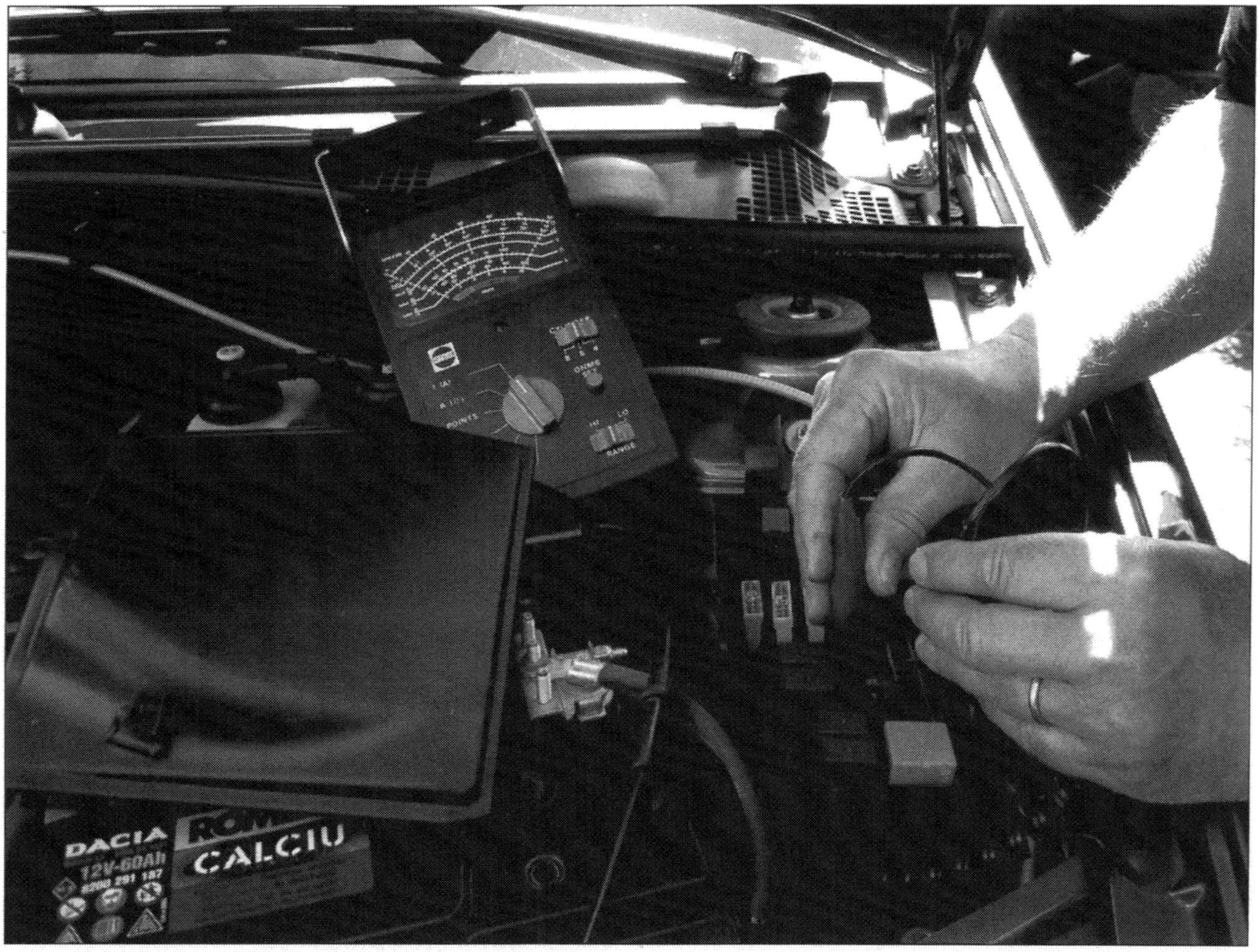

***Entlarvt stille Verbraucher:*** das Multimeter als Strommesser in den einzelnen Stromkreisen. In diesem Fall ist der Stromkreis o. k.

# Batterie laden – verlängert die Lebensdauer

Laden Sie eine demontierte oder über längere Zeit pausierende Batterie regelmäßig nach: Falls nicht, verglasen die Zellen und werden unbrauchbar. Zudem frieren entladene Batterien bei Minusgraden ein – unterhalb -4 °C können die Zellwände sogar platzen. Randvoll geladenen Batterien macht Kälte dagegen wenig zu schaffen. Sollte die Batterie noch montiert sein, klemmen Sie vor der Erhaltungsladung auf jeden Fall das Minuskabel (Masseanschluss) ab.

■ Schwarzes Minuskabel (Masseanschluss) abklemmen. Pluskabel des Ladegeräts (rot) an Pluspol, Minuskabel (schwarz) an Minuspol der Batterie anklemmen.

■ Der Ladestrom sollte zunächst etwa 10% der Batteriekapazität betragen (z.B. 8, 6 A bei einem 86-Ah-Akku) und während des Ladevorgangs automatisch abnehmen. Moderne Batterieladegeräte passen nach einem automatischen Batterietest ihren Ladestrom dem Batteriezustand an.

■ Während des Ladevorgangs bilden sich oberhalb der Zellen winzige Gasbläschen aus Wasser- und Sauerstoff. Das Gemisch entweicht aus den Entlüftungsbohrungen oder der Zentralentlüftung in die Atmosphäre. Die Rede ist von Knallgas.

■ Sorgen Sie also grundsätzlich für eine wirkungsvolle Entlüftung des Arbeitsplatzes. Das gilt vor allem, wenn hohe Ladeströme fließen. Um Knallgas zu entzünden, reicht bereits ein kleiner Funke, der beim Ab- oder Anklemmen des Ladegeräts bzw. der Batteriekabel entstehen kann.

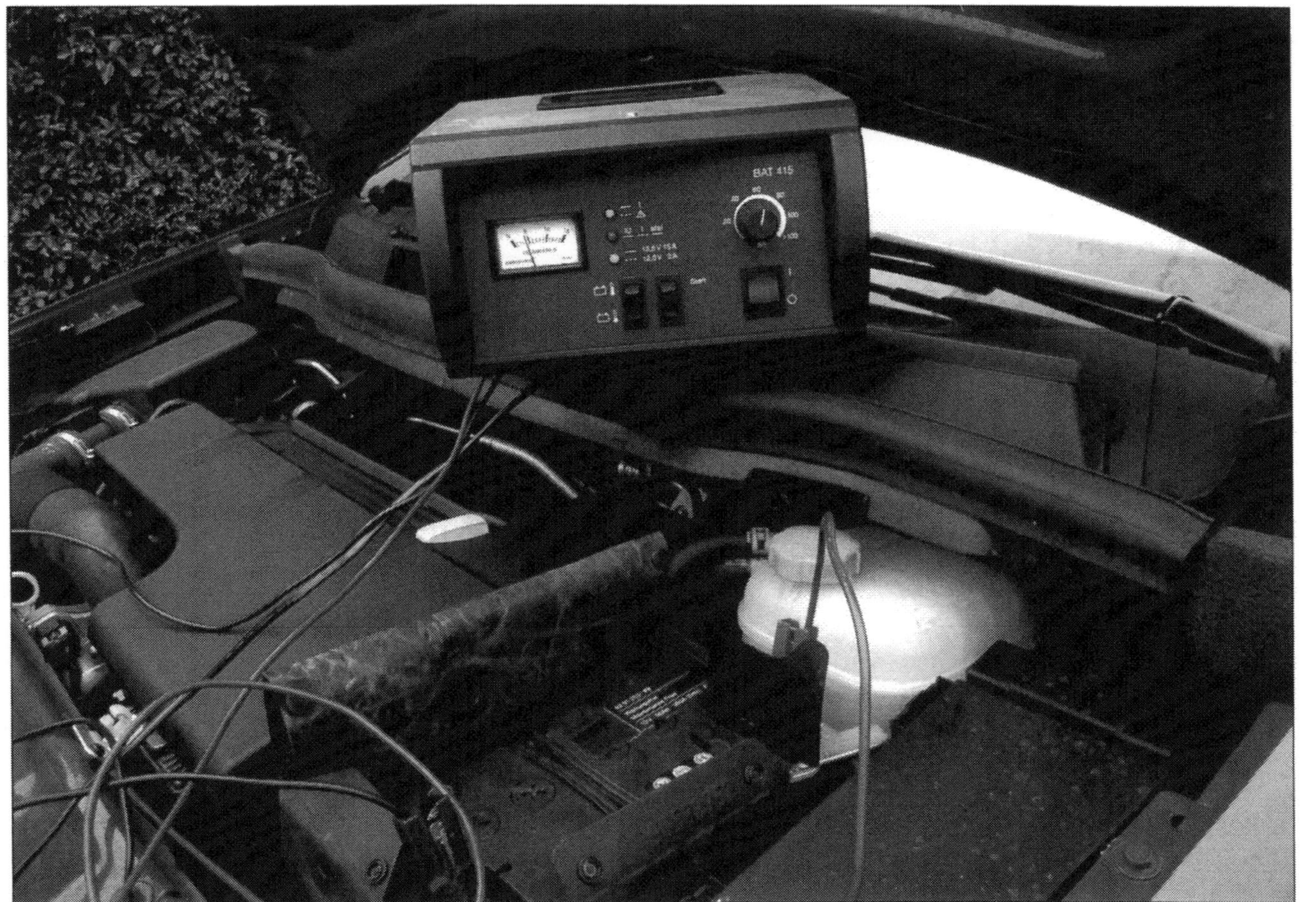


***Berücksichtigen automatisch den Batteriezustand:*** moderne Batterieladegeräte während des Ladevorgangs.

## Der Generator – das kleine Stromkraftwerk unter der Motorhaube

Drehstromgeneratoren (Lichtmaschinen) versorgen alle elektrischen Bordverbraucher mit Strom, ihre überschüssige Energie deponieren sie in der Batterie. Drehstromlichtmaschinen sind nichts anderes als kompakte Stromkraftwerke: In Ihrem Logan arbeiten unisono 14,2-Volt-Generatoren, je nach Ausstattung mit bis zu 140 Ampere Leistung. Von Haus aus produzieren Drehstromgeneratoren Wechselstrom. Erst ein in ihrem Gehäuse integrierter Gleichrichter wandelt die unbrauchbaren Spannungsspitzen bordgerecht und drehzahlunabhängig in 14, 2 Volt Gleichstrom um. Der Gleichrichter wird aktiv, sobald der Motor läuft. Den Generator treibt ein Keilrippenriemen an, der ihn auf etwa doppelte Motordrehzahl beschleunigt.

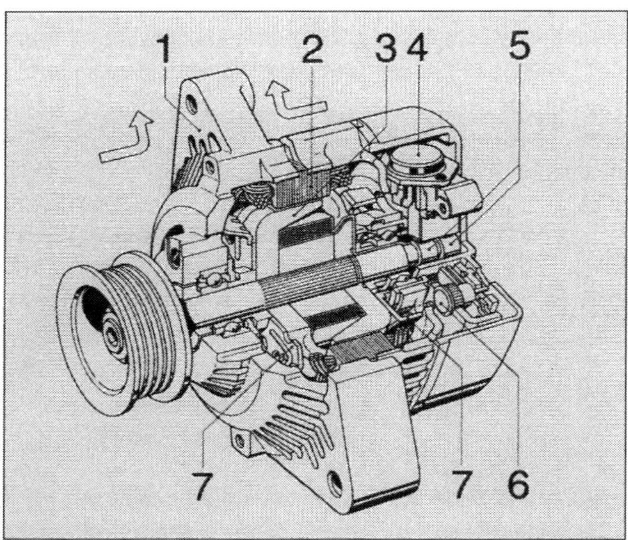


***Mit integriertem Spannungsregler:*** Kompaktgenerator im Dacia Logan. (1) Gehäuse, (2) Ständer, (3) Läufer, (4) elektronischer Feldregler mit Bürstenhalter, (5) Schleifringe, (6) Gleichrichter, (7) Lüfter.

## Fahren mit defektem Generator

Mit streikendem Generator (Lichtmaschine) oder defektem Regler können Sie eingeschränkt weiterfahren: Die Batterie speist dann alle Verbraucher – wenn sie relativ gut geladen war – für etwa drei Stunden. Allerdings nur dann, wenn Sie sofort alle überflüssigen Verbraucher (beheizbare Heckscheibe, Frischluftgebläse, etc.) konsequent ausschalten.

■ Bevor Sie losfahren, ziehen Sie an der Generatorrückwand noch schnell den Mehrfachstecker ab. Vorteil: Die Batterie entlädt sich dann nicht über den defekten Generator bzw. Spannungsregler.

■ Unterbrechen Sie die Fahrt nicht unnötig – bei jedem Startvorgang schluckt der Anlasser kostbaren Saft.

■ Wenn möglich, lassen Sie den Wagen anrollen.

■ Schalten Sie auf jeden Fall alle unnötigen Verbraucher, etwa die beheizbare Heckscheibe, das Gebläse und das Radio aus.

■ Machen Sie vom Scheibenwischer mitsamt der Scheibenwaschanlage nur ganz sporadisch Gebrauch.

■ Bei Dunkelheit fahren Sie möglichst nur mit Abblendlicht.

## Regelt die Bordspannung – der Spannungsregler

Je schneller der Generator dreht, umso mehr Spannung liefert er – das funktioniert ähnlich wie bei einem Fahrraddynamo. Die Betonung liegt auf ähnlich, ansonsten tendierten die langfristigen Überlebenschancen aller Bordverbraucher nämlich gegen Null. Darum bremst ein Spannungsregler die Förderleistung des Generators künstlich ein. Der Regler arbeitet innerhalb des Gehäuses an der Generatorrückseite. Er begrenzt die Betriebsspannung, je nach Batterie- und Umgebungstemperatur, auf Werte zwischen 13,8 und 14,2 Volt. Moderne Generatoren sind ab Werk praktisch wartungsfrei. Selbst die Schleifkohlen halten unter normalen Bedingungen gut und gerne 100.000 bis 150.000 Kilometer oder sogar noch länger. Falls Ihr Generator wider Erwarten vorzeitig muckt, legen Sie ihn einem Bosch-Dienst zur Revision auf die Werkbank oder Sie ordern Ersatz bei Ihrem Dacia-Händler.

## Spannungsregler checken – das schont die Batterie

■ Demontieren Sie die Polabdeckungen der Batterie und klemmen ein Multimeter zwischen Plus-/ und Minuspol. Justieren Sie das Multimeter so, dass es Spannungen zwischen zwölf und 16 Volt misst.

■ Lassen Sie den Motor im mittleren Drehzahlbereich (etwa 3000–4000 $min.^{-1}$) rund zwei Minuten laufen. Schalten Sie dazu die Beleuchtung und evtl. noch die beheizbare Heckscheibe ein. Das fordert den Generator und bringt ihn schneller auf Betriebstemperatur.

■ Schalten Sie danach die Heckscheibe aus und stattdessen das Frischluftgebläse auf Stufe 2 dazu.

Die Verbraucher entsprechen etwa einer Strombelastung zwischen drei bis sieben Ampere.

■ Bei intaktem Regler misst das Multimeter jetzt eine Regelspannung zwischen 13, 5–14, 7 Volt.

■ Nicht an Ihrem Logan? Bei zu geringer Spannung könnten die Schleifkohlen des Generators verschlissen sein, bei erhöhter Spannung ist der Regler defekt. In beiden Fällen übergeben Sie den Generator Ihrem Dacia-Händler oder einem Bosch-Car-Service-Dienst zur Revision.

## Antriebsriemen wechseln – legen Sie Wert auf Markenqualität

Sollte in Ihrem Logan der 1,6-Liter 16-Ventiler (K4M) montier sein, hält den Keilrippenriemen ein automatischer Riemenspanner auf Zug. Darum müssen Sie sich also nicht mehr kümmern. Gönnen Sie allerdings von Zeit zu Zeit der Spannrolle einen Blick. Fällt Ihnen im Stand nichts Außergewöhnliches auf, starten Sie den Motor und achten auf die Pendelbewegungen der Rolle: Sobald Sie einen großen Verbraucher, z. B. die Klimaanlage, beheizbare Heckscheibe, etc., einschalten, beginnt eine intakte Spannrolle leicht zu pendeln – übrigens auch bei jedem Gasstoß.
Da die Spannrollen jedoch erfahrungsgemäß ein Motorleben lang halten, übrigens bei allen Logan-Triebwerken, beschreiben wir in diesem Umfeld nicht den Austausch. Wir beschränken uns vielmehr auf den Austausch des Keilrippenriemens, der bei den anderen Motoren übrigens mechanisch gespannt wird. Da der Keilrippenantriebsriemen im Logan mitunter sehr verschlungene Wege zurücklegt, achten Sie beim Austausch unbedingt auf Markenqualität. Wir beschreiben Ihnen die Arbeit am Volumenmodell Logan 1.4 MPI.

### Werkzeug:

Wagenheber,
Unterstellbock,
Ratsche, kurze Verlängerung, 13er-Nuss,
Ringschlüssel,
Montierhebel

■ Klemmen Sie zunächst die Batterie ab und ...

■ ... bocken den Vorderwagen standfest auf.

■ Im Anschluss lösen Sie das rechte Vorderrad.

■ Lockern Sie zunächst beide Generatorschrauben (1, 2) und drücken die Lichtmaschine so weit gegen den Motorblock, bis Sie den Antriebsriemen aus dem Riementrieb ziehen können.

■ Vergessen Sie auch nicht, jetzt die Riemenscheiben auf Verschleiß und tadellosen Rundlauf zu inspizieren.

■ Defekte Scheiben erneuern Sie besser sofort, ansonsten legen Sie den neuen Keilrippenriemen auf. Achten Sie unbedingt darauf, dass er korrekt über die Scheiben läuft und die Laufrichtung (siehe Richtungspfeil auf der Riemenschulter) stimmt.

■ Professionelle Logan-Schrauber ermitteln die Riemenspannung mit dem Werkzeug »Mot. 1505«. Geübte Do-it-yourselfer behelfen sich anders. Sie »fädeln« zunächst einen Montierhebel zwischen Generator und Motorblock, um damit den Generator nur so weit vom Motorblock weg zu drücken, dass der aufgelegte Riemen zwischen den Scheiben gerade noch um max. 90° zu verdrehen ist.

■ Sobald das passt, ziehen Sie die obere Schraube mit 20 Nm und die untere Schraube mit 45 Nm fest.

■ Beenden Sie die Montage in umgekehrter Reihenfolge, starten den Motor für etwa fünf Minuten, geben ihm einige Gasstöße und prüfen hernach den korrekten Rundlauf und die Spannung des neuen Riemens.

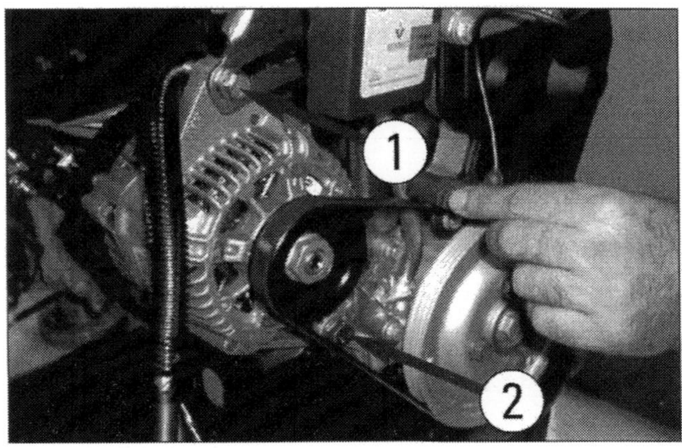


***Gut selber zu machen:*** Antriebsriemen wechseln am Beispiel des 1.4 MPI.

# Generator demontieren

Da Generatoren heutzutage ein Motorleben halten, beschreiben wir Ihnen die Arbeit am Volumenmodell Logan 1, 4 MPI.

**Werkzeug:**

Wagenheber,
Unterstellbock,
Ratsche, kurze Verlängerung, 13er-Nuss,
Ringschlüssel, Montierhebel

■ Bocken Sie den Vorderwagen rüttelsicher auf und demontieren die untere Motorverkleidung sowie den Antriebsriemen.

■ Trennen Sie die rückwärtigen Kabelverbindungen vom Generator, lösen – wie beim Antriebsriemenwechsel – die obere und untere Generatorbefestigung (Pfeile) und ziehen beide Schrauben aus der Führung.

■ Den losen Generator bugsieren Sie nach unten aus dem Motorraum.

■ Beenden Sie die Montage in umgekehrter Reihenfolge. Checken Sie auf jeden Fall danach, ob der Keilrippenriemen wieder richtig über die Rollen läuft.

***Mit zwei Schrauben fest:*** Generator am 1, 4 MPI.

# Starter demontieren

Die Starterfunktion am Logan leistet generell ein Schub-Schraubtrieb-Anlasser mit Vorgelege. Starter sind mittlerweile unproblematische Bauteile. Für den Fall, Ihr Anlasser bildet die Ausnahme von der Regel, beschreiben wir die Demontage am Volumenmodell Logan 1, 4MPI.
Streikende Starter blockiert meistens ein verschlissener Magnetschalter. Erfahrungsgemäß sind ab und an jedoch auch die Kollektorbürsten verschlissen. Nur selten frisst dagegen noch die Ankerwelle in den Lagerstellen fest. Falls doch, entscheiden Sie sich besser konsequent für einen Austauschanlasser oder ein gebrauchtes Aggregat aus einem neuwertigen Unfallwagen.

**Werkzeug:**

Ratsche, lange Verlängerung, diverse Nüsse

■ Klemmen Sie das Batteriemassekabel ab, bocken den Vorderwagen standfest auf und ...

■ ... ziehen die Verkleidung des Motorsteuergeräts ab.

■ Damit Sie die Anlasserschrauben gut erreichen können, demontieren Sie noch schnell das Kühlerausdehngefäß. Die Schläuche lassen Sie angeschlossen.

■ Anschließend demontieren Sie das Schaltgestänge oberhalb der Kupplungsglocke vom Gabelkopf. Seien Sie vorsichtig – der Schaltungseinstellring fällt schnell mal auf den Boden ...

■ Jetzt demontieren Sie die Ansaugkrümmerstütze und legen Sie beiseite.

■ Danach lösen Sie das Massekabel am Motorblock und die Kabelanschlüsse am Magnetschalter.

■ Sobald Sie dann die drei Befestigungsschrauben an der Kupplungsglocke gelöst haben, lässt sich der Starter seitlich aus der Kupplungsglocke ziehen.

■ Beenden Sie die Montage in umgekehrter Reihenfolge und verkanten den Starter derweil nicht vor der Kupplungsglocke. Die drei Befestigungsschrauben bekommen 45 Nm.

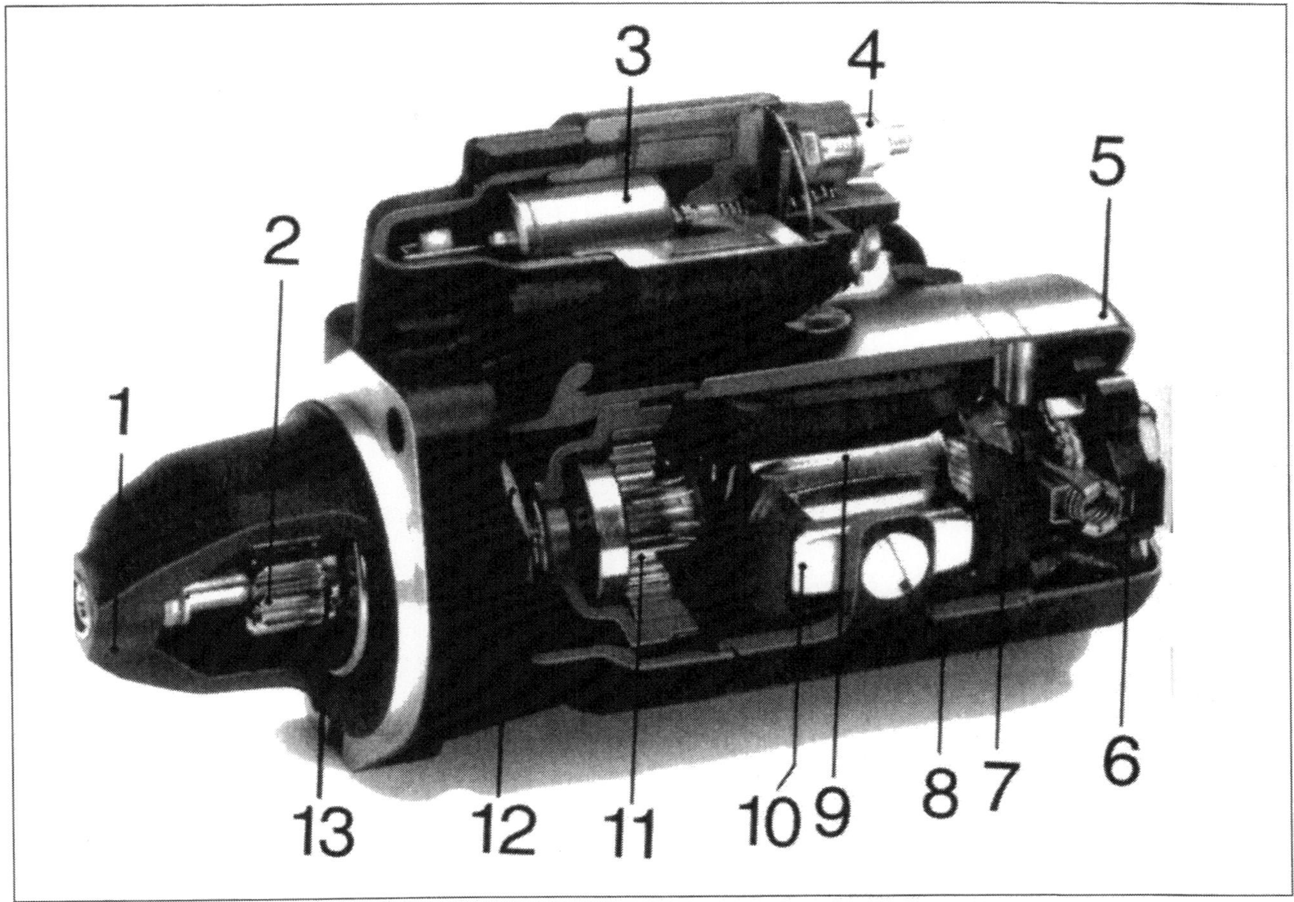


***Kompaktes Kraftpaket:*** Schub-Schraubtrieb-Anlasser mit Vorgelege. (1) Antriebslager, (2) Starterritzel, (3) Einrückrelais, (4) Anschluss-Klemme 30, (5) Kommutatorlager, (6) Bürstenhalterplatte mit Kohlebürsten, (7) Erregerwicklung, (8) Polgehäuse, (9) Anker, (10) Polschuh, (11) Planetengetriebe (Vorgelege), (12) Einrückhebel, (13) Einspurgetriebe.

## Die Außenbeleuchtung

Mit der Außenbeleuchtung Ihres Logan sind die Hauptscheinwerfer, Rück- und Bremsleuchten, Rückfahrscheinwerfer, Nebellampen, Nebelschlussleuchten sowie Blink- und Kennzeichenleuchten angesprochen.
Hauptscheinwerfer bestehen aus drei Komponenten: der Lichtquelle, dem Reflektor und der vorgelagerten Abdeckscheibe (Streuscheibe). Als Lichtquelle in den Haupt- und Nebelscheinwerfern sind im Logan Halogengaslampen installiert. Die restlichen Lichtquellen bedienen normale Glühwendellampen.

***Alles in einem Gehäuse:*** Ab Werk teilen sich im Logan das Fahrlicht, das Standlicht und die Blinkleuchte ein gemeinsames Gehäuse. Die optionalen Nebelleuchten sitzen separat im Luftleitblech unterhalb des Stoßfängers.

## Sinnvoll – Ersatzlampenset an Bord

Hierzulande gilt die Vorschrift: Alle äußeren Beleuchtungskörper müssen ständig funktionieren. Vorausschauende Fahrer haben darum ein Ersatzlampenset an Bord. Im Logan leuchten generell 12 V-Lampen:

| Einbauort | Leistung | Typ | ECE-Norm |
|---|---|---|---|
| Abblendlicht | 50W | Halogen | H4L |
| Fernlicht | 55W | Halogen | H4L |
| Brems-/Schlussleuchte | 21/5W | Kugellampe | P21/5W |
| Standlicht | 5W | Steckbirne mit Glas | W5W |
| Nebelscheinwerfer | 55W | Halogen | H11 |
| Blinkleuchte vorne | 21W | Kugellampe | PY21W |
| Nebelschlussleuchte | 21W | Kugellampe | P21W |
| Rückfahrscheinwerfer | 21W | Kugellampe | P21W |
| Blinkleuchte hinten | 21W | Kugellampe | P(Y)21W |
| Dritte Bremsleuchte | 21W | Kugellampe | P21W |
| Kennzeichenleuchte | 5W | Steckbirne mit Glas | W5W |
| Blinkleuchte seitlich | 5W | Steckbirne mit Glas | W(Y)5W |
| Innenleuchte Kofferraum | 5W | Steckbirne mit Glas | W5W |
| Innenraum Mittig | 5W | Soffitte | W5W |
| Innenraum Handschuhfach | 5W | Steckbirne mit Glas | W5W |

***Für den Fall der Fälle:*** Ein auf den Wagen abgestimmtes Ersatzlampenset ist eine lohnende Investition. Discounter bieten komplette Sets, inklusive Ersatzsicherungen, als Aktionsware fast zum Preis einer normalen H4-Lampe an.

# Scheinwerferlampen wechseln – kein großes Problem

Die Lampen für Fahr-, Fern-, Stand- und Blinklicht finden Sie allesamt im Scheinwerfergehäuse. Zum Lampentausch müssen Sie die Scheinwerfer nicht demontieren. Stattdessen öffnen Sie die Motorhaube und nehmen sich den betreffenden Scheinwerfertopf vor. Achten Sie generell darauf, dass während des Lampenwechsels die Scheinwerfer ausgeschaltet sind. Wichtig: Neue Glühlampen fassen Sie mit möglichst sauberen Händen am Sockel und niemals am Glaskolben an. Falls nicht, verdampfen Ihre Fingerabdrücke mit dem ersten Licht am heißen Glaskolben und trüben den Reflektor unnötig ein. Verschleierte Reflektoren schlucken nämlich Licht, anstatt es zu reflektieren. Sollten Sie dennoch nicht umhinkommen, die neue Lampe am Glaskolben in die Fassung zu bugsieren, säubern Sie anschließend den Lampenkolben mit einem in Alkohol oder Brennspiritus getränkten fusselfreien Tuch. Verwenden Sie außerdem nur Ersatzlampen mit einem UV-Filter. Führen Sie außerdem nach jedem Lampenwechsel einen Funktionscheck des Fahrlichts aus.

### Abblend-/Fernlicht

- Entriegeln Sie die Motorhaube und ziehen am defekten Scheinwerfer …
- … die Lampenabdeckung (Pfeil) nach hinten ab.

***Nach hinten abziehen:*** die H4-Abdeckkappe vom Reflektor.

- Dann ziehen Sie die Gummikappe (1) und den Lampenstecker (2) ab, …
- … lösen die Federklammer (3) und …
- … ziehen die Lampe aus dem Reflektor.
- Die neue Lampe fassen Sie am Sockel an und führen Sie behutsam in die Reflektorfassung ein.
- Achten Sie unbedingt darauf, dass die Fixiernasen des Lampensockels mit den Aussparungen des Reflektors korrespondieren.
- Spannen Sie dann die Federklammer und schieben den Mehrfachstecker auf den Lampensockel auf.
- Beenden Sie die Arbeit in umgekehrter Reihenfolge und nehmen einen Funktionscheck vor.

### Standlicht

- Entriegeln Sie die Motorhaube und ziehen am defekten Scheinwerfer …
- … den Lampenträger mitsamt Lampe nach hinten aus dem Reflektor.

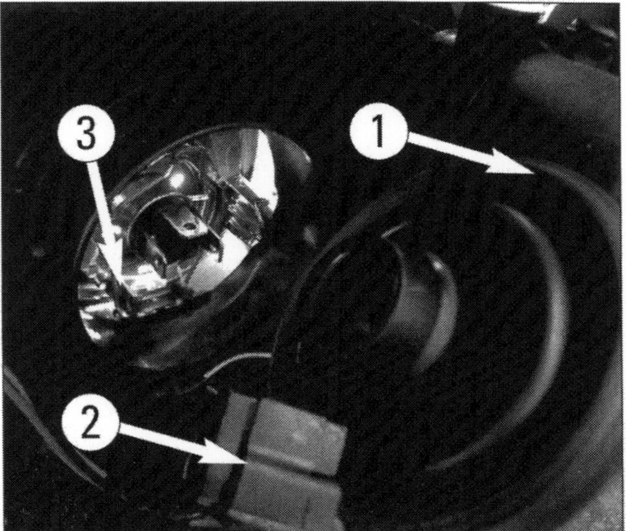


***Gut vom Motorraum erreichbar:*** H4 Fahrlicht.

■ Bugsieren Sie die defekte Lampe aus der Fassung und setzen die neue wieder ein.

■ Beenden Sie die Arbeit in umgekehrter Reihenfolge und nehmen einen Funktionscheck vor.

### Vordere Blinkleuchten

■ Entriegeln Sie die Motorhaube und lösen den Lampenträger (Pfeil) mit einer Viertelumdrehung nach links.

■ Ziehen Sie dann am Kabelstecker die alte Lampe mitsamt dem Lampenträger aus dem Reflektor und bugsieren die Lampe aus der Fassung.

■ Die neue Lampe setzen Sie mit einer Rechtsdrehung in die Fassung ein und ....

■ ... arretieren dann den Lampenträger mit einer Viertelumdrehung nach rechts im Reflektor.

■ Achten Sie darauf, dass die Abdeckung satt am Scheinwerfergehäuse anliegt.

■ Beenden Sie die Arbeit in umgekehrter Reihenfolge und nehmen einen Funktionscheck vor.

### Seitliche Blinkleuchten

■ Rasten Sie den gesamten Seitenblinker mit einem passenden Schlitzschraubendreher aus der Kotflügelseitenwand.

■ Lösen Sie dann den Lampenträger vom Lampengehäuse mit einer Viertelumdrehung nach links und ziehen die alte Lampe heraus.

■ Setzen Sie die neue Lampe ein und beenden die Arbeit in umgekehrter Reihenfolge.

■ Vergessen Sie nicht den anschließenden Funktionscheck.

### Rückleuchten (Limousine)

■ Um an die Heckleuchten zu gelangen, öffnen Sie zunächst den Gepäckraumdeckel.

■ Danach lösen Sie an der betreffenden Seite beide Schrauben (1) des Rücklichtgehäuses und ...

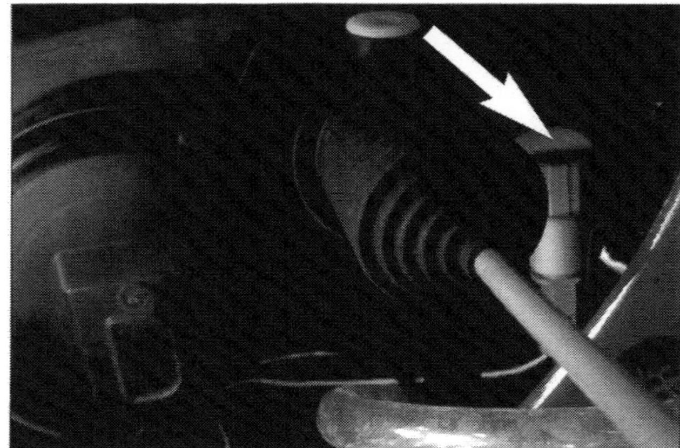

***Mit einem Linksdreh zu lösen:*** die Blinkerlampe im Scheinwerfergehäuse.

***Vorsichtig lösen:*** Den Seitenblinker aus der Kotflügelseitenwand.

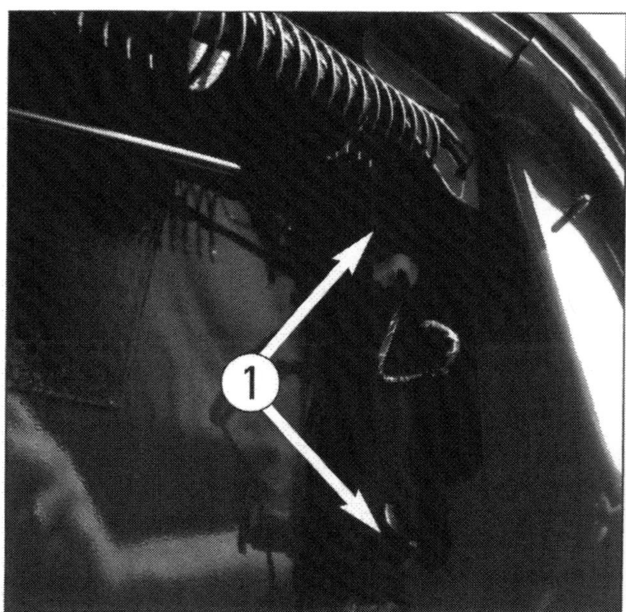


***Im Gepäckraum lösen:*** beide Schrauben (1) des Rücklichtgehäuses.

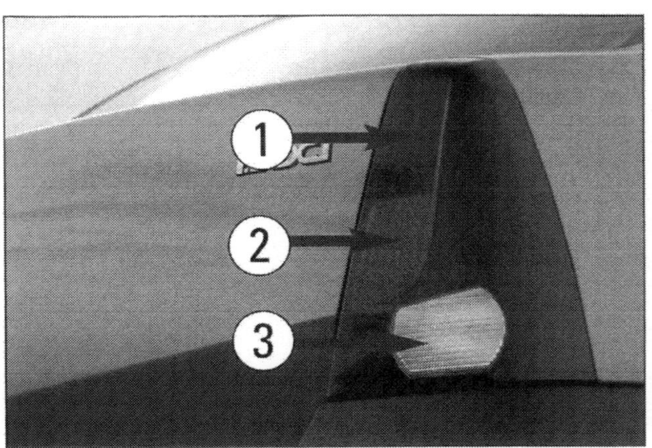


***Dreikammerleuchte:*** (1) Rückleuchte/Bremslicht, (2) Blinkerlampe, (3) Nebelschluss- bzw. Rückfahrlampe.

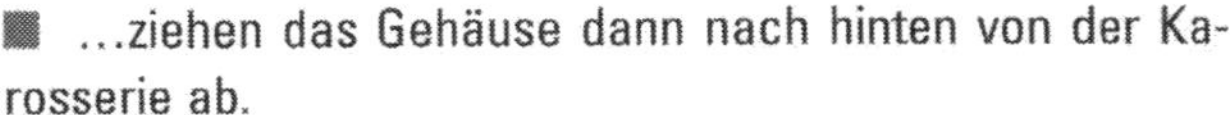

■ ...ziehen das Gehäuse dann nach hinten von der Karosserie ab.

■ Nehmen Sie dann den Schaumstoff vom Lampenträger und ...

■ ...clipsen den Lampenträger bedächtig vom Rückleuchtengehäuse ab.

■ Die jeweils defekte Lampe ziehen Sie mit einer Vierteldrehung aus dem Lampenträger und ersetzen Sie gegen eine neue.

■ Beenden Sie die Arbeit in umgekehrter Reihenfolge. Vergessen Sie den anschließenden Funktionscheck nicht.

**(MCV)**

■ Um an die Heckleuchten zu gelangen, öffnen Sie zunächst die Hecktüren.

■ Je nach Seite, demontieren Sie den Wagenheber aus der Halterung. Danach lösen Sie an der betreffenden Seite beide Schrauben (1) des Rücklichtgehäuses und ...

■ ...ziehen das Gehäuse dann nach hinten von der Karosserie ab.

■ Clipsen Sie dann den Lampenträger bedächtig vom Rückleuchtengehäuse ab.

■ Die jeweils defekte Lampe ziehen Sie mit einer Vierteldrehung aus dem Lampenträger und ersetzen Sie gegen eine Neue.

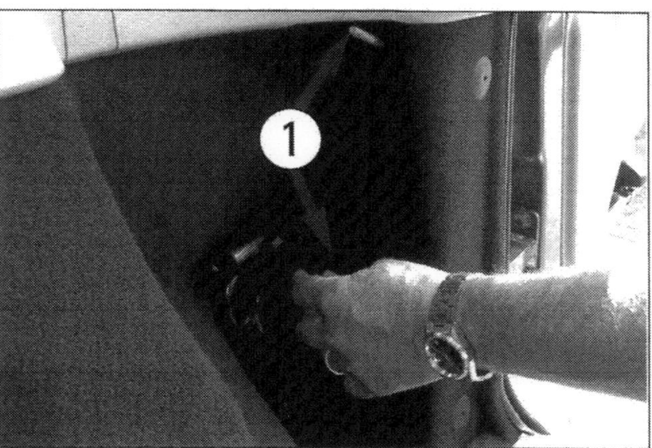


***Im Gepäckraum lösen:*** beide Schrauben (1) des Rücklichtgehäuses am MCV.

***Dreikammerleuchte:*** (1) Rückleuchte/Bremslicht, (2) Blinkerlampe, (3) Nebelschluss- bzw. Rückfahrlampe.

■ Beenden Sie die Arbeit in umgekehrter Reihenfolge. Vergessen Sie den anschließenden Funktionscheck nicht.

### Scheinwerfereinstellung

**WISSENSWERTES**

Da der Lampentausch häufig auch den Reflektor beeinflusst, stellen Sie, bevor Sie die Lampen wechseln, Ihren Wagen vor einer möglichst dunklen Wand ab und markieren mit einem Kreidestrich den Lichtkegel der intakten Lampe an der Wand. Vergleichen Sie nach dem Lampenwechsel den Lichtaustritt des reparierten Scheinwerfers mit dem Lichtkegel des anderen. Falls Ihr Logan jetzt erkennbar schielen sollte, lassen Sie seine Scheinwerfer besser per optischem Scheinwerfereinstellgerät in einer Fachwerkstatt justieren.

# Kennzeichenleuchte – von außen zu demontieren

**(Limousine)**

■ Clipsen Sie oberhalb des Kennzeichens die gesamte Leuchte mit einem Schlitzschraubendreher aus dem Stoßfänger aus.

■ Die Leuchte ziehen Sie nun vorsichtig so weit aus dem Stoßfänger, dass Sie das Lampenglas bequem aus dem Leuchtengehäuse clipsen können.

■ Die alte Lampe tauschen Sie aus und setzen eine neue ein.

■ Beenden Sie die Arbeit in umgekehrter Reihenfolge. Vergessen Sie den anschließenden Funktionscheck nicht.

**(MCV)**

■ Lösen Sie mit einem Kreuzschlitzschraubendreher die Befestigungsleuchte (Pfeil) oberhalb des Kennzeichens. Die Leuchte sitzt in der linken Tür.

***Mit Schlitzschraubendreher lösen:*** das Leuchtenglas der Kennzeichenleuchte des MCV.

■ Nehmen Sie nun den Leuchtendeckel ab und tauschen die defekte Lampe gegen eine neue.

■ Beenden Sie die Arbeit in umgekehrter Reihenfolge. Vergessen Sie den anschließenden Funktionscheck nicht.

# Dritte Bremsleuchte

**(Limousine)**

■ Öffnen Sie die Gepäckraumklappe und ...

■ ...drehen den Lampenträger unterhalb der Heckschottwand um eine Viertelumdrehung nach links.
Ziehen Sie die defekte Lampe aus der Fassung und ersetzen Sie gegen eine neue.

■ Beenden Sie die Arbeit in umgekehrter Reihenfolge. Vergessen Sie den anschließenden Funktionscheck nicht.

**(MCV)**

■ Öffnen Sie die linke Gepäckraumtür und ...

■ ...lösen die Torxschraube (Pfeil) oberhalb der Türscheibe.

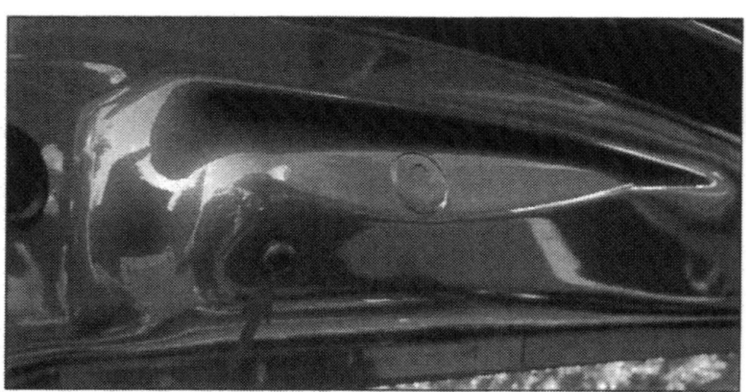

***Von Innen verschraubt:*** das Lampengehäuse der Dritten Bremsleuchte im MCV.

■ Ziehen Sie das Lampengehäuse aus der Tür und ersetzen die defekte Lampe gegen eine neue.

■ Beenden Sie die Arbeit in umgekehrter Reihenfolge. Vergessen Sie den anschließenden Funktionscheck nicht.

## Bremslichtschalter prüfen – relativ schnell machbar

Wenn alle drei Bremslichter synchron ausfallen, misstrauen Sie getrost dem Bremslichtschalter. Er sitzt im Innenraum direkt am Lagerbock der Pedalerie. Beim Betätigen des Bremspedals wandert ein Druckstift aus dem Schaltergehäuse, daraufhin schließen im Schalter die Kontakte und leiten Spannung an die Bremsleuchten weiter. Den Schalter prüfen Sie ganz einfach: Ziehen Sie die Kabelstecker ab und halten ihre blanken Enden zusammen. Sollten jetzt die Bremsleuchten funktionieren, erneuern Sie den Schalter. Ansonsten prüfen Sie die Spannung an den Kabelenden und checken die Lampen.

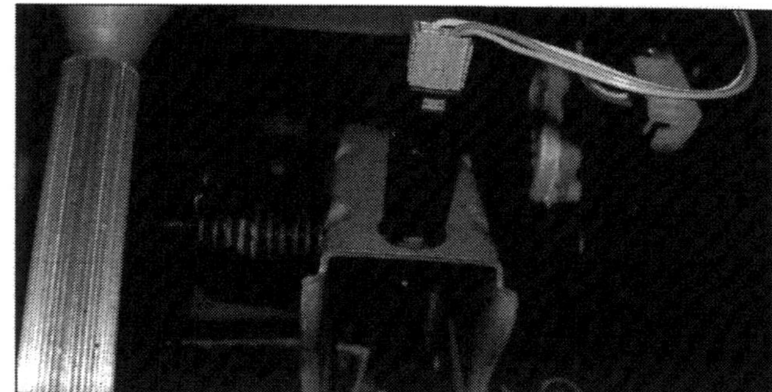

***Sitzt oberhalb des Bremspedals:*** der Bremslichtschalter im Logan.

## Schalter Funktionsprüfung – mit Multimeter machbar

Manchmal bringen in Ihrem Logan defekte Schalter die Ströme völlig durcheinander. Im Logan arbeiten übrigens die unterschiedlichsten Schaltertypen. Ihre Funktionsprüfung erledigen Sie schnell mit einem Multimeter. Stellen Sie dazu den Funktionsschalter auf Volt (V) und messen jeweils den Spannungsfluss an den Schalteranschlussklemmen. Tauschen Sie defekte Schalter ausschließlich gegen originale Dacia-Ersatzteile.

■ Besorgen Sie sich den aktuellen Schaltplan zu Ihrem Auto.

■ Zuerst machen Sie an dem betreffenden Schalter das (die) spannungsführende(n) Kabel aus. Dazu tasten Sie mit der roten Klemme alle Kabelanschlüsse ab – die schwarze Klemme liegt währenddessen natürlich an Masse (Klemme 31) an.

■ Vor dem Spannungstest schalten Sie noch schnell die Beleuchtung oder die Zündung ein.

■ Die Schalterfunktion erkennen Sie daran, ob die Eingangsspannung auch am Schalterausgang herauskommt.

## Manchmal schwer zu verstehen – die »verschlungenen« Wege der Stromkabel

Auf Laien wirken Ströme häufig sehr geheimnisvoll – ihre Wege sind mitunter recht sonderbar. Oder doch nicht?
In Ihrem Logan kontakten die meisten konventionellen Stromverbraucher mit Doppelklemmen. Doch durchgängig bis zur Batterie oder zum Generator lässt sich häufig nur ein Kabel zurückverfolgen. In dem Fall endet das Andere unterwegs im IRGENDWO an einem Massekontakt der Karosserie, des Motors, am Getriebe oder, das ist im Logan fast die Regel, an irgendeinem toten Steckerkontakt – so zum Beispiel im Motorraum am Mehrfachstecker der Zentralelektrik im Umfeld der Batterie.

## Lassen den Strom abfließen – Metalle

Innerhalb des Logan-Bordnetzes nutzen Dacia-Ingenieure ein uraltes physikalisches Prinzip: Metalle sind leitfähig. Diese simple Erkenntnis erspart – völlig legitim – lange Kupferkabel zur Spannungsableitung an den Batterieminuspol. Wenn ein Verbraucher also nicht ordentlich funktioniert, liegt das häufig nicht zwangsläufig an der Zuleitung, sondern an einer unzureichenden Masseverbindung. Mitunter sucht sich der Wackelkanditat dann Unterstützung von irgendwo, was letztlich die Bordelektrik völlig aus dem Takt bringt. Das häufigste Beispiel dafür ist wohl die taktvoll im Blinkerrhythmus mitglimmende Rück- oder Bremsleuchte …

## Systematisch geordnet – Kabel und Klemmen

Trotzt rationeller Bauweise würde der hintereinander gelegte Kabelbaum Ihres Logan locker die Kilometermarke überschreiten. Das scheinbar bunte Gewirr ist allerdings akribisch geordnet – die Kabelfarben weisen den Weg zur Quelle oder zum Stromabnehmer. Auf den ersten Blick mag das mitunter nicht unbedingt einleuchten, doch Verlass ist allemal darauf. Eine gewisse Eingewöhnung vorausgesetzt, verlieren Kabelbäume dann zunehmend Ihr Abschreckpotenzial. Zumal Dacia bei den gewählten Kabelfarben der Norm gängiger Vorbilder überwiegend treu bleibt. Auch sind die meisten Anschlüsse der Mehrfachstecker und Relais nummeriert.

### Kabel-/Klemmenbezeichnungen

WISSENSWERTES

**Klemme 15:** Steht ab Zündschloss bei eingeschalteter Zündung unter Strom. Sie setzt, außer der Zündung, auch jene Verbraucher unter Spannung, die nur während des Betriebs Strom erhalten sollen. Die vielfach schwarzen Kabel besitzen im Logan bisweilen auch farbige Zusatzstreifen.
**Klemme 30:** Steht dauernd in Kontakt mit dem Batteriepluspol bzw. bei laufendem Motor mit dem Generator. Das kann bei unvorsichtigem Umgang mit Werkzeug zu Kurzschlüssen und Funkenregen führen. Zumindest dann, wenn Sie nicht vorher das Minuskabel der Batterie abgenommen haben. Stromführende Kabel sind im Logan rot ummantelt, ggf. tragen auch sie zusätzliche Farbstreifen.
**Klemme 49:** Setzt die Blink- und Warnblinkanlage unter Strom.
**Klemme 53:** Speist den Scheibenwischer. Die Kabel sind überwiegend grün und mit weiteren Zusatzfarben (z. B. gelb) gekennzeichnet.
**Klemme 56:** Mit gelb/schwarzen Farben versorgt sie das Abblendlicht und mit weiß/schwarzen Farben das Fernlicht mit Strom.
**Klemme 58:** Speist das Standlicht. Die Kabelgrundfarbe ist grau, jeweils mit zusätzlichen Farbstreifen.
**Klemme 31:** Masseklemme, die alle Bordverbraucher mit Fahrzeugmasse verbindet. Im Bordnetz sind Massekabel meistens braun gefärbt.

## Überlastungsschutz – Sicherungen im Innen- und Motorraum

In Ihrem Wagen schützen zahlreiche Sicherungen die Bordelektrik vor Überlastung. Ihre Schutzfunktion entspricht der theoretischen Maximalbelastung der einzelnen Stromkreise. Sicherungen unterbrechen den Stromfluss sofort, wenn zum Beispiel ein Kurzschluss (defekter Verbraucher, beschädigte Stromkabel) die Bordspannung unkoordiniert an Masse ableitet. Sie verhin-dern dadurch weitere Schäden (z. B. Kabelbrände) an Ihrem Auto. Der Logan hat Flachstecksicherungen, deren Schmelzdraht im Überlastungsfall durchglüht. Für eine Sicherung ist der Tatbestand des Überlastungsfalls übrigens auch dann erfüllt, wenn voll ausgelastete Stromkreise nachträglich noch mit zusätzlichen Verbrauchern (Hi-Fi-Anlage, Booster oder nicht zugelassene Hochleistungsleuchten) aufgemotzt werden. Auch profane Autostaubsauger und Kühlboxen, die Sie einfach mit Strom aus der Steckdose des Zigarettenanzünders versorgen, lassen ab und an die Sicherung dahinschmelzen. Spendieren Sie zusätzlichen Verbrauchern also im Bedarfsfall einen separaten Stromkreis – natürlich mit einer entsprechend dimensionierten Sicherung und Zuleitung. Um alle Eventualitäten auszuschließen, lassen Sie besser einen Profi ans Werk, der verlegt Ihnen die richtigen Kabelquerschnitte (min. 1,5 $mm^2$) und sichert den Stromkreis ausreichend ab.

## Verteilt auf diverse Stromkreise – Bordsicherungen im Logan

Das Motormanagement und die meisten leistungsstarken Aggregate sind separat abgesichert. Damit Ihr Logan bei einem elektrischen Defekt nun nicht gänzlich ohne Strom dasteht, sind die Bordverbraucher auf mehrere Stromkreise verteilt. Nebenverbraucher mit weniger wichtigen Aufgaben arbeiten in gemeinsamen Stromkreisen – jeweils von einer Sicherung geschützt. Nicht so die Stromkreise zwischen Starter, Batterie, Generator und Zündschloss: Hier liegt ständig die volle Batteriekapazität an. Bei Arbeiten an diesen Stromkreisen gilt also besondere Vorsicht: Klemmen Sie IMMER zuerst die Batterie ab, bevor Sie hier einsteigen! Andernfalls provozieren Sie kapitale Schäden – bis hin zu Fahrzeugbränden.

## Mit Bordmitteln machbar – Sicherungen erneuern

Der Logan »versteckt« seine Sicherungen unter der Armaturenbrettverkleidung in Höhe der linken A-Säule. Der Großteil der Relais ist dagegen im Motorraum im Umfeld der Batterie vereint. Bevor Sie eine Sicherung oder ein Relais wechseln, schalten Sie besser die Zündung und alle Stromverbraucher aus.

■ Klappen Sie am Sicherungskasten zunächst die Verkleidung ab und inspizieren sämtliche darunter liegende Sicherungen...

■ Geschmolzene Sicherungen ziehen Sie vorsichtig aus dem Steckplatz. Nutzen Sie generell dazu die in der Verblendung steckende »Kralle« oder eine passende Flachzange.

■ Achten Sie darauf, dass die neue Sicherung die gleiche Amperestärke wie ihre Vorgängerin hat.

■ Drücken Sie beide Flachstecker gleichmäßig in die Steckerzungen ein.

■ Sollte ihnen die neue Sicherung sofort wieder dahinschmelzen, prüfen Sie, ob der Stromkreis even-

### WISSENSWERTES – Dacia Logan – die Sicherungen

In den Sicherungskästen stecken Flachsicherungen (Minisicherungen), deren transparenter Kunststoffkörper zwei mit einem Schmelzdraht verbundene Flachstecker fixiert, oder so genannte A1-Sicherungen.

**An der Farbe zu erkennen – die Amperezahl**
Zur besseren Differenzierung der Maximalbelastung sind Sicherungen, zusätzlich zu ihrer Beschriftung, farbig markiert. Die Minisicherungen im Zafira-B vertragen:

| *Kennfarbe* | *Stromstärke in Ampere* |
|---|---|
| Grau | 2 |
| Hellbraun | 5 |
| Dunkelbraun | 7,5 |
| Rot | 10 |
| Hellblau | 15 |
| Gelb | 20 |
| Hellgrün | 30 |
| Orange | 40 |

Zusätzlich schützen A1-Sicherungen die kräftigeren Stromkreise im Logan. Sie widerstehen:

| *Kennfarbe* | *Stromstärke in Ampere* |
|---|---|
| Grau | 25 |
| Pink | 30 |
| Rot | 50 |
| Hellblau | 60 |
| Schwarz | 80 |

***Am geschmolzenen Draht erkennbar:*** defekte Sicherungen (Pfeil). Häufig ist dann auch die Kunststoffumhüllung gebrochen oder verschmort.

tuell einen Masseschluss hat (Verbraucher defekt, Kabelisolation gegen Masse durchgescheuert, etc.).

## Verteilen hohe Arbeitsströme – Schaltrelais

Ihr Logan hat eine Reihe von Verbrauchern, die, im Vergleich zu anderen, höhere Arbeitsströme erfordern. Um dort mit möglichst geringen Kabeldurchmessern ein Maximum an Sicherheit zu gewährleisten, steuert Dacia sie über separate Schaltrelais an. Über den Ein- und Ausschalter fließt dann lediglich ein geringer Schaltstrom, der im Relais den Arbeitsstrom zum Verbraucher schaltet.

## Unterschiedliche Aufgaben – Schaltstrom und Arbeitsstrom

Beim Einschalten des betreffenden Verbrauchers wirkt im Relais der Schaltstrom auf eine Magnetspule. Die Magnetspule zieht gegen Federdruck einen kräftigen Kontakt an und öffnet so den Arbeitsstromkreis zum Verbraucher. Damit die Spannung möglichst 1 : 1 beim Empfänger ankommt, fließt der Arbeitsstrom direkt durch das Relais ans Ziel.
Die Relaiskontakte sind so widerstandsfähig, dass sie hohe Ströme gut vertragen. Außerdem kürzt der vermeintliche Umweg durchs Relais den Weg des Arbeitsstroms ab. Vorteil: Je kürzer die Wege, umso geringer die Spannungsverluste zwischen Schalter und Verbraucher.

## Erfüllen unterschiedliche Aufgaben – spezielle Relaistypen

Um die Übersichtlichkeit und Fehlersuche zu verbessern, sind die meisten Relais im Logan auf speziellen Trägerplatten zusammengefasst.
Zusätzlich arbeiten im Bordnetz noch Relaistypen mit ganz bestimmten Funktionen ganz in der Nähe ihres Arbeitsplatzes.

***Nur gegen gleichstarke Sicherungen austauschen:*** durchgebrannte Sicherungen.

# Nachrüsten einer Anhängerkupplung

Es gibt natürlich Anbauteile, deren Bauform und Anbauposition durch den Hersteller vorgeschrieben sind. Die Aufhängungspunkte werden heute bereits in der CAD/CAM-Phase des Autos festgelegt. Alle Kupplungshersteller und Lieferanten müssen, wollen sie in die Erstrausrüstung, diese Punkte übernehmen.
Somit wird auch klar, warum sich die Anbausätze der einzelnen Hersteller qualitativ nur in Nuancen unterscheiden. Die Eintragung beim TÜV ist meistens nicht mehr erforderlich, die meisten Hersteller nutzen heutzutage eine in ganz Europa gültige »EG ABE«. Diese wird dann lediglich zu den Fahrzeugpapieren hinzugefügt. Die Fahrzeugbegleitmappe eignet sich bei Ihrem Dacia hervorragend als sicherer Aufbewahrungsort.
Den meisten Dacia kompatiblen Kupplungen liegt freilich ein Kabelsatz, inklusive passendem Anhängerblinkrelais bei. Und da die Can-Bus Technologie den Logan bislang noch nicht groß eingeholt hat, sind nach der Montage Fehlfunktionen anderer Bordkomponenten auch nicht zu befürchten.
Das ist nicht grundsätzlich so. Denn generell stellen Can-Bus Bordnetze bei nachträglichen Montagen irgendwelcher Zusatzsysteme höhere Anforderungen an die elektrischen Verbraucher (Radio, Anhängerkupplung, Standheizung etc.) als herkömmliche Bordnetze.
Steuergeräte besitzen heute eine sehr aufwendige Software-Datenbank. Hier werden alle Eigenschaften und Funktionen festgelegt und defininiert. Leider kann gerade beim obligatorischen Batterieabklemmen schon eine Gefahr lauern. Ist ein Steuergerät zu lange vom Netz abgeschaltet oder die Batterie abgeklemmt, kann es zu einem totalen Datenverlust führen. Gelegentlich kommt es dann vor, dass die verlorenen Daten nicht mehr neu aufgespielt werden können. Die Anschaffung und Einpflegung eines Austauschsteuergerätes würde dann erforderlich. Es kommen so sehr schnell einige hundert Euro zusammen. Informieren Sie sich daher immer genau über alle Schritte für die Montage von Nachrüstsätzen. Führen Sie diese Arbeiten nur dann durch, wenn Sie auch dazu fachlich in der Lage sind.

### 7- und 13-polige Anhängersteckdosen

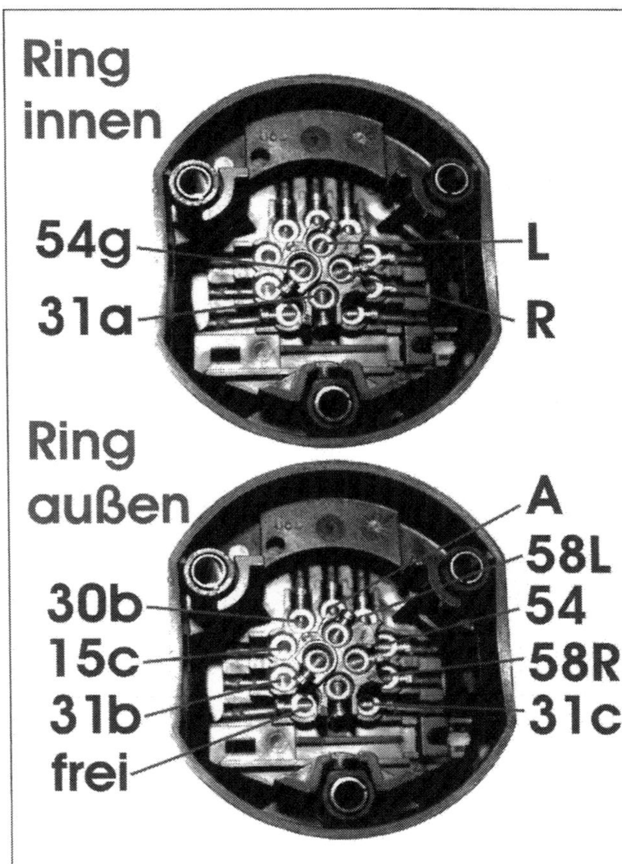


***Steckdosenbelegungen:*** Die Steckerbelegung für die Anhängersteckdosen sind genormt. Die Belegungen für den 13-poligen und den 7-poligen Stecker sind anfangs identisch. Deshalb zeigen wir zuerst die Belegung für den 7-poligen Stecker.

| Kontakt Nr. | Bezeichnung | Klemmenbezeichnung |
|---|---|---|
| 1 | Blinkleuchte, links | L |
| 2 | Nebelschlussleuchte | 54G |
| 3 | Masseanschluss für den Kontakt 1–8 | 31 |
| 4 | Blinkleuchte, rechts | R |
| 5 | Rückleuchte, rechts | 58R |
| 6 | Bremsleuchte | 54 |
| 7 | Rückleuchte links | 58L |
| Ab hier beginnt die Erweiterung für die 13-poligen Stecker | | |
| 8 | Rückfahrscheinwerfer | A |
| 9 | Dauerplus (Kabel muss bis zur Batterie!) | 30b |
| 10 | Ladeleitung | 15c |
| 11 | Masse für die Ladeleitung (Kontakt 10) | 31b |
| 12 | Anhängerkennung | frei |
| 13 | Masse für den Dauerplusanschluss (Kontakt 9) | 31c |

STÖRUNGSBEISTAND

## Anhänger

| Störung | Was kann das sein? | Was muss ich tun? |
|---|---|---|
| **A Blinkfrequenz ist zu hoch** | **1** Birnchen im Anhänger oder im Fahrzeug defekt | Blinkanlage einschalten, Blinker rundum kontrollieren |
| | **2** Falsche Leistung der Blinkerbirne | Blinkerbirnchen im Anhänger überprüfen |
| **B Chaotische Funktionen der Anhängerlichtanlage** | **1** Schlechte Masseverbindungen an der Steckdose oder am Stecker | Stecker und Verkabelung auf Beschädigung und Korrosion prüfen |
| | **2** Schlechte Masseverbindungen an Anhängerbeleuchtung | Spannungsverlustprüfung von Klemme 31 auf Rahmenmasse |
| **C Nebelschlussleuchte brennt dauernd** | **1** Anhängerstecker nicht richtig verkabelt | Prüfen, ob Pin 2 mit dem Nebelscheinwerfer belegt ist |
| | **2** Steckdose am Fahrzeug nicht richtig verkabelt | Prüfen, ob Pin 2 mit Dauerplus belegt ist |
| | **3** Adapter 13/7 Pol falsch belegt | Adapter prüfen |
| **D Fahrlicht am Anhänger zu hell** | **1** Falsche Birne im Anhänger verbaut | Birne überprüfen |
| | **2** Fehler in der Verkabelung des Steckers im Anhänger | Verkabelung mit dem Multimeter überprüfen |

STÖRUNGSBEISTAND

## Batterie und Lichtmaschine

| Störung | Was kann das sein? | Was muss ich tun? |
|---|---|---|
| **A Rote Ladekontrolle brennt nicht beim Einschalten der Zündung** | **1** Batterie leer | Mit Starthilfekabel starten oder Wagen anschleppen |
| | **2** Batteriekabel gebrochen. Kabelklemmen lose oder oxidiert | Batteriekabel und -klemmen kontrollieren |
| | **3** Kontrollleuchte defekt | ersetzen |
| | **4** Kabelweg zwischen Zündschloss, Kontrollampe und Lichtmaschine unterbrochen | Stromweg mit Prüflampe kontrollieren |
| | **5** Schleifkohlen abgenutzt | Regler tauschen |
| | **6** Spannungsregler defekt | Regler austauschen |
| | **7** Lichtmaschine schadhaft | Lichtmaschine überholen oder austauschen |
| | **8** Feuchtigkeit bildet einen isolierenden Schmierfilm zwischen den Schleifringen und Kohlen (z.B. nach Motorwäsche) | Lichtmaschine mit Druckluft ausblasen oder Schleifringe und Kohlen sauberreiben |
| **B Ladekontrolle brennt oder glimmt bei laufendem Motor** | **1** Keilrippenriemen lose bzw. ohne Spannung | Keilrippenriemenspannung kontrollieren |
| | **2** Mangelnder Kontakt an Kabelanschlüssen der Lichtmaschine oder unterbrochene Kabel | Kabelanschlüsse und Kabel prüfen |
| **C Batterieoberfläche feucht** | **1** Zu viel eingefülltes destilliertes Wasser | Ausgasen lassen, keine Säure absaugen |
| | **2** Batterieverschlüsse verstopft | Entlüftungslöcher säubern |
| | **3** Spannungsregler defekt | austauschen |
| **D Batterie gast stark** | **1** Batterie Zellenschluss | Batterie ersetzen |
| | **2** Ladespannung zu hoch | Lastmanagement prüfen, Fehlerspeicher auslesen (lassen) |

STÖRUNGSBEISTAND

## Anlasser

| Störung | Was kann das sein? | Was muss ich tun? |
|---|---|---|
| **A Beim Drehen des Zündschlüssels in Startstellung dreht der Anlasser zu lange oder gar nicht** | **1** Kontrollampen brennen schwach oder verlöschen<br>**1a** Batterie entladen<br>**1b** Kabelanschlüsse lose oder oxidiert<br>**1c** Batterie entladen | Mit Starthilfekabel starten, Auto anschieben/anschleppen Kabel, Kabel befestigen, Anschlüsse säubern, Anlasser überholen lassen oder austauschen |
| | **2** Kontrollampen brennen hell, Klicken aus Richtung Anlasser<br>**2a** Kohlenbürsten bzw. deren Anschlüsse im Anlasser gelöst<br>**2b** Kontakte im Magnetschalter verschmort<br>**2c** Anlasserwicklung schadhaft | Anlasser überholen lassen oder austauschen |
| **B Der Anlasser dreht, aber der Motor dreht nicht** | **1** Ritzel verschmutzt | Ritzel reinigen |
| | **2** Einrückvorrichtung klemmt | Anlasser überholen lassen |
| | **3** Verzahnung des Ritzels oder der Motorschwungscheibe beschädigt | Wagen bei eingelegtem Gang durch Helfer ein Stück vorschieben lassen.<br>Erneut starten. Beschädigte Teile ersetzen |
| **C Magnetschalter schaltet schnell ein und aus. Anlasser läuft nicht an** | **1** Batterie stark entladen, beim Einschalten des Magnetschalters fällt die Spannung ab und er schaltet wieder ab | Batterie laden |
| | **2** Einrückvorrichtung klemmt | Anlasser überholen lassen |
| | **3** Verzahnung des Ritzels oder der Motorschwungscheibe beschädigt | Wagen bei eingelegtem Gang durch Helfer ein Stück vorschieben lassen – Zündung aus!<br>Erneut starten. Beschädigte Teile ersetzen |
| **D Anlasser läuft weiter, obwohl der Zündschlüssel losgelassen wurde** | **1** Magentschalter hängt oder schaltet nicht ab | Zündung sofort abschalten, notfalls Batterie abklemmen. Magnetschalter reparieren oder Anlasser austauschen |
| | **2** Zünd-/Anlasschalter defekt | Schalter ersetzen |
| **E Ritzel spurt nach Anspringen des Motors nicht aus** | **1** Rückstellfeder des Einrückhebels lahm oder gebrochen | Motor abstellen, Anlasser austauschen |

# Technische Daten

# TECHNISCHE DATEN

| Modell | | 1.4 MPI | 1.6 MPI | 1.6 16V | 1.5 dCi |
|---|---|---|---|---|---|
| Motorkennbuchstabe | | K7J710 | K7M710 | K4M | K9K |
| Abgasgrenzwerte gemäß | | Euro 4 | Euro 4 | Euro 4 | Euro 4 |
| Zylinder / Ventile | | 4 / 8 | 4 / 8 | 4 / 16 | 4 / 8 |
| Hubraum | $cm^3$ | 1.390 | 1.598 | 1.598 | 1.461 |
| Bohrung | mm | 79,5 | 79,5 | 79,5 | 76,0 |
| Hub | mm | 70,5 | 80,5 | 80,5 | 80,5 |
| Verdichtung | | 9,5 : 1 | 9,5 : 1 | 10,0 : 1 | 18,8 : 1 |
| Höchstleistung | KW / PS | 55 / 75 | 64 / 87 | 77 / 105 | 63/86 |
| bei | 1/min | 5.500 | 5.500 | 5750 | 3750 |
| max. Drehmoment | Nm | 112 | 128 | 148 | 200 |
| bei 1/min | 1/min | 3000 | 3000 | 3750 | 1900 |
| Leerlaufdrehzahl | 1/min | 780 – 980 | 780 – 980 | 780 – 980 | 750 – 850 |
| Höchstgeschwindigkeit | km/h | 162 / 155** | 175 / 167** | 183 / 174** | 167 / 161** |
| Beschleunigung 0–100 km/h | s | 13,0 / 15,6** | 11,5 / 13,4** | 10,2 / 11,8** | 13,0 / 14,3 |
| Kraftstoffverbrauch | l | | | | |
| – städtisch | | 9,6 / 10,0** | 9,7 / 10,2** | 9,2 / 9,8** | 5,3 / 5,9** |
| – außerstädtisch | | 5,4 / 6,2** | 5,9 / 6,1** | 5,9 / 6,3** | 4,2 / 4,8** |
| – kombiniert | | 7,0 / 7,6** | 7,3 / 7,6** | 7,1 / 7,5** | 4,6 / 5,2** |
| $CO_2$-Emission | g/km | 165 / 179** | 172 / 180** | 170 / 178** | 120 / 137** |
| Motormanagement | | Multipoint | Einspritzung | Multipoint | Common-Rail- Direkteinspr. |
| Öldruck bei 800C** | | | | | |
| Leerlauf | bar | 1,0 | 1,0 | 1,0 | 1,2 |
| Öldruck bei 800C** | | | | | |
| 3000/min | bar | 3,0 | 3,0 | 3,0 | 3,0 |
| Kraftstoff | ROZ | 95 Super | 95 Super | 95 Super | Diesel |
| **Füllmengen:** | | | | | |
| Tankvolumen | ca. l | 50 | 50 | 50 | 50 |
| Motoröl | ca. l | 3,4 | 3,4 | 5,8 | 4,6 |
| Kühlflüssigkeit | ca. l | 5,5 | 5,5 | 7,3 | 7,7 |
| Getriebeöl | ca. l | 3,4 | 3,4 | 3,4 | 3,4 |

*Stand Juni 2009, ** MCV.

| Gemischaufbereitung | |
|---|---|
| Ottomotoren | Indirekte sequenzielle Einzeleinspritzung, kombiniert mit der Zündanlage. Klopf-Regelung, Abgasrückführung. |
| Dieselmotor | Direkte elektronische Einzeleinspritzung, Common-Rail-System. |

**Bremsanlage**

| | | 1.4 MPI | 1.6 MPI | 1.6 16V | 1.5 dCi |
|---|---|---|---|---|---|
| Vorderradbremse | | | | | |
| Bremsscheiben-durchmesser | mm | 238,0 | 238,0 | 259,0 | 238,0 |
| Bremsscheibenstärke | | | | | |
| - neu | mm | 12,0 | 25,0 | 25,0 | 25,0 |
| - Grenzwert | mm | 10,6 | 10,6 | 10,6 | 10,6 |
| Bremskolben-durchmesser | mm | 48,0 | 48,0 | 52,0 | 48,0 |
| Bremsbelagsstärke | | | | | |
| – neu | mm | 18,0 | 18,0 | 18,0 | 18,0 |
| – Grenzwert | mm | 6,0 | 6,0 | 6,0 | 6,0 |
| Hinterradbremse | | | | | |
| Bremstrommel-durchmesser | mm | 180,0 | 180,0 | 228 | 180,0 |
| Bremskolben-durchmesser | mm | 19,0 | 19,0 | 19,0 | 19,0 |
| Bremsbelagsstärke | | | | | |
| – neu | mm | 3,2 (Anlaufbacke) 4,6 (Ablaufbacke) | 4,6 (Anlaufbacke) 4,6 (Ablaufbacke) | 4,8 | 4,6 (Anlaufbacke) 4,6 (Ablaufbacke) |
| - Grenzwert | mm | 2,0 | 2,0 | 2,0 | 2,0 |
| Handbremse | | Mechanische Feststellbremse (Seilzugbremse) mit Wirkung auf die Hinterräder | | | |

**Fahrwerk**

| | | |
|---|---|---|
| Vorderachse | | Einzelradaufhängung, McPherson Federbein; Dreiecksquerlenker; Stabilisator. |
| Spurweite | mm | 1480 |
| Hinterachse | | Verbundlenkerachse mit Torsionsprofil; Schraubenfedern; Öldruckstoßdämpfer. |
| Spurweite | mm | 1470 |
| Lenkung | | hydraulische Zahnstangenlenkung; höhenverstellbare Sicherheitslenksäule; Sicherheitslenkrad mit Fullsize Airbag. |
| Wendekreis | m | 10,50 |
| Radstand | mm | 2630 |

**Kraftübertragung**

| | |
|---|---|
| Generell | Frontantrieb |
| Schaltgetriebe | manuelles 5-Gang Schaltgetriebe; Schaltstangen; Differenzial mit Getriebe verblockt; homokinetische Antriebswellen. |

# TECHNISCHE DATEN

| **Maße** | | | |
|---|---|---|---|
| | | **Logan** | **MCV** |
| Länge | mm | 4247 | 4450 |
| Breite inkl. Spiegel | mm | 1740 | 1738 |
| Höhe inkl. Dachreling | mm | 1534 | 1636 |
| Gepäckraum | nach VDA-Norm | | |
| 5-Sitzer | l | 510 | 700 |
| 7-Sitzer | l | – | 198 |
| 2-Sitzer | l | – | 2350 |

| **Gewichte** | | | | | | | | | |
|---|---|---|---|---|---|---|---|---|---|
| | | **Logan 1.4 MPI** | **Logan 1.6 MPI** | **Logan 1.6 16V** | **Logan 1.5 dCi** | **MCV 1.4 MPI** | **MCV 1.6 MPI** | **MCV 1.6 16V** | **MCV 1.5 dCi** |
| Leergewicht inkl. Fahrer | | | | | | | | | |
| nach 70/156/EWG | kg | 1.050 | 1.055 | 1.135 | 1.150 | 1.240 | 1.240 | 1.270 | 1.280 |
| Zuladung | kg | 485 | 485 | 465 | 460 | 500 | 500 | 500 | 526 |
| zul. Gesamtgewicht | kg | 1.535 | 1.540 | 1.600 | 1.610 | 1.740 | 1.740 | 1.770 | 1.806 |
| zul. Dachlast | kg | 80 | 80 | 80 | 80 | 80 | 80 | 80 | 80 |
| Anhängelast | | | | | | | | | |
| Stützlast gebremst | kg | 75 | 75 | 75 | 75 | 75 | 75 | 75 | 75 |
| bei 12% Prüfsteigung | kg | 1.100 | 1.100 | 1.100 | 1.100 | 1.300 | 1.300 | 1.300 | 1.300 |

* Grundversion

# Techniklexikon

Das folgende Stichwortverzeichnis soll keine Übersetzung vom »Fach-Chinesisch« ins Deutsche sein; es soll Ihnen aber helfen, einige der häufig benutzten Begriffe zu verstehen, die Sie im Gespräch mit den Mitarbeitern einer Werkstatt (oder auch am Stammtisch) immer wieder hören.

**Abgasturbolader** – Von den Abgasen des Motors angetriebenes Turbinenrad. Die Turbine nutzt die im Abgas enthaltene Energie und drückt damit vorverdichtete Frischluft zur Leistungssteigerung in die Zylinder.

**ABS** – Antiblockiersystem. Verhindert das Blockieren der Räder bei starkem Bremsen. Damit bleibt trotz voller Bremswirkung das Fahrzeug lenkfähig und der Fahrer kann einem Hindernis ausweichen. Funktion: Ein Steuergerät erkennt über Drehzahlsensoren an den Rädern die Blockiergrenzen und regelt entsprechend den Druck in den einzelnen Zweigen der Bremsenhydraulik.

**A/C** – Klimaanlage (Air Conditoner).

**ACC** – Adaptive Cruse Control (adaptive Geschwindigkeitsregelanlage). Moderner Tempomat, der mittels Radarsensor automatisch einen konstanten Abstand zum vorausfahrenden Fahrzeug hält. Neueste Systeme können nicht nur das Gas regeln, sondern bremsen das Fahrzeug auch bis zum Stillstand ab.

**Achsschenkel** – Ein Bauteil der Vorderradaufhängung, an dem die Vorderräder gelagert sind und das die Bewegung der Räder um die Lenkachse ermöglicht.

**Achstrieb** (Vorder-, bzw. Hinterachstrieb) – Vorderachsantrieb: Baugruppe, die ein Stirnradpaar und das Differenzial zum Antrieb der Gelenkwellen vom Getriebe aus enthält. Bei Hinterachsantrieb sind in einem eigenem Gehäuse ein Kegelradsatz (Teller und Kegelrad) und das Differenzial vereinigt.

**Achswelle** – Vom Differenzial angetriebene Welle, starr oder mit Gelenken, an deren Nabe eines der Räder montiert ist.

**Adaptives Kurvenlicht** – Horizontal schwenkbare Scheinwerfer, die die Kurven optimal ausleuchten, sobald der Fahrer in sie einlenkt. Sensoren erfassen den Lenkwinkel, die Gierrate (Drehgeschwindigkeit um die Hochachse) und die Fahrgeschwindigkeit. Die Xenon-Scheinwerfer werden elektromechanisch so gesteuert, dass die Kurve ihrem Verlauf entsprechend besser ausgeleuchtet wird.

**Airbag** – Pyrotechnisch aufblasbares Luftkissen, das bei Aufprall des Autos auf ein Hindernis die Insassen vor Verletzung schützt. Gewöhnlich in die Lenkradnabe und die Schalttafel/Armaturenbrett (evtl. auch in die Sitzlehnen = Seiten-Airbags) eingebaut.

**Aktivkohlefilter (EVAP)** – System zur Verminderung der Emission schädlicher Benzindämpfe aus dem Tank. Die Dämpfe werden in einem Filter aus Aktivkohle gespeichert und beim Motorlauf verbrannt.

**Anlasser** – Elektromotor, der zum Anlassen des Motors dient. Sein längs verschiebbares Ritzel wird zuerst in den großen Zahnkranz des Schwungrads eingespurt und dreht dann die Kurbelwelle.

**Antriebsriemen** – Normalerweise aus Gummi und einem Festigkeitsträger (Polyamid- oder Glasfasergewebe) gefertigter Riemen, der über mindestens zwei Riemenscheiben läuft und von der Kurbelwelle aus Nebenaggregate oder die Nockenwelle(n) antreibt (als Keil-, Keilrippen-, Flach- oder Zahnriemen).

**Antriebsstrang** – Oberbegriff für den gesamten Antrieb eines Fahrzeugs mit Motor, Kupplung, Getriebe, Kardanwelle (soweit vorhanden), Achstrieb/Differenzial und Antriebswellen.

**Asphärischer Spiegel** – Asphärische Außenspiegel besitzen eine zweigeteilte, teilweise gebogene (konvexe) Spiegelfläche. Dadurch vergrößert sich die Sichtfläche des Rückspiegels. Die korrekte Einstellung der Seitenspiegel auf die Sitzposition des Fahrers verringert beim asphärischen Außenspiegel den toten Winkel fast vollständig.

**ASR** – Antriebsschlupfregelung. Verhindert das Durchdrehen der Antriebsräder, besonders bei glatter Fahrbahn. Die ASR, auch als Traktionskontrolle bekannt, hält den Wagen beim Beschleunigen in der Spur. Das ASR ist eine Extrafunktion des Antiblockiersystems und benötigt keine weiteren Bauteile. Duchdrehende Räder werden vom ASR automatisch abgebremst und die Motorleistung gedrosselt.

**ATF** – Automatic Transmission Fluid. Sehr dünnflüssiges Getriebeöl für automatische Getriebe. In verschiedenen Qualitäten erhältlich und grundsätzlich rot eingefärbt.

**Ausdehnungsgefäß bzw. Ausgleichsbehälter** – Teil der modernen, unter Druck arbeitenden Kühlanlage. In diesen Behälter kann sich das infolge des Temperaturanstiegs ausdehnende Kühlmittel ausweichen.

**Ausgleichsgetriebe** – siehe Differenzial.

**Ausgleichsscheibe** – Stahlscheibe, zumeist in verschiedenen Dicken, zum Ausgleich des Axialspiels beweglicher Bauteile.

**Ausgleichswelle** – eine zur Kurbelwelle gegenläufig rotierende Welle für einen ruhigen Motorlauf, die die Massenkräfte (Unwucht) kompensiert: auch als Lancaster-Ausgleich bekannt.

**Auspuffkrümmer** – Sammelrohr am Zylinderkopf, das die Abgase des Motors von jedem der Zylinder in die (gemeinsame) Abgasanlage leitet.

**Ausrücklager** (Kupplungs-) – Wälzlager, das axial gleitend auf einer Hülse vorn im Getriebegehäuse montiert ist, beim Auskuppeln vom Kupplungs-Ausrückhebel gegen die rotierende Tellerfeder gedrückt oder gezogen wird und dabei die Kupplungsscheibe freigibt.

**Auswuchten** (Räder) – Prüfen und Korrigieren eines Rades mit Reifen im Hinblick auf statische und dynamische »Unwucht«, d. h. auf Kräfte bei der Drehbewegung, die das Rad zu Flatter- oder Zitterbewegungen veranlassen könnten.

**Automatikgurt** – Sicherheitsgurt, der den Fahrzeuginsassen bei normaler Fahrt Bewegungsfreiheit lässt, aber blockiert wird, wenn das Auto stark verzögert wird oder die angegurtete Person sich plötzlich bewegt.

**Automatisiertes Schaltgetriebe** – Der systematische Aufbau entspricht einem konventionellen Schaltgetriebe. Das Kuppeln und Schalten findet jedoch automatisch statt. Preisgünstige Automatik für Kleinwagen mit Verbrauchsvorteilen. Nachteilig sind indes die merklichen Schaltpausen.

**AWD** – All Wheel Drive. Einige Hersteller nennen so ihre Modelle mit Allradantrieb.

**Axialspiel** – Bewegungsfreiheit eines Bauteils in Achsrichtung, z. B. die seitliche Bewegung eines Pleuels auf dem Lagerzapfen der Kurbelwelle.

**Batterie** – chemisches Speichermedium für elektrische Energie. Sie liefert den Strom zum Anlassen des Motors und für die übrigen Verbraucher bei stehendem Motor. Sie wird bei laufendem Motor vom Generator (Lichtmaschine) aufgeladen.

**BDC** – Unterer Totpunkt (Bottom Dead Center).

**Benzindirekteinspritzung** – Mittels der Benzindirekteinspritzung wird der Kraftstoff mit einem Druck von etwa 150 bar direkt in den Brennraum eingespritzt. Eine besondere Brennraumgeometrie sorgt für eine optimale Verwirbelung des Kraftstoff-Luft-Gemischs. Vorteile: niedriger Kraftstoffverbrauch, höherere Leistung und günstigere Abgasemissionen.

**Biodiesel** – Dieselkraftstoff, der aus nachwachsenden Rohstoffen gewonnen wird. In Deutschland wird häufig Raps zur Gewinnung von Biodiesel genutzt. Daher haben sich auch die Bezeichnungen RME (Raps-Methyl-Ester) bzw. PME (Pflanzen-Methyl-Ester) durchgesetzt. Biodiesel ist fast klimaneutral, da die Pflanze während ihres Wachstums soviel an Kohlendioxid aufnimmt, wie nachher bei der Verbrennung wieder freigibt. Da sich Biodiesel jedoch in seiner Zusammensetzung von herkömmlichem Dieselkraftstoff unterscheidet, kann er nicht uneingeschränkt als direkter Ersatz für Diesel genommen werden. Der Marktanteil von Pflanzen-Methyl-Ester liegt 2008 unter einem Prozent. Selbst bei Ausschöpfung aller hiesigen Anbaupotenziale könnte Pflanzen-Methyl-Ester nur maximal ein Zehntel des Dieselkraftstoffbedarfs der Bundesrepublik Deutschland decken.

**Bi-Xenon** – Xenon-Scheinwerfer für Abblend- und Fernlicht (siehe Xenonlicht).

**Blattfeder** – Lange, schmale, gekrümmte Feder, zumeist als Paket aus mehreren Feder-Blättern zusammengesetzt. Heute nur noch bei Nutzfahrzeugen, schweren Geländewagen und alten Autos mit hinterer Starrachse zu finden.

**Bord-Diagnosesystem** – Elektronische Überwachungsanlage für das Motor-Managementsystem. Sie erkennt über einen gespeicherten Fehlercode eventuelle Fehlfunktionen und deren Ursachen, die sich negativ auf Abgasemissionen, Leistung und Verbrauch auswirken können. Siehe auch OBD.

**Boxermotor** – Motorbauform, bei welcher die Zylinder einander gegenüberliegen; üblicherweise sind gleich viele Zylinder auf jeder Seite der Kurbelwelle.

**Bremsankerplatte** – Stahlblechplatte, am Radträger (zumeist nur noch der Hinterräder) befestigt. Daran sind die Bremsbacken der Trommelbremse montiert.

**Bremsassistent** – Die Bremsanlage erkennt an der Betätigungsgeschwindigkeit des Bremspedals die Absicht des Fahrers, eine Vollbremsung einzuleiten und baut deshalb sofort den maximalen Bremsdruck auf.

**Bremsbacken** – Gekrümmtes Bauteil in der Trommelbremse, mit Bremsbelägen bewehrt. Die Backen werden beim Bremsen von innen gegen die Bremstrommel gedrückt und bewirken die Bremskraft.

**Bremsbelag** – Bei der Trommelbremse: auf die Bremsbacken aufgeklebter oder aufgenieteter Reibbelag aus hitzebeständigem Werkstoff.
Scheibenbremse: Mit aufvulkanisiertem Reibbelag versehene Metallplatte. Die Bremsbeläge (auch Bremsklötze genannt) werden von den Hydraulikkolben von beiden Seiten her beim Bremsen an die Bremsscheibe angedrückt.

**Bremse entlüften** – Entfernen der unerwünschten Luft aus einer hydraulischen Bremsanlage.

**Bremsflüssigkeit** – Spezielle, hitzebeständige Hydraulikflüssigkeit für die Bremsanlage (oder auch für Kupplungsbetätigung). Üblicherweise Glykole, in besonderen Fällen auch Mineral- oder Silikonöle. Bremsflüssigkeit ist giftig und greift Lackierungen an.

**Bremsscheibe** – Mit dem Rad umlaufende, häufig hohl gegossene (»belüftete« Bremsscheibe) Metallscheibe. Üblicherweise werden Bremsscheiben aus Gusseisen, in speziellen Fällen auch aus Keramik- oder Karbonwerkstoffen gefertigt. Beim Betätigen der Bremse werden von beiden Seiten her die Bremsbeläge an die Scheibe angedrückt und verzögern dadurch Scheibe und Rad.

**Bremsservo** (Bremskraftverstärker) – Gerät, das die am Pedal aufgebrachte Kraft zum Betätigen des Hauptbremszylinders erhöht. Der Unterdruck, mit dem das Gerät arbeitet, kommt beim Benzinmotor vom Saugrohr, beim Dieselmotor von einer zusätzlichen Pumpe.

**Bremstrommel** – Mit dem Rad umlaufendes, schüsselförmiges Bauteil der Trommelbremse. Beim Betätigen der Bremse werden von innen her die beiden Bremsbacken an die Trommel angedrückt und verzögern dadurch Trommel und Rad.

**Bremszange, Bremssattel** – Bauteil, das am Radträger montiert ist und sattelförmig die Bremsscheibe übergreift. Enthält die Hydraulikkolben und Bremsbeläge.

**Brennraum** – Raum über dem Kolben, in dem dieser das Gemisch verdichtet, und in dem im Augenblick der Zündung die Verbrennung stattfindet. Der Brennraum kann auch zum Teil in den Kolbenboden eingelassen sein.

**CAN-Bus** – Control Area Network (Kontroll-Netzwerk); verbindet elektronische Steuergeräte und Computer.

**Carbon** – Kohlenstoff. Übliche Bezeichung für belastungsstarken und extrem leichten Werkstoff für Karosserieteile und Bremse von Supersportwagen und für die Formel 1.

**Chip-Tuning** – Leistungssteigerung durch modifizierte Software im einem digitalen Motorsteuergerät. Üblicherweise möglich durch den Austausch eines elektronischen Speicherbausteins.

**Choke (Vergaser)** – Manuell oder automatisch betätigtes Klappenventil, das beim Kaltstart durch Drosselung der Luftzufuhr zum Motor das Gasgemisch anreichert, um das Startverhalten zu verbessern.

**CNG** – Compressed Natural Gas (komprimiertes Naturgas). Erdgas als Treibstoff für speziell ausgerüstete Personenwagen und Transporter.

**CO-Gehalt** – Anteil von Kohlenmonoxid im Abgas.

**$CO_2$-Emission** – Kohlendioxid ist in allen Verbrennungsabgasen enthalten und ein Treibhausgas, also für die Erderwärmung verantwortlich. Der $CO_2$-Wert eines Autos ist direkt vom Kraftstoffverbrauch abhängig und wird in Gramm pro Kilometer angegeben.

**Common Rail** – Diesel-Direkteinspritzung, bei der Injektoren aller Zylinder über eine gemeinsame, unter Druck stehende Verteilerleitung mit Kraftstoff versorgt werden.

**CPU** – Computerprozessor, Zentraleinheit (Central Processing Unit).

**CVT-Automatik** – (Continuously Variable Transmission). Automatische, stufenlose Kraftübertragung mit je einer zweigeteilten, kegeligen Scheibe auf An- und Abtriebswelle. Durch axiales Verschieben der Scheiben wird der wirksame Radius eines auf ihnen laufenden Keilriemens oder einer Lamellenkette stufenlos verändert – damit auch die jeweilige Übersetzung.

**DEF** – Scheibenheizung (Defogger).

**Diagnose-Warnleuchte** – Warnleuchte an der Schalttafel. Zeigt an, dass eine Fehlfunktion vorliegt und als solche im Steuergerät gespeichert wurde.

**Dichtung** – Verformbares Material, das zwischen zwei Flächen eingefügt wird, um gas- beziehungsweise flüssigkeitsdichte Verbindungen zu schaffen.

**Dieselmotor** – Der »Selbstzünder« (Gegensatz: »Ottomotor« = Fremdzünder) arbeitet mit der durch Verdichtung reiner Luft im Zylinder entstehenden Temperatur, die ausreicht, um den zerstäubten Dieselkraftstoff zu entzünden. Hierfür ist freilich eine weit höhere Verdichtung erforderlich als beim Ottomotor.

**Differenzial/Ausgleichsgetriebe** – Zumeist als Kegelräderantrieb ausgeführt, treibt es die beiden Räder einer Achse gemeinsam in die gleiche Drehrichtung, erlaubt ihnen aber, sich bei Kurvenfahrt unterschiedlich schnell zu drehen.

**Differenzialsperre** – schafft starren Durchtrieb zwischen Rädern einer Achse oder beider Achsen für eine bessere Traktion des Fahrzeugs. Verhindert damit das Durchdrehen des Rades mit der jeweils schlechtesten Bodenhaftung.

**DLC** – Datenanschlussstecker (Data Link Connector).

**DOHC** – (Double Overhead Camshaft). Bezeichnung für einen Motor mit zwei obenliegenden Nockenwellen, von denen eine die Einlassventile und die andere die Auslassventile betätigt. Dies erlaubt optimale Anordnung der Ventile in Bezug auf Leistung und Emissionen (strömungsgünstigere Kanalführung im Zylinderkopf).

**DOT-Nummer** – auf die Reifenflanke geprägt; verrät den Produktionszeitraum des Pneus.

**Drehkolbenmotor** – Siehe Wankelmotor.

**Drehmoment** – Die an einem Hebelarm wirkende Kraft, früher in mkp (Meter-Kilopond), heute in Nm (Newtonmeter) ausgedrückt (1 mkp = 9,81 Nm). Das Produkt aus Kraft mal Hebelarmlänge beziffert die Kraft, mit der sich eine Welle dreht.

**Drehmomentschlüssel** – Werkzeug zum Anziehen von Schrauben und Muttern mit einem vorgegebenen Drehmoment.

**Drehmomentwandler (Wandler)** – Eine Art der Flüssigkeitskupplung, eingebaut anstelle einer mechanischen Kupplung zwischen Motor und Automatikgetriebe. Kann das Motordrehmoment nach Bedarf verändern.

**Drehstabfederung/Torsionsfederung** – Eine in manchen Automodellen angewandte Art der Federung, die auf der Verdrehung eines geraden Stabes (Drehstab) um seine eigene Achse beruht.

**Drosselklappe** – Vom Gaspedal direkt oder indirekt betätigte Ventilklappe vor dem Motoreinlass, die mehr oder weniger Luft zu den Brennräumen strömen lässt.

**Drosselklappenschalter** – Schalter des Motor-Managementsystems an der Drosselklappe, das dem Steuergerät die jeweilige Stellung der Klappe signalisiert.

**Druckfester Verschluss** (des Kühlers) – Schraubkappe auf dem Ausdehnungsgefäß. Wirkt als Sicherheitsventil bei Über- und Unterdruck im Kühlsystem, um dieses vor Beschädigungen zu schützen.

**DTC** – Diagnose-Fehlercode (Diagnostic Trouble Code).

**Dynamische Kopfstützen** – auch aktive Kopfstützen genannt. Sollen vor allem bei einem Auffahrunfall vor Verletzungen der Halswirbelsäule (Schleudertrauma) schützen.

**Dynamisches-Energiemanagement** – Das Batterie-Energiemanagement sorgt in Abhängigkeit vom Batterieladezustand und der Temperatur selbstständig dafür, dass stets genügend Energie für einen Motorstart zur Verfügung steht. Dies gilt auch dann, wenn das Fahrzeug einmal für einen längeren Zeitraum abgestellt ist. Moderne Fahrzeuge entnehmen ihren Batterien selbst im Ruhezustand Energie: Verkehrsfunkspeicher, aber auch Diebstahlwarnanlage oder der Empfänger für die Funkfernbedienung verbrauchen konstant ein geringes Quantum Strom. Wenn ein kritischer Ladezustand der Batterie droht, reduziert das Energiemanagement im Ruhezustand den Verbrauch durch stufenweises Abschalten der Verbraucher. Während der Fahrt kontrolliert das dynamische Energiemanagement laufend die Batteriespannung und Ladeaktivität. Bei Bedarf erhöht das System die Leerlaufdrehzahl geringfügig, um die Leistung des Ladegenerators zu erhöhen. In extremen Fällen werden kurzzeitig besonders verbrauchsintensive Komponenten wie etwa die Sitz- oder Heckscheibenheizung deaktiviert. Der Komfort leidet darunter nicht – im gewöhnlichen Fahrbetrieb erfolgt dieser Stopp so, dass der Fahrer ihn nicht bemerkt.

**EBD** – Electronic Brake Distribution; sorgt für eine elektronische Bremskraftverteilung.

**EBV** – elektronische Bremskraftverteilung.

**ECE** – Economic Comission for Europe (Wirtschaftskommission für Europa), befasst sich mit der Harmonisierung von Vorschriften rund ums Auto. Viele Fahrzeugteile müssen ECE-konform beschaffen sein.

**ECU** – Elektronisches Steuergerät (Electronic Control Unit).

**EDS** – elektronische Differenzialsperre.

**EFI** – Elektronische Kraftstoffeinspritzung (Elektronik Fuel Injektion).

**E-Gas** – »E« steht für elektronisch. Das Gaspedal wirkt bei Fahrzeugen mit E-Gas wie ein Sensor. Dieser erkennt anhand der Pedalstellung unmittelbar den Leistungswunsch des Fahrers. Auf Basis dieses Ausgangssignals regelt die Motorelektronik Drosselklappe, Ladedruck und Zündung. Dieses elektronische System löst die bisherige Übertragungstechnik per Seilzug ab und bringt wesentliche Vorteile: E-Gas erleichtert die elektronische Motorsteuerung, reagiert schneller und ist eine technische Voraussetzung für das elektronische Stabilisierungsprogramm (ESP).

**EGR** – (Exhaust Gas Recirculation) Abgasentgiftung: Ein Teil der Abgase wird der Ansaugluft wieder zugeführt, um unverbrannte Kraftstoffanteile weiter zu verbrennen.

**Einscheiben-Sicherheitsglas** (ESG) – Scheibe aus thermisch behandeltem Glas. Wenn die Scheibe zerstört wird, zerteilt sie sich in viele kleine Teile mit stumpfen Kanten. Zerkrümelt sie bei der Zerstörung nicht vollständig, wird der Durchblick stark behindert.

**Einspritzdüse** – Bauteil, das den Kraftstoff direkt oder indirekt in den Brennraum eines Otto- oder Dieselmotors einspritzt.

**Einspritzpumpe** (Diesel) – Gerät, das beim Dieselmotor für die Zumessung (Portionierung) der Kraftstoffmenge und die Einspritzung unter hohem Druck zum genau festgelegten Zeitpunkt sorgt.

**Einspritzzeitpunkt** – Die kurz vor dem Erreichen des oberen Totpunkts (OT) liegende Stellung des Kolbens, in welcher der Kraftstoff eingespritzt wird.

**Einzelradfederung** – Federungssystem, bei welchem jedes Rad (ohne Wechselwirkung auf die übrigen Räder) Auf- und Abbewegungen ausführen kann.

**Elektrode** – An der Zündkerze springt zwischen diesen Metallteilen der Zündfunke über; zwischen Verteilerfinger und Verteilerkappe sorgen Elektroden für die Übertragung des hochgespannten Stroms an die einzelnen Kerzen.

**Elektrodenabstand (Zündkerze)** – Einstellbare Distanz zwischen Plus- und Masse-Elektrode der Zündkerze.

**Elektrolyt** – Aus Schwefelsäure und destilliertem Wasser bestehende Flüssigkeit, die in der Batterie den Strom leitet.

**Elektronische Einspritzung** – Kraftstoffeinspritzung mit elektronischer Steuerung. Aktueller Standard bei Personenwagen.

**Elektronisches Steuergerät** – Elektronische Zentraleinheit, die Signale von diversen Sensoren empfängt, verarbeitet und entsprechende Befehle an Zünd-, Einspritz- und andere Systeme erteilt.

**Elektronische Zündung** – Zündanlage, die von einer Elektronik gesteuert wird, welche die Funktion des Verteilers und der Unterbrecherkontakte übernimmt.

**Emission/Abgasemission** – Vom Auspuff und verschiedenen anderen Teilen des Autos (Tank, Kurbelgehäuse) in die Atmosphäre abgegebene umweltschädigende Substanzen, die gasförmig oder als Partikel auftreten.

**Emissionskontrolle** – Oberbegriff für diverse Systeme zur Verminderung schädlicher Emissionen.

**EPS** – Elektronische Servolenkung (Elektric Power Steering).

**Endanschlag** – Dämpfendes Gummiteil, das beim Durchfedern auf schlechter Fahrbahn das Anschlagen der Radaufhängung an die Karosserie verhindert. Auch unter dem Begriff Zusatzfeder bekannt.

**Entkohlen** – Entfernen von Verbrennungsrückständen in den Brennräumen, den Kanälen und auf den Kolbenböden bei einer Motorüberholung.

**Entlüftung** – Öffnung oder Ventil, aus dem Luft oder Gase aus einem Gehäuse (z.B. Kurbelgehäuse) austreten bzw. in ein System eintreten können.

**Entlüftungsnippel** – Hohlschraube, durch welche nach dem Lösen zur Entlüftung eines geschlossenen Systems (Bremse, Kupplungsbetätigung) Luft und Flüssigkeit austreten kann.

**Entstörgerät** – Gerät zur Beseitigung oder Unterdrückung elektrischer Störeinflüsse von der Zündung oder anderer Bauteile der Elektrik.

**ESP** – elektronisches Stabilitäts-Programm; hält durch das Bremsen einzelner Räder das Fahrzeug möglichst auf Kurs.

**EuroNCAP** – Das EuroNCAP (New Car Assessment Programme) ist ein Programm zur Bewertung der passiven Sicherheit von Fahrzeugen und gilt heute als einer der wichtigsten Maßstäbe für die passive Fahrzeugsicherheit. Es stellt beim Offsetcrash noch härtere Anforderungen als das seit Oktober 1998 geltende EU-Gesetz. Die Aufprallgeschwindigkeit wurde von 56 km/h (Gesetz) auf 64 km/h erhöht (Euro NCAP), was einer um über 30% höheren Aufprallenergie entspricht. Organisiert wird das Euro NCAP unter anderem von der englischen und der schwedischen Verkehrsbehörde, vom internationalen Automobilverband FIA, vom ADAC sowie von anderen europäischen Automobilclubs.

**Fading (Bremse)** – Vorübergehendes Nachlassen der Bremswirkung infolge Überhitzung des Reibmaterials. Nach dem Abkühlen funktioniert die Bremse wieder normal.

**Federbein** – siehe McPherson.

**Federung** – Oberbegriff für jene Bauteile eines Fahrzeugs, die der Isolierung der Karosserie von den Rädern dienen und dafür sorgen, dass alle vier Räder ständigen Fahrbahnkontakt halten und die Fahrzeuginsassen einen erträglichen Fahrkomfort erleben.

**Fehlercode** – Elektronischer Code, den das Steuergerät eines Diagnosesystems beim Auftreten eines Funktionsfehlers speichert. Der verschlüsselte Code enthält Einzelheiten zur Fehlerquelle und veranlasst, dass eine Warnlampe am Schaltbrett aufleuchtet.

**Fehlercode-Transmitter** – Elektronisches Bauteil, das den verschlüsselten Code aus dem Fehlerspeicher des Steuergerätes für die Werkstatt lesbar macht.

**Festsattelbremse** – Fest am Radträger montierter Bremssattel der Scheibenbremse. Der Festsattel besitzt (im Gegensatz zum Schwimmsattel) mindestens zwei einander gegenüberliegende Hydraulikkolben.

**Fettes Gemisch** – Ausdruck für ein Kraftstoff-Luft-Gemisch mit höherem als dem optimalen Kraftstoffanteil.

**Fliehkraftregler (Zündung)** – Vorrichtung im Zündverteiler, die auf der Fliehkraft von kleinen Gewichten beruht und entsprechend der Motordrehzahl laufend automatisch den Zündzeitpunkt verstellt.

**Fluid** – Häufig benutzter Ausdruck für Flüssigkeit, Kühlmittel, Bremsöl usw.

**Flüssiggas** – (LPG = Liquefied Petroleum Gas) Gemisch von aus Rohöl gewonnenen Brenngasen (Butan, Propan), das als alternativer Kraftstoff für entsprechend eingerichtete Ottomotoren eingesetzt wird.

**Frostschutz** – Flüssigkeit, die dem Kühlwasser zugesetzt wird, um das Einfrieren der Motorkühlung im Winter zu unterbinden und die Metallteile im Kühlsystem vor Korrosion zu schützen.

**Fühlerlehre** – Einfaches Messgerät zum genauen Messen einer Spaltbreite (z. B. den Elektrodenabstand einer Zündkerze); besteht aus einem Satz verschieden dicker Stahlblech-»Fühlerblätter«.

**Gasgemisch** – Mischung aus bestimmten Gewichtsanteilen an Luft und Kraftstoff zur Verbrennung im Ottomotor. Das optimale Verhältnis für eine vollständige Verbrennung beträgt 14,7:1.

**Gelenkwelle/Antriebswelle** – Welle zum Antrieb eines Vorder- oder Hinterrads vom Differenzial aus. Gelenkwellen an derselben Achse können gleich oder auch verschieden lang sein und ein oder zwei Gelenke besitzen.

**Generator (Lichtmaschine)** – Stromerzeuger, vom Motor über Riemen getrieben. Er liefert bei laufendem Motor den Strom für die elektrische Anlage des Wagens und zum Aufladen der Batterie.

**Getriebe/Schaltgetriebe** – Aus Wellen und veränderlichen Zahnradübersetzungen aufgebautes Aggregat, angeordnet zwischen Kupplung und Achstrieb. Mit Hilfe der im Getriebe wählbaren Übersetzungen kann der Motor trotz veränderlicher Fahrgeschwindigkeiten in seinem günstigsten Arbeitsbereich gehalten werden.

**Getriebeeingangswelle** – Von der Kupplung (oder dem Drehmomentwandler) ins Getriebe (oder in die Automatik) führende Welle.

**Gleichlaufgelenk** – Variante des Kardangelenks für Gelenkwellen (Antriebswellen) frontangetriebener Wagen. Dieses Gelenk ermöglicht eine gleichförmige, ruckfreie Kraftübertragung trotz der Überlagerung von Federungs- und Lenkbewegungen.

**Gleitlager** – Metallische oder sonstige verschleißarme Oberfläche an einem Bauteil, gegen die sich ein anderes Bauteil frei bewegen (normal: rotieren) kann, und die zur Minderung von Reibung und Verschleiß ausgelegt ist. Gleitlager werden gewöhnlich geschmiert.

**Gleitmittel gegen Fressen** – Schmiermittel, das besonders temperatur- und druckbeanspruchte Bauteile am »Fressen« (Festgehen bei Trockenlauf) hindert. Häufig dafür verwendet: Kupfer, Graphit oder Molybdäbdisulfid.

**Glühkerze** – Elektrisches Heizgerät, das in die Brennräume der Zylinder eines Dieselmotors hineinragt, um ihn beim Kaltstart vorzuwärmen und damit die Rauchentwicklung unmittelbar nach dem Anspringen zu verringern.

**GPS** – Global Positioning System. Satellitensystem zur Positionsbestimmung. Wird von Navigationssystemen benutzt.

**Gürtel-/Radialreifen** – Reifen, bei dem die Kordfäden in der Karkasse (Festigkeitsträger und Grundstruktur des Reifens) im rechten Winkel zur Reifenflanke verlaufen.

**Gurtkraftbegrenzer** – Dient zur Reduzierung von Verletzungen bei einem Unfall. Bei zu großen Kräften im Sicherheitsgurt wirken Abnäher im Gurtband oder mechanische Einrichtungen zur Sicherheit des Angegurteten.

**Gurtstraffer** – zieht bei einem Aufprallunfall den Gurt fest an den Körper.

**Handling** – Häufig verwendeter Ausdruck für das Fahrverhalten eines Autos, schließt Kurvenverhalten, Geradeauslauf und die gefühlte »Handhabung« ein.

**Hauptzylinder (Geberzylinder)** – Hydraulikzylinder mit Kolben, gefüllt mit Hydraulikfluid. Das Brems- oder Kupplungspedal wirkt direkt (oder über ein Bremsservo) auf den Kolben und gibt die eingeleitete Kraft über das Fluid an die Nehmerzylinder weiter.

**Head-up-Display** – »Überkopf-Anzeige«, spiegelt die Instrumentenwerte direkt in die Windschutzscheibe.

**Heizungs-Wärmetauscher** – Quasi ein kleiner »Kühler«, der in den Kühlkreislauf des Motors eingefügt und für die Bereitstellung von Warmluft für die Wagenheizung zuständig ist. Die durch die Rippen strömende Kaltluft erwärmt sich am heißen Kühlwasser des Motors, das durch den Wärmetauscher fließt.

**Hilfsrahmen** – Kleiner Rahmen aus Stahlprofilen, der unter der Karosserie montiert ist und Radaufhängungen und/oder Antriebsaggregate aufnimmt.

**Hochspannungskreis (Zündanlage)** – Sekundärer Stromkreis am Zündtransformator mit hoher Voltzahl für die Erzeugung des Funkens an der Zündkerze.

**Hub/Kolbenhub** – Weg, den der Kolben eines Verbrennungsmotors im Zylinder vom oberen zum unteren Totpunkt zurücklegt.

**Hubraum, -volumen** – Gesamtes Volumen aller Zylinder eines Motors, gerechnet zwischen dem unteren und oberen Totpunkt der Kolben.

**Hybridantrieb** – Kombination von zwei verschiedenen Antriebsquellen. Üblicherweise die Verbindung von Verbrennungs- und Elektromotor.

**Hydroaktives Fahrwerk** – Hydropneumatik mit elektronischer Steuerung.

**Hydraulik** – Bezeichnung für ein mit einem flüssigen Medium arbeitendes Übertragungssystem.

**Hydraulikstößel/Hydrostößel** – Ventilstößel, in dem das Ventilspiel bei allen Betriebszuständen durch Drucköl ausgeglichen wird. Dadurch entfällt die Ventilspiel-Einstellung.

**Hydropneumatik** – Eine mit Gas und Öl gefüllte Kugel übernimmt die Funktion herkömmlicher Stahlfedern und Schwingungsdämpfer. Erstmals von Citroën in den 50er Jahren bei den Modellen ID/DS eingesetzt.

**Hydropneumatische Federung** – Fahrzeugfederung, bei welcher eine Kombination aus Hydraulik und Luftfederung die Stelle der üblichen Stahlfedern (zuweilen auch der Stoßdämpfer) übernimmt.

**ICM** – Zündungssteuermodul (Ignition Control Module).

**Indirekte Einspritzung** – Dieselmotoren-Bauart, bei der der Kraftstoff nicht unmittelbar in den Brennraum, sondern in eine benachbarte Wirbelkammer oder Vorkammer eingespritzt wird.

**IPS** – Intelligent Protection System (intelligentes Sicherheitssystem); Kombination aller passiven Sicherheitssysteme im Auto.

**Isofix** – Standardisiertes System zur Befestigung von Kindersitzen im Auto.

**Kardangelenk** – Bewegliche, das Drehmoment übertragende Verbindung zwischen zwei Wellen, die ein mehr oder weniger starkes Abknicken der Wellen zu einander erlaubt. Wird in Kardanwellen und manchen Gelenkwellen verwendet, ergibt jedoch keine gleichförmige, ruckfreie Drehbewegung.

**Kardanwelle** – Welle, die die Kraft vom Schalt-/Automatikgetriebe zur Hinterachse (Motor vorn und Hinterradantrieb) und ggf. vom Verteilergetriebe zur Vorderachse (bei Vierradantrieb) überträgt.

**Katalysator** – In die Abgasanlage eines Autos eingebautes Bauteil, das die in die Atmosphäre austretenden Schadstoffe auf chemischem Wege reduziert, ohne sich selbst zu verändern.

**Kerzen** – siehe Zündkerzen.

**Keyless Go** – Schlüssel oder Chipkarte, tauscht Signale mit dem Auto aus. Berührt der Fahrer den Türgriff, entriegelt sich der Wagen. Starten per Knopfdruck, wobei Schlüssel oder Karte in der Tasche bleiben können.

**Kick-down** – Einrichtung, die bei vollem Durchtreten des Gaspedals den kleineren Gang im automatischen Getriebe einlegt und starkes Beschleunigen erlaubt.

**Kipphebel** – Übertragungsteil im Ventiltrieb, in der Mitte gelagert, setzt die Aufwärtsbewegung des Nockens (bzw. der Stoßstange) in eine Öffnungsbewegung des Ventils um.

**Klimaanlage (AC)** – Anlage zur Kühlung und Entfeuchtung der Luft im Fahrgastraum. Dient dem Fahrkomfort und befreit die Scheiben von Beschlag.

**Klingeln/Klopfen** – Metallisches Motorgeräusch, das oft bei zu frühem Zündzeitpunkt, zu niedriger Oktanzahl des Kraftstoffs oder starken Ablagerungen im Brennraum auftritt. Es rührt von den Druckwellen her, die die Zylinderwände in Schwingungen versetzen.

**Klopfsensor** – Signalgeber, der beim ersten Auftreten von Klopfgeräuschen einen Befehl ans Steuergerät im Motor-Managementsystem erteilt, damit dieses den Zündzeitpunkt in Richtung »spät« verstellen kann.

**Kolben** – Zylindrisches Bauteil, das sich in einer Bohrung bewegt. Beim Motor verdichtet der Kolben ein Kraftstoff-Luft-Gemisch, überträgt Kraft die Verbrennungsenergeie durch das Pleuel auf die rotierende Kurbelwelle und schiebt verbranntes Gas durch Auslassventile aus dem Zylinder.

**Kolbenring** – Federnder Feinguss- oder Stahlring, der in einer um den Kolben laufenden Nut liegt und sich im Betrieb derart an die Zylinderwand anschmiegt, dass der Kolben im Zylinder praktisch gasdicht ist.

**Kompakt-Van** – Großraumlimousine auf Basis der Kompaktklasse.

**Kompressor** – mechanischer Lader, bläst Luft in den Ansaugtrakt und wird vom Zahn- oder Keilriemen angetrieben.

**Kondensator** – Zündanlage: Bauteil zur Unterdrückung zu starker Funkenbildung an den Zündkontakten, was zudem für die Funktion des Zündtransformators unerlässlich ist; Klimaanlage: Gerät zur Umwandlung des Kühlmittels vom gasförmigen in den flüssigen Zustand, wobei Wärme an die Umgebung abgegeben wird.

**Kontakte** – siehe Zündkontakte.

**Kontermutter/Gegenmutter** – Schraubenmutter, mit der eine Einstellmutter oder ein anderes Gewindeteil gegen Lösen gesichert wird.

**Kopfdichtung** – siehe Zylinderkopfdichtung.

**Korrosion** – Fachbegriff für die Bildung von Rost, also der Verbindung eines Metalls mit dem chemischen Element Sauerstoff.

**Kraftstoff** – Bezeichnung für die verschiedenen in Verbrennungsmotoren verwendeten Treibstoffe wie Benzin, Diesel, Flüssiggas usw.

**Kraftstoff-Druckregler (Systemdruckregler)** – Regler in der Einspritzanlage, der für konstanten Kraftstoffdruck an den Einspritzdüsen sorgt. Arbeitet gewöhnlich mit dem Saugrohr-Unterdruck.

**Kraftstoffeinspritzung** – siehe Einspritzung.

**Kraftstofffilter** – Auswechselbarer Feinstfilter, der Fremdkörper und Wasser aus dem Kraftstoff abscheidet.

**Kraftstoffpumpe/Benzinpumpe** – Pumpe, heute meist elektrisch angetrieben, fördert den Kraftstoff vom Tank zur Vergaser- oder Einspritzanlage.

**Kraftübertragung** – Allgemeine Bezeichnung für die Baugruppen des Antriebsstrangs (Getriebe, Achstrieb, Wellen) mit Ausnahme des Motors.

**Kugelgelenk** – Üblicherweise wartungsfreies, in mehreren Ebenen bewegliches Übertragungsteil, vor allem in Radaufhängungen und Lenksystemen verwendet. Es besteht aus Kugel und Kugelpfanne sowie einer Gummiabdichtung, die kein Fett austreten und keinen Schmutz eindringen lässt.

**Kugellager** – Reibungsarme Wellenlagerung, besteht aus zwei gehärteten Stahlringen und zwischen ihnen abwälzenden Kugeln (»Wälzkörper«).

**Kühler** – Bauteil des Kühlsystems, durch dessen feine Röhren oder Waben das heiße Kühlmittel fließt. Er ist vorn im Motorraum so angeordnet, dass er vom Fahrtwind durchströmt und dabei das Kühlmittel abgekühlt wird. Bei Stillstand oder langsamer Fahrt des Fahrzeuges bewirkt ein Ventilator den nötigen Luftstrom zur Kühlung.

**Kühlmittel (Motor)** – Mischung aus Wasser und Frostschutzmittel für die Motorkühlung.

**Kühlmittel/Kältemittel (Klimaanlage)** – Flüssigkeit, die beim Betrieb der Klimaanlage wechselweise gasförmig und wieder verflüssigt wird.

**Kühlmittelpumpe** – siehe Wasserpumpe.

**Kühlmittelsensor** – Sensor, der dem Motor-Steuergerät Informationen über die momentane Temperatur des Kühlmittels gibt.

**Kühlventilator** – siehe Ventilator.

**Kupplung** – Auf Reibung beruhende Einrichtung zur Übertragung und zur weichen Einleitung (Einkuppeln) des Drehmoments vom Motor ins Getriebe, ohne dass hierzu eine der beiden Komponenten zum Stillstand kommen muss.

**Kupplungs-Ausrückhebel** – Überträgt die Pedalkraft auf das Kupplungs-Ausrücklager.

**Kupplungsscheibe** – Metallscheibe mit verzahnter Nabe, trägt auf beiden Seiten Reibbeläge; sie ist gewöhnlich abgefedert zur weicheren Einleitung der Kräfte.

**Kurbelgehäuse** – Der unterhalb der Zylinder liegende Teil des Motorblocks, in welchem die Kurbelwelle gelagert ist.

**Kurbelwelle** – Welle mit außermittigen (exzentrischen) Kurbelzapfen, durch die die geradlinige Bewegung der Kolben über die Pleuel in Drehbewegung umgewandelt wird.

**Kurbelwellensensor** – Sensor, der im Motor-Managementsystem Informationen über die momentane Kurbelwellenstellung (und evtl. -drehzahl) an das Steuergerät gibt.

**kW/PS** – siehe PS/kW.

**Ladeluftkühler** – kühlt die vom Turbolader komprimierte und deshalb erhitzte Luft.

**Lader/Kompressor** – Luftverdichter, der Frischluft unter Druck zu den Einlassventilen des Motors fördert, um einen höheren Zylinderfüllungsgrad und damit erhöhte Leistung zu erzielen. Laderantrieb erfolgt entweder mechanisch von der Kurbelwelle oder beim Abgasturbolader über den Abgasdruck und eine Turbine.

**Lambda-Regelung** (Geregelter Katalysator) – Geschlossener Regelkreis mit Lambda-Sonde und Katalysator zur optimalen Abgasentgiftung. Die von der Lambda-Sonde ans Steuergerät geleiteten Signale sorgen in der Einspritzanlage für eine genaue Kraftstoffzumessung, um die bestmögliche Funktion des Katalysators zu erzielen.

**Lambda-Sonde** – Bauteil in der Abgasleitung eines Ottomotors mit geschlossenem Regelkreis (Lambda-Regelung), das den Sauerstoffgehalt der Abgase überwacht. Die von der Lambdasonde ans Steuergerät geleiteten Signale sorgen in der Einspritzanlage für eine genaue Kraftstoffzumessung, um die bestmögliche Funktion des Katalysators zu erzielen.

**Längsträger** – Parallel zur Fahrtrichtung auf und ab schwenkender Tragarm bzw. Strebe, an dessen Ende das Rad montiert ist. Seine Schwenkachse liegt im rechten Winkel zur Fahrzeuglängsachse.

**LCD-Display/Info Display** – Der bedarfsorientierte Aufbau des Info Displays erlaubt sowohl das Reduzieren fester Anzeigen auf den gesetzlichen Minimalumfang als auch eine umfangreiche Informationsauswahl. Möglich wird diese Vielfalt durch die Koppelung von mechanischen Zeigern mit LCD-Displays. Ob Navigationshinweise oder Tempomat-Einstellungen – der Fahrer hat alles stets im Blick.

**LED-Technologie** – Die LED (Light Emitting Diode) ist ein Licht emittierender Halbleiter, der eine wesentlich längere Lebensdauer und einen geringeren

Stromverbrauch als konventionellen Glühlampen aufweist. Die Vorzüge der LED-Technologie liegen in ihrem niedrigeren Energieverbrauch, kürzeren Ansprechzeiten, geringerem Raumbedarf sowie einer höheren Lebensdauer (Fahrzeuglebensdauer). Die hohe Betriebssicherheit und Lebensdauer von LEDs erhöhen die Sicherheit durch die verringerte Ausfallwahrscheinlichkeit von Rückleuchten und Bremslichtern.

**Leerlaufdrehzahl** – Drehzahl des Motors bei geschlossener Drosselklappe.

**Leerweg/Spiel** – Freie Beweglichkeit eines Bauteils (z.B. eines Pedals), ehe eine Wirkung oder Funktion einsetzt.

**Lenkgetriebe** – siehe Zahnstangenlenkung.

**Lenkung** – Oberbegriff für die Bauteile der Lenkanlage. Das eigentliche Lenkgetriebe ist heute in der Regel eine Zahnstangenlenkung.

**LHM-Fluid (Citroën)** – Spezielle Hydraulikflüssigkeit auf Mineralölbasis für die Hydraulik bestimmter Citroën-Modelle.

**LongLife-Öl** – Je nach Motor- und Modellvariante sind Intervalle für Service oder Ölwechsel von bis zu 30.000 Kilometern oder maximal zwei Jahren bei Benzinmotoren und bis zu 50.000 Kilometern oder maximal zwei Jahren bei bestimmten Dieselmotoren möglich.

**Lufteinblasung** – Maßnahme zur Schadstoffreduktion für Abgasanalgen mit Katalysator. In den Auspuffkrümmer wird Frischluft eingeblasen, um die Abgastemperatur zu erhöhen. Dies hilft dem Kat, seine Betriebstemperatur rascher zu erreichen.

**Luftfilter** – Ein auswechselbarer Einsatz aus Papier oder Schaumstoff in einem Gehäuse. Das Filter hält Fremdkörper aus der zum Motor strömenden Luft zurück.

**Luftmengenmesser** – Messvorrichtung im Motor-Managementsystem, welche die durchfließende Luftmenge zu den Zylindern misst und diese Information an das Motor-Steuergerät weitergibt.

**Mageres Gemisch** – Ausdruck für ein Kraftstoff-Luft-Gemisch mit geringerem als dem optimalen Kraftstoffanteil.

**Massekabel** – Flexibles Leitung, das den Minuspol der Batterie mit der Karosserie beziehungsweise das Chassis mit dem Motor/Getriebe-Aggregat verbindet. Die Metallteile dienen der elektrischen Anlage als Rückleitung.

**McPherson-Federbein** – Einzelradfederung. Kombinierte Einheit aus Schraubenfeder und Stoßdämpfer, bildet bei Einbau an der Vorderachse gleichzeitig die Lenkdrehachse der Vorderräder.

**Mehrventiler** – Motor mit mehr als zwei Ventilen pro Zylinder, nämlich zumeist vier wie beim Benzinmotor der Drillinge (zwei Einlass-, zwei Auslassventile), seltener drei (zwei Einlass-, ein Auslassventil).

**Membran** – Scheibe aus flexiblem, luftundurchlässigem Werkstoff, wird beispielsweise im Bremsservo verwendet, wo der Unterdruck die Membrane antreibt.

**Minivan** – auf Kleinwagen basierender Van (siehe Van).

**MMT** – Multi-Modus-Schaltgetriebe (Multi-mode-Manual Transmission), automatisiertes Schaltgetriebe.

**Motor-Managementsystem** – Anlage in modernen Fahrzeugen, die mit Hilfe eines elektronischen Steuergeräts die Motorfunktionen (Zündung, Einspritzung, Abgasemission) regelt und überwacht.

**Motornachlauf** – Neigung eines Motors zum Weiterlaufen nach dem Ausschalten der Zündung. Zumeist verursacht durch die zu geringe Oktanzahl des Benzins, die zu frühe Zündeinstellung oder starke Ablagerungen im Brennraum.

**Motronik** – Markennahme für eine elektronische Motorsteuerung von Bosch.

**MP3** – Mit »MP3« werden komprimierte digitale Audiodaten bezeichnet. Das MP3-Format ist ein weit verbreiteter Standard zur Komprimierung digitaler Audiodateien. Bei gleicher Klangqualität belegen MP3-Dateien in etwa nur ein Zehntel des Speicherplatzes einer Audio-CD. »MP3« steht für »MPEG 1 Audio Layer 3«. MPEG ist ein von der »Motion Picture Experts Group« entwickeltes Verfahren zur Komprimierung digitaler Video- und Audiodaten. Um MP3-Daten wiedergeben zu können, wird ein MP3-fähiges Wiedergabegerät benötigt.

**MPV** – Multi Purpose Vehicle (Mehrzweckfahrzeug) – ein anderer Ausdruck für »Van«.

**M/T, MTM** – Hand-Schaltgetriebe (Transaxle), (Manual Transmission).

**Multi-Point-Einspritzung** – Einspritzanlage bei Ottomotoren mit je einer Einspritzdüse pro Zylinder.

**Nachlauf** – Winkel zwischen der Lenkdrehachse der Vorderräder und einer Senkrechten durch den Berührpunkt des Rades mit dem Boden.

**Nachschleifen (Kurbelwelle)** - Verfahren zum Nacharbeiten der Lagerzapfen der Kurbelwelle bei starkem Verschleiß. Die um ein geringes Maß verkleinerten Zapfen werden mit Lagerschalen mit entsprechend kleinerem Durchmesser montiert. Nur nach langer Laufzeit erforderlich.

**Navigationssystem** – Elektronisches Gerät, das zur geographischen Positionsbestimmung dient und gegebenenfalls bei der Erreichung eines gewünschten Zieles behilflich ist. Das System besteht aus diesen wesentlichen Elementen: GPS-Antenne, Navigationsrechner und Display. Mit Hilfe der Antenne für das Global Positioning System (GPS) peilt das Navigationssystem Satelliten an, die sich in einer geostationären Umlaufbahn um die Erde befinden. Diese Peilung ermöglicht es, den exakten Standort des Fahrzeuges auf der Erdoberfläche auf wenige Meter genau zu bestimmen.

**NCAP** – New Car Assessment Program (Neuwagen-Sicherheitsprogramm); Crashtest-Definition für Europa. Siehe auch EuroNCAP.

**NEFZ** – Neuer Europäischer Fahrzyklus; Vorschrift für Fahrwiderstände im Messverfahren zur Ermittlung von Durchschnittsverbrauch und Abgasemissionen auf Prüfständen.

**Nehmerzylinder (Radbremszylinder)** – Hydraulikzylinder mit Kolben unmittelbar an der Radbremse, gefüllt mit Hydraulikfluid. Er erhält den hydraulischen Druck über Rohrleitungen vom Hauptbremszylinder. Seine Kolbenbewegung wirkt auf die Bremsbacken bzw. Bremsbeläge.

**NOx (Stickoxide)** – Gasförmigen Schadstoff in den Abgasen von Otto- und Dieselmotoren.

**Nocken** – Exzentrische Erhebungen an der Nockenwelle zur Betätigung der Ventile.

**Nockenwelle** – Umlaufende, von der Kurbelwelle angetriebene Welle mit Nocken. Sie betätigt die Ein- und Auslassventile über diverse Zwischenglieder, wie beispielsweise Kipphebel.

**Nockenwellen-Antriebsriemen/Zahnriemen** – Verstärkter, verzahnter Flachriemen aus Gummi-Gewebe-Material, der über Riemenscheiben mit flachen Zähnen die Nockenwelle von der Kurbelwelle aus antreibt. Ist eine Alternative zur Steuerkette.

**Nockenwellensensor** – Sensor, der im Motor-Managementsystem Informationen über die momentane Stellung der Nockenwelle(n) ans Steuergerät gibt.

**OBD** – Bord-Diagnose (On-Board Diagnostic).

**Oberer Totpunkt (OT)** – Höchste Position in der Kolbenbewegung. Im OT bleibt der Kolben für Sekundenbruchteile stehen, ehe er sich zum unteren Totpunkt wieder abwärts bewegt.

**OHC** – (Overhead Camshaft) Obenliegende Nockenwelle(n). Bezeichnet die Motorbauart, bei welcher die Nockenwelle(n) über den Zylindern im Kopf angeordnet ist (angetrieben über Zahnriemen, Kette oder Zahnräder). Infolge der direkteren Betätigung der Ventile für Motoren höherer Leistung vorteilhaft.

**OHV** – (Overhead Valves) Stoßstangenmotor. Die Ventile sind im Zylinderkopf, werden jedoch von einer unten im Gehäuse liegenden Nockenwelle über Stoßstangen betätigt.

**Oktanzahl** – Vergleichszahl, die die Klopffestigkeit eines Otto-Kraftstoffs angibt (siehe Klopfen/Klingeln).

**Ölfilter** – Auswechselbares Filterelement, das Fremdkörper und Kondenswasser aus dem Motorenöl abscheidet.

**Ölkühler** – Kleiner Kühler, der mit Hilfe des Fahrtwinds hauptsächlich bei Diesel- und Hochleistungsmotoren das Motorenöl zusätzlich kühlen soll.

**Ölpeilstab** – Metall- oder Kunststoffstab mit mehreren Markierungen zum Prüfen des Ölstands.

**Ölsumpf/Ölwanne** – Auffangschale und Reservoir unter dem Kurbelgehäuse für das im Motor umlaufende Öl.

**O-Ring** – Gummi-Dichtring mit kreisrundem Querschnitt. Wird oft zur Abdichtung zylindrischer Flächen in eine Nut eingesetzt.

**Oxidations-Katalysator** – Die Abgase von Dieselmotoren können, da sie mit Luftüberschuss arbeiten, mit dem Dreiwege-Katalysator nicht nachbehandelt werden. Der Einsatz einer Lambdaregelung ist hier technisch ausgeschlossen. Es kommt zur Reduzierung von Kohlenwasserstoff (HC) und Kohlenmonoxid (CO) in Kohlendioxid ($C0_2$) der Oxidationskatalysator zur Anwendung. Er eignet sich jedoch nicht zum Abbau von Stickoxiden.

**Pleuel** – Bauteil im Motor, das den Kolben (auf- und abgehend) mit der Kurbelwelle (rotierend) verbindet.

**Pleuellager** – Unteres Gleitlager des Pleuels, das dessen Bewegung auf den zugehörigen Zapfen der Kurbelwelle überträgt.

**PS/kW (Leistung)** – Ausdruck für die pro Zeiteinheit von einem Motor (Verbrennungs-, Elektromotor) aufgebrachte Arbeit. Die jahrzehntelang nur in PS (Pferdestärken) angegebene Leistung misst man heute in kW (Kilowatt; 1 kW entspricht 1,36 PS).

**Querstabilisator** – Federstahl-Drehstab, an Vorderachse und/oder Hinterachse montiert, um die Neigung der Karosserie zum »Rollen« (Wankbewegungen um die Fahrzeug-Längsachse) zu reduzieren. Wird nicht in jedem Auto verwendet.

**Radbremszylinder** – siehe »Nehmerzylinder«.

**Rad(muttern)schlüssel** – Werkzeug, mit dem die Radschrauben oder -muttern eines Autos gelöst oder festgezogen werden.

**Radstand** – Abstand von Vorder- und Hinterachse. Ein langer, großer Radstand bewirkt eine ruhige Straßenlage und einen guten Fahrkomfort.

**Radträger** – Teil der Vorder- oder Hinterradaufhängung, in dem die Radlagerung und der feste Teil der Bremsanlage untergebracht sind.

**RDS/Radio Data System** – RDS steht für Radio Data System und ist ein Service der Rundfunkanstalten. Neben dem hörbaren Sendeprogramm werden Zusatzinformationen in Form verschlüsselter Digitalsignale ausgesendet. Durch die Übermittlung des Sendernamens (Program Service) wird nicht die Sendefrequenz, sondern der Name des jeweiligen Senders im Radio angezeigt. Die Angabe von alternativen Frequenzen ermöglicht den Empfang der am besten zu empfangenden Sendefrequenz des gewählten Programms.

**Regensensor/Lichtsensor** – Der Regensensor sorgt für mehr Fahrkomfort und -Sicherheit. Mittels optischer Messung erkennt er automatisch die Regenstärke. Einmal eingeschaltet, aktiviert der Regensensor automatisch die Scheibenwischer und regelt selbsttätig die Wischfrequenz. Mit der integrierten Fahrtlichtautomatik wird das Fahren noch sicherer und praktischer. Über zwei Lichtsensoren in der Frontscheibe werden die Lichtverhältnisse – etwa Dämmerung, Dunkelheit oder Tunnelfahrten – erkannt und das Abblendlicht wird selbsttätig eingeschaltet.

**Reihenmotor** – Verbrennungsmotor, bei welchem alle Zylinder in einer Reihe angeordnet sind.

**Ritzel** – Bezeichnung für ein Zahnrad mit kleiner Zähnezahl, das in eines mit größerer Zähnezahl oder in eine Zahnstange eingreift.

**Rußpartikelfilter** – Mit dem Diesel-Partikelfilter werden Rußpartikel zu mehr als 95 Prozent aus dem Abgas entfernt. Der Grenzwert für die EU4-Norm wird dabei deutlich unterschritten.

**Sattel** – Siehe Bremssattel.

**Saugrohr/Ansaugrohr** – Bauteil des Motors, in dem – je nach Art der Gemischaufbereitung – entweder reine Luft oder Kraftstoff-Luft-Gemisch zu den Einlassventilen befördert wird.

**Saugrohrdrucksensor** – Gerät, das den Innendruck im Saugrohr eines Ottomotors misst und Signale an das Steuergerät im Motor-Management gibt.

**Schaltsaugrohr** – in der für die Druckschwingungen im Ansaugsystem wirksamen Länge variabler Ansaugtrakt. Verbessert das Drehmomentverhalten über einen breiten Drehzahlbereich.

**Scheibenwaschmittel** – Wasser mit handelsüblichen Zusätzen (Frostschutz- und Reinigungsmittel) zum Befüllen der Scheibenwaschanlage.

**Schräglenker** – Auf und ab schwenkender Tragarm, an dessen Ende eines der Hinterräder montiert ist. Seine Schwenkachse liegt nicht im rechten Winkel zur Fahrzeuglängsachse.

**Schrägverzahnte Räder** – Zahnradpaar, dessen Verzahnung unter einem Winkel zur Radachse steht. Sorgt für günstigeren Zahneingriff und ruhigeren Lauf.

**Schraubenfeder** – Für Personenkraftwagen-Federungen heute meistverwendete, gewindeförmige Stahlfeder.

**Schwimmsattelbremse** – Am Radträger montierter, seitlich verschiebbarer, Bremssattel der Scheibenbremse. Der Schwimmsattel besitzt (im Gegensatz zum Festsattel) nur auf einer Seite einen (oder mehrere) Hydraulikkolben.

**Schwungrad** – Schwere, metallene Scheibe am Abtriebsende der Kurbelwelle. Soll die von den Kolbenkräften herrührende Ungleichförmigkeit teilweise ausgleichen.

**Selbstbeteiligung** – Der vom Versicherten selbst zu übernehmende Kostenanteil im Schadensfall.

**Sequenzielles Manuelles Getriebe** (SMG) – Das Sequenzielle Manuelle Getriebe basiert auf dem bewährten Schaltgetriebe. Die Gangreihenfolge verläuft immer sequenziell (nacheinander) und nicht wie bei konventionellen Schaltungen durch die direkte Ganganwahl.

**Service-Heft** – Nachweis (wichtig beim Wiederverkauf), dass das Fahrzeug von Anbeginn und lückenlos in Fachwerkstätten gewartet wurde.

**Servolenkung** – System, das hydraulische oder elektrische Hilfskraft (Servokraft) zur Verfügung stellt, sobald der Fahrer am Lenkrad dreht.

**Servo-Unterstützung** – Anlage, welche mit Hilfskräften (Hydraulik, Pneumatik, Elektrik) die vom Fahrer aufgewendete Kraft (am Lenkrad, am Pedal usw.) unterstützt.

**Sicherungsblech** – Blechscheibe mit einer oder mehreren Laschen, die eine Mutter oder eine Schraubenkopf gegen Lösen gesichert.

**Sidebag** – Seitenairbag (in der Tür oder im Sitz untergebracht).

**Single-Point-Einspritzung** – Einspritzanlage mit nur einer Einspritzdüse für alle Zylinder.

**SLS** – Seif Leveling Suspension (automatische Fahrwerk-Höhenverstellung).

**SOHC (Single Overhead Camshaft)** – Bezeichnung für einen Motor mit nur einer obenliegenden Nockenwelle, die Ein- und Auslassventile betätigt.

**Spannungsregler** – Elektrischer Regler, der die Spannung des Generators konstant hält.

**Speedster** – sportliches Cabrio mit extrem flacher Frontscheibe.

**Sprengring** – Ringförmige Sicherung in einer Bohrung oder auf einer Welle, eingelassen in eine Innen- oder Außennut. Der Ring stoppt die ungewollte axiale Bewegung von Bauteilen.

**Spurstange** – Teil des Lenkgestänges, das die Lenkbewegungen vom Lenkgetriebe zum Vorderradträger überträgt.

**SRS** – Supplemental Restraint System (Rückhaltesystem); Abkürzung für das Airbag-System.

**Stabilisator** – Stabilisatoren als Teil der Fahrwerkskonstruktion verbinden die Radaufhängungen links und rechts miteinander und wirken somit ausgleichend bei einseitig auftretenden Hebelkräften, die beispielsweise beim Durchfahren von Kurven auftreten. Sie vermindern die Aufbauneigung des Fahrzeugs und reduzieren seitliche Wankbewegungen. Ergebnis sind ein besseres Handling und ein höherer Fahrkomfort.

**Starrachse** – Aufhängung der Hinterräder an einem starren, sie verbindenden Achskörper. Federbewegung des einen Rades wirkt sich direkt auf das andere aus.

**Starthilfekabel** – siehe Überbrückungskabel.

**Steuerkette** – Metallgliederkette, ähnlich einer Fahrradkette, die über Kettenräder die Nockenwelle(n) von der Kurbelwelle aus antreibt. Alternativ wird häufig ein Steuerriemen bzw. Zahnriemen eingesetzt.

**STC** – Stability Traction Control (stabile Traktionskontrolle); anderer Ausdruck für ASR.

**Stoß-/Schwingungsdämpfer** – Bauteil der Radaufhängung, welches das Auf- und Abschwingen der Federung eines Wagens beim Überfahren schlechter Wegstrecken absorbiert.

**Stößel** – Siehe Ventilstößel, Tassenstößel.

**Sturz, Radsturz** – Der Winkel, unter dem sich die Räder von der Senkrechten nach außen neigen. Negativer Sturz bedeutet, dass die Räder nach innen gekippt sind.

**SUV** – Sport Utility Vehicle (sportliches Nutzfahrzeug). Eine Kreuzung zwischen Großraumlimousine, Gelände- und Sportwagen.

**Synchronisierung** – Vorrichtung im Schaltgetriebe. Sie gleicht zum Schalten eines Ganges die Drehzahlen der beiden in Eingriff zu bringenden Teile einander an, um ein geräuschloses Schalten zu ermöglichen.

**Tagfahrlicht** – 50 Prozent aller Unfälle an Kreuzungen tagsüber werden durch das nicht rechtzeitige Erkennen anderer Verkehrsteilnehmer verursacht. Als Abhilfe gilt unter Experten das Einschalten des Abblendlichtes am Tag oder der Einsatz von zusätzlichen Tagfahrlichtern.

**Tassenstößel** – Topfförmiges Zwischenglied, geführt in einer zylindrischen Bohrung, das zwischen den Ventilen des Motors und der (obenliegenden) Nockenwelle eingebaut ist (zuweilen mit einer spielausgleichenden Hydraulik versehen).

**Telematik** – Eine sinngemäße Verbindung aus Telekommunikation, Informatik und Satelliten-Ortung zur Verkehrsleitung.

**Tempomat** – Eine Geschwindigkeitsregelanlage, welche die Fahrgeschwindigkeit konstant einhält, ohne dass der Fahrer das Gaspedal betätigen muss.

**Thermostat** – Temperaturabhängige Regelanlage im Kühlkreislauf, die das Erwärmen des Kühlmittels beschleunigt, indem sie ihm erst ab einer bestimmten Temperatur den Weg zum Kühler freigibt.

**Tire Mobility Set** – Reifenreparaturset, mit dem leichte Reifenleckagen behoben werden können. Das Set enthält spezielles Dichtmittel und einen Luftkompressor (12 Volt) zum Befüllen des Reifens.

**Totpunktmarke/Einstellmarke** – Kerben oder Markierungen an der vorderen Riemenscheibe der Kurbelwelle oder am Schwungrad und an den Antriebsteilen der Nockenwelle(n); sie dienen zum exakten Einstellen des Zünd- bzw. Einspritzzeitpunktes eines bestimmten Zylinders.

**Transaxle** – Kombination von Getriebe und Achstrieb in einem Gehäuse.

**Turbolader/Abgasturbolader** – Lader (s.d.), dessen Antrieb über den Druck der Abgase des Motors erfolgt, die auf eine Turbine wirken. Der Lader fördert zusätzliche Luft in die Zylinder und erreicht damit einen höheren Füllungsgrad und höhere Leistung.

**Überbrückungs-/Starthilfekabel** – Kabelsatz (eine rote, eine schwarze Leitung) mit großem Querschnitt und kräftigen Klemmen an den Enden. Bei leerer Batterie im Fahrzeug kann mit Hilfe des Starthilfekabels und einer vollen »Spenderbatterie« der Motor angelassen werden.

**Ungeregelter Katalysator** – Einfaches System, das die Schadstoffe im Abgas mit Hilfe eines von der Gemischbildung unabhängig arbeitenden (ungeregelten) Katalysators nur teilweise reduzieren kann.

**Unterdruckpumpe** – Für Fahrzeuge mit Dieselmotor: Der für die Servobremse erforderliche Unterdruck wird hier von einer vom Motor angetriebenen Pumpe geliefert (siehe auch »Bremsservo«).

**Unterer Totpunkt** (UT) – Tiefste Position in der Kolbenbewegung. Im UT bleibt der Kolben für Sekundenbruchteile stehen, ehe er aufwärts zum Oberen Totpunkt (OT) eilt.

**Unverbleites Benzin (bleifrei)** – Benzin, das außer dem im Rohöl enthaltenen Bleianteil bei der Herstellung nicht zusätzlich verbleit wird. Unverzichtbar für Fahrzeuge mit Katalysator.

**Van** – Großraumlimousine.

**Variomatic** – einfaches CVT-Getriebe (siehe oben) von DAF, erstmals 1958 im DAF 33 eingesetzt.

**VDC** – Vehicle Dynamics Control (fahrzeugdynamische Kontrolle); Fahrdynamik-Regelung für allradgetriebene Autos.

**Ventil** – Allgemein eine Vorrichtung, die geöffnet und geschlossen werden kann, um den Durchfluss von Gasen oder Flüssigkeiten zu ermöglichen bzw. zu stoppen.

**Ventilator** – Heute meist elektrisch, früher vom Motor angetriebener, vorn im Motorraum hinter dem Kühler angeordneter Lüfter (Ventilatorflügel). Soll die Kühlung unterstützen, wenn das Auto keinen Fahrwind zur Verfügung hat.

**Ventialatorriemen** – Keilriemen, der bei mechanischem Antrieb des Ventilators von der Kurbelwelle aus verwendet wird.

**Ventileinstellung** – siehe Ventilspiel.

**Ventilspiel** – Gesamter Leerweg zwischen dem Ende des Ventilschafts und dem Nocken der Nockenwelle. Das Spiel ist erforderlich, um das völlige Schließen des Ventils trotz Wärmedehnung der Bauteile zu gewährleisten. Es wird entweder an einer Stellschraube manuell eingestellt oder von einem Hydraulikstößel (s.d.) automatisch ausgeglichen.

**Ventilsteuerung** – Oberbegriff für die Bauteile, die das Öffnen und Schließen der Ein- und Auslasskanäle des Motors bewirken: Nockenwelle(n), Stößel, Stoßstangen, Kipphebel, Ventile usw.

**Ventilstößel** – Bauteil im Motor, das die Drehbewegung der Nockenwelle in die Auf- und Abbewegung der Ventile umwandelt. Siehe auch »Tassenstößel«.

**Verbleites Benzin** – Benzin, das außer dem im Rohöl enthaltenen Bleianteil bei der Herstellung zusätzlich verbleit wird. Nicht für Fahrzeuge mit Katalysator geeignet, da das Blei die Edelmetalle vergiftet bzw. unwirksam macht.

**Verbundglas** – Sicherheitsglas für Autoscheiben. Besteht aus zwei dünnen Schichten Glas mit einer dünnen Schicht Spezial-Kunststoff dazwischen. Bei einem Aufprall zerbröselt das Glas nicht, und die Sicht bleibt weitgehend erhalten.

**Verdichtung, Verdichtungsverhältnis** – Gibt an, auf welches Volumen die Zylinderfüllung zwischen dem unteren und dem oberen Totpunkt des Kolbens verdichtet wird (Volumen eines Zylinders plus Brennraumvolumen im Verhältnis zum Brennraumvolumen allein, Beispielweise 10:1).

**Vergaser** – Vorrichtung, mit der (bei älteren Autos) das Kraftstoff-Luft-Gemisch in dem zur Verbrennung nötigen Verhältnis gebildet wird. Heute meist durch ein Einspritzsystem ersetzt.

**Verteilerfinger** – Im Zündverteiler umlaufendes Teil, dessen Elektrode über weitere Elektroden in der Verteilerkappe den Zündstrom an die Kerzen befördert.

**Verteilerkappe** – Kunststoffkappe, die auf den Verteiler aufgesetzt wird und von welcher die Zündkabel (Hochspannungskabel) zu den Kerzen führen.

**4 x 4** – Gebräuchliche Abkürzung bei Geländewagen für Allradantrieb.

**Viertaktmotor** – Bezeichnet einen Otto- oder Dieselmotor, der nach dem Viertaktverfahren arbeitet, d. h. für jeden vollständigen Arbeitszyklus zwei Auf- und zwei Abwärtshübe des Kolbens benötigt.

**Vierventiler/16-Ventiler** – Bezeichnung für einen Verbrennungsmotor mit zwei Einlass- und zwei Auslassventilen pro Zylinder. Der Ausdruck 16-Ventiler wird für den weit verbreiteten Vierzylindermotor mit je vier Ventilen pro Zylinder verwendet.

**VIN** – Fahrzeug-Identifizierungsnummer (Vehicle Identification Number).

**Viskosität** – Bezeichnet die Zähflüssigkeit von Ölen und wird in SAE-Klassen oder ISO-Klassen eingeteilt. So ist zum Beispiel SAE 0 ein äußerst dünnflüssiges Öl und ein SAE 50 ein dickflüssiges. Moderne Mehrbereichsöle haben über einen weiten Temperaturbereich brauchbare Schmiereigenschaften.

**V-Motor** – Motorbauweise, bei welcher die Zylinder in zwei Reihen angeordnet sind, die von vorn oder hinten gesehen ein »V« bilden. Zum Beispiel hat ein V8-Motor zwei Reihen zu vier Zylindern.

**Vorderachseinstellung** – Prüfung und Berichtigung gemäß der werksseitig vorgeschriebenen Einstellung von Vorspur, Sturz und Nachlauf. Einstellbar sind an den meisten Autos nur die Vorspurwerte. Fehlerhafte Einstellung kann hohen Reifenverschleiß und schlechtes »Handling« zur Folge haben.

**Vorkammer-Diesel (Wirbelkammer-Diesel)** – traditioneller Dieselmotor. Der Kraftstoff wird vor der eigentlichen Verbrennung im Brennraum in einer Vor- oder Wirbelkammer gezündet.

**Vorspur/Nachspur** – Der Winkel oder der Betrag, um den die Stellung der Vorderräder bei Geradeausfahrt von einer Geraden parallel zur Fahrzeuglängsachse abweicht. Vorspur bedeutet, dass die Räder vorn leicht einwärts gerichtet sind. Die Vorspur verbessert das Fahrverhalten, weil die Reifen durch den Schräglauf stets über eine Seitenführungskraft verfügen.

**VSA** – Vehicle Stability Assistent (Fahrzeug-Stabilitätshelfer); entspricht ESP (siehe ESP).

**VSC** – Fahrzeug-Rutschkontrollsteuerung (Vehicle Skid Control). entspricht ESP (siehe ESP).

**VTC** – Variable Timing Camshaft (variable Nockensteuerung), steuert die Öffnungszeiten der Einlassventile.

**VTG** – variable Turbine (variable Turbolader-Geometrie).

**Wankel-/Drehkolbenmotor** – Verbrennungsmotor, der im Wesentlichen nur rotierende Teile besitzt. Der Kolben (Rotor) ist etwa dreiecksförmig und rotiert in einem Gehäuse mit spezieller, lang-ovaler Innenform (Epitrochoide). Nur sehr wenige Automodelle sind mit einem solchen Motor ausgerüstet.

**Wasserpumpe/Kühlmittelpumpe** – Vom Motor angetriebene Flügelpumpe, die das Kühlmittel durch alle Teile des Kühlkreislaufs pumpt.

**Wertminderung** – Mit dem Gebrauch eines Autos (gefahrene Kilometer, Alter, Unfallschäden usw.) verbundene Minderung des möglichen Wiederverkaufserlöses.

**Windowbag** – Airbag vor dem Seitenfenster.

**Wirbelkammer (Diesel)** – Extrabrennraum im Zylinderkopf von Dieselmotoren. Bei Indirekteinspritzung wird Kraftstoff, statt direkt in den Hauptbrennraum, in die Wirbelkammer eingespritzt und dort mit der Luft »verwirbelt«.

**Xenonlicht** – Modernes Autolicht ohne Glühdraht. In der Lampe befindet sich unter anderem das Edelgas Xenon. Bringt mehr als die doppelte Lichtleistung gegenüber Halogenlicht und hat zudem einen besseren Wirkungsgrad.

**Zahnriemen** – siehe Nockenwellen-Antriebsriemen.

**Zahnstangenlenkung** – Heute weit verbreitete Ausführung des Lenkgetriebes, bestehend aus einem Ritzel und einer Zahnstange, welche die Räder über Spurstangen einschlägt.

**Zentralverriegelung** – Die Zentralverriegelung öffnet und schließt alle Türen entweder durch mechanisches Aufschließen per Schlüssel oder per Funkfernbedienung.

**Zündanlage** – Elektrisches System, das beim Ottomotor für das Zünden des Gasgemisches im Zylinder verantwortlich ist.

**Zündfolge** – Reihenfolge, in der die Zylinder eines Motors gezündet werden.

**Zündkabel** – Besonders stark isolierte Kabel für die Übertragung des hochgespannten Stroms vom Zündverteiler zu den Kerzen.

**Zündkerze** – Bauteil des Ottomotors. Die Kerze ragt mit zwei Elektroden in den Brennraum hinein, zwischen denen zum Zünden des Kraftstoff-Luft-Gemisches ein Funken erzeugt wird.

**Zündkontakte** – In der Zündanlage älterer Autos dient ein Kontaktpaar zum Unterbrechen des Niederspannungsstroms und erzeugt dadurch in der Zündspule eine Hochspannung, die an der Kerze Zündfunken überspringen lässt.

**Zündspule** – Elektrisches Bauteil, das beim Ottomotor die eingeleitete Batteriespannung (12 Volt) in Hochspannung (über 10 000 Volt) für den Zündfunken umsetzt.

**Zündverteiler** – Bauteil der Zündanlage, zuständig für die Verteilung der Hochspannungsenergie an die einzelnen Zündkerzen des Motors.

**Zündzeitpunkt** – Die kurz vor dem Erreichen des oberen Totpunkts (OT) liegende Stellung des Kolbens, in welcher der Zündfunken überspringt.

**Zylinder** – Hohlraum, in welchem der Kolben eines Motors auf und ab geht. Die Zylinder können entweder direkt in den Motorblock gebohrt sein, oder es werden Laufbüchsen in den Block eingesetzt.

**Zylinderblock/Motorblock** – Hauptbauteil (Gussteil) eines Motors, der im oberen Teil zumeist die Zylinder und im unteren die Lagerung der Kurbelwelle (Kurbelgehäuse) umfasst.

**Zylinderbohrung** – Innendurchmesser eines Motorzylinders.

**Zylinderkopf** – Gussteil unmittelbar über dem Motorblock, in dem normalerweise die Brennräume und die Ein-/Auslasskanäle sowie der Ventiltrieb untergebracht sind. Der Zylinderkopf ist mit dem Block verschraubt.

**Zylinderkopfdichtung/Kopfdichtung** – Dichtung, die zwischen Zylinderblock und Zylinderkopf liegt und für Abdichtung unter hohem Arbeitsdruck sorgt.

**Zylinder-Laufbüchsen** – Metallhülsen, die in entsprechende Bohrungen im Zylinderblock eingeschoben werden und in denen die Kolben auf und ab gehen. Wenn verschlissen, können Laufbüchsen und Kolben miteinander ausgetauscht werden.